JN234177

Advanced Ceramics
セラミックスの機能と応用

- 環境・リサイクル
- 情報・通信
- エネルギー
- バイオ

宗宮　重行
大野　留治
金野　正幸
木村　脩七
角岡　　勉
松尾陽太郎　編

技報堂出版

まえがき

　セラミックスが新しい世界を切り開く夢の材料として社会的に注目されてから20年近く経過しました．よく知られているようにセラミックスは一万数千年という長い歴史をもつ材料で，陶磁器，耐火物，ガラス，セメントなどのように古くから我々の生活と密接にかかわりあってきました．近年，科学技術の進歩と共に，高度に精製された原料を用いたファインセラミックスが登場したことにより，セラミックスに新しい特性や機能が次々に発見され，工業材料として活躍する場がさらに拡がりをみせています．

　21世紀の早い段階で，人類の生活環境はマクロな面では広く地球から外の宇宙へと拡がるであろうし，ミクロな面ではいっそう微細化した世界が重要な役割を果たすと考えられています．そこではセラミックスは従来の一定の高度に制御された機能から，さらに一歩進んで環境や時間的にも即応して変化する機能を備えるようになるかもしれません．

　しかし，いわゆるバブルの崩壊に起因する社会の変化は，材料開発においても例外を認めず，例え必要な技術的な課題が解決されたとしても，経済的に見通しが成立たなければ，実用化への展開は開けないという空気が支配的です．こうした社会的環境のもとでも，セラミックスでなければ成り立たないような用途は多々存在します．これらの用途はセラミックス固有の性質を一段と向上させることを要求しています．

　このようにセラミックスは多岐にわたる可能性を秘めた古くて新しい材料です．技術者や研究者が新しい分野を切り開くに際して，必要とするセラミックスを縦横に活用するには，1冊だけでセラミックスの世界を展望し，セラミックスを自在に応用するための指針を与えるテキストが必要です．

　このような視点から，本書ではセラミックスに関する十分な基礎的理解を計り，必要とする基礎データを豊富に掲載して，実用の可能性を体系的にわかりやすく取上げることとしました．すなわち，セラミックスの門外漢であってもセラミックスに興味と関心があれば，本書を通じてどこからでもセラミックスの世界に入っていけるよう工夫しました．もちろん，セラミックスの専門家であれば本書は現状を整理する一助となるであろうし，さらに，将来に対する問いかけにはこれ

まえがき

までと違った眼を与えてくれるかもしれません．諸処に疑問に答え，解決への洞察のヒントがちりばめられていると考えていただければ幸いです．これが本書を上梓した理由です．

そこで，本書では基礎資料を可能なかぎり採録し，しかもこれを単なる基礎的理解を助けるにとどめることなく，今後の設計や商品検査にもすぐ役に立つように配置しました．できるだけその出典も明確になるよう記載しました．また，特性，機能の説明ではその要因が交錯して理解を複雑にするときには，要因そのものを整理し，単純化して理解を容易にするようにしました．

セラミックスと一言でいっても，その範疇にはきわめて多数の化合物が含まれます．また同一の化合物であっても，複数の機能を有するものが少なくありません．そこで，取上げる材料には，それぞれの分野で適用されているものはできるだけすべて網羅して，その材料の種類，特性，機能の定義，その評価理論，評価技術が一貫して理解されるように配置しました．さらに，今後の展望も可能な範囲で広く取上げるようにしました．したがって，本書では，通常の解説書とは異なる切り口でセラミックスを分類し，今後おおいに発展するであろう次の4分野を取上げることにしました．

(1) 環境・リサイクル
(2) 情報・通信
(3) エネルギー
(4) バイオ

それぞれにおける分野で，材料や製品開発の第一線で活躍されている専門家の方々に執筆をお願いしました．本書はこれを座右において問いかけることにより，セラミックスを原理やデータに則して理解し，これがどのような特質，機能を発揮し，そして実用化され，我々の期待に応えてくれるかを明らかにしてくれるものと信じます．

「セラミックスの機能と応用」編集委員会名簿

(敬称略,五十音順,所属は2002年5月現在,[ ]内は執筆箇所)

■編集委員長

宗宮　重行　東京工業大学 名誉教授・帝京科学大学 名誉教授

■編集幹事

大野　留治　トーキンセラミクス(株) 代表取締役社長
金野　正幸　(社)日本ファインセラミックス協会 広報部
木村　脩七　東京工業大学 名誉教授
角岡　　勉　(財)ファインセラミックスセンター 試験研究所
松尾陽太郎　東京工業大学大学院理工学研究科 教授

■執筆者

飯島　賢二　松下電器産業(株) デバイス開発センター　[Ⅱ-2.4.4]
石川　　幹　NGKフィルテック(株) 技術部　[Ⅰ-2.1.3]
石川　隆司　独立行政法人航空宇宙技術研究所 先進複合材評価技術開発センター　[Ⅲ-2.1.5]
石田　秀輝　(株)INAX 空間デザイン研究所　[Ⅰ-2.4.1]
石原　達巳　大分大学工学部 助教授　[Ⅱ-2.2.3]
市川　茂樹　ものつくり大学製造技能工芸学科 助教授　[Ⅲ-2.5.2]
稲田　　博　(株)ノリタケカンパニー・リミテッド テクノサービスセンター　[Ⅳ-2.3.1]
今井　茂雄　(株)INAX 基礎研究所　[Ⅰ-2.4.1]
内野　和仁　京セラ(株) 鹿児島川内工場セラミック製造4課　[Ⅱ-2.1.2]
梅原　一彦　日本ガイシ(株) 法務部　[Ⅰ-2.1.1/Ⅰ-2.3.1]
江坂　立美　日本ガイシ(株) 産業機器事業部　[Ⅲ-2.3.2]
大槻　悦夫　元 (株)三徳 磁石材料事業部　[Ⅱ-2.6.2]
大西　啓靖　医療法人寿会 富永病院　[Ⅳ-2.5.3]
大野　留治　前掲　[Ⅱ-1]
大村　高弘　ニチアス(株) 浜松研究所RD部門　[Ⅲ-2.2.3]
大森　和夫　日本ガイシ(株) 産業機器事業部　[Ⅲ-2.3.2]
小川　純一　ニチアス(株) 浜松研究所IF分野　[Ⅲ-2.2.3]
奥宮正太郎　旭硝子(株) 中央研究所　[Ⅰ-2.1.2]

編集委員会名簿

笠倉　忠夫	元 豊橋技術科学大学工学部 教授　［Ⅰ-2.5］	
兼松　　渉	独立行政法人産業技術総合研究所 セラミックス研究部門　［Ⅲ-2.5.1］	
亀山　哲也	独立行政法人産業技術総合研究所 セラミックス研究部門　［Ⅳ-2.4.1］	
川下　将一	京都大学大学院工学研究科 助手　［Ⅳ-1.1/Ⅳ-2.5.5］	
川瀬　三雄	日本ガイシ(株) 電子部品事業部　［Ⅰ-2.3.2］	
岸　　弘志	太陽誘電(株) 総合研究所　［Ⅱ-2.5.1］	
金　　鉉敏	京都大学大学院工学研究科 助教授　［Ⅳ-1.1/Ⅳ-2.5.5］	
木村　脩七	前掲　［Ⅱ-3/Ⅳ-3］	
国枝　純雄	日本ガイシ(株) 第1プラント技術部　［Ⅰ-2.6］	
桑野　泰彦	元 日本電気(株) 機能材料研究所　［Ⅱ-2.7.1］	
小久保　正	京都大学大学院工学研究科 教授　［Ⅳ-1.1/Ⅳ-2.5.5］	
児島　正基	(株)タムラ製作所 セラミックデバイス事業部　［Ⅱ-2.4.3］	
小林　雅彦	Shriner's Hospitals for children, Mc.Gill University　［Ⅳ-2.5.1］	
近藤　和夫	日本特殊陶業(株) 総合研究所　［Ⅳ-2.1.2］	
酒井　延行	(株)村田製作所 八日市事業所原料製造部　［Ⅱ-2.5.2］	
佐々　　正	石川島播磨重工業(株) 技術研究所　［Ⅲ-2.2.1］	
佐藤　繁美	日本発条(株) 研究開発本部　［Ⅲ-2.1.1］	
茂垣　康弘	石川島播磨重工業(株) 基盤技術研究所　［Ⅲ-2.2.1］	
嶋田　勇三	日本電気(株) 機能材料研究所　［Ⅱ-2.1.1］	
相馬　隆雄	日本ガイシ(株) R&Dセンター　［Ⅱ-2.4.2］	
高橋　知典	日本ガイシ(株) エンジニアリング技術本部　［Ⅰ-1］	
竹内　啓泰	三菱マテリアル(株) 開発技術センター　［Ⅳ-2.2.1］	
故 武下　拓夫	三菱マテリアル(株) 総合研究所　［Ⅲ-2.4.1］	
竹林　博明	光洋精工(株) 航空・精密・EXSEV技術部　［Ⅲ-2.1.3］	
橘　　善平	京セラ(株) ファインセラミック事業部　［Ⅱ-2.1.2］	
田中俊一郎	名古屋工業大学工学部機械工学科 教授　［Ⅲ-2.5.4］	
友野　達之	(株)村田製作所 市場渉外部　［Ⅱ-2.4.1］	
中寺　和哉	(株)村田製作所 第2コンポーネント事業部　［Ⅱ-2.4.1］	
中原　　毅	フィガロ技研(株) 開発2部　［Ⅰ-2.2.1］	
中村　孝志	京都大学大学院医学研究科 教授　［Ⅳ-2.5.1］	
西川　　洋	電気化学工業(株) 大牟田工場技術部　［Ⅲ-2.1.4］	
丹羽　滋郎	特定医療法人山中胃腸科病院　［Ⅳ-1.2/Ⅳ-2.5.2］	

編集委員会名簿

野田	克敏	トヨタ自動車(株)第3材料技術部	[Ⅲ-2.2.2]
野田	芳朗	日本特殊陶業(株)自動車関連事業本部	[Ⅱ-2.3.2]
橋口	裕作	(株)タムラ製作所 セラミックデバイス事業部	[Ⅱ-2.4.3]
故 長谷川二郎		愛知学院大学歯学部 教授	[Ⅳ-2.5.4]
伴	清治	鹿児島大学歯学部 教授	[Ⅳ-2.5.4]
東	勝美	旭硝子セラミックス(株)開発センター	[Ⅰ-2.1.2]
日野出洋文		東京工業大学大学院理工学研究科 教授	[Ⅰ-2.4.3]
福田	洋一	(株)ノリタケカンパニー・リミテッド 研究開発センター	[Ⅳ-2.3.1]
福原	幹夫	東芝タンガロイ(株)特品事業部	[Ⅲ-2.1.2]
藤沢	章	京セラ(株)バイオセラム事業部	[Ⅳ-2.1.1]
松尾陽太郎		前掲	[Ⅰ-3/Ⅲ-1/Ⅲ-3]
松崎	幹男	TDK(株)情報技術研究所	[Ⅱ-2.6.1]
向江	和郎	(株)富士電機 総合研究所	[Ⅱ-2.2.2]
森田	昇	千葉大学工学部電子機械工学科 助教授	[Ⅲ-2.5.3]
安田	勇	東京ガス(株)技術開発部	[Ⅲ-2.4.2]
山添	昇	九州大学大学院総合理工学研究院 教授	[Ⅰ-2.2.2]
山田	哲正	日本特殊陶業(株)自動車関連事業本部	[Ⅱ-2.3.2]
横井	俊樹	(株)富山村田製作所 技術部	[Ⅱ-2.4.1]
吉富	丈記	黒崎播磨(株)技術研究所	[Ⅲ-2.3.1]
淀川	正忠	TDK(株)基礎材料研究所	[Ⅲ-2.2.1]
米澤	正智	日本電気(株)機能材料研究所	[Ⅱ-2.3.1]
若島	喜和	日本核燃料開発(株)管理部	[Ⅲ-2.4.3]
渡辺	俊也	東京大学先端科学技術研究センター 教授	[Ⅰ-2.4.2]
渡會	祐介	三菱マテリアル(株)総合研究所那珂研究センター	[Ⅲ-2.4.1]

目　次

■ 共通基礎データ ———————————————————— viii

■ 第Ⅰ編　環境・リサイクル分野

第Ⅰ-1章　総　　　論 ———————————————————— 3

1.1　はじめに ———————————————————— 3
1.2　環境問題 ———————————————————— 3
1.3　材料技術の応用分野 ———————————————————— 4
1.4　セラミックスの応用 ———————————————————— 5
　　1.4.1　構造的なメリット　5
　　1.4.2　機能的なメリット　6
　　1.4.3　セラミックスのデメリット　6
1.5　おわりに ———————————————————— 7

第Ⅰ-2章　各　　　論 ———————————————————— 9

2.1　ろ過機能 ———————————————————— 9
　　2.1.1　ディーゼルパティキュレートフィルター（DPF）　9
　　2.1.2　高温集塵フィルター　12
　　2.1.3　排水処理用セラミックス膜フィルター　19
2.2　ケミカルセンサー ———————————————————— 22
　　2.2.1　可燃性ガスセンサー　22
　　2.2.2　有害ガスセンサー　26
2.3　セラミックス担体 ———————————————————— 34
　　2.3.1　セラミックスハニカム　34
　　2.3.2　バイオリアクター　37
2.4　表面機能性セラミックス ———————————————————— 39
　　2.4.1　抗菌部材　39
　　2.4.2　親水性部材（半導体の光励起反応を利用した機能薄膜材料）　44
　　2.4.3　ゼオライトとNO_x分解触媒　54

2.5 リサイクル関連技術 ——————————————————————— 59
　　　　2.5.1 リサイクルとは　59
　　　　2.5.2 リサイクルの目的　59
　　　　2.5.3 廃棄物総合対策の中でのリサイクルの位置付け　62
　　　　2.5.4 セラミックス産業関連リサイクル　62
　　2.6 そ の 他 ——————————————————————————————— 64
　　　　2.6.1 セラミックス吸音材　64
　　　　2.6.2 セラミックス電波吸収体　69

第Ⅰ-3章　基礎データ ————————————————————————— 73

■第Ⅱ編　情報・通信分野

第Ⅱ-1章　総　　　論 ————————————————————————— 79

　　1.1 エレクトロニクスの動向と機能性セラミックスの進歩 ——————— 79
　　　　1.1.1 エレクトロニクスの動向　79
　　　　1.1.2 機能性セラミックスの進歩　80
　　　　1.1.3 機能性セラミックスの分類と用途　82

第Ⅱ-2章　各　　　論 ————————————————————————— 85

　　2.1 絶縁性セラミックス ———————————————————————— 85
　　　　2.1.1 セラミックス多層配線基板　85
　　　　2.1.2 IC基板について　90
　　2.2 半導性セラミックス ———————————————————————— 94
　　　　2.2.1 サーミスター（NTC, PTC）　94
　　　　2.2.2 バリスタ　102
　　　　2.2.3 各種センサー　106
　　2.3 イオン導電性セラミックス ————————————————————— 113
　　　　2.3.1 リチウムイオン電池　113
　　　　2.3.2 酸素センサー　117
　　2.4 圧電性セラミックス ———————————————————————— 121
　　　　2.4.1 セラミックスフィルター　121

         2.4.2 圧電振動ジャイロ　124
         2.4.3 圧電トランス　129
         2.4.4 薄膜デバイス　133
   2.5 誘電性セラミックス ———————————————————————————— 139
         2.5.1 積層コンデンサー　139
         2.5.2 誘電体フィルター　143
   2.6 磁性セラミックス —————————————————————————————— 147
         2.6.1 MR，GMRヘッド　147
         2.6.2 高周波電源用フェライト　152
   2.7 酸化物光学結晶 ——————————————————————————————— 157
         2.7.1 固体レーザー　157

第Ⅱ-3章　基礎データ ——————————————————————————————— 167

第Ⅲ編　エネルギー分野

第Ⅲ-1章　総　　論 ——————————————————————————————— 173
   1.1 はじめに ——————————————————————————————————— 173
   1.2 物理学の階層構造 —————————————————————————————— 173
   1.3 古典場における物理量の相関関係 ——————————————————————— 175
         1.3.1 示強性物理量と示量性物理量　176
         1.3.2 物質定数の定義　176
         1.3.3 物質から材料へ—熱的・機械的機能に及ぼす諸因子　178
   1.4 おわりに ——————————————————————————————————— 179

第Ⅲ-2章　各　　論 ——————————————————————————————— 181
   2.1 機械的機能 —————————————————————————————————— 181
         2.1.1 高弾性エネルギー（ばね）　181
         2.1.2 高硬度（工具，コーティング）　185
         2.1.3 耐摩耗性（軸受，摺動部品）　189
         2.1.4 潤滑性（固体潤滑剤）　193

目　次

　　　　2.1.5 複合材　198
　2.2 熱的機能 ──────────────────────── 204
　　　　2.2.1 高温強度（タービン用材料）　204
　　　　2.2.2 耐熱性・耐熱衝撃性　207
　　　　2.2.3 断熱性（断熱材）　212
　2.3 耐食性 ──────────────────────── 217
　　　　2.3.1 高温耐食性（炉材）　217
　　　　2.3.2 耐薬品性（耐酸性ポンプ）　227
　2.4 エネルギー変換効率 ─────────────────── 232
　　　　2.4.1 熱電変換　232
　　　　2.4.2 燃料電池　239
　　　　2.4.3 原子力　243
　2.5 加工・接合 ────────────────────── 247
　　　　2.5.1 研削加工　247
　　　　2.5.2 砥粒加工　251
　　　　2.5.3 ビーム加工　254
　　　　2.5.4 接合　259

第Ⅲ-3章　基礎データ ─────────────────── 279

第Ⅳ編　バイオ分野

第Ⅳ-1章　総論 ────────────────────── 287
　1.1 生体修復セラミックスの最新の動向 ─────────────── 287
　　　　1.1.1 はじめに　287
　　　　1.1.2 高強度，高耐摩性セラミックス　287
　　　　1.1.3 生体活性セラミックス　288
　　　　1.1.4 吸収性セラミックス　289
　　　　1.1.5 生体活性セメント　289
　　　　1.1.6 生体活性セラミックス金属複合体　290
　　　　1.1.7 生体活性セラミックス高分子複合体　291

         1.1.8 ガン治療用セラミックス　291
         1.1.9 おわりに　292
　　1.2 生体材料の臨床応用の基礎 ──────────────────── 293
         1.2.1 生体材料の使用目的　293
         1.2.2 期待する特性　294
         1.2.3 セラミックスと生体内環境　296

第IV-2章　各　　　論 ──────────────────────── 299
　　2.1 バイオイナートセラミックス ──────────────────── 299
         2.1.1 アルミナセラミックス　299
         2.1.2 ジルコニアセラミックス　306
　　2.2 バイオアクティブセラミックス ────────────────── 310
         2.2.1 ハイドロキシアパタイト（HA）　310
　　2.3 人工歯・人工歯根 ───────────────────────── 314
         2.3.1 人工歯・人工歯根用セラミックス　314
　　2.4 バイオセラミックスコーティング ──────────────── 320
         2.4.1 ハイドロキシアパタイト（HA）コーティング　320
　　2.5 バイオアクティブセラミックスの臨床応用 ─────────── 342
         2.5.1 バイオアクティブ結晶化ガラス（A−W）　342
         2.5.2 ハイドロキシアパタイト（HA）　346
         2.5.3 バイオセラミックス複合体　350
         2.5.4 人工歯・人工歯根　354
         2.5.5 ガン治療用セラミックス　362

第IV-3章　基礎データ ─────────────────────────── 369

■ 索　　引 ───────────────────────────────── 375

共通基礎データ

表-1 基本単位

基本物理量		SI単位
力学量	長さ	m
	時間	s
	質量	kg
電磁気量	電流	A
熱力学量	温度	K
物質量	モル	mol
測光量	光度	cd
幾何学量	平面角	rad
	立体角	sr

表-2 力学量の組立単位

物理量	SI単位
速度	m/s
加速度	m/s²
運動量	kgm/s
力	N
力のモーメント	Nm
圧力	Pa, N/m²
粘度	Pas, Ns/m²
エネルギー, 仕事	J

表-3 熱力学量と測光量の組立単位

物理量		SI単位
熱力学量	熱容量	J/K
	比熱	J/kgK
	熱伝導率	W/mK
測光量	輝度	cd/m²
	光束	lm(cd/sr)

表-4 電磁気量の組立単位

物理量	SI単位
電荷	C
電流密度	A/m²
電位	V
電場	V/m
電束密度	C/m²
電気容量	F
電気抵抗	Ω
誘電率	F/m
透磁率	H/m
磁場	A/m
磁束密度	T
磁束	Wb
インダクタンス	H
コンダクタンス	1/Ω

共通基礎データ

表-5 SI接頭語

接頭語	記号	大きさ	接頭語	記号	大きさ	接頭語	記号	大きさ
desi	d	10^{-1}	atto	a	10^{-18}	giga	G	10^{9}
centi	c	10^{-2}	zepto	z	10^{-21}	tera	T	10^{12}
milli	m	10^{-3}	yocto	y	10^{-24}	peta	P	10^{15}
micro	μ	10^{-6}	deca	da	10	exa	E	10^{18}
nano	n	10^{-9}	hecto	h	10^{2}	zetta	Z	10^{21}
pico	p	10^{-12}	kilo	k	10^{3}	yotta	Y	10^{24}
femto	f	10^{-15}	mega	M	10^{6}			

表-6 基礎物理定数

物理定数名	記号	数値	SI単位
万有引力定数	G	6.673	$\times 10^{-11}\,\mathrm{Nm^2/kg^2}$
光速(真空中)	c	2.99792458	$10^{8}\,\mathrm{m/s}$
電子の質量	m_e	9.109382	$10^{-31}\,\mathrm{kg}$
陽子の質量	m_p	1.6726216	$10^{-27}\,\mathrm{kg}$
中性子の質量	m_n	1.6749272	$10^{-27}\,\mathrm{kg}$
素電荷	e	1.6021765	$10^{-19}\,\mathrm{C}$
電子半径	r_e	2.81794	$10^{-15}\,\mathrm{m}$
ボーア半径	a_0	5.2917721	$10^{-11}\,\mathrm{m}$
プランク定数	h	6.626069	$10^{-34}\,\mathrm{Js}$
ステファンボルツマン定数	σ	5.67040	$10^{-8}\,\mathrm{W/m^2\,K^4}$
ボルツマン定数	k	1.380650	$10^{-23}\,\mathrm{J/K}$
アボガドロ定数	N_A	6.022142	$10^{23}/\mathrm{mol}$
完全気体の体積(0℃, 1気圧)	V_0	2.241400	$10^{-2}\,\mathrm{m^3/mol}$
気体定数(1mol)	R	8.31447	$\mathrm{J/molK}$
ファラデー定数	F	9.648534	$\times 10^{4}\,\mathrm{C/mol}$

国立天文台編, 理科年表 平成13年, 丸善(2000)より

表-7 単位の換算

計量	SI単位換算値
長さ[m]	尺 = 0.30303 m,　yd = 0.9144 m,　ft = 0.3048 m,　in = 2.54 cm,　mile = 1.6093 km,　海里 = 1.852 km
質量[kg]	貫 = 3.75 kg,　lb = 453.6 g,　oz = 28.35 g,　カラット = 200 mg
力[N]	dyn = 1×10^{-5} N,　kgf = 9.80665 N,　lbf = 4.4482 N
圧力[Pa]	mmHg(torr) = 133.322 Pa,　atm = 760 torr = 0.101325 MPa,　kgf/mm² = 9.80665 MPa,　psi = 6 895 Pa
エネルギー[J]	kWh = 3.600 MJ,　kcal = 4.18605 kJ,　kgf·m = 9.80665 J
温度[K]	$t/℃ = t/K - 273.15$,　$t/℉ = 1.8 \times t/℃ + 32$

共通基礎データ

表-8 主要元素の密度, 融点, 沸点

元素	密度	融点[℃]	沸点[℃]	元素	密度	融点[℃]	沸点[℃]
H	0.0899	−259.14	−252.9	Y	4.47	1 520	3 388
He	0.179	−272.2	−269.9	Zr	6.51	1 852	4 361
Li	0.534	180.5	1 333	Nb	8.57	2 740	2 900
Be	1.85	1 287	2 472	Mo	10.22	2 623	4 682
B	2.34	2 077	3 870	Tc	11.5	2 140	−
C	2.25		3 370	Ru	12.41	2 250	4 155
N	1.25	−209.86	−195.8	Rh	12.41	1 960	3 697
O	1.429	−218.4	−182.96	Pd	12.02	1 552	2 964
F	1.70	−219.62	−188.14	Ag	10.50	961.9	2 162
Ne	0.9	−248.67	−246.0	Cd	8.65	321.0	767
Na	0.97	97.81	883	In	7.31	156.61	2 072
Mg	1.74	650	1 095	Sn	7.31	231.97	2 603
Al	2.70	660.4	2 520	Sb	6.69	630.7	1 587
Si	2.33	1 412	3 266	Te	6.24	449.8	999.1
P	1.82	44.1	280.5	I	4.93	113.6	184.35
S	2.07	112.8	444.7	Xe	5.887	−111.9	−108.1
Cl	3.21	−101	−34.05	Cs	1.87	28.4	658
Ar	1.784	−189.2	−185.9	Ba	3.51	729	1 898
K	0.86	63.7	765	La	6.145	920	3 461
Ca	1.54	842	1 503	Hf	13.31	2 207	3 200
Sc	2.992	1 539	2 831	Ta	16.65	2 985	5 510
Ti	4.54	1 666	3 289	W	19.3	3 407	5 555
V	6.11	1 917	3 420	Re	21.02	3 180	5 596
Cr	7.20	1 857	2 682	Os	22.57	3 045	5 012
Mn	7.44	1 246	2 062	Ir	22.4	2 443	4 437
Fe	7.87	1 536	2 863	Pt	21.45	1 769	3 827
Co	8.9	1 495	2 930	Au	19.32	1 064.4	2 857
Ni	8.90	1 455	2 890	Hg	13.55	−38.84	356.58
Cu	8.96	1 084.5	2 571	Tl	11.85	303.5	1 473
Zn	7.13	419.58	907	Pb	11.35	327.5	1 750
Ga	5.904	29.78	2 208	Bi	9.75	271.4	1 561
Ge	5.323	937.4	2 854	Po	9.32	254	962
As	5.73	817	−	Rn	9.73	−71	−61.8
Se	4.79	220.2	684.9	Ra	5	700	1 140
Br	3.12	−7.2	58.78	Ac	−	1 050	−
Kr	3.739	−156.6	−153.4	Ce	6.76	759	3 426
Rb	1.532	38.89	688	Th	11.72	1 750	4 789
Sr	2.6	777	1 414	U	18.95	1 132	4 172

注)個体・液体の密度は 10^{-3} kg/m^3 =g/cm^3, 気体の密度はkg/m^3(室温), 融点・沸点は1気圧.
国立天文台編, 理科年表 平成13年, 丸善(2000)および理化学辞典, 第5版, 岩波書店(1999)より

第Ⅰ編

環境・リサイクル分野

第I-1章 総論

1.1 はじめに

　環境問題は一システムや，一企業や，一国で解決できる問題でなくなって久しい．認識はされつつあるが，本質的な対策が始まっているものでもない．ただ材料技術を含む技術は，いろいろなところで応用され，環境の悪化をかなりくい止め，改善に貢献している．

　環境問題を検討し，材料技術の応用分野について考察し，さらにセラミックスの応用を分析する．

1.2 環境問題

　環境において，大気や水，その他の物質が正常に循環し，エネルギーが正常に供給・消費・廃棄され，収支がバランスしていれば問題は起らない．人間の活動がこれらの正常な状況を歪ませ，収支のバランスが崩れ，不具合を生じさせる．当初それぞれ局所的，一時的，断片的だったものから，次第に総量として関連をもち，地球規模に達している．ある範囲で総量が増え，十分に拡散，希釈しきれないと，地域的に大気においては酸性雨，窒素酸化物，硫黄酸化物，一酸化炭素，浮遊粒子状物質，光化学オキシダント，水においては重金属，BOD，CODで表される有機物，硝酸性窒素，リン，さらに土壌汚染，環境ホルモン，ヒートアイランド，振動，騒音，電磁波，放射線等が問題となる．地球規模まで増加し，地球温暖化，オゾン層破壊が問題となっている．労働衛生の授業で「労働災害のないところに公害はない」と教えられたことを思い出す．

　したがって，なされるべき対策としては，局所的，一時的，断片的なそれぞれの

異常を修正していくことである．汚染物質を排出する場合は，その活動の取りやめ，システムの改善による排出の減量，排出物の処理，汚染物質を排出しない別システムへの転換である．それぞれ，例えばガソリンエンジンを使った自動車による移動の自粛，エンジンの燃焼改善，排気ガスの処理，燃料電池への転換である．排出の減量のために使用後の廃棄やリサイクルが容易な原材料を使用することもある．

　もうひとつの対策は，自分の周囲の環境を乱す要因を排除（汚染要因の除去）し，排除したものを適切に処理することである．例えば，上水と，その時発生する汚泥の処理である．また，さらにもうひとつの対策は，局所的，一時的，断片的なバランスの崩れた状況の分布を改めることである．都市立地や交通の分散である．

　環境問題に対する対応の動機は，個人の良心，企業イメージのためといった良心に訴えようとすること，実際の公害や災害の対策，法規制，およびこれらの結果でもある廃棄物処理の経費節減である．実際には経済性によって受入れられるか否かが決る．材料に関しても製造コストはもちろん，LCAなどを含めた経済性は重要な要素である．

　かつて自動車は排ガス規制により急速な改善がなされたが，現在はむしろ法規制より改善が先行している．しかしゴミ処理におけるダイオキシンの問題は，まだ規制が先導しているように見える．環境問題に対する対応の重要さを比較するのは難しい．自動車の排ガスとゴミ処理におけるダイオキシンの問題は比較できない．排ガスの影響とダイオキシンの影響とを仮に比較できたとしても，自動車の利便性がもたらす価値と，ゴミ処理による衛生上のメリットは同じ尺度で定量できないからである．材料がどのくらい重要かは，それを用いるシステムがどのくらいの価値があるかによって決る．システムとの連携が重要である．

1.3　材料技術の応用分野

　本書のように「環境あるいはリサイクル分野への応用」が「情報・通信分野への応用」，「エネルギー分野への応用」と並列される場合，「環境あるいはリサイクル分野への応用」は前章の「排出物の処理，使用後の廃棄やリサイクルが容易な原材料，汚染要因の除去，および除去したものの適切な処理」における応用である．リサイクルはこの中で有価物を回収，再利用するものである．システムの改善に

よる排出の減量，汚染物質を排出しない別システムへの転換は「情報・通信分野への応用」，「エネルギー分野への応用」に委ねられる．さらに活動の取りやめ，局所的，一時的，断片的なバランスの崩れた状況の分布を改めることは，社会全体のいろいろな要素によるものである．

1.4 セラミックスの応用

■ 1.4.1 構造的なメリット

　他の材料と対比したセラミックスの特徴は耐熱性，耐食性，および硬さである．さらにもひとつの特徴は，前述の特徴とセラミックプロセス所以の独特の構造が得られる点である．普通のセラミックプロセスでは粉体を製造し，成形し，焼結して機械的強度を付与し，構造体を製造する．この過程で微粒子の生成や，高表面積，流通性の細孔構造が実現できる．これはセラミックプロセスが表面エネルギーに支配されていて，その制御が高表面積，多孔性を制御することにほかならないからである．さらに金属・ポリマーでは酸化や低温での焼結が問題になり，塑性変形・弾性変形のため外力によって細孔や構造が変形してしまう．

　環境においてはかなりの場合が大気，水など，流体を取扱う．したがって，高表面積，多孔性，流通などの特性が有効である．これらを利用したものの気孔率と気孔径を図I−1.1にまとめた．細孔径は，分子の吸着を目的とする1nmレベルの細孔，細菌などの除去を目的とする1μmレベルの細孔，粉塵の除去および気泡の均一な発生を目的とする100μmの細孔まで広がる．これらは流体との効率的な接触や，除去・担持するものに対して実験的に選択されてきたものである．図の細孔径は吸着法，水銀圧入法で，特に分離膜の場合，気化凝縮法[1]，エアーフロー法[2]で測定されたものである．一方，気孔率は一

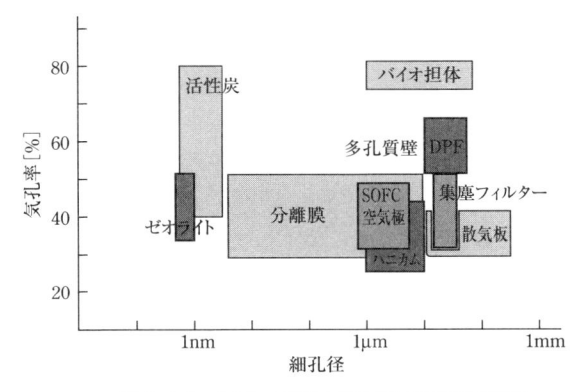

図I-1.1　セラミック製品の細孔径と気孔率との関係

部を除いて限られた範囲にある．機械的強度のためであると思われる．

■ 1.4.2 機能的なメリット

　ゼオライトは結晶構造中に規則的な細孔があり，さらに酸点といった特別な吸着能をもつので，機能的な材料といえる．大気，水などが対象となる環境分野においては，この吸着に関する機能がセラミックスの特徴になる．触媒や，センシングに応用されている．

　もうひとつの機能的な特徴は，固体電解質である．実用されている固体電解質はβ''アルミナとジルコニアである．エネルギー分野では，それぞれナトリウム－硫黄電池，固体電解質燃料電池へ応用されているが，選択性電極を使用することによりセンサーとして応用される．さらに電気的にNO_xを分解除去することも試みられている[3]〜[5]．

　固体電解質の特徴は，結晶を構成している特定のイオンが著しく速く拡散することで，β''アルミナは300℃程度でナトリウムイオンが，ジルコニアでは1 000℃で酸素イオンが実用的な拡散速度を示す．さらに電子，ホールによる伝導がないことである．これに対して電子，ホールによる伝導も十分にある場合は内部電池を形成して，分離膜として応用される．一部のペロブスカイトは，ジルコニアの数10倍の酸素イオンの拡散速度をもつ[6],[7]．酸素分圧の違いによる膜表面の酸素イオン濃度の差が拡散の駆動力となる．これを用いた酸素分離膜は高温で動作し，酸素富化への応用が考えられるが，酸素を富化した空気を用いる炉から昇温のための熱をもらう．熱収支を考えたシステムの設計が重要となる．

　さらに機能的なメリットとして化学的安定性がある．これはセラミックスを構成する酸化物が，通常の雰囲気で熱力学的に安定であり，ガラスなど多くの元素を安定的に取込める，高温の焼成でいっそう安定した化合物，形態になるためである．このためセラミックス自身の廃棄は，粉砕などの機械的処理だけで埋立てなどが可能になる．また廃棄物を原料に加えたセメント[8]，建築廃材のリサイクル[9]，有害な廃棄物を安定化させることにも用いられている．

■ 1.4.3 セラミックスのデメリット

　セラミックスのデメリットを考えるとき，その特徴は脆性と焼成プロセスであ

る．製造コスト，LCA などの経済性の観点において，マシナブルセラミックス，低温焼成技術の開発はなされているが，脆性は加工を困難なものとしているし，焼成のエネルギー消費や CO_2 発生は避けられない．システムの観点において，セラミックスのための設計技術が開発されつつあるが，金属の設計に慣れたシステム技術者にとってセラミックスの脆性は取扱いにくい．実際使用されているセラミックス部品は，応力集中を回避したり，保証試験，フェイルセーフの設計など，種々の工夫がなされている．

1.5　おわりに

これまでたくさんの可能性が提案され，いくつかは実用化され，またいくつかは実用化に至っていない．実用化されている場合は，材料の特性もさることながら，システムの中での使い方が優れている場合である．環境分野の問題も解明が進みつつあるから，より適した材料や部品を求められるようになってくると思う．新しい材料技術を用いた新しいシステムの展開を期待したい．

参考文献

1) D. E. Fain, A dynamic flow－weighted pore size distribution, *Proceedings of the First International Conference on Inorganic Membranes*, Montpelier, France, p. 199 (1989).
2) JIS K 3832
3) T. M. Gur and R. A. Huggins, Decomposition of Nitric Oxide on Zirconia in a Solid State Electrochemical Cell, *J. Electrochem. Soc.*, **126**, 6, pp.1067－1075 (1979).
4) T. Hibino, Electrochemical Removal of NO and CH_4 from Oxidizing Atmosphere, *Chem. Lett.*, 5, pp.927－930 (1994).
5) S. Bredikhin, K. Maeda and M. Awano, Peculiarity of NO decomposition by electrochemical cell with mixed oxide working electrode, *J. Electrochem. Soc.*, **148**, 10, pp.133－138 (2001).
6) 寺岡靖剛，古川祥一，張華民，山添昇，$La_{1-x}Sr_xCo_{1-y}Fe_yO_3$ のペロブスカイト型酸化物の酸素透過能，日本化学会誌，**7**, p.1084 (1988).
7) C. H. Chen, H. J. M. Bouwmeester, R. H. E. van Doorn, H. Kruidhof and A. J. Burgrgraaf, Oxygen permeation of $La_{0.3}Sr_{0.7}CoO_{3-\delta}$, Solid State Ionics 98, pp.7－13 (1997).
8) 大住眞雄，無機系固体廃棄物のセメントへのリサイクル，"廃棄物の処理"，化学工学会

(2001).

9) 久野裕明, 前浪洋輝, 無機系固体廃棄物のセラミック系建材へのリサイクル, "廃棄物の処理", 化学工学会 (2001).

第I-2章 各論

2.1 ろ過機能

■ 2.1.1 ディーゼルパティキュレートフィルター (DPF)

(1) はじめに

　ディーゼルエンジンは燃費性能および耐久性に優れているため，動力源として重要な地位を占めている．一方で，ディーゼルエンジンの排ガスに多く含まれている黒煙微粒子（ディーゼルパティキュレート）は発ガン性が強く疑われており，花粉症等への関連も指摘されている．

　ディーゼルエンジンの排ガス低減にはエンジン改良や排ガス後処理において種々の技術があるが，本項では排ガス後処理技術のうちで，黒煙微粒子の大幅低減が可能なディーゼルパティキュレートフィルター（DPF : diesel particulate filter）について述べる．

(2) DPFシステム

a. 黒煙微粒子

　黒煙微粒子（PM : particulate matter）は炭素質のスス・可溶性炭化水素（SOF : soluble organic fraction）・硫酸分およびその他の無機物からなっている．微粒子は肺に吸引されると細かいほど排出されにくく，従来 $10\,\mu m$ 以下の微粒子（PM10）を対象に環境基準が定められていたが，サブミクロンの粒子が特に危険と判断され，$2.5\,\mu m$ 以下の微粒子（PM2.5）を重点的に管理しようとする方向にある．ディーゼルの黒煙微粒子はほぼすべてがサブミクロン粒子であるのに加えて，可溶性炭化水素の中に微量ではあるが benzo-a-pyrene のように強い発ガン性を

示す物質も含まれている.

b. システムの機能

DPFは前記の黒煙微粒子を物理的にろ過して除去するものである.フィルターの性状を適切に選ぶことにより,80〜90％の高い除去効率が得られる.DPF内に微粒子が堆積すると通気抵抗が増大してエンジン性能を損ない,ついには目詰りにいたるため,堆積した微粒子を定期的に除去する必要がある.堆積した微粒子を除去することを,DPFの再生とよぶ.微粒子の大半を占める炭素質のススとSOFが可燃性であることから,一般的には堆積微粒子はDPF内で焼却除去される.

黒煙微粒子への着火には600℃程度の高温が必要であるが,ディーゼルエンジンの排ガスはガソリンエンジンに比べて一般的に低温であり,高エンジン負荷による微粒子への自然着火は,特殊な状況または用途以外には起りにくい.したがって,DPFシステムは堆積微粒子の焼却手段を備える必要があり,その用途に合せて種々の形式がある.

堆積微粒子の燃焼時にはDPFは高温になるため,高い耐熱性が要求される.DPFには主としてセラミックスが用いられるが,この過熱破損を防止する技術が重要課題である.燃焼再生を避けて,圧縮エアーを用いた逆洗再生により,堆積微粒子をDPF外に取出して焼却する方法も研究されている.

(3) ウォールフロー型DPFの形式

四角いセル孔を有する多孔質セラミックスハニカムのセル孔入口側と出口側を交互に封じた構造となっており,図Ⅰ-2.1.1に示すように,流入したガスは多孔質セルを通過するため,すべてのセル壁がフィルターとして機能する.外寸に比べて大きなフィルター面積の得られることが特長である.セル孔を細かくすればフィルター面積は増大するが,セル孔入口部で微粒子による目詰りを生じやすくなるため,実用的なセル密度は一般的には1平方インチ($1\,in^2$)当り100セル(100 cpsi),一部には$1\,in^2$当り200セル(200 cpsi)のものが使用されている.各々の標準壁厚は17mil(0.43 mm)

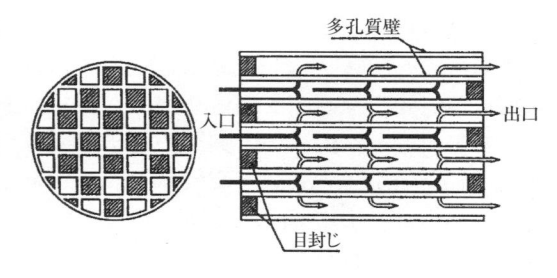

図Ⅰ-2.1.1 ウォールフロー型DPFの構造

2.1 ろ過機能

と12 mil (0.30 mm) であり，17 mil/100 cpsi および17 mil/200 cpsi と称される（1 mil＝1/1 000 in^2＝0.025 mm）．ウォールフロー型DPFのもう一つの特長は，燃焼再生時にDPF入口側の黒煙微粒子に着火すれば，出口側まで燃焼が伝播することである．このため，燃焼再生に要するエネルギーは少なくてすむ．

フィルター材質としては，自動車の排ガス浄化用触媒担体として長年の実績を有するコーディエライトが用いられる場合が多い．特にフィルターとしての通気抵抗を低減するために，**表Ⅰ-2.1.1**に示すように気孔率を50％程度に増大させ，平均気孔径も10μmに拡大されている．一方，黒煙微粒子の2次粒子の平均径はサブミクロンのオーダーである．DPFの壁内部の微細構造は，**図Ⅰ-2.1.2**に示すように多数の気孔が連通した構造となっている．

微粒子捕集の初期にセラミックス壁表面に微粒子堆積層を形成して，微粒子の捕集は主として堆積微粒子層によってなされる．セラミックス壁内の気孔が大きい場合は微粒子の吹抜けが生じて捕集効率が低下し，細かい場合は通気抵抗が増大する．したがって，気孔径を所定の範囲で制御することにより，高い捕集効率を維持しつつ通気抵抗を低減することが可能である[1]．コーディエライトDPF材料の気孔径分布を**図Ⅰ-2.1.3**に示す．コーディエライト以外の材料としては，多孔質SiCがあげられる[2]．

DPFの形式としては，そのほかにラジアルフロー型とクロスフロー型があり，材質としては上記以外にセラミックスファイバーや多孔質金属も用いられる．

表Ⅰ-2.1.1　コーディエライトDPFの材料特性

材料符号	DHC-558
セル構造 [mil/cpsi]	17/100
気孔率 [％]	52
平均気孔径 [μm]	13
熱膨張係数 [40〜800℃，×10^{-6}/℃]	0.4
軟化温度 [℃]	1 400
初期圧力損失 [mmH$_2$O]*^{1}	90
スート捕集効率 [％]*^{2}	95

注）*^{1}　初期圧力損失：スート未堆積状態での圧力損失
　　　　測定温度：室温，エアー流量：4.2 Nm^3/min
　　*^{2}　スート捕集効率：ディーゼルバーナーでの試験結果
　　　　排ガス温度：200℃，排ガス流量：2.4 Nm^3/min
　　　　スート発生量：10〜15 g/h
　　DPFサイズ：φ5.66″×6″L（*^{1}, *^{2}共に同一サイズで測定）

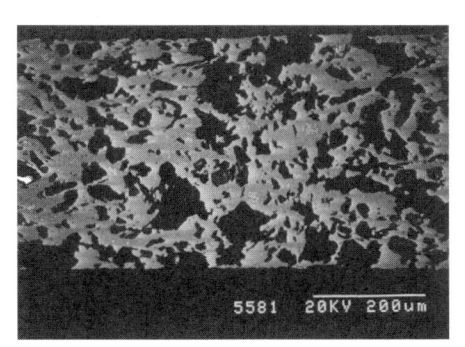

図Ⅰ-2.1.2　コーディエライトDPFの気孔構造
（材料符号DHC-558）

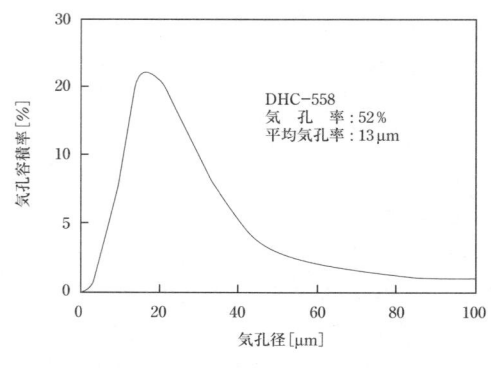

図I-2.1.3 コーディエライトDPFの気孔径分布

(グラフ内: DHC-558 気孔率:52% 平均気孔径:13μm)

(4) 今後の課題

燃費と耐久性に優れたディーゼルエンジンを環境面からの要求に適合させるために，DPFシステムは重要な役割を担っている．後付けが比較的容易なDPFシステムは，既存車輌の低公害化の面でも有効であるDPFシステムはバスやフォークリフトの一部で実用化されているが，一般車両に搭載するためにはシステムの信頼性向上とコストの削減が必須の課題であり，まだ一般向けの実用的なシステムが得られていない．今後の各方面での開発の進展が望まれる．

参考文献

1) J. Kitagawa, *et al.*, Improvement of Pore Size Distribution of Wall Flow Type Diesel Particulate Filter, SAE Paper 920144 (1992).
2) 渡邊慶人, SiC ハニカムを用いたディーゼルパティキュレートフィルターの開発, *ECO INDUSTRY*, **5**, 2, pp.28－35 (1997).

■ 2.1.2 高温集塵フィルター

(1) 高効率石炭発電における高温集塵の必要性

高効率石炭発電技術として検討されている PFBC (pressurized fluidized bed combustion combined cycle) や IGCC (integrated coal gasification combined cycle) などの複合発電技術では，高温集塵技術が重要な役割をはたす．

PFBCでは，850℃の高温燃焼ガスから煤塵を除去してガスタービンに導く必要があり，高温集塵技術の優劣が，煤塵の系外への排出量(環境特性)と共にガスタービンの耐久性を支配する．すなわち，高温集塵技術の開発動向がPFBCプラント全体の運用性, 経済性に影響することになる．

PFBCにおける煤塵除去技術としては，先行して建設された海外のPFBCプラ

2.1 ろ過機能

ントでは，2段サイクロン方式が基本であった．しかし，ガスタービンへの摩耗軽減，高環境特性の必要性などから，わが国では，脱塵性能のより優れたセラミックスフィルターの必要性が認識され，電源開発㈱若松総合事業所（以下，電源開発若松と略す）71MWe，北海道電力苫東厚真3号機85MWe商用設備など，脱塵用セラミックスフィルターを装備した実用規模のPFBC設備が建設された．電源開発若松のPFBC実証設備では，セラミックスフィルターをオフラインとし，2段サイクロンを機能させた形態での運転試験も実施されたが，その結果からもPFBCの高環境性，ガスタービンの耐久性などを確保するためには，セラミックスフィルターは重要な要素であるとの認識が広がりつつある．ちなみに，2段サイクロンでの集塵効率は，〜98％であるのに対し，セラミックスフィルターでは，99.9％以上に達する．

一方IGCCにおいては，石炭から生成した可燃性のガスの乾式精製プロセス（脱塵，乾式脱硫システムなど）にセラミックスフィルターが使用される．石炭ガス化では，従来湿式ガス精製法で運用されてきた実績があるが，乾式プロセスでは熱効率が向上し，排水処理装置が不要となるなどメリットが大きい．IGCCに使用されるセラミックスフィルターは，処理するガスの温度が400〜650℃とPFBCに比べて低く，耐熱性の面からはろ過体の材料選定，装置設計は容易である．しかし，石炭ガス化は燃料炭に由来する硫黄分やタール分を含み，これらの凝縮する低温域（特に起動，停止時）でのフィルターろ過体の閉塞，セラミックスおよび金属材料の腐食などの難問が残っている．またIGCCプロセスでは灰性状の違いから，一般にPFBCに比べてろ過抵抗（単位ろ過速度当りの圧損）が高目であるので，この点を考慮した対応も必要である．

(2) セラミックスフィルターの原理と種類

セラミックスフィルターでは，パルス状に清浄ガスを逆向きに流す，いわゆる逆洗という方法により，オンラインでろ過性能を再生することが行われている．図I-2.1.4は，フィルターチューブ内面をろ過面とするチューブ型フィルターの基本構成を示す概念図であるが，逆洗は主流の流入を遮断することなくオンラインで行われる．逆洗による圧損を安定させるためには，捕捉されたダストがろ過体表層から内部に浸透しないことと，逆洗時に十分な逆差圧が確保されることが必要条件となる．

ダストがろ過組織表層で捕捉される原理については，ダスト粒子と表層の間で作用するファンデルワールス力や静電力，粒子の慣性による衝突等が関係してい

ると考えられているが確立された理論はない．ろ過圧損についても，Darcyの法則だけでは説明しきれない．ろ過圧損はろ過流速にほぼ比例するものの，ガスの粘性係数についてあまり相関がみられない．さらに，温度条件によるダスト性状の変化や，逆洗能力，含塵ガスの流し方も圧損に関係している．

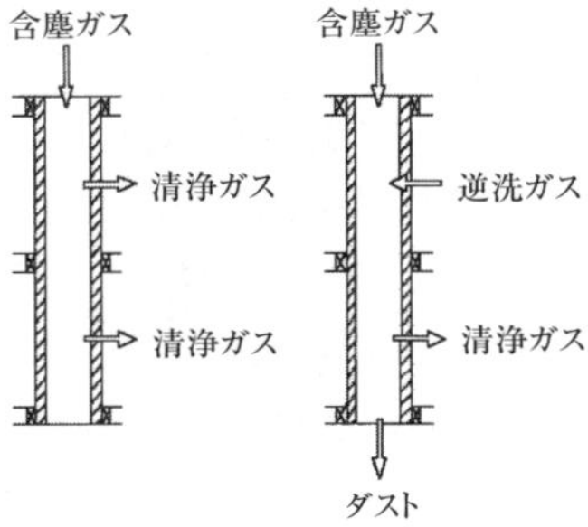

(3) セラミックスフィルターの種類

これまでにPFBCやIGCC用として開発されてきた各種セラミックスフィルターを分類すると，外面ろ過型，内面ろ過型およびブロック状のろ過体を用いたモノリシック型の3種類がある．モノリシック型はさらに，クロスフロー型とハニカム型の2種類に分類されるが，クロスフロー型については，すでに開発が断念されている．公表されている資料をもとに，これらのセラミックスフィルターの構造図および主要項目を**表Ⅰ-2.1.2**にまとめた．表中のデータは，各形式で最大規模のプラントでの公表値に基づくものである．

図Ⅰ-2.1.4 セラミックスチューブフィルターの基本構成

(4) セラミックスフィルターの実証状況

実用機規模のPFBC用セラミックスフィルターとしては，電源開発若松において1994年12月～1999年12月の5年間にわたって実証運転された71MWe実証設備用（旭硝子製）と，現在稼働中の北海道電力苫東厚真の85MWe商用設備用がある．本項では，電源開発若松のPFBC実証設備用高温脱塵設備として旭硝子が納入したチューブ型セラミックスフィルターを取上げ，PFBC用セラミックスフィルターの実証状況を説明する．

PFBC複合発電システムは，石炭を加圧された流動床ボイラーで燃焼させることにより蒸気および高温高圧ガスを同時に発生させ，蒸気タービンと同時にガスタービンでエネルギー回収を図り，低公害かつ高効率な発電システムの実現をめざすものである．電源開発若松においては，71MWeの電気出力を有するPFBC複合発電システムの実証試験が行われた．システム構成を**図Ⅰ-2.1.5**に示すが，本PFBCシステムは，高温高圧脱塵装置として世界初のガス全量処理セラミックスフィルター（ACTF：advanced ceramic tube filter）を組合せたことに特徴を有する．

2.1 ろ過機能

表 I-2.1.2(a) PFBCを対象としたセラミックフィルター

メーカ名	旭硝子	三菱重工	Schumacher
構造	(含塵ガス入口、自己循環ブローダウン、フィルターチューブ、再生器、清浄ガス出口)	(含塵ガス入口、逆洗空気ノズル、ハニカム型エレメント、フィルターエレメント、灰、清浄ガス出口)	(逆洗装置、管板、フィルターエレメント、ガス出口、ガス入口、ダスト出口)
型式	チューブ(内面ろ過)	チューブ(内面ろ過)	キャンドル(外面ろ過)
ろ過体材質	コーディエライト	コーディエライト	炭化ケイ素
含塵ガスの流れ	完全下降流	下降流	斜下降流(上昇流もあり得る)
出口煤塵濃度	<1mg/Nm³	4〜6mg/Nm³	<3mg/Nm³
ろ過流速	4.8cm/s	2〜3cm/s(正確な数値は報告なし)	5.6cm/s
圧力損失(全体)	>3 000mmAq	3 000mmAq	1 200mm〜3 500Aq
実績最大規模	電発若松 71MW	北電苫東厚真#3 85MW	ABB Finspong 10MWt/2
同上定格条件	850℃, 10ata, 253 000Nm³/h	不明	770℃, 11ata, 7 920Nm³/h

表 I-2.1.2(b) PFBCを対象としたセラミックフィルター

メーカ名	Westinghouse	LLB(国内ライセンシー:ササクラ)	CeraFilter
構造			
型式	キャンドル(外面ろ過)	キャンドル(外面ろ過)	ハニカム(モノリシック)
ろ過体材質	特定していない模様	特定していない模様	コーディエライト
含塵ガスの流れ	下降流	下降流	水平流
出口煤塵濃度	<1mg/Nm³	不明	不明
ろ過流速	4.5cm/s(サイクロン完全バイパス時)	不明	不明
圧力損失(全体)	不明	不明	不明
実績最大規模	AEP Tidd 70MW/7	Deutche Babcock 15MWt	概念設計のみ
同上定格条件	845℃, 10ata, 28 675Nm³/h	不明	―

16

2.1 ろ過機能

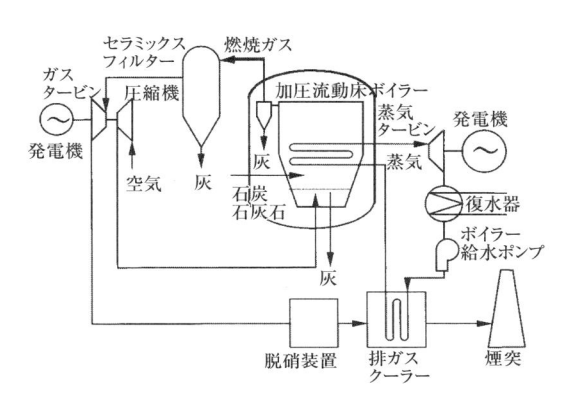

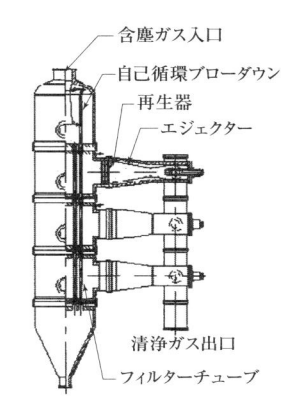

図 I-2.1.5　若松 PFBC 複合発電システムフロー図　　図 I-2.1.6　ACTF 内部構成

図 I-2.1.6 には，ACTFの内部構成を示す．ACTFは，ガス入口室，3段に積層された脱塵室，ホッパー，清浄ガス出口配管を兼ねるエジェクターおよび集合管から構成される．各脱塵室には81本のチューブが挿入され，そのうち12本は自己循環ブローダウン（SCB：self circulating blowdown）システムの上昇管として作動する．これらのチューブは圧力容器内の支持板（清浄室側の隔壁を兼ねる）に両端を支持され，ガスは容器上端の入口室に入ってから各チューブ内側の空間に分配される．チューブ内面から外面に向けてガスが通過する際に，チューブ内面でダストが捕捉される．

(5) フィルターチューブの信頼性

セラミックスフィルター運用上，フィルターチューブに関して経験した問題としては，チューブ破損およびチューブの圧損不安定・圧損過大がある．

若松実証試験初期（Phase-1）に発生したチューブ破損は，チューブ支持板からの冷却による熱応力に，逆洗に伴う機械的・熱的な変動応力が重畳することによって生じる繰返し疲労が原因と考えられた．その対策として，チューブ保証試験法の改善による低強度チューブの排除，チューブ支持部近傍の熱応力低減を目的とした断熱施工などを実施して解決された．また後述する低熱膨張チューブの導入も，チューブ破損トラブルに対しての有効な対策であった．

若松実証試験以前のパイロット試験では，ボイラーから発生した未燃焼成分がフィルター内で急速燃焼することによりチューブを破損する事例がみられた．

(6) セラミックスフィルターの信頼性向上に向けて

パイロット設備や若松実証設備の運転結果から，PFBC用セラミックスフィルターの信頼性を阻害する原因となるものは，まず最初に想起されるセラミックス材料の強度やシール構造のシール性の問題だけでなく，逆洗エジェクターライナーなど付帯設備の損傷，断熱劣化によるヒートスポットの発生，さらにはフィルター内部でのダスト閉塞など多岐にわたることがわかった．これらの問題を解決し，商用設備に適用しうるセラミックスフィルターシステムを完成させるためには，優れた性能のセラミックス材料を開発することはもとより，セラミックス材料の長所を活かし，短所をカバーするような適切なエンジニアリング技術を多岐にわたって高めていく必要がある．セラミックス材料の使用条件を適正化するために，コンピューターによる応力解析やシミュレーションを多用して最善を尽くした試みがなされている．

セラミックスチューブ材料の信頼性向上のための手段として，旭硝子では熱膨張率を半減する材料(チューブ材料としては，気孔率30～40％の多孔質コーディエライト焼結体，熱膨張係数は従来品が2×10^{-6}/℃，低熱膨張品は1×10^{-6}/℃)を開発することにより，耐熱衝撃性を2倍以上高めた低熱膨張チューブを開発した．若松の実証プラントでは，1997年中ごろに開始された長期高負荷連続運転に備えて，全チューブが低熱膨張品に交換された結果，785時間の高負荷連続運転記録の達成など良好な結果を得た．

セラミックスチューブフィルター内のダスト閉塞防止に対しては，現在のところダスト粒径の粗大化が最も効果的な対策と思われる．若松のPhase-2の試験においては，ボイラー側の改造により，フィルターへ流入するダスト量の増大および粒径の粗大化が予想され，それに対応してホッパーからの灰排出性能向上および内部構成品の耐摩耗性向上をめざした改造を実施し効果が確認された．

(7) おわりに

21世紀に向けて開発が進められている石炭高効率発電技術において，高温集塵技術，特にセラミックスフィルターのはたす役割は大きい．本項では，電源開発若松実証設備を中心とした各試験設備における運用経験をもとに，旭硝子におけるセラミックスチューブフィルターシステムの開発・実証試験状況を述べ，高温ガス集塵用セラミックスフィルター技術の到達レベルの一端を示した．システムの開発を通じて，セラミックスを実用化するためには，特性の優れたセラミック

2.1 ろ過機能

ス材料を開発することだけに頼ることなく，セラミックスを適切に使用するための装置設計技術の進歩に対する努力が重要と思われる．

■2.1.3 排水処理用セラミックス膜フィルター

　排水リサイクル用途へのセラミックス膜フィルターの適用は，現在，半導体製造工程からの研磨排水を中心に実用化されており，今後はさらに適用が拡大していく動向にある．研磨排水以外の排水リサイクルについても除濁，清澄化用途において耐食性，耐久性，信頼性の観点から，セラミックス膜フィルターの特長が発揮できる分野と考えられる．

(1) セラミックス膜フィルターの特性

　日本ガイシ製セラミックス膜フィルター(Cefilt)の外観と断面構造を図Ⅰ－2.1.7，2.1.8に示す．形状は経済性，装置コンパクト化の優位性から，図に示すような膜面積の高密度化を図ったモノリスタイプ(レンコン状)の製品が主流である．

　膜断面構造は，10数μmの細孔径を有する支持体の上に分離機能をもつ，微細な細孔径の活性層を形成させた複層の構造である．モノリスタイプの場合，活性層はレンコン状の各流路内面に形成，焼結されており内圧タイプのフィルターメディアである．

　表Ⅰ－2.1.3に精密ろ過用(MF：microfiltration)，限外ろ過用(UF：ultrafiltration)のセラミックス膜フィルターの特性を示す．

図 I-2.1.7　セラミックス膜フィルター外観写真 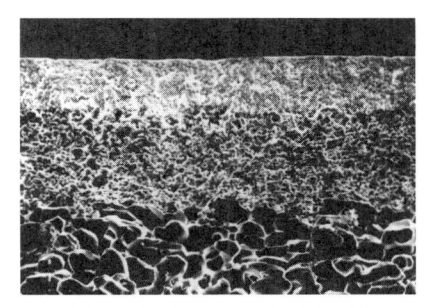　　　図 I-2.1.8　セラミックス膜フィルター断面

表 I-2.1.3 セラミック膜フィルター Cefilt の特性

		MF	UF
細孔径 （分画分子量）		0.1, 0.2, 0.5, 1, 2 μm	40Å, 50Å, 100Å, 500Å （1万）（2万）（5万）（15万）
材質	支持体／膜	Al_2O_3／Al_2O_3	Al_2O_3／TiO_2
形状, 寸法		ϕ4×19孔 ϕ3×37孔 ϕ2.5×61孔 （外径ϕ30~1000mm）	ϕ4×19孔 ϕ3×37孔 ϕ2.5×61孔 （外径ϕ30~1000mm）
気孔率		35%	
内圧強度[Mpa]		>10	
耐薬品性		pH 0~14	
耐溶剤性		使用可能	

(2) セラミックス膜フィルターの特長

排水リサイクル用途でのセラミックス膜の特長を以下に示す.

① 多岐にわたる排水に使用可能

耐食性, 耐溶剤性に優れているため, 多岐にわたる排水に使用が可能.

高分子膜の場合, 酸化剤, 溶剤含有排水では, 膜劣化の問題により使用が限定される. また, 界面活性剤含有排水でも高分子膜のような吸着が発生しないため安定した処理能力が維持できる.

② 高濁度原水に対応可能

原水濁度の変動に強く, 高濁度の原水でも処理が可能.

③ 信頼性が高い

細孔径分布がシャープなため, 分離精度が高い（**図 I-2.1.9** 参照）. また, 機械的強度が高いため, 圧力や長期間使用による膜構造の変化および膜破損の危険性が低いことから信頼性が高く, 安定した処理水質での供給が可能. したがって, リサイクルシステムとして後段に RO膜（reverse osmosis module）や活性炭塔を設置する場合, 特に効果的である.

④ 長期間の使用可能

逆圧洗浄と定期的な薬液洗浄により長期間の使用が可能. 処理能力が低下した際に実施する薬液洗浄での耐食性に優れているため, 多様な洗浄条件が

2.1 ろ過機能

選定でき，長期間の膜寿命を実現する．

(3) セラミックス膜フィルターの適用例

半導体製造工程での研磨排水処理への適用の例を示す．

① ダイシング／バックグラインダー排水

本排水はウェーハーに超純水を供給し，ダイアモンドブレードで研削，ポリッシングする工程から排出される．したがって，排水中の懸濁物はシリコン微粒子のみであり単純な組成である．

膜処理水の水質を**表Ⅰ-2.1.4**に示す．懸濁物がほとんど除去できており，純水製造設備の原水として回収，再利用することが可能である．

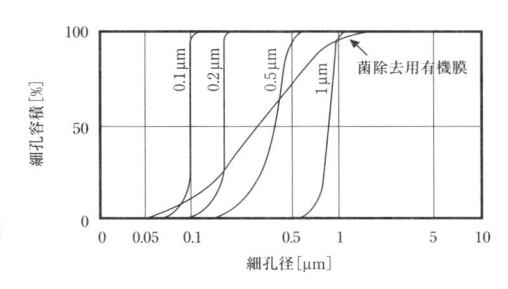

② CMP排水

CMP（chemical mechanical polising）は半導体の多層配線における平坦化

図Ⅰ-2.1.9 Cefilt-MF膜細孔径分布
（水銀ポロシメーターにて測定）

図Ⅰ-2.1.10 研磨排水処理装置外観

表Ⅰ-2.1.4 セラミック膜フィルター処理水の水質

	ダイシング排水 MF 0.1 μm		酸化膜用CMP排水 UF 5万膜		メタル用CMP排水 UF 5万膜	
	原水	膜処理水	原水	膜処理水	原水	膜処理水
pH	6.8	6.8	10	10	4.5	4.5
懸濁物 [mg/L]	30	<1	4 500	<1	450	<1
導電率 [μs/cm]	1	1	230	230	30	30
コロイド状 SiO_2 [mg/L]	<1	<1	4 490	<1	440	<1

を目的としたポリッシングプロセスであり，工程ごとにさまざまなCMPスラリーが用いられる（**図Ⅰ-2.1.10**）．

CMP排水の代表例として酸化膜系，メタル系について膜処理した水質を表Ⅰ-2.1.4に示す．膜処理水は懸濁物，コロイド状シリカがほとんど除去されているおり，回収水の性状に合せてpH調整，活性炭塔との組合せにより，再利用が可能である．

(4) 今後の展望

今後は，環境問題等から，産業廃棄物の減量化と共にリサイクルを含めたクローズ化が重要なテーマであり，膜処理が最も有効な手段といえる．また，製造工程からの排水は多種多様であり，広範囲に対応可能な膜処理システムとしてセラミックス膜フィルターへの期待はさらに拡大していくものと考える．

2.2 ケミカルセンサー

■ 2.2.1 可燃性ガスセンサー

(1) はじめに

可燃性ガスの漏洩検知を目的としたガス漏れ警報器は，炭坑，工場などの工業用途にとどまらず家庭用にも広く普及しており，現在3 000万戸以上の家庭で利用されている．また最近では，従来の都市ガスやLPガスの漏洩検知に加え，COの検出を目的としたセンサーも実用化され，ガス爆発防止のみならず不完全燃焼による中毒防止にも貢献するようになってきた．可燃性ガスセンサー検知用のセンサーとしては，主に半導体式ガスセンサーや接触燃焼式センサーが使用されている．両者の代表的な構造を**図Ⅰ-2.2.1**に示した．

半導体ガスセンサーは，SnO_2に代表されるn型の金属酸化物半導体を主材料として，これにPdやPtなどの貴金属が添加されたもので，可燃性ガスとの反応による電気伝導度変化を利用している．同図(a)では，SnO_2の焼結体がセンサーを一定温度に加熱するためのヒーターと電気信号取出し用の電極を内蔵した構成となっている．

一方，接触燃焼式ガスセンサーはその名が示すように，触媒表面上での可燃性ガスの燃焼によって発生する熱をPtコイルの電気抵抗の変化としてとらえるものである．同図(b)で示したように，PtコイルにPtやPdなどの接触燃焼触媒成分が担持

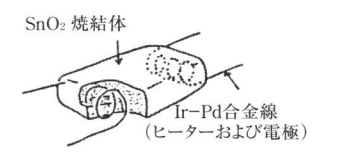

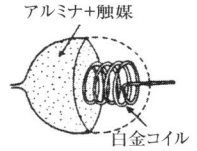

2.2 ケミカルセンサー

図 I-2.2.1 半導体式および接触燃焼式ガスセンサーの構造
(a) 半導体式ガスセンサー
(b) 接触燃焼式ガスセンサー

された Al_2O_3 多孔質体が Pt コイルを被覆した構造をもつ.

両センサーとも長寿命，メンテナンスフリー，低コストといった優れた特徴をもち，長期間にわたって利用されてきたが，小型化，低消費電力化，高機能化といった市場からの要求に応えるため，センサーの構造，材料，駆動方法あるいは信号処理技術などにおいて新しい技術革新が行われつつある．ここでは，半導体式ガスセンサーを中心とした，最近の技術について紹介する．

(2) 印刷型可燃性ガスセンサー

エレクトロニクス分野において確立されたスクリーン印刷技術とマイクロアッセンブリー技術をベースに，厚膜型可燃性ガスセンサーが開発され実用化されるに至った．このタイプのセンサーは，スクリーン印刷により一度に数百個の感ガス材料をアルミナ基板上に形成できる．これによって，センサー特性のばらつき低減や素子の小型化あるいは低消費電力化が可能となる．**表 I-2.2.1** は実用化された印刷型可燃性ガスセンサーを比較したものである．

感ガス材料としては従来から広く採用されてきた SnO_2（n 型）に加え，Fe_2O_3（n 型）や $CrTiO_3$（p 型）など新しい半導体材料も採用されている．センサーは可燃性ガスを感度よく検出するための最適温度に加熱されるが，ヒーター用の材料とし

表 I-2.2.1 印刷型可燃性ガスセンサーの比較

製造メーカー	検知対象ガス	感ガス材料	ヒーター材料	消費電力[mW]
フィガロ技研（日）	都市ガス,LPガス	SnO_2	RuO_2	300
サーモメトリクス（日）	LPガス	Fe_2O_3	Pt	600
キャプチャー（英）	LPガス	$CrTiO_3$	Pt	900

てはPtやRuO$_2$などの厚膜印刷体が採用されている．ヒーター加熱に必要な消費電力はセンサー基板の形状や作動温度によって決り，最大のもので900mW，最小で300mW程度である．

図 I -2.2.2 に具体例として，フィガロ技研(株)製の印刷型可燃性ガスセンサーの構造と可燃性ガスに対する感度特性を示した[1]．同図(**a**)に示したように，一片1.5mm，厚さ0.25mmのアルミナ基板の片面に，可燃性ガスを検知するためのSnO$_2$がスクリーン印刷により形成されている．SnO$_2$には，可燃性ガスに対する感度を高めるためにPdなどの触媒成分があらかじめ添加されている．感ガス体面の裏面には，加熱用のRuO$_2$ヒーターが印刷により形成されている．また，電極線としては熱的，機械的強度に優れるとともに，熱伝導性の低いPtおよびWからなる合金線が使用されている．本センサーの各種ガスに対する感度特性は同図(**b**)に示したように，都市ガスの主成分であるメタンに対して高い感度を示すとともに，誤報を引起す代表的なガスであるエタノールに対しての選択性も良好である．

印刷型ガスセンサーの駆動方法を工夫し，格段の低消費電力を達成しようという試みも盛んに行われている．**図 I -2.2.3** に，ヒーターをパルス駆動することを念頭に開発された印刷型センサーの構造および駆動条件を示した．センサーはパルス駆動に適した積層構造が採用されている．すなわち，同図(**a**)に示したように，アルミナ基板上にヒーターからの熱拡散防止用のガラス，ヒーター用電極，RuO$_2$ヒーター，電気絶縁用ガラス，感ガス体用電極および感ガス体が順次，積層形成されている．低消費電力化のために，感ガス体とヒーターは一片500μm程度と小型化されている．

ヒーターのパルス駆動条件は，センサーの消費電力，ガス感度特性を決定する重要な因子である．例えば，同図(**b**)に示したように，250msに14msだけヒーター

(**a**) センサー構造　　　　　　　　(**b**) ガス感度特性

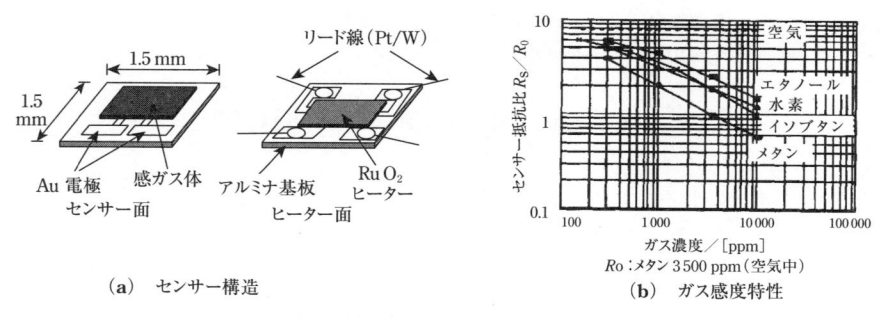

図 I-2.2.2　都市ガス用印刷型センサー

2.2 ケミカルセンサー

(a) センサー構造

(b) センサー駆動条件と感ガス体温度

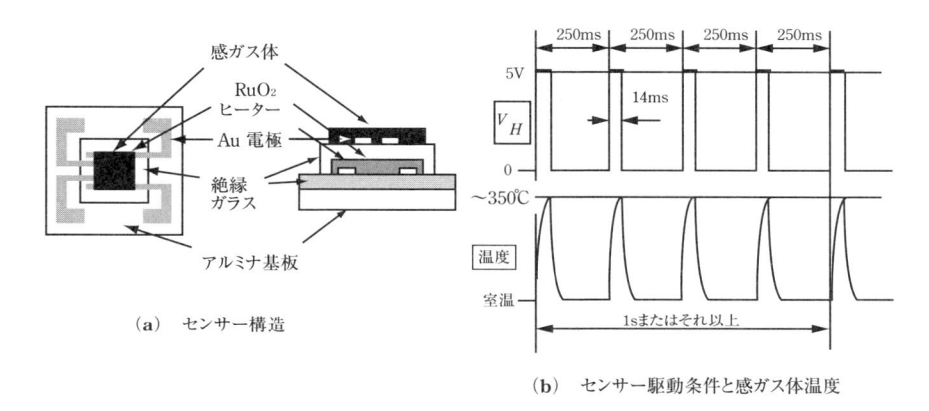

図 I-2.2.3 パルス駆動印刷型センサー

を加熱することにより消費電力は連続通電の時の約1/18となる．また，このセンサーは非常に早い熱応答性を示し，ヒーターがONとなる14 msの間に感ガス体温度は350℃まで到達し，OFFにすると数10 msの時間で速やかに室温まで戻る．現在このセンサーは，CO検知用として実用化されているが[2]，その低消費電力と熱レスポンスの早さを活かして，可燃性ガス検出用としての応用が期待される．

(3) ビーズ型可燃性ガスセンサー

印刷型可燃性ガスセンサーのほかに，ヒーターコイルに直接感ガス材料を形成したビーズ型可燃性ガスセンサーも精力的に開発，提案されている．センサー構造としては，加熱のためのヒーター線を信号取出しのリード線に共通化させた2端子構造のものと，ヒーターコイル内に信号取出しのリード線を配置させた3端子構造のものが実用化されている．ビーズ型可燃性ガスセンサーの特徴は，基板型センサーのように支持体であるアルミナ基板を加熱する必要がないため，熱効率が高い点にある．また，センサーの小型化も可能である．これらの特徴を利用し，都市ガスやLPガス検知用の警報器として採用されてきた．感ガス材料としては，SnO_2を主材料として，これにさまざまな金属元素が添加され，選択性や耐久性が改良されている．最近，2端子型のビーズ型可燃性ガスセンサーを小型化，パルス加熱することによって一段と低消費電力化し，電池で可燃性ガスが検知できることが報告された[3]．これによると，ビーズサイズを150 μmまで小型化し20 sに200 ms間だけヒーターをONすることで消費電力は0.6 mWとなり，十分電池で駆動すること

が可能としている．

　可燃性ガスセンサーの最近の動向として，小型，低消費電力を目指した半導体ガスセンサーの開発を中心に述べた．市場の要求にはこれ以外にも，選択性の向上や寿命の延長など多岐にわたる．今後，センサー材料，構造などのハード面と信号処理技術などのソフト面を結合させた取組みが期待されるところである．

参考文献

1) T. Inoue, H. Machida, M. Shimazaki, T. Nakahara and I. Aso, *Proceedings of the 6th International Meeting on Chemical Sensors* (Gaithersburg), OR−186 (1996).
2) T. Nomura, Y. Fujimori, M. Kitora, Y. Matsuura and I. Aso, *Sensors and Actuators*, B 52, pp.90−95 (1998).
3) T. Takada, H. Shiozawa, H. Kobayashi, H. Tanjou and A. Furukawa, *Proceedings of the 8th International Fair and Congress for Sensors*, Transducers & Systems (Sensor 97), 1.1, pp.159−164 (1997).

■2.2.2 有害ガスセンサー

(1) はじめに

　近年，酸性雨による森林破壊や湖沼の酸性化，温室効果ガスによる地球温暖化，オゾン層破壊などの環境問題がクローズアップされてきている．これらは，化石燃料の大量消費に伴う大気CO_2濃度の増大が地球温暖化を引起し，燃焼炉，内燃機関，焼却炉などから排出されるNO_x（NOとNO_2），SO_x（SO_2とSO_3），HClが酸性雨の原因となっている．また，クーラーの冷媒や半導体プロセスにおける洗浄剤として使われるフロンガスの放出がオゾン層破壊につながっている．さらには，局所的な空気汚染，生活排水，工場排水，農薬などによる河川，地下水，土壌，あるいは海洋の汚染，H_2S，NH_3などによる悪臭も重要な問題となっている．

　これら環境問題を解決するためには，有害物質の排出をできるだけ低減したり，浄化するような新しい技術や化学プロセスの開発が重要であるが，それと同時に，有害物質の排出やその汚染の実態を容易に計測できるセンサーが開発されて初めて有効な解決法が見出されるものと思われる．

　有害物質を計測するセンサーは環境問題解決のための重要な要素技術の一つで

2.2 ケミカルセンサー

表 I-2.2.2 主な環境計測用ガスセンサーの種類と特徴

種類あるいは方式	センサー素子	注目する物性, 特性	対象ガス
半導体センサー	酸化物の多孔質焼結体 (ブロック, 厚膜, 薄膜) Pt/Ir-MISFET	電気抵抗 トランジスタ特性	NO_x, フロン, H_2S, NH_3, O_3 NH_3
固体電解質センサー	電池	起電力	CO_2, NO_x, SO_x, H_2S, HCl
絶縁体(誘電体)センサー	多孔質焼結体	電気容量	CO_2, NO_x
圧電体センサー	ピエゾ素子 SAW素子	共振周波数 表面波の伝搬速度	SO_x, NH_3, NO_2, H_2S
光学式センサー	光ファイバー+感応層	光吸収, 蛍光(発光, 消光)	CO_2, NH_3
電気化学式センサー	湿式電解セル+ガス拡散膜	限界電流	NO_x, O_3

あるが,その目的としては,

① 有害物質の排出源における浄化処理や監視を行う
② 比較的広範な地域での環境計測を行う

があげられる.そのためセンサーは小型,安価であり,リアルタイム計測によるフィードバック制御が可能であることが望まれる.ここでは有害物質の中でガス成分を対象とするセラミックスガスセンサーについて概説する.

(2) セラミックスガスセンサーの原理

ガス分子は,固体表面へ吸着したり,あるいはさらに反応する性質を大なり小なりもっている.これらの特性の違いを利用してガス分子を識別する方法が,ガスセンサーでは一般に用いられる.センサー材料の種類や温度を選べば,驚くほどの高感度,高選択的な検知が行えることが少なくない.**表 I-2.2.2**には,主な有害ガスセンサーの種類と特徴をまとめた.半導体,固体電解質,圧電体などのさまざまな材料を用いて多様なガスセンサーがつくられている.ここでは,半導体ガスセンサーと固体電解質ガスセンサーについて簡単に紹介する.

a. 半導体ガスセンサー

半導体ガスセンサーでは,被検ガスによるセンサー抵抗の変化をガス検知信号としている.この抵抗変化は,ミクロに見れば酸化物半導体超微粒子(n型)の粒界ポテンシャル変化に起因する.**図 I-2.2.4(a)**のように超微粒子表面にp型酸化物(CuO)を分散担持すれば,p-n接合により粒子表面の電子欠陥層は増大し,粒界ポテンシャルは増大する.一方ガス(H_2S)により,分散担持された物質状態が変化し,

$p-n$ 接合が切断されれば，粒界ポテンシャルが低下する．これにより，H_2S に対して特異的に高い感度と選択性が得られる．半導体とこれに接合する電子導電体（レセプター物質）の組合せを適宜選べば，新しいニーズに応えるセンサーを設計することができる（**表I-2.2.3**）．半導体ガスセンサーには，主に**図I-2.2.5**に示すような焼結体型あるいは厚膜型の構造が用いられる．

b. 固体電解質センサー

固体電解質ガスセンサーは酸素センサーなどとしてきわめて有用であるが，用いられる固体電解質の種類が限られることが難点であった．これに対して，図I-2.2.4(b)のように炭酸塩（補助相とよばれる）を検知極界面に塗布すれば，CO_2 感応性の新しいガス電池が構築でき，この電池は O_2 感応性の半電池（左側）と CO_2 感応性（右側）を接合したものとして理解できる．このようなイオン伝導体-イオン伝導体接合により，**表I-2.2.4**のように多様な含酸素ガスセンサー（起電力型）が開発されている．またこの接合系を用いて限界電流型のセンサーをつくることもできる．一方，検知極側に金属酸化物（電子伝導体）の多孔質層を接合させた系［（図I-2.2.4(c)］では，実際には酸化物

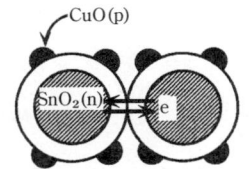

(a) $CuO-SnO_2$ 系 H_2S センサー（半導体ガスセンサー）

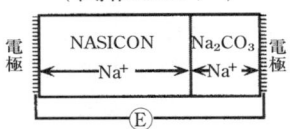

(b) $Na_2CO_3-NASICON$ 系 CO_2 センサー（固体電解質ガスセンサー，起電力型）

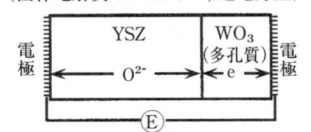

(c) WO_3-YSZ 系 H_2S センサー（固体電解質ガスセンサー，混成電位型）

図I-2.2.4 セラミックガスセンサーの検知原理（模式図）

表I-2.2.3 有害ガスを検出する半導体ガスセンサー

酸化物	レセプター物質（添加量）	被検ガス	濃度	文献
SnO_2	V+In	NO_2	12.5 ppm	1
TiO_2	In	NO	10～1 000 ppm	2
WO_3	—	NO_2	20～80 ppm	3
WO_3	Ru (0.004wt%)	NO	10～200 ppm	4
WO_3	Pt-Zeolite	NO	1～10 ppm	5
SnO_2	S(1at%)+(Pd, 1wt%)	CH_2FCF_3(R-134a)	5～3 000 ppm	6
In_2O_3	Fe_2O_3(3at%)	O_3	0.01～5 ppm	7
WO_3	Au (0.8wt%)	NH_3	5 ppb～50 ppm	8
SnO_2	ZnO (3at%)	H_2S, CH_3SH	10 ppb～10 ppm	9
SnO_2	CuO (5wt%)	H_2S	1～50 ppm	10

2.2 ケミカルセンサー

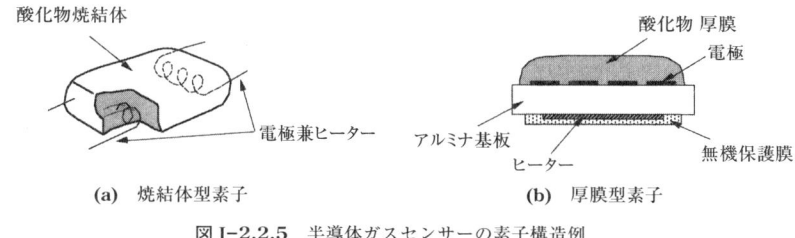

(a) 焼結体型素子 — 酸化物焼結体、電極兼ヒーター

(b) 厚膜型素子 — 酸化物 厚膜、電極、アルミナ基板、ヒーター、無機保護膜

図 I-2.2.5　半導体ガスセンサーの素子構造例

表 I-2.2.4　有害ガスを検出する固体電解質ガスセンサー

固体電解質	補助相	被検ガス	動作温度[℃]	計測濃度範囲	文献
NASICON*	Li_2CO_3–$CaCO_3$	CO_2	400〜550	4 ppm〜40 %	11
	$NaNO_2$	NO	150〜225	1〜800 ppm	12
	$NaNO_2$–Li_2CO_3	NO_2	150	0.005〜200 ppm	13
MgO–stabilized zirconia	Li_2CO_3	CO_2	600	4 ppm〜40 %	14
	$Ba(NO_3)_2$	NO_2	450	4〜200 ppm	15
	Li_2SO_4–$CaSO_4$–SiO_2	SO_2	650	2〜200 ppm	16
Y_2O_3–stabilized zirconia	WO_3	H_2S	650	0.3〜3 ppm	17
	CdC_2O_4	NO	650	40〜600 ppm	18
		NO_2		20〜200 ppm	

＊ NASICON：ナトリウムイオン導電体

が電極として働き，金属電極は集電体としての機能しかはたさない．酸化物電極の機能を用いることによって，金属電極だけの場合とは異なったセンサー特性が得られる．酸化物を適当に選択すれば非平衡ガス系に対して大きな混成電位が発生することがあり，これをガス検知に用いることができる．この方式は，高温で

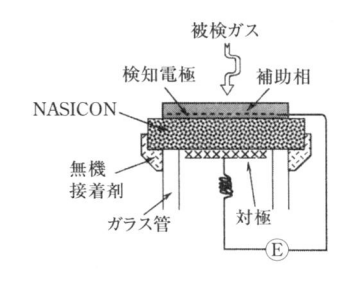

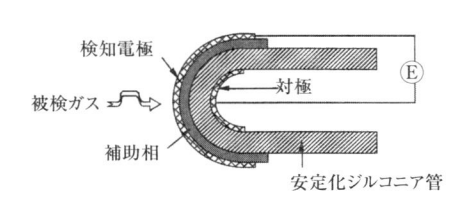

(a) NASICONを用いた固体電解質ガスセンサー素子

(b) 安定化ジルコニアを用いた固体電解質ガスセンサー素子

図 I-2.2.6　固体電解質ガスセンサーの素子構造例

のNOあるいはNO₂の検知に最も有力である（表Ⅰ-2.2.4）．固体電解質ガスセンサーには，**図Ⅰ-2.2.6**に示すような素子構造が用いられる．

(3) 有害ガスセンサーの特性
a. NO$_x$センサー

NO$_x$の排出量を制限するための排ガス用センサーと，大気中のNO$_x$濃度をモニターするための計測用センサーの2つの用途がある．前者には，さらに中温動作用（固定燃焼炉排ガス）と高温動作用（自動車排ガス）とがある．排ガス中のNO$_x$は通常NOが主成分であり，NOを選択的に検知するセンサーが望まれるが，そのようなセンサーはまだないのが実状である．中温用としてはNOをNO₂に変換して計測するのが有力であり，WO₃を用いた半導体センサーが有望視されている（**図Ⅰ-2.2.7**）．高温用については酸化物電極を用いた固体電解質センサー（混成電位型）の可能性が高まっており，研究が急がれる．環境計測用センサーには，大気環境基準（40～60ppb）程度のNO₂を検知する必要があるため高感度が要求されるが，NASICONとNaNO₂-Li₂CO₃補助相を組合せたセンサーが大気中の極低濃度のNO₂を検知できる（**図Ⅰ-2.2.8**）．

b. SO$_x$センサー

SO$_x$は石炭や重油などの硫黄含有量の多い燃料から発生するが，その排出基準

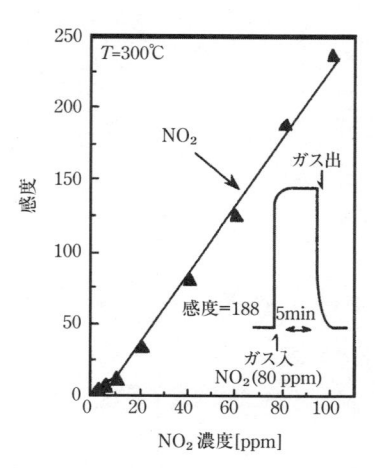

図Ⅰ-2.2.7　WO₃素子のNO₂に対応する応答曲線と感度の濃度依存性

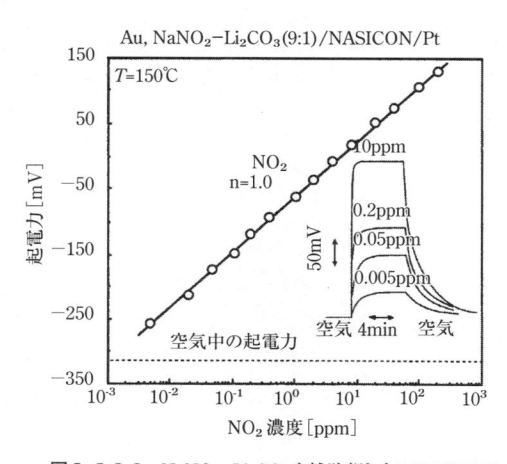

図Ⅰ-2.2.8　NaNO₂-Li₂CO₃を補助相とするNASICON素子のNO₂に対する起電力と応答曲線

は燃焼炉,燃焼機関などによって異なっており,地域によっても規制値に差がある.また,SO_xは悪臭としても取上げられており,0.5〜1 ppmで臭気を感じ,30〜40 ppmで呼吸が困難になる.SO_xセンサーとしては当初,金属硫酸塩であるK_2SO_4やNa_2SO_4が提案されていたが,起電力(EMF:electoromotive force)があまり安定でなく,ドリフトもあった.最近では安定化ジルコニア(固体電解質,O^{2-}導電体)とLi_2SO_4-$CaSO_4$系やLi_2SO_4-Ca SO_4-$CaSO_4$-SiO_2系補助相を組合せたセンサーが研究されている(**図I-2.2.9**).

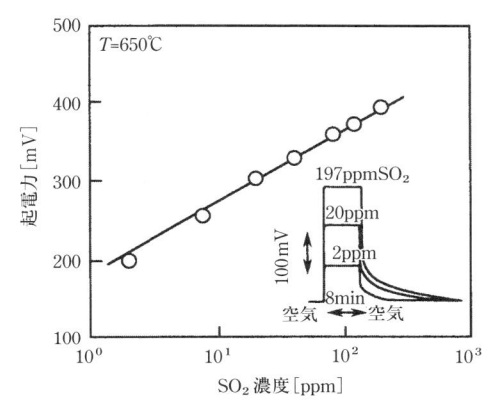

図I-2.2.9 $LiSO_4$-$CaSO_4$-SiO_2を補助相とするジルコニ素子のSO_2に対する起電力と応答曲線

c. CO_2センサー

CO_2は動植物の呼吸や燃焼に深くかかわっており,特に産業活動で排出される多量なCO_2は地球温暖化の原因として排出規制が進められている.また室内環境において,CO_2は人間活動による空気の汚れを最も反映するものとされており,ビル空調の分野でCO_2センサーが求められている.特に,ビル内の会議場などの閉鎖空間でCO_2濃度が増加すると不快感が増すため,CO_2濃度に基づいた空調システムの開発が望まれている(建築基準法,ビル衛生管理法では1000 ppmを基準値としている).このためのCO_2センサーとして,現在のところNASICONとLi_2CO_3系補助相を組合せたセンサーが開発されている(**図I-2.2.10**).

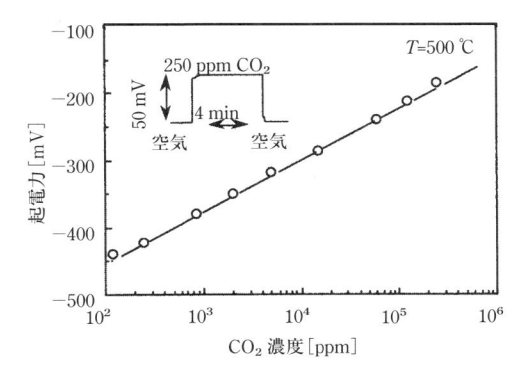

図I-2.2.10 Li_2CO_3-$CaCO_3$を補助相とするNASICON素子のCO_2に対する起電力と応答曲線

d. 悪臭センサー

居住環境を快適化する目的から,悪臭を検知して自動換気あ

るいは脱臭処理を行うためのセンサーが求められている．検知対象は，H_2SやNH_3などである．H_2Sは，数十ppb〜数ppmの極低濃度で人間に不快感を与える代表的な悪臭ガスとして知られており，数十ppmを越えると神経系に障害を生じはじめ，600 ppmでは1時間の曝露で致命的中毒を引起す毒性ガスである．H_2Sを検知するセンサーは，自動換気，脱臭装置制御，歯科医療施設，防災

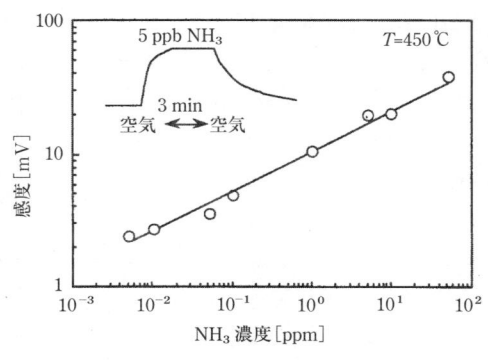

図I-2.2.11 Au(0.4 wt%)-WO_3素子のNH_3に対するセンサー特性

などの分野で強く求められている．また，NH_3も典型的な悪臭ガスであり，これを検知するセンサーはトイレなどの自動換気，化学工場，畜産事業場，冷凍機施設などの分野で必要とされている．これらのガスの検出には数十ppb〜数ppmの高感度センサーが要求されるが，$CuO-SnO_2$(H_2S)や$Au-WO_3$(NH_3，**図I-2.2.11**)などの半導体センサーが有望である．

e. その他の有害ガスセンサー

フロン，オゾンなども重要な問題であり，これらのセンサーは半導体ガスセンサーによることが多い．フロンを検知対象としたガスセンサーには硫黄で修飾したSnO_2系センサーがあり，オゾンにはFe_2O_3で修飾したIn_2O_3系センサーがある．

(4) 今後の展開

有害ガスセンサーの一部は実用化されているが，そのほとんどはまだ開発段階にある．これらの実用化にあたっては，危険を知らせる警報器としてではなく，濃度を正確に測る計測器のレベルまで信頼性を高めなければならない．しかし，低濃度ガスになればなるほど，克服しなければならない問題も厳しくなる．

第1は湿度などの妨害をどう防ぐかである．可燃性ガス用半導体センサーでは，最近湿度の影響を補償する方法が見出されている．

第2は，出力の経時変化（ドリフト）をどう低減するかである．このためには，ドリフトの原因を逐一追求し，改善することがまず必要である．また，標準ガスなどによる簡便な校正法の開発や，コンピュータソフトによりドリフトを補償する技術も必要である．

2.2 ケミカルセンサー

第3は,比較的性質の似たガスの混合系で,高いガス選択性が得られない場合でも,複数のセンサーを用いて多成分ガス計測を可能とする信頼できる方法論を確立する必要がある.

このような取組みも,今後おおいに期待したい.

参考文献

1) H. Löw, G. Sult, M. Lacher, G. Kühner, G. Uptmoor, H. Reiter and K. Steiner, Thin-Film In-doped V-catalysed SnO_2 gas sensors, *Sensors and Actuators B*, **9**, p.215 (1992).
2) T. Inoue, K. Satake, A. Kobayashi, H. Ohkoshi, T. Nakahara and T. Takeuchi, NO_x Sensor for Exhaust Monitoring (2), Digest of the 12th Chemical Sensor Symposium, Tokyo Japan, April 5-6, p.129 (1991).
3) M. Akiyama, J. Tamaki, N. Miura and N. Yamazoe, Tungsten Oxide-Based Semiconductor Sensor Highly Sensitive to NO and NO_2, *Chem. Lett.*, p.1611 (1991).
4) M. Akiyama, Z. Zhang, J. Yamaki, N. Miura, N. Yamazoe and T. Harada, Tungsten Oxide-Based Semiconductor Sensor for Detection of Nitrogen Oxides in Combustion Exhaust, *Sensors and Actuators B*, **13-14**, p.619 (1993).
5) J. Tamaki, H. Zhang, T. Harada, N. Miura and N. Yamazoe, Improvement of NO Sensitivity of WO_3 Element with Pt-Loaded Zeolite Catalyst, *Proc. of The East Asia Conf. on Chemical Sensors*, p.185 (1993).
6) T. Nomura, T. Amamoto, Y. Matsuura and Y. Kajiyama, Development of Semiconductor Fluorocarbon Gas Sensor, Technical Digest of the 4th International Meeting on Chemical Sensors, Tokyo, Japan, Sept. 13-17, p.558 (1992).
7) T. Takada, K. Suzuki and M. Nakane, Highly Sensitive Ozone Sensor, 文献6), p.470 (1992).
8) T. Maekawa, J. Tamaki, N. Miura and N. Yamazoe, Gold-Loaded Tungsten Oxide Sensor for Detection of Ammonia in Air, *Chem. Lett.*, p.639 (1992).
9) K. Takahata, Tin Dioxide Sensors-Development and Applications, *Chemical Sensor Technology*, **1**, p.39 (1988).
10) T. Maekawa, J. Tamaki, N. Miura and N. Yamazoe, Improvement of Copper Oxide-Tin Oxide Sensor for Dilute Hydrogen Sulfide, *J. Mater. Chem.*, **4**, 8, p.1259 (1994).
11) N. Miura, S. Yao, Y. Shimizu and N. Yamazoe, Carbon Dioxide Sensor Using Sodium Ion Conductor and Binary Carbonate Auxiliary Electrode, *J. Electrochem. Soc.*, **139**, 5, p.1384 (1992).

12) N. Miura, S. Yao, Y. Shimizu and N. Yamazoe, Development of high−performance solid−electrolyte sensors for NO and NO_2, *Sensors and Actuators B*, **13**, p.387 (1993).
13) N. Miura, S. Yao, Y. Shimizu and N. Yamazoe, New auxiliary sensing materials for solid electrolyte NO_2 sensors, *Solid State Ionics*, **70/71**, p.572 (1993).
14) N. Miura, Y. Yan, S. Nonaka and N. Yamazoe, Sensing Properties and Mechanism of a Planar Carbon Dioxide Sensor using Magnesia−stabilized Zirconia and Lithium Carbonate Auxiliary Phase, *J. Mater. Chem.*, **5**, 9, p.1391 (1995).
15) H. Kurosawa, Y. Yan, N. Miura and N. Yamazoe, Stabilized Zirconia−Based Potentiometric Sensor for Nitrogen Oxides, *Chem. Lett.*, p.1733 (1994).
16) Y. Yan, Y. Shimizu, N. Miura and N. Yamazoe, High−Performance Solid−electrolyte SO_x Sensor Using MgO−Stabilized Zirconia Tube and Li_2SO_4−$CaSO_4$−SiO_2 Auxiliary Phase, *Sensors and Actuators B*, **20**, p.81 (1994).
17) N. Miura, G. Lu, Y. Yan and N. Yamazoe, Sensing characteristics and mechanism of hydrogen sulfide sensor using stabilized zirconia and oxide sensing electrode, *Sensors and Actuators B*, **34**, p.367 (1996).
18) N. Miura, G. Lu, N. Yamazoe, H. Kurosawa and M. Hasei, Mixed Potential Type NO_x Sensor Based on Stabilized Zirconia and Oxide Electrode, *J. Electrochem. Soc.*, **143**, L33 (1996).

2.3 セラミックス担体

■ 2.3.1 セラミックスハニカム

(1) はじめに

　自動車の保有台数は増大の一途にあり，2010年には世界の自動車保有台数は10億台に達するとみられている．このため自動車排ガス低減の要求は年々その厳しさを増し，規制の対象も世界的な広がりを見せている．現在の排ガス中のHC・CO・NO_xは未規制時に比較して約1/10のレベルに低減されており，今後さらに現状の1/3〜1/5のレベルに低減する計画が各国でたてられている．

　自動車の排ガス対策は1970年代に，触媒の採用により大きな進歩を示した．自動車用触媒の開発にあたり，その触媒を保持するセラミックスハニカムの開発は，

自動車用触媒の実用化に大きく貢献した．**図Ⅰ-2.3.1**に自動車用セラミックスハニカムと触媒コンバーターを示す．自動車用触媒とセラミックスハニカムは，今日では日米欧のほぼすべてのガソリンエンジンの自動車に採用されており，今後の排ガス規制の強化に合せていっそうの高性能化が求められている．

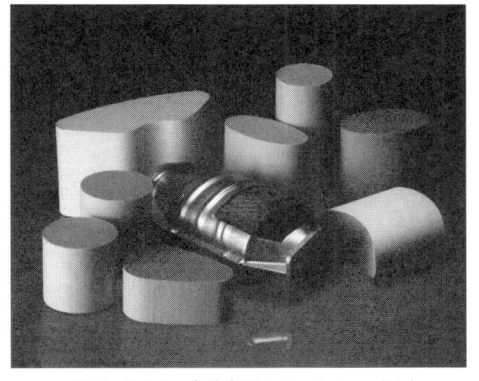

図Ⅰ-2.3.1　自動車用セラミックスハニカムと触媒コンバーター

(2) 自動車排ガス触媒用セラミックスハニカム

自動車用セラミックスハニカムの機能は，その表面に触媒を保持して排ガスと効果的に接触させることにある．触媒は主として排ガス中の$HC \cdot CO \cdot NO_x$を浄化するが，300℃程度の温度にならないと機能しないため，通常，触媒は排気系内でエンジンに近い位置に取付けられる．ハニカム触媒は1 000℃近くまで上昇する高温の排ガスとエンジンからの激しい振動に，自動車の全寿命にわたって耐えなければならない．ハニカム触媒は耐熱性の高いクッション材を介して，金属容器の中に固定される．エンジンからの激しい振動に耐えるように高い圧力で，金属容器によって締付けておく必要があるため，この圧力に耐える十分な機械的強度を要する．ハニカム触媒にはその他の耐久性として，エロージョン・腐食・凍結等に耐えることが要求される．

セラミックスハニカムの材質としては，自動車排ガスの高温に耐えるために高融点が，また激しい温度変化に耐えるために低熱膨張率が求められる．表面に塗布した触媒を前記の過酷な条件下で保持するために，セラミックスハニカムは多孔性であることが必要である．自動車用セラミックスハニカムの材質として，材質の安定性や原料の入手面も考慮してコーディエライトが選択された[1]．

(3) セラミックスハニカムの性能

エンジン始動直後から触媒が機能を開始するためには，セラミックスハニカムの熱容量を極力減らして，触媒がわずかな熱量でも昇温できるようにする必要がある．触媒性能の向上のためには，排ガスと触媒の接触面積(幾何学的表面積)を増す

ことが有効である．セラミックスハニカムのセル密度を増せば，幾何学的表面積が増大し機械的強度も向上するが，圧力損失も増大する．壁厚を薄くすれば熱容量および圧力損失が低減するが，機械的強度も低下する．セル形状も幾何学的表面積・圧力損失・機械的強度を決定する重要な要素である．上記各種の特性のバランス上，現在では四角形のセル形状でセル密度が400セル（$1\,in^2$に400個のセル），壁厚が公称6 mil（150 μm）の構造が標準となっている．**図Ⅰ-2.3.2**に，壁厚・セル密度と幾何学的表面積および圧力損失の関係を示す．

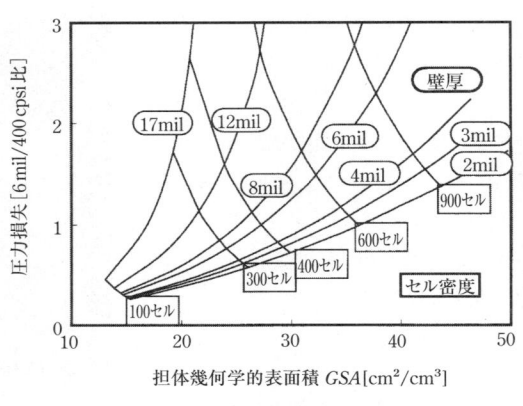

図Ⅰ-2.3.2　$GAS-\Delta P$図

セラミックスハニカムの性能向上のために，従来の標準壁厚6 mil（150 μm）を低減した4 mil（100 μm）薄壁ハニカムが開発された．今後の排ガス規制強化に対応するためには，セラミックスハニカムにもさらなる性能向上が求められ，いっそうの薄壁化・高セル密度化が追求されている．壁厚2 mil（50 μm）・セル密度900セルまでの触媒性能を調査した結果，**図Ⅰ-2.3.3**示すように触媒性能を大幅に向上できる見通しが得られている．同図はエンジン直下型触媒において，担体の幾何学的表面積はコールドスタート時のHC排出量（Bag-1A）と全HC排出量いずれの低減に対しても効果が大きいことを示すと共に，壁厚の低減による低熱容量化も排ガス低減に効果があることを示している[2]．

(4) おわりに

ハニカム構造は低圧損を保ちつつ，大きなガス－固体接触面を形成するのに最適の構造である．コーディエライトハニカムは，高温を含む過酷な条件に耐えることかつ比較的低コストで生産可能であることからユニークな地位を確立し，自動車触媒用やフィルターとして大気汚染対策に大きな役割をはたしている．セラミックスハニカムは材料や製造技術の高度化により，今後いっそう強化される排ガス規制に対し効果的な対応技術を提供していくものと期待される．

2.3 セラミックス担体

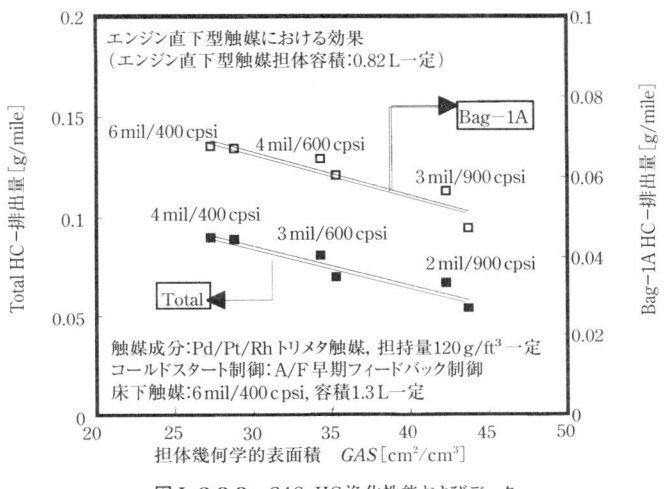

図 I-2.3.3 GAS-HC浄化性能およびデータ

参考文献

1) 持田　滋，脚光浴びるセラミックス・ハニカム，化学技術誌MOL，オーム社，No.3, pp.39-45 (1984).
2) K. Umehara, T. Yamada, T. Hijikata, Y. Ichikawa and F. Katsube, Advanced Ceramic Substrate：Catalytic Performance Improvement by High Geometric Surface Area and Low Heat Capacity, SAE, No. 971029 (1997).

■ 2.3.2 バイオリアクター

バイオリアクターに用いられるセラミックス担体は，維持する生体触媒の種類により，微生物用担体と酵素用担体に大別される．微生物の種類にもよるが，前者は数μm～数十μmの比較的大きな細孔が有効であるのに対し，後者では10 nm程度の酵素を固定化し反応させるため，数十nm～100 nmの細孔が有効となる．

ここでは，筆者らが繊維状鉱物原料セピオライトを原料に，900℃で焼成して作成した酵素固定化用担体SM-10について紹介する．

(1) 酸素固定化用担体SM-10

　SM-10の表面の走査型電子顕微鏡写真を**図Ⅰ-2.3.4**に示す．比較のため同倍率で撮影したムライトの表面の写真を左下に示した．SM-10の表面は，数十nmの繊維が絡まりあった構造を示しており，この繊維と繊維の間に数十nm程度の細孔が多量に形成されている．後述するように，適当な温度・時間で熱処理することにより調製されたSM-10の平均細孔径は36.5 nm，比表面積は77.7 m^2/gである．

　SM-10の原材料セピオライトは，酵素タンパク質への親和力の強い（タンパク固定化能の大きな）素材としてスクリーニングされた材料であるが，原料の状態では水中で比較的脆弱であり，酵素の固定化用担体としては使用しにくい．このため，シンタリングによる構造的強度の向上を目的に，加熱温度を変えて熱処理を行ったところ，強度の向上とは別に，平均細孔径のシフトが観察された．種々の温度で熱処理された素材の細孔径分布を**図Ⅰ-2.3.5**に示したが，熱処理温度の向上に伴い酵素固定化に有利な数十nmの細孔径ピークが立上がっていることがわかる．したがって，以降，このセピオライトを900℃で熱処理することにより，酵素固定化用担体SM-10を調製することとした．

　調製されたSM-10の酵素固定化能を評価するため，ショ糖（砂糖）の分解酵素であるインベルターゼを各種無機担体に固定化し，担体単位重量当りの酵素発現活性を比較した．その結果を**表Ⅰ-2.3.1**に示す．SM-10に固定化された酵素の発現活性は1 450 U/gと，

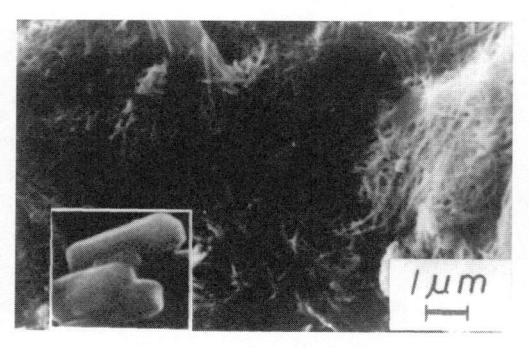

図Ⅰ-2.3.4　SM-10の走査型電子顕微鏡写真

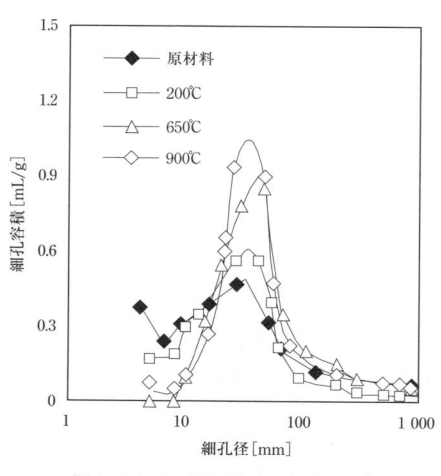

図Ⅰ-2.3.5　熱処理による細孔径分布シフト

表 I-2.3.1 各種担体に固定化された酵素の発現活性比較

担体	化学組織	比表面積 [m²]	細孔径 [nm]	固定化インベルターゼ活性 [U/g]
コーディエライト	SiO₂, Al₂O₃, MgO	1	1～1 000	50
酸処理コーディエライト	SiO₂, Al₂O₃, MgO	～174	1～1 000	93
ムライト	SiO₂, Al₂O₃,	1	1～1 000	21
酸処理ムライト	SiO₂, Al₂O₃,	1	1～1 000	23
CPG-300	SiO₂	68.4	34.7	370
CPG-500	SiO₂	56.2	52.4	1 350
CPG-3 000	SiO₂	7.2	300.2	565
アルミナビーズ	Al₂O₃	－	－	800
チタニアビーズ	TiO₂	－	－	615
SM-10	SiO₂, MgO	77.7	36.5	1 450

比較した担体の中で最も高く，非常に高価ではあるが発現活性の高いことで知られている多孔質ガラス担体CPG-300をも凌駕する値であった．

本SM-10は，その製造工程が原料調製工程と焼成工程のみであることから比較的安価に製造が可能であり，しかも，製造工程が複雑なために非常に高価である酵素固定化用多孔質ガラス（CPG）と同等以上の酵素固定化能をもつことから，今後実用面での利用が期待される．

2.4 表面機能性セラミックス

■2.4.1 抗菌部材

(1) セラミックスの衛生性

陶磁器をはじめとするセラミックスは，もともと耐候性や，化学的な安定性に優れており，本来汚れが付きにくいものである．また付いても汚れを落しやすい材料として，衛生性の要求される食器やトイレ・洗面などの水まわりに多用されている．内装タイルにしても国産化された1908年には「硬質衛生タイル[1]」という名前で販売されていたように，経験的には衛生性を重視される場所に使われてきた．

このようにもともと衛生的な材料であったが，「さらに衛生的に」という社会ニーズを背景に抗菌セラミックスは登場した．従来，加工時の温度が400℃程度までと

比較的低いプラスチックを中心に抗菌加工が施されていたが，耐熱性の高い抗菌剤の開発と製造法の改良で，1200℃以上で製造する陶磁器においても適用することが可能となったのである．

(2) セラミックスの抗菌化とその構造

セラミックスの抗菌化は，高温でも安定である無機系抗菌剤が使用される．無機系の抗菌剤の最大の特徴は，その安全性と抗菌スペクトルの広さである．この中でも，最も抗菌性能と安全性が高い銀系抗菌剤を添加するのが有利である．

図Ⅰ-2.4.1に示すように食器・衛生陶器・タイルなどのセラミックスは，素地部にガラス質層(以下，釉薬)をコーティングして製品とする．この釉薬に，抗菌成分である銀を特殊な無機成分に結合させた抗菌剤として添加し焼成することで，抗菌剤は釉薬中に均一に分散し，製品表面の形状に関係なく抗菌剤が分布する．図Ⅰ-2.4.2は，電子線プローブマイクロアナライザー(EPMA：electoron probe micro analyzer)で銀化合物を添加した抗菌タイルと未処理タイルの釉薬断面の面分析を行い，銀の分布濃度を観察したものである．素地上に形成されている厚さ約250～300μmの抗菌処理をした釉薬中に，銀が均一に分散していることが確認できる．

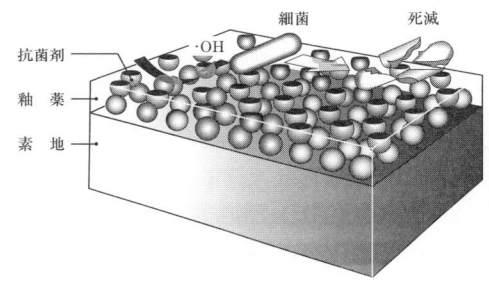

図Ⅰ-2.4.1 抗菌セラミックスの構造図

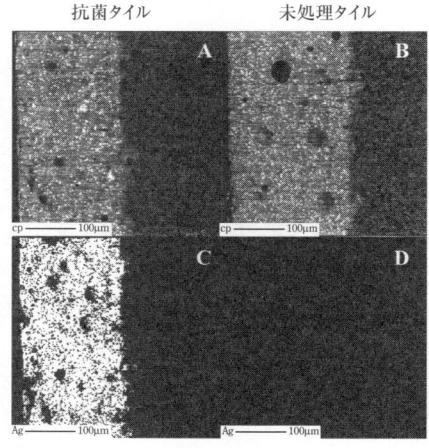

図Ⅰ-2.4.2 断面の組織(A, B)とEPMAによるAgの面分析(C, D)

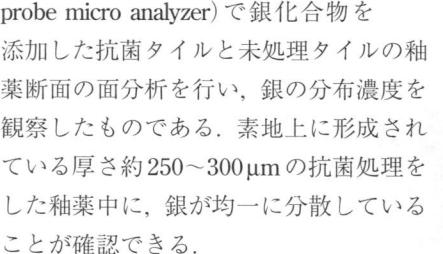

(3) 抗菌機能とその評価法

抗菌の目的は，「製品表面の細菌の増殖を抑制すること」である[2]．換言すれば，「製品表面から一定の領域以外に生存する細菌に対しては殺菌作用を及ぼさない」ということが重要である．したがって，いたずらに広い空間領域に対する

2.4 表面機能性セラミックス

細菌の増殖を抑えることは，製品周辺の環境への影響や人体に対する安全性について問題となる．

環境中の細菌や皮膚常在菌のように有用な細菌には影響が少なく，材料表面に限定された細菌だけを対象とすることで，細菌との共生を両立することができるのが「抗菌技術」の有用性と考えられる．こうした材料設計のためには製品近傍の細菌を対象とし，その増殖をコントロールできる空間的領域を規定可能な評価方法が必要となる．

この点で現在広く採用されているフィルム密着法は，材料を問わず再現性よく評価できる点で，非常に優れた評価方法といえる．これは製品表面に一定容量の菌液を載せ，その上に一定面積のフィルムをかぶせることで，材料表面のぬれ性等の影響を排除しながら製品近傍の空間的領域を設定した評価が可能となるからである．

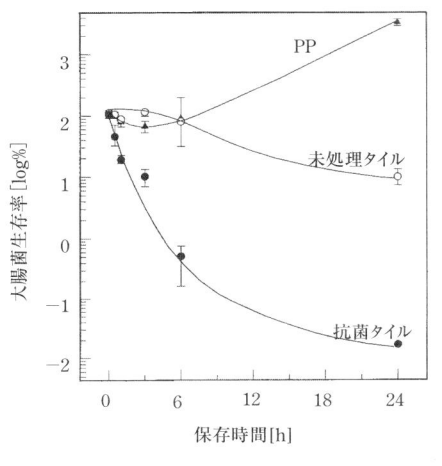

図 I-2.4.3 保存時間と生存率の関係 (1/500 普通ブイヨン培地)

◇「抗菌加工製品の抗菌性試験方法・抗菌効果(JIS Z 2801)[3]」

抗菌活性値＝(A－B)
A：無加工試験片(24時間後)の平均生菌数の対数値
B：抗菌加工試験片(24時間後)の平均生菌数の対数値
試験条件；菌数($2.5〜10×10^5$ 個/mL)，栄養濃度(1/500 普通ブイヨン培地)，温度($35±1℃$)

この試験法で評価した結果，従来のセラミックスを100とした場合に，抗菌セラミックス上の細菌の生存率が1％以下となるのである(**図 I－2.4.3**)．同様に，この方法を用いることで，"衛生"陶器とよばれた従来のセラミックスがこれまで経験的に言われてきた衛生性を，定量的に確かめることができた[4]．

(4) 抗菌セラミックスの耐久性と安全性[5]

　セラミックスは樹脂と異なり，吸水性も低く化学的にも安定であるため，表面の劣化により抗菌成分の流出が起りにくいことから，抗菌セラミックスの耐磨耗性・耐薬品性・耐光試験・耐ひび割れ性の試験結果も従来品とまったく遜色無く，またこれら試験後の抗菌性能にも変化はない．これは表面の釉薬に抗菌剤が均一に分散しているためで，たとえ研磨剤が入った薬剤で磨いたり，床材に用いて傷がついたり磨耗したりしても抗菌効果が低下することがないからである．

　一方，抗菌成分としての銀は医薬品や食器等に利用され，もともと安全な物質として知られている．公的機関において動物を用いた毒性試験（皮膚一次刺激性・変異原性試験・経口急性毒性試験）の結果でも，きわめて高い安全性のあることが確認されている．また，溶出試験（食品衛生試験法に準拠）の結果でも，製品からの銀溶出は検出されていない（検出限界5ppb以下）．

(5) 抗菌機能による副次的効果

　環境において微生物が原因となる悪影響の一つの例として，トイレ排水トラップに付着する尿石汚れがある[6]．正常な尿組成は，水以外に，主成分として塩化ナトリウムと，有機物として尿素がそのほとんどである[7]．尿は最初は無臭であるが，しばらくすると公衆トイレ等で感じるイヤなアンモニア臭に変化する．

　　　　［尿素の分解反応］

$$CO(NH_2)_2 + H_2O \xrightarrow{\text{ウレアーゼ}} 2NH_3 + CO_2$$
　　　　　尿素　　　水　　　　　　　　　アンモニア　炭酸ガス

健常者の尿は通常無菌状態で臭いは無く，それが次第に臭くなるのは，こぼれた部分にいる空中浮遊菌などの細菌が，尿中の尿素をアンモニアに分解するからである．このアンモニアによって尿が次第にアルカリ性となり，尿中に溶けていたカルシウムイオンが，難溶性のカルシウム塩（炭酸カルシウム，リン酸カルシウム等）の形で析出し多孔質の尿石を形成する．これが細菌の温床となり，さらに細菌が増殖するという悪循環が生れる．

　このことを実験室レベルで確かめるため，尿素培地と尿の成分を考慮した培地を調整し，小便器トラップに付着した尿石由来の野生菌を抗菌タイルと非抗菌タイル上に培養したときの培地のpH変化や沈殿生成の様子について調べた[8]．野生菌を2×10^2［CFU/mL］(CFU：colony forming unit）接種し室温下で約1ヶ月培養したところ，非抗菌タイル上の細菌の生菌数は，3×10^5［CFU/mL］まで増殖し，

尿素が分解された結果 NH_4^+ 濃度も増加, pH も 9 までに上昇し, タイル表面に白色沈殿がみられるようになった.

この沈殿物を XRD（X－ray diffraction）で分析した結果, リン酸カルシウム系の結晶であることがわかり, 尿石の組成と同一のものが実験室レベルで再現できたと考えられる（**図 I－2.4.4**）. 一方, 抗菌タイルで培養された菌液中に生菌はみられず, NH_4^+ 濃度も低く, pH の上昇はみられず析出物も生じなかった.

また, フィールドでの抗菌効果を調べるために, 公共トイレ（男子小便器）に抗菌処理したものと未処理のトラップを1ヶ月間設置した. 結果は, 処理品が未処理品に比べて, 尿石の付着量が明らかに少ないことがわかる（**図 I－2.4.5**）. これらの結果は, セラミックス表面に付着する細菌の増殖を抑えることで, 尿石の生成が抑えられることを示している.

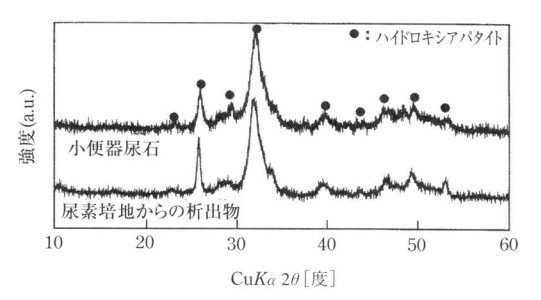

図 I-2.4.4 配管から採取した尿石と尿素培地からの析出物のXRD パターン

(a) 抗菌セラミックス　(b) 非抗菌セラミックス
図 I-2.4.5 小便器トラップの尿石付着抑制効果

いったん尿石が付着すると加速度的に尿石の析出が進行するため, 初期の段階で細菌の増殖を抑え, そのサイクルの進行を遅らせることで結果的に尿石汚れが抑制でき, またアンモニア臭による悪臭も軽減することができる.

(6) おわりに

住まいの中の特に水まわりは, 微生物が増殖するための3大因子である「水分」「栄養」「温度」が揃っており, 細菌が原因で我々の快適な生活を妨げていることが多い. セラミックスに抗菌成分を固定することで, 微環境における微生物の増殖を抑え, 微生物自身もしくはその代謝産物による汚れ・腐食を抑えることができる. そして, 何よりも無機系抗菌剤による抗菌技術は, 揮発も溶出もしない, エネル

ギーを使わない地球への負荷を低減させる新しい技術である.

参考文献

1) 芝辻政洋, 山内史朗, "建築用セラミックスタイルの知識", 鹿島出版会 (1985).
2) 通商産業省生活産業局, 生活関連新機能加工製品懇談会(抗菌加工製品)報告書 (1998).
3) 抗菌加工製品—抗菌性試験方法・抗菌効果(JIS Z 2801：2000), 日本規格協会.
4) 今井茂雄, 花井友美, 守山嘉人, 進博人, 石田秀輝, セラミックス(陶磁器)釉の抗菌性能と銀抗菌釉の効果, 日本防菌防黴誌, **26**, 3, p.115 (1998).
5) 今井茂雄, 石田秀輝, "セラミックスデータブック '96", 工業調査会.
6) 日本トイレ協会, トイレメンテナンス研究会研究報告No.1 (1992-11).
7) 坂岸良克, 保崎清人, "臨床化学", 医歯薬出版 (1989).
8) 守山嘉人, 山本剛之, 今井茂雄, 石田秀輝, 銀含有釉薬面をもつセラミックスの抗尿石汚れ性能, 日本セラミックス協会誌, **106**, 3, p.303 (1998).

■ 2.4.2 親水性部材(半導体の光励起反応を利用した機能薄膜材料)

(1) はじめに

酸化物半導体薄膜は, 光励起して種々の表面反応を引起すことで知られている. 代表的なものは, 一般的に「光触媒反応」と称される一連の活性酸素が関与する反応で, 表面の有機物を酸化分解することから, 抗菌・セルフクリーニングコーティングや, 脱臭・水処理フィルターなどに応用できる[1~3].

最近特に酸化チタンに関してはコーティングとしての応用が進み, 種々の応用製品が出現した. 酸化チタンの光励起反応と一口に言っても, 詳しくは, 発生する活性酸素による酸化反応と, 水ぬれ性が変化する親水化反応に大別できる.

本項では, この2つの反応を呈する光半導体機能薄膜について, 材料プロセスを中心に解説する.

(2) 各種半導体薄膜の光励起反応[4]

TiO_2 などの光半導体が紫外線照射によって励起すると, 正孔と励起電子が生成する. この電子-正孔対が拡散して半導体表面に到達し, ここで吸着物質と反応

2.4 表面機能性セラミックス

することで光励起反応が生じる.通常一般環境の空気中では,正孔は吸着水を酸化し OH ラジカルを生成する.一方,電子は吸着酸素を還元し,スーパーオキサイドアニオンを生成する.これらの活性酸素が種々の有機物を酸化し無機化する,いわゆる光触媒酸化反応が生じる(図 I−2.4.6).

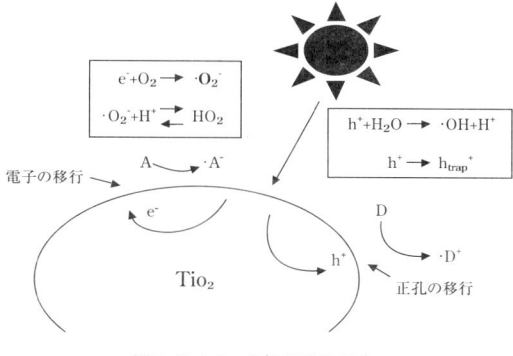

図 I−2.4.6 光触媒酸化反応

1980年代〜90年代に,水中や空気中の有害有機物質を,酸化チタンをはじめとする光触媒を用いて酸化分解する試みが盛んに行われた.実験は簡単で,水中に光触媒粉体を懸濁させたり,空気中では光触媒粉体に有機物を含んだ空気を接触させ,光照射を行うといったものである.このような実験によって酸化力をもつ多くの光半導体が発見されたが,中でもやはり最も酸化分解力に優れていたのは TiO_2 である.光半導体に工業的な利用可能性を初めて見出したのは,1968年の藤嶋らによる半導体酸化チタン電極による水の分解の実験である[5].それ以降多くの研究者の努力によって,電極ではなく,粉体光触媒やメンブレンに固定化した光触媒でも水分解が可能となったが,光を利用する効率の低さなどの問題から,現在にいたるまで実用化はされていない.

一方,光触媒を薄膜化したものを種々の建築材料や自動車部材の上にコーティングし,光励起時に発生する活性酸素の有機物分解作用を利用して,汚れ防止や基材表面の殺菌効果を付与する概念が提出され,現在この薄膜光触媒コーティングが最も実用化が進んだ分野となった[6].さらにその後,光半導体薄膜表面のぬれ性が光励起反応によって親水化する現象が見出され[7],鏡やガラスの水滴防止や降雨によるセルフクリーニング機能などに応用されている.

この光励起親水化反応については,種々の光半導体材料について詳細な比較がなされた結果,従来の光励起酸化分解反応と異なる機構に基づくものであることが明らかになりつつある[8]〜[10].図 I−2.4.7は,各種半導体薄膜表面にメチレンブルーを塗布して,光照射した場合のメチレンブルーの分解による退色を測定することにより評価した光触媒の酸化分解活性と,水滴の接触角が光照射に伴って親水

(a) 光触媒の酸化分解活性

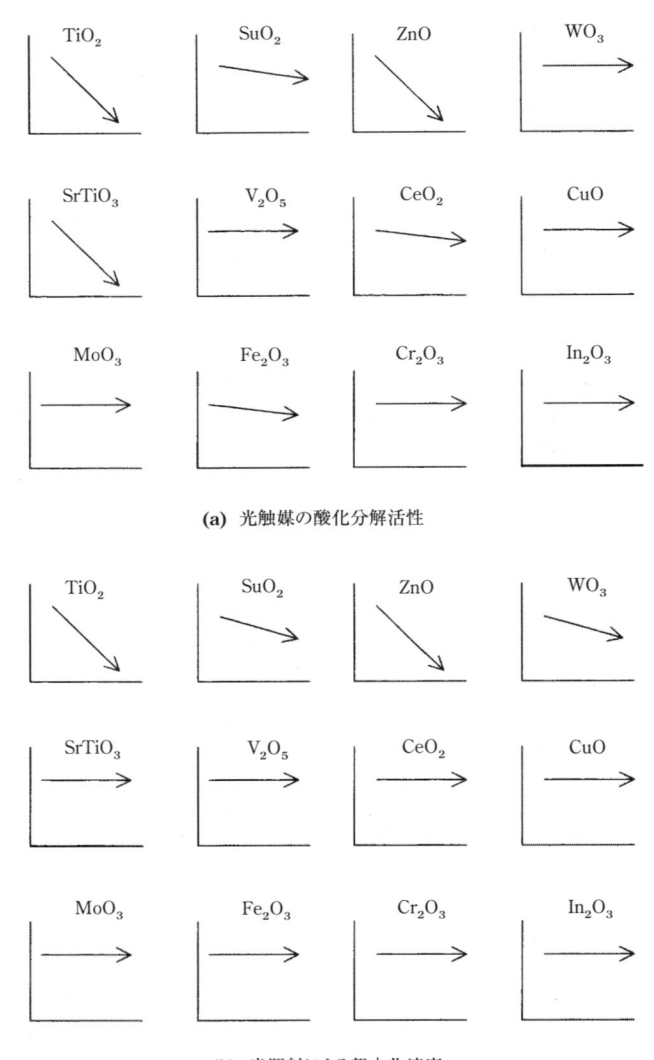

(b) 光照射による親水化速度

図 I-2.4.7 光照射による酸化分解活性化

化する速度を評価した結果を比較したものである．図からわかるように，SrTiO$_3$（多結晶体）のように光照射によって高度の酸化分解活性を生じるものの親水化は

2.4 表面機能性セラミックス

表 I-2.4.1 TiO_2 を中心とする光半導体機能薄膜の分解と実用化状況

材質	機能特徴	用途	実用化状況
多孔質薄膜	吸着力が大きくて反応量が稼げる	水処理用途	試験販売ステージ
		空気処理用途	
		空気洗浄機	'97年以降家庭用が本格実用化 業務用途開発例多い
		NO_2 除去用	道路資材として試験設置段階 地方自治体等で'97年以降検証試験多数
ち密質薄膜	ち密で汚れの吸着が少ない	汚れ分解用途 抗菌用途 超親水性 セルフクリーニング 防滴・防曇	内装タイル,トンネル照明カバーなどとして '95年以降実用化 自動車ミラー,外装タイル 各種外装建材・道路資材等として'97年以降実用化

おきにくい材料や，WO_3 のように高度な親水化が発現するにもかかわらず，酸化分解活性はきわめて小さいものなど，その傾向は一致しない．

現在までの研究によって，親水化の機構に関しては通常の酸化分解活性にみられる電子正孔対の生成と分離，半導体表面近傍への拡散までは同一であるが，これら電子正孔対の吸着酸素や水への移行が生じる代りに，半導体表面の構造変化（イオンの再配列）が生じていると考えられている．これら2つの反応は，材料や条件によっては同時に生じることもあるし，一方だけ生じることもある．そのような意味において，酸化分解反応と親水化反応は機構的にも区別されるべきものである．

TiO_2 は，これらの種々の光半導体の中でも酸化分解反応に優れるだけでなく，親水化反応にも優れることで，最も実用的な材料である．TiO_2 にはルチル，アナターゼ，ブルッカイトという3種類の多形が存在するが，薄膜 TiO_2 については現在ゾルゲル法によってアナターゼとブルッカイト，およびアナターゼを熱相転移させたルチルについて活性が評価されている[ブルッカイトについては，最近薄膜が合成されるようになった（図 I-2.4.8）]．この結果，酸化分解活性についてはアナターゼとブルッカイトが同等程度の活性を有し，ルチルの活性は小さい．また親水化活性に関してはブルッカイトが最も高く，アナターゼがそれに続きルチルはやはり小さい[12]．ルチルについては粉体による活性評価が古くから行われてきており，活性は小さいものとされている．しかし一般的に粉体の場合において

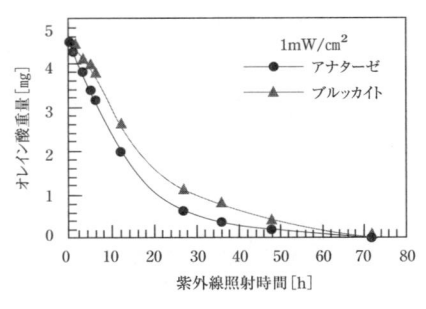

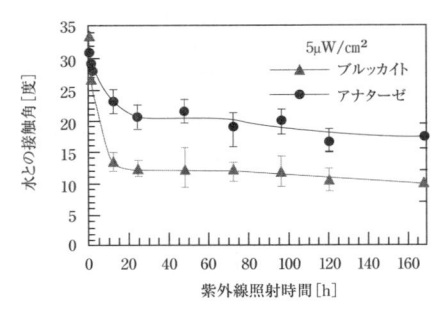

図I-2.4.8 紫外線に対する親水化反応

も，ルチルは熱相転移によって生成させるか高温下での水熱条件で生成したものを評価しており，表面積や表面酸性度などの条件が異なる．

筆者らのグループでは，最近，スパッタリング法によってほぼ同じモルフォロジーを有するルチル，アナターゼの2種類のTiO$_2$薄膜を作製し，活性を評価したところルチルに大きな活性が観測され，従来の比較の常識とは異なる可能性があることを示した．ルチルの活性が小さい原因としては，アナターゼに比べてバンドギャップがやや小さい（アナターゼ3.2 eV，ルチル3.0 eV）ことが原因であるとされてきたが，実際は異なる要因が関与していた可能性が出てきた．

近年，光触媒酸化反応や親水化反応に加えて，親水とまったく反対に撥水性を長期にわたって維持する目的でTiO$_2$が用いられた．水接触角150°以上というような超撥水表面を得るには，表面に撥水性の物質が塗布されていることと微細な組織構造が形成されている必要がある．撥水性のコーティングは，光触媒作用により酸化分解するので，単に撥水剤を塗布したコーティングに光触媒を組合せても，光照射により経時的に劣化することになる．しかし著者らは適切な組織制御によって，このような問題を回避し長期にわたって超撥水性を維持する材料開発に成功した[13],[14]．図I-2.4.9に外観写真を示した．超撥水性を発揮し

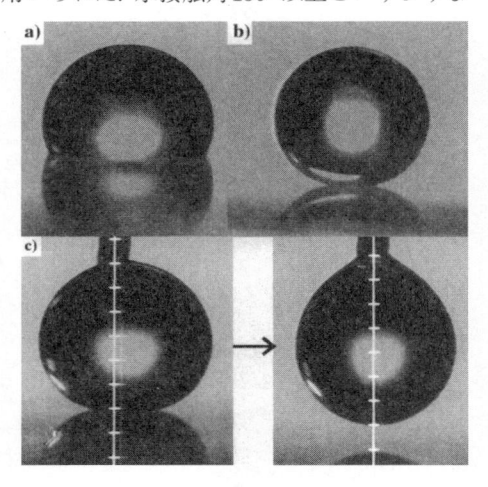

図I-2.4.9 超撥水性材料の外観

透明でかつ光触媒作用によって機能維持が可能な薄膜コーティングは，着雪防止や水滴防止などにたいへん期待されているが，最大のネックは硬さが不足していることであった．最近この問題も，組織制御を適切に行うことによって解決に向いつつある．

この系の材料においてたいへん興味深いのは，TiO_2の添加量がわずか数％以下でも撥水性維持の効果が認められることである．このような微量の光触媒添加が効果がある系はほかになく，超撥水表面特有のセルフクリーニング機構があるのではないかと考えられている．

(3) 光機能半導体薄膜の作製プロセス

a. ゾルゲル法[15]

ガラスやタイルさらにはポリマー素材の上に光触媒TiO_2をコーティングする目的で，アルコキサイドやTiO_2のナノコロイドを原料に用いたゾルゲル法によって成膜することが一般的に行われている．ゾルゲル法と称するプロセスを分類すると，

① Tiアルコキシド(イソプロポキシド等)をコーティングして，500℃程度に加熱して結晶化させる方法
② TiO_2ナノパーティクルを分散させたコロイドをコーティングして500℃以上で焼成し，パーティクル間の焼結によって膜強度を確保する方法，
③ TiO_2ナノパーティクルをSiアルコキシド(テトラエトキシシラン等)に分散させ，これをバインダーにして成膜する方法，

などに分類される．

②のように，パーティクルのみを用いた場合は，通常700℃以上の高温の焼成が必要となり，一般的には何らかのバインダーが用いられるのが普通である(**図I-2.4.10**)．バインダーとしては，有機物を用いると使用中に光触媒酸化作用を受けて劣化するので，無機バインダーが用いられる．ガス分解用ではセメントや

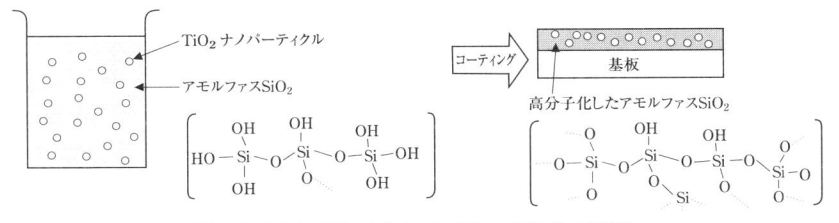

図I-2.4.10 TiO_2ナノパーティクルのバインダー成膜法

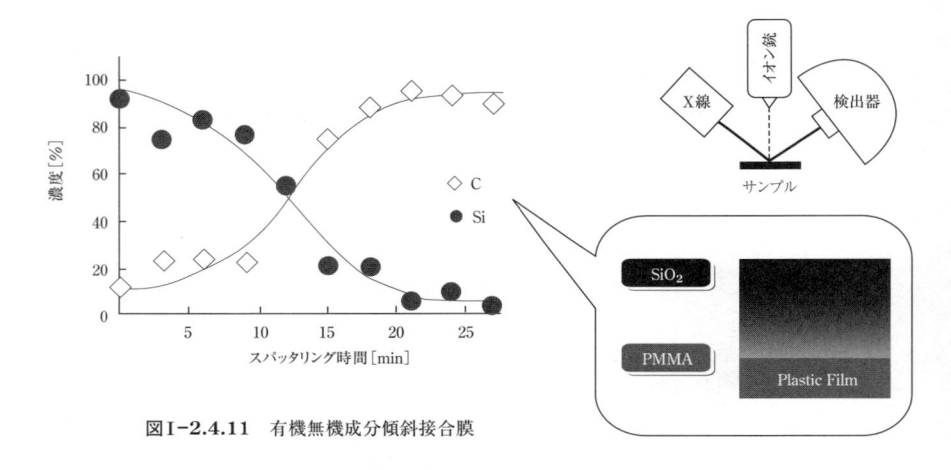

図 I-2.4.11　有機無機成分傾斜接合膜

水ガラス系のバインダーも用いられるが，緻密で透明なコーティングを得るためにはやはり Si アルコキサイドを用いることが多い．コーティングは，スプレー，ディッピング，ロールコート，スピンコート等を用いることが可能であるが，アルコキサイドを用いるプロセスにおいては加水分解・縮重合によって高分子化するため，湿度の影響を受けたり，液の経時変化があるなど，プロセスには周到な注意を払う必要がある．

基材の上にこれらのコーティングを施すには，直接コーティングする方法と中間層を介在させる方法がある．光触媒酸化によって劣化するポリマーに直接光触媒をコーティングすることはできないので，中間層を介在させる場合が多い．ポリマーとの接着性を確保するためには，中間層もポリマーを用いるほうが有利であるが，光触媒との界面はポリマーでは光触媒による酸化劣化を受けるため無機成分で構成しなくてはならない．

このような双方の問題から，通常，1層の中間層では十分でなく多層の中間層を介して接合することが行われる．このような問題を解決するために，片方の界面が有機，他方の界面が無機で，その間厚み方向に連続的に成分が変化する有機無機成分傾斜接合膜を開発した（**図 I - 2.4.11**）[16]．この結果，耐久性が著しく向上し，0.1μm 以下の中間層によって 3000 時間以上のサンシャインウエザオメトリー加速耐候性試験に耐えうる素材が開発されている．

b.　ドライプロセス法[17]

スパッタリング法等のドライプロセスで光触媒を作製することは，薄膜光触媒

2.4 表面機能性セラミックス

の研究の初期から試みられてきた．特に注目されたのは，TiO_2 をコーティングした防滴自動車ミラーにドライプロセスが応用されてからであろう．もともと熱線反射ガラスなどのガラスコーティングの技術においては，TiO_2 を常温においてスパッタリングでコーティングすることが普通に行われていた．しかしながら，このようにして作成された TiO_2 は非晶質で活性が乏しいため，このままでは光触媒コーティングとしては用いることはできず，引続き結晶化のための加熱を必要とする．

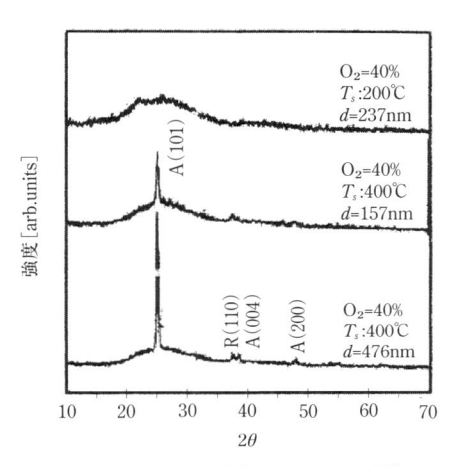

図 I-2.4.12　同じ条件で#7059上に成膜した TiO_2 薄膜の XRD パターン

通常の大判ガラスの製造工程では，この加熱操作はコストアップ要因となるため嫌われる．しかし自動車ミラーでは曲げ工程があるため，熱処理を同時に行うことが可能で，ドライプロセスが応用しやすかった背景がある．装置系としては，イオンプレーティング装置やRFマグネトロンスパッタリングが用いられる．RF（radio frequency）マグネトロンスパッタリングにおいては，全圧が高く酸素分圧も大きいほうが活性は高くなるが，このような条件では通常膜強度が低下するので，双方の特性を最適なバランスにする条件を見出すことが大切になる．

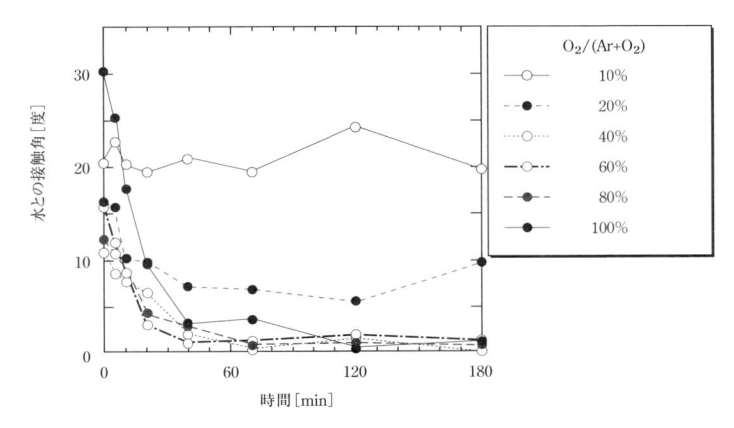

図 I-2.4.13　水滴への接触角度

最近，WO_3が，TiO_2と組合せることで親水化反応についての増感効果を得ることができることで注目されているが，スパッタリング法によって作製した単味のWO_3にも，紫外線に対する良好な親水化反応が見出された．さらに作成条件を最適化することによって，可視光に対しても若干の感度があるWO_3薄膜が得られており興味深い（**図Ⅰ-2.4.12**，**図Ⅰ-2.4.13**）．

(4) 実用化された半導体機能薄膜[18]

以下に実用化されたTiO_2コーティング製品について，代表的なものの構造と作製方法を解説する．

a. 自動車ミラー

1997年から大手自動車メーカーによって採用され始め，現在多くの車種でTiO_2コーティングミラーが用いられている．親水性に優れ，雨天時の雨滴の除去が可能なことに加えて，ミラー面が奇麗で水垢がつきにくいなどの効果がある．

製法はゾルゲルプロセスとスパッタリングプロセスに大別され，いずれもトップコートはTiO_2にSiO_2を組合せたもので，中間層にNa拡散防止の目的でSiO_2層を介在させている．ゾルゲル法では，TiO_2コロイドにSiO_2コロイドやSiO_2アルコキサイドを混合したものをコーティングすることによって，親水維持性の優れたTiO_2膜が製造できる．ところが，スパッタリング法においては，TiO_2とSiO_2のターゲットを同時に放電させても，TiO_2とSiO_2が反応して活性のある薄膜は得られないため，TiO_2を成膜した後にSiO_2をコーティングすることが行われる．この膜構造では，SiO_2が摩耗によって失われやすく，さらに耐久性の高い構造に改良することが課題である．

b. セラミックスタイル

1995年から上市が始まっており，今では内外装タイルの数多くの品番に標準採用されている．内装用では抗菌汚れ防止機能を中心に設計されており，外装用途では光励起親水化によるセルフクリーニング効果を狙って設計されている．

製法は，当初は酸化チタンコロイドをスプレーで吹付けた後焼結する手法が取られていたが，現在はバインダーも併用して成膜温度の低温化が工夫されている．最近，ドイツの大手タイルメーカーにも技術移転がなされ，世界的に普及していく兆しがある．

c. PETフィルム

生のPET（poly ethylene terephthalate）フィルムに光触媒コーティングしたものが，

2.4 表面機能性セラミックス

自動車ミラーに貼付ける防滴フィルムに利用された．接着層中間層を介在させることによって，PETフィルムに光触媒機能を維持しながら強固に接着させることに成功している．PETフィルムには紫外線によって劣化する問題があり，これを改善した耐候性PETフィルムが開発されている．窓貼り用フィルムなどではこのような耐候性PETフィルムが用いられているが，このような耐候性フィルムへの光触媒コーティング製品も開発中である．

(5) おわりに

(4)で述べた応用以外にも，透明遮音壁やデリニエータ等の道路資材，アルミパネル，ブラインド，テント膜材その他多くの製品にすでに応用され市場も拡大している．今後は，建築用窓ガラスや自動車ウインドウ等への応用が進むことが期待されている．1990年代初めに提案された光半導体を用いた薄膜機能材料は，親水化反応や撥水性材料との組合せなどの発展を経て，さらに広範な用途に応用されているものと思われる．

参考文献

1) 藤嶋昭，橋本和仁，渡部俊也,"光クリーン革命",シーエムシー (1997).
2) A. Fujishima, K. Hahsimoto and T. Watanabe, TiO_2 Photocatalysis – Fundamentals and Applications, Bkc (1999).
3) 橋本和仁，藤嶋昭編,"酸化チタン光触媒のすべて",シーエムシー (1998).
4) 渡部俊也，橋本和仁，光励起反応による固体表面濡れ制御,表面, **37**, 5, pp.265–280 (1999).
5) A. Fujishima and K. Honda, *Nature*, **238**, p.37 (1972).
6) T. Watanabe, A. Kitamura, E. Kojima, C. Nakayama, K. Hashimoto and A. Fujishima, Photocatalytic Purification and Treatment of Air and Water, edited by D. F. Ollis and H. Al–Ekabi, pp.747–750 (1993).
7) R. Wang, K. Hashimoto, A. Fujishima, M. Chikuni, E. Kojima, A. Kitamura, M. Shimohigo–shi and T. Watanabe, Light Induced Amphiphilic Surface, *Nature*, **388**, pp.431–432 (1997).
8) N. Sakai, R. Wang, A. Fujishima, T. Watanabe and K. Hashimoto, Effect of Ultrasonic Treatment on Highly Hydrophilic TiO_2 Surfaces, *Langmuir*, **14** pp.5918–5920 (1998).
9) T. Watanabe, A. Nakajima, R. Wang, T. Minabe, S. Koizumi, A. Fujishima and K. Hashimoto, Photocatalytic Activity and Photo–induced Hydrophilicity of Titanium Dioxide Coated Glass, *Thin Solid Films*, **351**, pp.260–263 (1999).

10) R. Wang, N. Sakai, A. Fujishima, T. Watanabe and K. Hashimoto, Studies of Surface Wettability Conversion on TiO₂ Single−Crystal Surfaces, *J. Phys. Chem. B*, **103**, p.12 (1999).
11) M. Miyauchi, A. Nakajima, A. Fujishima, K. Hashimoto and T. Watanabe, Photo−induced Surface reaction on TiO₂ and SrTiO₃ Films : Photocatalytic Oxidation and Photo−induced hydrophilicity, *Chem. Mater.*, in press.
12) 柴田, 中島, 渡部, 橋本, 第6回シンポジウム「光触媒反応の最近の展開」, pp.34−35 (1999).
13) A. Nakajima, A. Fujishima, K. Hashiomoto and T. Watanabe, Preparation of Transparent Superhydrophobic Boehmite and Silica Films by Sublimation of Aluminum Acetylacetonate, *Adv. mater.*, **11**, 16, pp.1365−1368 (1999).
14) T. Watanabe, A. Nakajima, A. Fujishima and K. Hashimoto, Self−cleaning Effects of Transparent Super−hydrophobic Thin Films With TiO₂ Photocatalysts, *Abstracs of The 1999 Joing Inter. Meeting of ECS and ECSJ*, p.1410 (1999).
15) 渡部俊也, 橋本和仁, 酸化チタン複合材料の応用展開, 材料科学, **36**, 2, pp.45−50 (1999).
16) 山岸牧子, 宋豊根, 重里有三, 中島章, 坂井伸行, 橋本和仁, 渡部俊也, 第6回シンポジウム「光触媒反応の最近の展開」, pp.50−51 (1999).
17) A. Fujishima, D. A. Tryk, T. Watanabe and K. Hashimoto, Self−Cleaning Glass, *Int. Glass Review*, p.2 (1999).
18) 渡部俊也, 酸化チタンによる光励超親水化技術−光触媒超親水性−, 自動車技術, **5**, pp.37−39 (1999).

■ 2.4.3 ゼオライトとNO_x分解触媒

(1) ゼオライトとは[1]

　ゼオライトとは，アルカリまたはアルカリ土類金属を含む結晶性アルミノケイ酸塩をいい，1価および2価のカチオンをそれぞれM^I, M^{II}とすると，一般式は$(M^I, M^{II}_{1/2})_m(Al_mSi_nO_{2(m+n)})_x H_2O$ $(n \geq m)$で示される．ここで，M^Iは，Li^+, Na^+, K^+などであり，M^{II}はCa^{2+}, Mg^{2+}, Ba^{2+}, Sr^{2+}などである．Si/Al比をケイバン比とよぶ．結晶水は加熱により放出され水蒸気となることから，ギリシャ語の沸騰する石という意味のゼオライト(zeolite)と命名され，沸石と邦訳される．ゼオライトの種類は，天然鉱物として40種以上，合成ゼオライトとして150種以上あり，骨格構造から100種程度に分類され，3文字の略語で表現される．代表的なゼオライトとして，

① A型ゼオライト（ゼオライトA；LTA），
② X型ゼオライト，Y型ゼオライト（ゼオライトX, Y；FAU），
③ モルデナイト（MOR），
④ ZSM−5（MFI），

があげられる．**図I−2.4.14**に代表的なゼオライトの骨格構造を示し，**表I−2.4.2**に単位組成および物性値を示した．

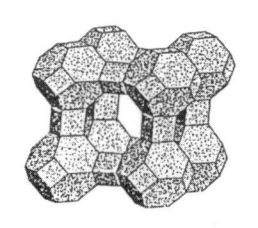

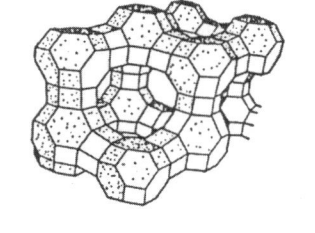

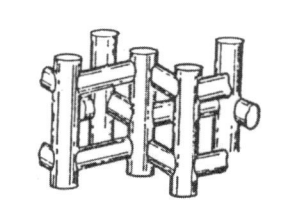

(a) ゼオライトAの骨格構造　　(b) ゼオライトXおよびYの骨格構造　　(c) ZSM-5の細孔の立体構造

図I-2.4.14　各種ゼオライトの構造

表I-2.4.2　代表的なゼオライトの単位組成と物性

名　　称	単位格子組成	網目構造密度 [g/cc]	最大細孔径 [nm]
ゼオライトA	$Na_{12}(Al_{12}Si_{12}O_{48})\cdot 27H_2O$	1.27	0.42
ゼオライトX	$Na_{86}(Al_{86}Si_{106}O_{384})\cdot 264H_2O$	1.31	0.74
ゼオライトY	$Na_{56}(Al_{56}Si_{136}O_{384})\cdot 250H_2O$	1.27	0.74
ZSM-5	$Na_n(Al_nSi_{96-n}O_{192})\cdot 16H_2O$　$n<27$	1.79	0.54
モルデナイト	$Na_8(Al_8Si_{14}O_{96})\cdot 24H_2O$	1.7	0.67×0.70

（網目構造密度）$=1.66(59m+60n)/V$
ただし，m, n：それぞれ単位格子中のAlとSiの原子数．V：単位格子体積．

　結晶水を包蔵している細孔は，結晶水を失うと，非極性分子においてもその分子の形や大きさにより吸着することができる．このような選択的な分子吸着作用は，ゼオライトの細孔が分子オーダーの寸法をもつためであることから，分子ふるい（molecular sieve）とよばれることがある．

　利用分野も，ガスの吸着，分離，乾燥，石油の接触分解触媒，イオン交換作用を利用した洗剤用ビルダー，排水処理，肥料，飼料など多様化している．

(2) NO_x分解触媒

　国際的な環境問題となっている酸性雨の原因物質として，硫黄酸化物（SO_x）や窒素酸化物（NO_x）が考えられている．日本の場合，SO_xの主な排出源は自然発生源である火山で，特に桜島は全体の25％を占めている．また，燃焼排出に由来するものについては，燃料中の硫黄成分を水素化脱硫により削減することでSO_x排出量を減少させることができる．

　NO_x場合は，1500℃以上の火炎燃焼反応で，空気中の酸素と窒素の反応によってサーマルNO_xとよばれる窒素酸化物（NOが主）が発生することから，NO_x発生量の少ない燃焼法の開発および排煙中のNO_xの除去が必要となる．NO_xの発生源は，固定発生源（火力発電所，工場等）および移動発生源（自動車，飛行機，船舶等）に大別され，

① 大規模固定発生源については，アンモニアを還元剤に用いた選択接触還元法

② ガソリンエンジンに関しては，NO_xを含めた排ガス中の炭化水素，COを同時に除去できる三元触媒

が実用化されているが，希薄燃焼エンジンやディーゼルエンジンなどに用いる効率的な触媒の開発が待たれている．

　三元触媒では，排ガス中に含まれる酸素が過剰のときにはNO_xの還元が不完全になり，反対に酸素不足のときにはCO，炭化水素の酸化が不完全となる．したがって，排ガス中の炭化水素，CO，NO_xを同時除去するためには，空気と燃料の重量比（空燃比 A/F）を最適値（理論燃焼空燃比：A/F＝14.7）に保つ必要がある．A/Fがある幅以内であれば，3成分すべてを80％以上除去できる．この幅はウインドウとよばれ，できるだけ広いA/F値に対応できる触媒が実用上望ましい．

　触媒としては，O_2共存下でもNO_x還元能が高いRhを必須成分とし，それに炭化水素，CO酸化能の高いPt, Pdを併用したPt−Pd−Rh系触媒が用いられる．排ガス組成を理論A/Fに制御するために，O_2センサーを用いてO_2濃度を測定し，その情報に合せて供給燃料を制御しているが，実際には時間的遅れがあるため，ガス組成は設定A/F値を中心にして周期的に変化しながら制御されている．そこで，O_2過剰ならO_2を吸収し，O_2不足ならO_2を放出する能力を有するCeO_2を添加することにより，周期的変化に対応させている．また，近年，希薄燃焼領域で NOをPt上でNO_2に酸化し，添加したアルカリ金属類（主にBa）上にNO_2を硝酸塩として吸着/吸蔵した後，間欠的に燃料過剰の燃焼条件で運転し，発生する排ガス中の炭化水素類を還

元剤として吸蔵したNO_2を貴金属触媒上でN_2に還元するシステムが実用化されている[2]が,燃料中の硫黄成分によるSO_2被毒が問題となっている.

アンモニアによるNO_x選択還元反応では,V_2O_5,MoO_3,Cu_2O,Fe_2O_3等が触媒活性を示す.排ガス中に共存するSO_x,O_2による硫酸塩化の問題は担体にも起るが,Al_2O_3よりもTiO_2の方が耐久性に富み,一般に活性,選択性,耐久性の観点からV_2O_5/TiO_2系触媒(Mo,Wを含むこともある)が使用されている.

(3) ゼオライトによるNO_x分解

排煙中のNO_xを除去する最も理想的な方法は,還元剤を必要としない接触分解($2NO \rightarrow N_2 + O_2$)である.ゼオライトを用いた接触分解反応で,岩本らにより,銅イオン交換ゼオライト(例えば,Cu-ZSM-5)[3]に高い活性のあることが報告されたが,酸素および硫黄酸化物の共存により活性が著しく低下する欠点があった.また,岩本ら[4],Heldら[5]により,酸素と炭化水素系の還元剤が共存することにより,NO選択還元が効率的に進行することが報告された.アンモニア以外でのNO選択還元の可能性が示されたことから,従来の三元触媒によるNO_x分解法が適用できない希薄燃焼エンジン排ガスのような,高酸素濃度下の移動発生源での新しい排ガス浄化触媒開発が進められている.

また,天然ガスの主成分で,これまで選択還元能がないといわれていたメタンについても,天然ガスを燃料としたコジェネレーションシステム等の普及に伴い,排ガス中のメタンを還元剤としたNO_x分解触媒が,イオン交換ZSM-5等を用いて研究されている[6].実用化の可能性が高い触媒として,Cu-ZSM-5(Cu-MFI)が広く研究されているが,水蒸気や硫黄酸化物によるゼオライト格子の破壊,脱アルミまたは$CuAl_2O_4$の生成,CuOやCu^{2+}クラスターの形成などの活性劣化機構が報告されている[7].これに対し,Cr,La,Pなどを添加することによりCu-ZSM-5触媒の耐熱性が向上することが報告されている[8].

これまで,炭化水素を還元剤としたNO_x分解において,NOが酸化したNO_2が反応の中間体とする反応機構が提唱され,NO酸化能をもつ触媒(例えば,Mn_2O_3)とイオン交換ゼオライトを機械的に混合した混合触媒系が提案されている[9].また,各種ゼオライトの特徴を活かした「機能分割型」とよばれる,NO酸化触媒とNO_x還元触媒を分離し,その中間で新たに還元剤の炭化水素類を添加する還元剤添加法が提案されている[10].この添加法は,還元剤の無駄な燃焼を防ぎ,有効利用率を大幅に向上できると期待されている.また,還元剤となる排ガス中の炭化水素排出濃度の

低いディーゼル車への応用も期待されるが,エンジンの電子制御等のシステム全体の開発が必要となる.

アンモニアを還元剤とするゼオライト触媒においても $Cu-ZSM-5$ が研究され,ある条件下では担持 V_2O_5 (V_2O_5/TiO_2 系触媒)よりも高い活性を示すことが報告され,この反応の中間体として吸着 NO_3^- 種が考えられている[11].

(4) ゼオライト以外の NO_x 選択還元触媒

ディーゼルエンジン排ガス中の NO_x 低減をめざし,含酸素化合物(アルコールなど)を還元剤として添加する研究が,ゼオライトに比べて耐久性や安定性に優れた,各種アルミナ触媒[12]やアルミナ担持金属触媒[13]において行われている.また,メタンを還元剤とした酸化カルシウム(CaO)触媒[14]や,エチレン(ethylene)またはエテン(ethen)を還元剤としたチタニア担持金属触媒[15]等の研究も行われている.

参考文献

1) 例えば,富永博夫編,"ゼオライトの科学と応用",講談社サイエンティフィック (1987).
   八嶋ら,"触媒設計",化学総説34,日本化学会編,p.102 (1982).
2) S. Matsumoto, *Catalysis Survey from Japan*, **1**, p.111 (1997).
3) M. Iwamoto et al., *J. Phy. Chem.*, **95**, p.3237 (1991).
4) 岩本正和ら,触媒, **32**, p.430 (1990).
5) W. Held et al., SAE Paper, 900496 (1990).
6) 例えば,E. Kikuchi et al., *Catal. Today*, **22**, p.73 (1994).
7) 例えば,T. Tanabe et al., *Appl. Catal. B*, **6**, p.145 (1995).
8) 例えば,赤間浩ら,触媒, **39**, p.120 (1997).
9) 例えば,C. Yokoyama et al., *Catal. Lett.*, **29**, p.1 (1994).
10) M. Iwamoto et al., *J. Chem. Soc. Chem. Commun.*, **37** (1997).
11-a) T. Komatu et al., *J. Catal.*, **148**, p.427 (1994).
11-b) T. Komatu et al., *J. Phys. Chem.*, **99**, p.13054 (1995).
12) 例えば,浜田秀昭ら,日本エネルギー学会誌, **75**, p.751 (1996).
13) 例えば,T. Miyadera, *Appl. Catal. B*, **16**, p.115 (1998).
14) K. D. Fliatoura et al., *J. Catal.*, **183**, p.323 (1999).
15) 例えば,K. Shiba et al., *React. Kinet. Catal. Lett.*, **64**, p.281 (1998).

2.5 リサイクル関連技術

■ 2.5.1 リサイクルとは

　生産プロセスにおけるリサイクル(recycle)とは，生産プロセスに投入された資源(原材料，用水，エネルギーなど)のうち，製品として取出されたもの以外で環境に排出(discharge)せず回収(recovery)して，各種の生産プロセスへ再度資源(resource)として循環(cycle)する行為をいう．したがって，プロセス排水を処理・再利用するhydrolic recycleや，プロセスから排出される廃エネルギーを回収・再利用するthermal recycleなども，重要なリサイクルの一環と考えられる．そこで，リサイクルの型態を分類すると次の3種に分けられる．
　① material recycle 　　(mechanical recycle)[1]
　② chemical recycle 　　(feedstock recycle)[1]
　③ thermal recycle[1]

　またISO 14040では，リサイクルを再循環先によってclosed recycleおよびopen recycleの2種類に分類している．前者は，プロセスで発生する不良品を元のプロセスへ戻すといったプロセスのクローズド化を意味しているが，このようなリサイクルについては，産業界では生産性向上運動の中ですでに十分行われている．プロセスのクローズド化をさらに推進するためには，むしろ製品規格の単純化，製品品質の見直しといったより根本的な対策が必要であり，これからの生産プロセスについてはプロセスのクリーン化(排出物の抑制)が求められている．村田[2]はこれをプレリサイクルと称して，これもリサイクルに含めているが，ここではその考え方はとらない．

■ 2.5.2 リサイクルの目的

　リサイクルには，大きく分けて2つの目的がある．1つは資源の節約であり，他の1つは環境負荷低減である．

(1) 資源問題とリサイクル

　資源枯渇が懸念される時代，資源小国のわが国では，資源の有効利用を図らなければならないことは当然である．その対応策として，生産プロセスにおけるリ

サイクルは大きな役割をはたす．現実にリサイクルがその機能を十分はたしているかという点については，わが国全体の物質フローの中でそれを検討してみる必要がある．**図 I-2.5.1** は，1996年度におけるわが国の物質フローを示したもので，単位はGt/年（1 Gt＝10^9t）である[3]．この図から注目すべき点として，次の5点が指摘される．

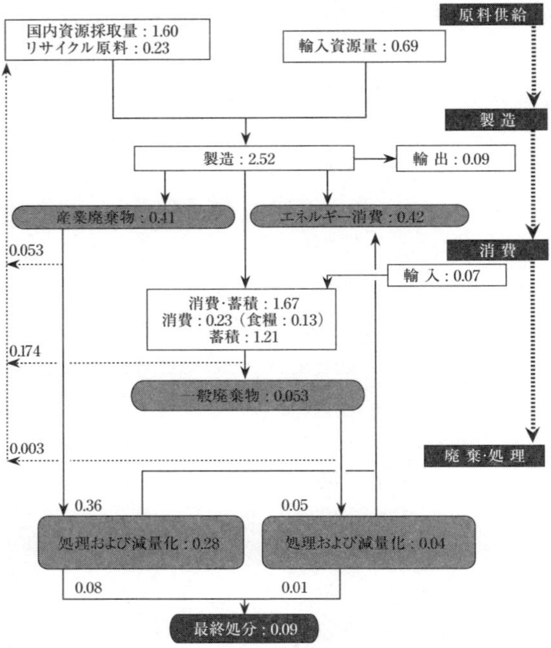

図 I-2.5.1　わが国の物質フロー（1996年,［Gt／年］）

① わが国の年間投入資源量 2.52 Gt の 64 % が国内資源であるが，これらの2/3以上は建設用資材である．

② 年間資源輸入量は 0.69 Gt（27 %）であるが，エネルギー，食料，主要原材料などのほとんどがこの中に含まれる．

③ 年間リサイクルされる資源量は 0.23 Gt と投入量のわずか 9 % にしか過ぎない．

④ 投入資源量の 42 % に相当する 1.06 Gt の物量が環境中にアウトプットとして排出されており，その内訳は次のとおりである．

　　エネルギーとしての消費量　　　0.42 Gt
　　食料・製品などの消費量　　　　0.23 Gt
　　廃棄物の中間処理減量　　　　　0.32 Gt
　　廃棄物の最終処分量　　　　　　0.09 Gt

⑤ インプットとアウトプットとのバランス上，投入資源量の 48 % に相当する 1.21 Gt の物量が年間国内に備蓄されたことになる．その多くはビルや自然を改変した土木構造物と推定される．

2.5 リサイクル関連技術

　要約すれば，わが国はまだ大量生産，大量消費，大量廃棄の経済社会構造から抜けきっていない．このような状態を続けられないことは認識しながらも，なかなかそれから脱しきれないうちに資源が枯渇してしまう恐れは十分にある．セラミックス産業のように，資源の多くを国内資源に依存した産業でも，主要原料である粘土や石灰石の枯渇が懸念され，その代替物の検討（人工粘土の研究や廃コンクリートからのセメントの回収研究など）が行われていることはその端的な現れである．

(2) 環境負荷低減とリサイクル

　生産プロセスからの排出物をリサイクルすることは，資源が廃棄物となって中間処理や最終処分によって発生する環境負荷を低減する．しかし，リサイクルに伴う環境負荷（エネルギー消費やほかの資源の投入など）が処理・処分の負荷を上回るならば，環境負荷低減の面からはリサイクルする意味がない．リサイクルの方法にしても同様である．例えば，汚染された混合プラスチックのマテリアル・リサイクルとサーマル・リサイクル（燃料として利用し，新規燃料の消費を代替する）とを比較すると，マテリアル・リサイクルの方が環境負荷が多くなり，マテリアル・リサイクルにこだわることが環境負荷増加につながるケースがある[4]．

　つまり，リサイクルを一口に「排出物をプロセスに戻す行為」といっても，プロセスに戻すルートにはさまざまなルートがあり，選定すべきルートを適正解とする必要がある．概念的にいって，ルートは短くかつ単純なものほどエントロピーの増加が少ない[5]．プロセスのクローズド化あるいはインプラントリサイクルは，物質転換して他のプロセスの原料とするリサイクルより環境負荷の少ないことは容易に理解される．しかし，前者を促進するためには，「モノ造り」の意識の改革が必要であることは前に述べたとおりである．

　リサイクルの評価には環境負荷のみでなく，経済性の評価も重要である．例えば，リサイクルコストが焼却や埋立などの処理・処分コストより高いケースがある．この場合，リサイクルの経済性をどのように評価するかはきわめて難しい．リサイクルの経済性は技術的要因だけでなく，ほかのさまざまな要因に依存し，経済性はむしろ技術的要因以外の他の因子に支配されることが多いからである．したがって，望ましいリサイクルが経済的に阻害されることが起りうる．リサイクルには技術的対応だけでなく法的，経済的措置が不可欠な理由はここにある．

2.5.3 廃棄物総合対策の中でのリサイクルの位置付け

リサイクルは,環境負荷低減のための廃棄物削減に重要な役割を担っている.しかし廃棄物削減対策には,技術的手法に限ってみても,リサイクル以外の他の手法もある.したがって,廃棄物削減を検討するには,より総合的な廃棄物対策(total waste management)の考え方が大切である.一般的に,プロセスにおける廃棄物対策についても3C原則(clean, cycle and control)が適用できる[6].

cleanとは,クリナー・プロダクションあるいはIM(inverse manufacturing)などに代表されるプロセスのクリーン化(廃棄物発生回避)の考え方であり,この考え方は廃棄物削減の基本となる.つまり,プロセスのクリーン化は廃棄物削減対策において最も高いプライオリティをおくべきものである.今後,産業界に課せられるであろう拡大生産者責任(EPR:extended producer responsibility)に対して,廃棄物発生抑制は最も有効であろう.

cycleとは,プロセスのクリーン化によって,プロセスから排出される不要物を資源に戻すこと,つまりこの項で対象としたリサイクルである.

controlとは,資源へ戻すことができず,不可避的に発生する最終廃棄物を適正に処理・処分することを意味する.このように,リサイクルを検討するにあたっては,廃棄物の総合対策の中に位置付けて,その役割を明確に把握しておかなければならない.

上述のような総合的な視野に立って,廃棄物の技術的手法開発をめざした研究に「ゼロエミッション」研究[7]がある.近年,世上でゼロ・エミッションという言葉がもてはやされるやされるようになったが,この研究における概念規定は「物質フロー解析に基づく最適プロセスの構築」というものである.そしてその目的とするところは,適正物質フローのもとでの「生産性の極大化と排出物の極小化」である.この概念のもとではプロセス間リサイクルは重要な役割をはたす.

2.5.4 セラミックス産業関連リサイクル

表Ⅰ-2.5.1にセラミックス産業に関連するリサイクル技術をまとめた.製造プロセスからの排出物(汚泥,不良品など)のリサイクルは従来から行われてきた.これに対して水熱固化反応を利用した固化体の製造技術[8]は最近開発され,製品開

2.5 リサイクル関連技術

表 I-2.5.1 セラミック産業関連リサイクル技術

技術の種類	リサイクル技術の内容
プロセス排出物のリサイクル	排水汚泥の回収売却,不良品の回収再利用,水熱固化反応を利用した固化体製造
他のプロセスからの排出物のリサイクル	火力発電所石炭灰(セメント),脱硫石膏の利用,エコセメントの製造,浄水汚泥や汚泥焼却灰の陶磁器(レンガ,タイル,陶管,瓦など)への原料化
セラミックス生産技術を応用したリサイクル	焼結化技術の応用(軽量骨材や各種建材原料の製造),溶融化技術の応用(廃棄物や下水汚泥の焼却灰の溶融建材化)
一般社会から出る廃棄物の原料リサイクル	回収ガラス瓶のカレット(ガラス瓶への回収),建造物廃コンクリート(再生セメントやコンクリート骨材の回収)

発はこれからであるが,その省エネルギー性などが注目される.

　セラミックス産業の中でもレンガ,タイル,陶管などの伝統的地場産業は,下水汚泥焼却灰や水簸排水汚泥ケーキなどを原料の一部として受入れてきた.これら産業は元々,地域資源に依存しており,地域で排出する不要物を原料として活用することは合理的である.しかし,潜在的に不要物受入能力の最も大きい業種はセメント産業であり,各種の不要物受入れが計画されている[9].谷口[10]はこれをセメント産業をコアとする「クラスタリング」とよんでいる.さらにセメント産業では,その製造プラントを利用して構造用セメントとは異なる用途をめざした「エコセメント」プロジェクトが各地で始動しており,廃棄物リサイクルに大きな役割をはたすと同時に新産業の創出としても期待される[11].

　廃棄物リサイクルにおいて,セラミックスの製造技術がキー・テクノロジーとして活用されている.廃棄物焼却灰に適用される焼結技術や溶融技術がそれで,製品の多くは建設用資材として再利用される.製品利用にあたっては安全性,特に有害物の溶出に留意する必要がある.これらセラミックス技術活用が主として環境への負荷低減に狙いがあるとすれば,廃コンクリートのセメントへの再生研究[12]は資源問題へのアプローチといえよう.近未来にセメント原料の枯渇が懸念される一方で,これまでに膨大な量のコンクリート構造物が備蓄され,これが逐次廃棄物化していくのであれば,これを再活用することは当然のことである.その意味で,このテーマはきわめて重要なテーマなのである.

引用文献

1) Duales System Deutschland GmbH., Changes and Devlopments Plastic Recycling Today, 2nd Completely Revised Edition.
2) 村田徳治,"最近リサイクル技術の実際",オーム社,p.25 (1993).
3) 環境庁編,平成10年度版「環境白書(総説)」中のデータを著者がまとめ直したもの.
4) 久保田宏,松田智,"廃棄物工学",培風館,p.721 (1995).
5) 永田勝也,エネルギー・資源,**15**, 1, p.56 (1998).
6) 酒井伸一,"ゴミと化学物質",岩波新書562, p.186 (1998).
7) 笠倉忠夫,セラミックス,**33**, 7, p.503 (1998).
8) 石田秀輝,セラミックス,**33**, 2, p.98 (1998).
9) 環境庁編,平成10年度版「環境白書(総説)」,p.75.
10) 谷口正次,平成9年度豊橋技術科学大学技術セミナー講演集,p.27 (1997).
11) 谷川昇,廃棄物学会誌,**9**, 7, p.470 (1998).
12) 友沢史紀,リサイクルシステムの現状と将来,名古屋大学理工科学総合研究センター・シンポジウム予稿集,p.50 (1996).

2.6 その他

■ 2.6.1 セラミックス吸音材

(1) 吸音材

　吸音材は音波の反射の少ない材料で,用途としてはホールの音響調整(音の響きの程度を調整)や,防音壁の内側に設置し防音効果を高めるなどの各種騒音対策に利用される.

　中でも材料中に多数の連続した空隙をもつものを多孔質吸音材料とよび,入射した音波が内部で複雑な連通経路を通過する際に,摩擦によって音のエネルギーが熱エネルギーに変換され散逸吸収されることにより吸音作用が生じる.なお,吸音性能は吸音率 α の周波数特性として表され,次式で定義される.

$$\alpha = \frac{I_i - I_r}{I_r} = 1 - \frac{I_r}{I_i}$$

ただし,α は吸音率,**図 I-2.6.1** に示すように I_i は入射波 [W/m²],I_r は反射波

[W/m²]である．また，$R=I_r/I_i$は反射率とよばれる．

また，吸音材は図Ⅰ-2.6.1のように，コンクリートや鉄板などの遮音材と組合されて用いられ，音の発生する側に取付けられる．

(2) 吸音材の種類

多孔質吸音材料として一般的に知られているのは，グラスウールである．グラスウールは，硝子繊維を樹脂バインダーを用いて板状に成形した材料で，吸音性に優れコストが安いことから広く使われてきた．しかし，繊維材料であるがため，それ自体を表面に出すような使い方ができず，また，屋外では雨による吸水で大幅に吸音性が低下することや，紫外線劣化，繊維飛散などを生じるためフィルムや金属有孔板などの保護材を必要とする．

このような欠点を解消するのがセラミックス吸音材である．セラミックス吸音材には，セラミックス粒子を焼結したものや，セメント接着したものなどがあるが，耐久性，耐水性，耐熱性に優れ，剛体のため表面保護材などを必要とせず，メンテナンスフリーが特長である．

図Ⅰ-2.6.1　吸音材料

(3) セラミックス吸音材の構成

セラミックス吸音材の代表的なものは，一定範囲の粒子径（0.5～1.5mmφ）をもつ磁器粒子に釉薬を加えて混合し，大きさが300～500mm，厚さが10～50mmの板状体に振動加圧により成形した後，約1300℃で焼結してつくられる．焼結されたセラミックス吸音板は，磁器粒子が釉薬の軟化溶融により相互に結合され，粒子間に存在する多数の不規則に連続した空隙が吸音板の表裏に連通している構造となるため，吸音性が得られることとなる．表面の拡大写真を**図Ⅰ-2.6.2**に示す．

セラミックス粒子の材質は，長石質磁器，アルミナ磁器等の硬質磁器で，

図Ⅰ-2.6.2　セラミックス吸音材表面拡大写真（約20倍）

粉砕粒子や造粒粒子が用いられる．粒子の材質は機械的強度を，粒子の大きさ，釉薬の量，充填密度等は吸音特性に影響を及ぼす空隙率などを考慮して設定される．

最近では廃ガラスから製造された骨材を用いたリサイクル品なども製品化されている．

(4) セラミックス吸音材の吸音特性

セラミックス吸音材の吸音性能は，材料を通過する空気の流れ抵抗（通気抵抗）や気孔率，材料厚さなどにより変化する．したがって，粒子径やプレス成形の条件によって材料の要因が変化するため，製造に際しては最適な条件を見定める必要がある．

一般的には **図Ⅰ-2.6.3** に示すように，通気抵抗が低い場合は吸音性のピーク性が強く，通気抵抗が高い場合はブロードな特性になる．

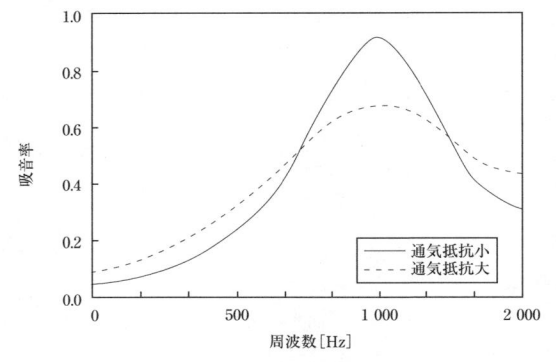

図Ⅰ-2.6.3 通気抵抗と吸音率

多孔質吸音材料の吸音率 α は，単位断面積当りの表面音響インピーダンスを次式により求めることによって理論計算が可能である[1),2)]．

$$\alpha = 1 - \left| \frac{\rho_0 c - Z_m}{\rho_0 c + Z_m} \right|^2$$

ここで，ρ_0：空気の密度，
　　　　c：音速，
　　　　Z_m：表面インピーダンス
　　　ただし，$Z_m = W_m \coth(\gamma_m d_m)$
　　　　　　W_m：多孔質材料の特性インピーダンス
　　　　　　γ_m：多孔質材料の伝搬定数
　　　　　　d_m：多孔質吸音材の厚さ[m]

また，吸音材の吸音性能の評価方法はJISによって定められており，100 mm ϕ

2.6 その他

程度の小サンプルを用いるJISA1405「管内法による建築材料の垂直入射吸音率測定方法」や残響室の床に約10 m²程度のサンプルを敷きつめて測定するJISA1409「残響室法吸音率の測定方法」がある.

セラミックス吸音材の残響室法吸音率測定例を**図Ⅰ-2.6.4**に示すが,厚さ20 mmの吸音材を遮音材(コンクリートなど)との間の空気層厚さを変えて設置することによって,吸音率の周波数特性が変化する.空気層が大きいほど,吸音率のピーク周波数は低周波側になる.

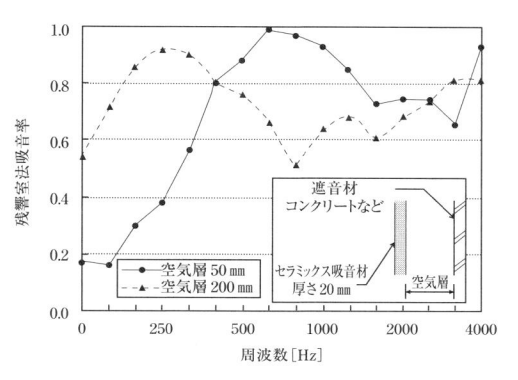

図Ⅰ-2.6.4 残響室法吸音率測定例

(5) セラミックス吸音材の諸特性

セラミックス吸音材の諸特性を**表Ⅰ-2.6.1**に示す.機械的強度や耐候性,耐水性,耐熱性等に優れ,繊維系吸音材に無い特長を有するため,屋外や熱のかかる雰囲気での使用に適している.

表Ⅰ-2.6.1 セラミックス吸音材の諸特性

項目	試験方法	試験結果
嵩比重		1.4〜1.5
気孔率		40〜50%
曲げ強度	JIS R 2213,スパン270 mm	7.2 N/mm²(73 kg/cm²)
		アルミナタイプ:14.7 N/mm²(150 kg/cm²)
圧縮強度	JIS R 2206	20.6 N/mm²(210 kg/cm²)
熱伝導率	熱線法	0.5〜0.7 W/mK
耐振性	3G,100万回	異常無し
耐候性	JIS A 1415,促進耐候性試験2 000時間	異常無し
防火性能	昭和45年建設省告示第1825号試験	不燃材料
耐火性	油炎中13分間	異常無し
耐水性	流水中500時間浸漬	異常無し
耐塩水性	JIS Z 2371,塩水噴霧試験2 000時間	異常無し
凍結融解性	水中−20℃12h〜+20℃12h 100回	異常無し
吸水乾燥性	24h水浸後,常温空気中に放置	約30hで100%乾燥

第Ⅰ編 環境・リサイクル分野

図 I-2.6.5 堀割自動車道路防音壁

図 I-2.6.6 火力発電所蒸気用サイレンサー

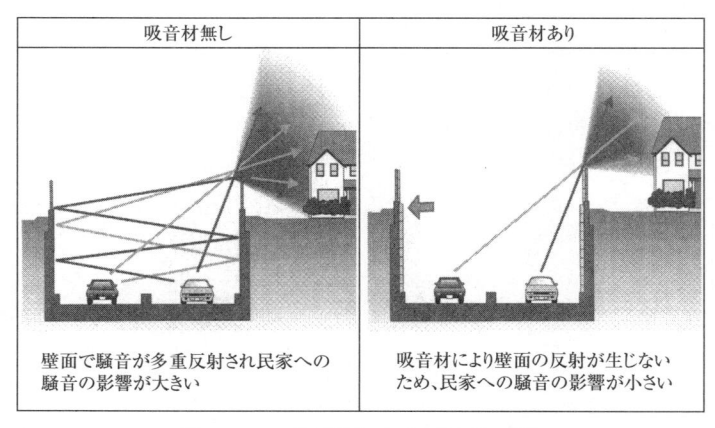

図 I-2.6.7 堀割道路における吸音材の効果

(6) 適用例

セラミックス吸音材は，その特長を活かして，屋外の防音壁や熱のかかる消音装置など過酷な使用条件の防音装置に幅広く用いられている．図Ⅰ-2.6.5に高速道路堀割構造の防音壁，図Ⅰ-2.6.6に火力発電所の蒸気用サイレンサーへの適用例を示す．図Ⅰ-2.6.7は，堀割道路での吸音材の効果の模式図を示す．

参考文献
1) 古賀，国枝，太田,日本音響学会講演論文集，2-6-3 (1986).
2) 古賀,日本音響学会誌, **53**, p.7 (1997).

■ 2.6.2 セラミックス電波吸収体

(1) 電波吸収体

電波吸収体はその名のとおり飛来してきた電波を吸収し，反射を生じにくい材料である．その用途としては，TV電波が建物に反射され生じるゴースト障害対策や，軍用機のレーダー回避(ステルス機)，電子機器の放射電磁波測定用の電波暗室内装などに用いられている．

電波吸収体が電波を吸収するためには，材料に入射した電波の電気エネルギーを熱エネルギーに変換する必要がある．通常の電気回路においてはニクロム線などの抵抗体を利用し，電気エネルギーを熱エネルギーに変える例がある．電波の場合もこの方法は可能で，空間に適度な電気抵抗を有する抵抗体があれば，電波が入射した際にこれを熱エネルギーに変換し吸収することができる．これも電波吸収体の一例であり，次項に示す導電性吸収材である．

(2) 電波吸収体の種類

前述のとおり，電波を熱エネルギーに変換する方式の違いによって，電波吸収体は，
  ① 磁性吸収材,
  ② 誘電性吸収材,
  ③ 導電性吸収材

の3つに大別される．それらの特徴を**表Ⅰ-2.6.2**に示す．

(3) フェライト電波吸収体

ここでは，セラミックス電波吸収体の代表であるフェライト吸収体の概要を紹介する．

フェライト吸収体は磁気損失を利用した磁性吸収材で，薄型で高い吸収性能を有するため，さまざまな分野で利用されている[1,2]．

フェライトは，一般に酸化鉄（Fe_2O_3）を主成分とする複合セラミックスで，強磁性を示す酸化物磁性材である．フェライトを大別するとハードフェライトとソフトフェライトに分けられ，前者は保持力が高く永久磁石として用いられ，後者は透磁率が高く電子部品のフェライトコアなどに用いられる．

電波吸収体として利用されるフェライトは，高透磁率なソフトフェライトであり，特に高周波での吸収特性が必要なため，Ni-Zn系フェライトが用いられることが多い．Ni-Zn系フェライトは，主成分の酸化鉄以外に酸化ニッケルと酸化亜鉛を成分として製造される．

表Ⅰ-2.6.2 電波吸収体の種類

	吸収材の構成例	特徴
磁性吸収材	電波／磁気損失材（フェライト）／反射体（金属）	【長所】平板薄型(1cm以下)，高吸収率 高耐久，耐熱 【短所】重量，コスト大 吸収帯域幅限界あり
誘電性吸収材	電波／誘電損失材（カーボンウレタン等）／反射体（金属）	【長所】高吸収率 吸収帯域幅広い 【短所】吸収体長さ大（約1m以上）耐候性，耐熱性低い
導電性吸収材	抵抗膜 反射体（金属）／電波／$\lambda/4$	【長所】薄型軽量 低コスト 【短所】吸収帯域狭い（スポット周波数）

(4) フェライト電波吸収体の吸収特性

磁性吸収材の電波吸収特性は，材料定数を用いて下式により算出できる．

電波吸収率（反射損失））：$K = 20 \log S$

$$S = \frac{\frac{\mu_r}{\varepsilon_r} \tanh j \frac{2\pi d}{\lambda_0} \sqrt{\varepsilon_r \mu_r} - 1}{\frac{\mu_r}{\varepsilon_r} \tanh j \frac{2\pi d}{\lambda_0} \sqrt{\varepsilon_r \mu_r} + 1}$$

ここで，S：反射係数

2.6 その他

μ_r, ε_r：吸収材料の複素比透磁率，比誘電率
d　　：材料厚さ
λ_0　　：波長
j　　：虚数

　フェライト電波吸収体7mm厚さの吸収特性測定例を**図Ⅰ-2.6.8**に示す．フェライト吸収体単層では，磁性吸収材の特徴である共振型特有の山形の吸収特性曲線を示し，おおむね80MHz～400MHzの範囲で20dB以上(90％以上)の高い吸収率を発揮する．TV電波はほとんどこの範囲であり，フェライト吸収体単独でもカバーできるが，電波暗室のように30～1 000MHzをこえる広い範囲を対象とする場合には，フェライト吸収体単層では対応が難しい．したがって，図中の複層化などの改善が図られている．

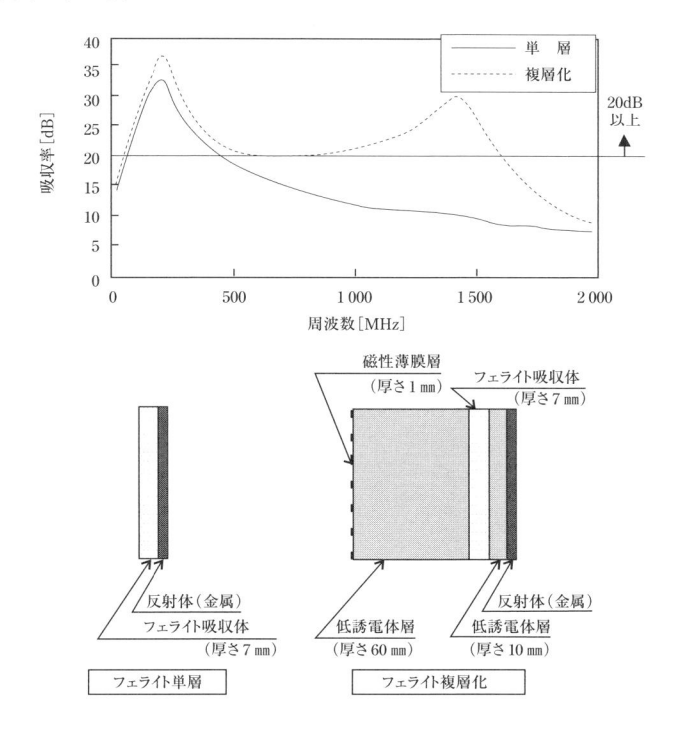

図Ⅰ-2.6.8　フェライトの電波吸収特性

(5) フェライト電波吸収体の特性改善

フェライト吸収体の課題である吸収帯域の改善方法として，次の2方法が考えられる．

① 誘電型吸収体との組合せ
② フェライト吸収体の複層化

①の誘電体との組合せでは，広帯域化が図れるものの吸収体厚さが増大するため，フェライト吸収体の平板薄型の特長が阻害される．ここでは，フェライト吸収体の平板薄型性を活かしながら特性改善を図る方法として，フェライト吸収体の複層化を紹介する．

フェライト吸収体を2層化するなどによって吸収帯域の改善が図れることは知られていたが，重量，コストなどの点から実用が難しかった．フェライト吸収体2層化と同様な効果が得られる安価，軽量な方法として，フェライト吸収体と約1mm厚さの磁性薄膜層との組合せが開発された[3)~5)]．

フェライト吸収体と磁性薄膜層との組合せによって，図Ⅰ-2.6.8の複層化に示すように，電波吸収率20 dB以上(90％以上)の範囲が80～1 300 MHzまでとフェライト吸収体単層に比べて大幅に拡大できる．

(6) 今後の展望

電波吸収体の現在の課題として，広帯域化，薄層化，軽量化，施工性などがあげられ，前述の複層化なども含めてさまざまな改良研究がなされている．最近では携帯電話や衛星放送，衛星通信などの普及に伴い電波利用範囲が飛躍的に増大しており，さらに広い周波数領域での電波吸収体のニーズの高まりが予想される．

参考文献

1) 内藤喜之,"電波吸収体",新OHM文庫,オーム社 (1987).
2) 清水康敬,信学誌，**68**，5，pp.546-548 (1985).
3) 内藤，水本，高橋，脇田,信学論，B-Ⅱ, 7, p.647 (1993).
4) 内藤，水本，高橋，脇田,信学論，B-Ⅱ, 11, p.890 (1993).
5) 内藤，水本，高橋，国枝,信学技報，EMCJ93-61 (1993).

第I-3章 基礎データ

表I-3.1 内分泌撹乱作用が疑われている化学物質

1. 農薬・殺菌剤系

物　質　名	用　途　等	環境での検出例
アトラジン	除草剤	
アミトロール	除草剤, 樹脂硬化剤	
アラクロール	除草剤	
2,4-ジクロロフェノキシ酢酸	除草剤, 枯葉剤	
2,4,5-トリクロロフェノキシ酢酸	除草剤, 枯葉剤	
ニトロフェン	除草剤	●
ペンタクロロフェノール	除草剤, 殺菌剤, 防腐剤	●
メトリブジン	除草剤	
アルディカーブ	殺虫剤	
アルドリン	殺虫剤	
エチルパラチオン	有機塩素系殺虫剤	●
エンドスルファン	有機塩素系殺虫剤	
キーポン	有機塩素系殺虫剤	
クロルデン	有機塩素系殺虫剤, シロアリ駆除剤	●
ケルセン	有機塩素系殺虫剤, 殺ダニ剤	
DDE, DDD	殺虫剤（DDTの代謝物）	●
DDT	有機塩素系殺虫剤	●
ディルドリン	有機塩素系殺虫剤	●
トランスノナクロル	有機塩素系殺虫剤	●
ヘキサクロロシクロヘキサン	有機塩素系殺虫剤	●
ヘプタクロル	有機塩素系殺虫剤	●
ジネブ	ジチオカルバメイト系殺菌剤	
ジラム	ジチオカルバメイト系殺菌剤	
ヘキサクロロベンゼン	殺菌剤, 有機合成原料	●
マンゼブ	ジチオカルバメイト系殺菌剤	
マンネブ	ジチオカルバメイト系殺菌剤	
メチラム	ジチオカルバメイト系殺菌剤	

2. プラスチック製造関連物質

物　質　名	用　途　等	環境での検出例
アジピン酸ジ-2-エチルヘキシル	可塑剤	●
スチレンの2,3量体	スチレン樹脂未反応物	
ビスフェノールA	ポリカーボネート，エポキシ樹脂原料	●
フタル酸ジ-2-エチルヘキシル	可塑剤	●
フタル酸-n-ブチル	可塑剤	●
フタル酸ジエチル	可塑剤	
フタル酸ジシクロヘキシル	可塑剤	
フタル酸ブチルベンジル	可塑剤	

3. 塗料・医療品・電気製品関連物質

物　質　名	用　途　等	環境での検出例
4-オクチルフェノール	界面活性剤原料，工業用洗剤	●
カドミウム	合金，半導体製造用	
トリフェニル錫	船底塗料，魚網防腐剤	●
トリブチル錫	船底塗料，魚網防腐剤	●
4-ニトロトルエン	中間体	●
ノニルフェノール	界面活性剤の原料	●
ベンゾフェノン	医療品合成原料，保香剤	
PCB	熱媒体，ノンカーボン紙，絶縁油	●
ポリ臭化ビフェニール（PBB）	難燃剤	
水銀	温度計，圧力計	
鉛	蓄電池	

4. その他

物　質　名	用　途　等	環境での検出例
ダイオキシン類	化学物質合成，焼却廃棄過程で生成	●
ベンゾピレン	石油精製過程で生成	●
オクタクロロスチレン	有機塩素系化合物の副生物	

国立天文台 編，理科年表 平成13年，丸善(2000)より抜粋，改変

3 基礎データ

表 I-3.2 主要化学物質の許容濃度

物質名	化学式	許容濃度 [ppm]
アクリルアルデヒド	$CH_2=CHCHO$	0.1
アクリロニトリル	$CH_2=CHCN$	2
アセトアルデヒド	CH_3CHO	50
アセトン	CH_3COCH_3	200
o-アニシジン	$H_3COC_6H_4NH_2$	0.1
アニリン	$C_6H_5NH_2$	1
アルシン	AsH_3	0.01
アンモニア	NH_3	25
イソブチルアルコール	$(CH_3)_2CHCH_2OH$	50
イソプロピルアルコール	$CH_3CH(OH)CH_3$	400
一酸化炭素	CO	50
エチルアミン	$C_2H_5NH_2$	10
エチルエーテル	$(C_2H_5)_2O$	400
エチルベンゼン	$C_6H_5C_2H_5$	100
エチレンイミン	C_2H_5N	0.5
エチレンオキシド	C_2H_4O	1
エチレングリコール系		5
エチレンジアミン	$H_2NCH_2CH_2NH_2$	10
塩化水素	HCl	5
塩化ビニル	$CH_2=CHCl$	2.5
塩素	Cl_2	0.5
オゾン	O_3	0.1
ガソリン		100
蟻酸	$HCOOH$	5
キシレン	$C_6H_4(CH_3)_2$	100
クレゾール	$C_6H_4CH_3(OH)$	5
クロロエタン	C_2H_5Cl	100
クロロピクリン	Cl_3CNO_2	0.1
クロロベンゼン	C_6H_5Cl	10
クロロホルム	$CHCl_3$	10
五酸化リン	PCl_5	0.1
酢酸	CH_3COOH	10
酢酸メチル	CH_3COOCH_3	200
三塩化リン	PCl_3	0.2
三フッ化ホウ素	BF_3	0.3
シクロヘキサン	C_6H_{12}	150
1,2-ジクロロエタン	$ClCH_2CH_2Cl$	10
p-ジクロロベンゼン	$C_6H_4Cl_2$	10
ジクロロメタン	CH_2Cl_2	50
ジニトロベンゼン	$C_6H_4(NO_2)_2$	0.15
ジボラン	B_2H_6	0.01
ジメチルアミン	$(CH_3)_2NH$	10
臭素	Br_2	0.1
硝酸	HNO_3	2
シラン	SiH_4	100
スチレン	$C_6H_5CH=CH_2$	20
セレン化水素	SeH_2	0.05
テトラエトキシシラン	$Si(OC_2H_5)_4$	10
テトラメトキシシラン	$Si(OCH_3)_4$	1
1,1,2-トリクロロエタン	Cl_2CHCH_2Cl	10
トリクロロエチレン	$Cl_2C=CHCl$	25
トリメチルベンゼン	$C_6H_3(CH_3)_3$	25
トルエン	$C_6H_5CH_3$	50

表Ⅰ-3.2（続） 主要化学物質の許容濃度

物　質　名	化　学　式	許容濃度[ppm]
トルエンジイソシアネート類	$C_6H_3CH_3(NCO)_2$	0.005
二塩化二硫黄	S_2Cl_2	1
二酸化炭素	CO_2	5 000
ニッケルカルボニル	$Ni(CO)_4$	0.001
ニトログリコール	$O_2NOCH_2CH_2ONO_2$	0.05
ニトログリセリン	$(O_2NOCH_2)_2CHONO_2$	0.05
ニトロベンゼン	$C_6H_5NO_2$	1
フェノール	C_6H_5OH	5
ブチルアミン	$CH_3CH_2CH_2CH_2NH_2$	5
フッ化水素	HF	3
フルフリルアルコール	$C_4H_3OCH_2OH$	5
ヘキサン	$CH_3(CH_2)_4CH_3$	40
ヘプタン	$CH_3(CH_2)_5CH_3$	200
ペンタン	$CH_3(CH_2)_3CH_3$	300
ホスゲン	$COCl_2$	0.1
ホスフィン	PH_3	0.3
無水酢酸	$(CH_3CO)_2O$	5
無水ヒドラジン	H_2NNH_2	0.1
無水フタル酸	$C_8H_4O_3$	0.33
無水マレイン酸	$C_4H_2O_3$	0.1
メタノール	CH_3OH	200
メチルアミン	CH_3NH_2	10
メチルエチルケトン	$C_2H_5COCH_3$	200
メチルシクロヘキサン	$CH_3C_6H_{11}$	400
ヨウ素	I_2	0.1
硫化水素	H_2S	10
硫酸ジメチル	$(CH_3)_2SO_2$	0.1

国立天文台 編, 理科年表 平成13年, 丸善（2000）より抜粋, 改変.

表Ⅰ-3.3　主要ヒト発ガン化学物質・製造工程等

物　質　名　等	化　学　式	物　質　名　等	化　学　式
アスベスト		シクロスポリン	
アフラトキシン類		スス	
4-アミノビフェニル	$C_6H_5C_6H_4NH_2$	石炭ガス化	
アルミニウム製造		タバコ煙	
エストロゲン類		鉄および鋼の鋳造	
エチレンオキシド	$(CH_2)_2O$	2,3,7,8-TCDD	
塩化ビニル	$H_2C:CHCl$	結晶性シリカ	
カドミウムおよびその化合物	Cd	ニッケル化合物	
木粉塵		ベリリウムおよびその化合物	Be
クロム化合物	Cr	ベンゼン	C_6H_6
頁岩油		ベンゾトリクロリド	$C_6H_5CCl_3$
コークス製造		マスタードガス	$(CH_2CH_2Cl)_2S$
鉱物油		ラドン	
コールタール		強無機酸ミスト	
コールタールピッチ			

国立天文台 編, 理科年表 平成13年, 丸善（2000）より抜粋, 改変.

第Ⅱ編

情報・通信分野

第Ⅱ-1章

総　論

1.1　エレクトロニクスの動向と機能性セラミックスの進歩

■ 1.1.1　エレクトロニクスの動向

　21世紀はマルチメデイアによる高度情報化社会の時代といわれている．技術的側面からいえば高周波化，デジタル化，高速化，大容量化が求められる時代となる．同時に地球規模での環境問題，プライバシー保護，省資源，省エネルギーへの配慮が不可欠であろう．高度情報化社会への期待は距離，時間の障害を取除くばかりでなく，自分の欲しい情報を瞬時に取出せることではなかろうか．そのためには，データの入出力装置が手元に常にあることが追求されよう．本章では，ネットワークやソフトウエアには触れず，身近にある機器装置について述べたい．

　ここ数年，パソコンの普及には目覚しいものがある．数値計算，図表作成，ワープロ等に利用されていたものに加え，インターネットを活用した電子メールの利用が急激に増大しているためと思われる．したがって，パソコンおよびその周辺装置の高機能化，小型軽量化，低価格化競争は分秒単位で繰り広げられている．例えば，クロック周波数はおよそ800 MHz～1 GHzであり半年単位でさらに高周波化が進んでいる．ハードディスクのメモリー容量も120ギガバイトを実現しており200ギガバイトへの開発にしのぎをけずっている．

　一方，携帯電話も驚異的な普及の伸びを示している．わが国では数年前に携帯電話機が売出され，2001年では5 300万台に達している．当初800 MHzのアナログ式からスタートしたが周波数が満杯となり，その後800 MHzデジタル式へさらに1.5 GHzデジタル式へ拡大した．やや遅れてPHS（persoal handyphone system）が

1.8 GHz の周波数で実用化された。現在，NTT の主導で，広帯域 CDMA（code division multiple access）とよばれる次世代方式が実用化されてきた。なお携帯電話の周波数，方式は世界各国ないしは地域で統一されておらず，いずれ世界標準が決められることになろう。

　パソコン，携帯電話の普及は時代の潮流であるが，同時に両者の機能を一体化した装置すなわち情報通信携帯機器のニーズは当然の高まりを呈している。日本の電子産業の特色は小型軽量複合機能の機器開発に優れており，発売も間近ではなかろうか。

　次に情報通信分野で発展が期待されるものとして，自動車すなわちカーエレクトロニクスがある。これからの自動車の機能は快適で安全性が高く，かつ動くオフィスの機能をもつことが求められている。道路情報や地図情報，前方後方車間情報等のマルチインフォメーション，自動車電話，FAX，電子メール等の機能が一般化し，車中にいながらにしてビジネスが可能となる。加えて安全性，快適性，燃費効率，排ガス対策等もエレクトロニクス技術が貢献する。

　このような快適な交通社会をめざすものとして，高度道路交通システム ITS（intelligent transport systems）の取組みが日本を含むアジア，米国，欧州で開始されている。ITS 構想は国際的には激しい競争状態にあるが，ITS 国際会議がすでに数回開催されていることから，国際標準化がなされると見られている。システムの概要は，おそらく上記の機能に加え，安全と渋滞解消のための自動走行をめざすものになると思われる。情報通信事業分野は今後ますます高度化複雑化の方向へ進展し，これに伴い多様な電子部品，機能部品の開発が要求される。以上の市場動向から機能性セラミックスの役割はますます重要になるであろう。

■ 1.1.2　機能性セラミックスの進歩

　セラミックスの今日までの発展は，エレクトロニクス（情報通信）の進展に伴って生じた電子部品に対する新たなニーズを確実に実現してきたことにある。この事実は，セラミックスの有する電磁気的機能の多様性に基づくものである。セラミックスの語源はギリシャ語で土器や陶磁器を意味する Keramos といわれているが，広義には鉱石や結晶も含めてよいのではないだろうか。セラミックスの歴史をふり返ると，表Ⅱ-1.1.1 に示すように，19世紀末に始まった電磁気学，有線電信電話，無線電信電話の技術の芽生えがエレクトロニクスの端緒となっているが，

1.1 エレクトロニクスの動向と機能性セラミックスの進歩

表 II-1.1.1　エレクトロニクスの発展の歴史とセラミックス

時代	出来事	セラミックス
電信電話幕開け (19世紀後半)	マルコニーの火花放電無線機	陶磁器
真空管 (20世紀前半)	真空管の発明 発振, 同調, 増幅技術発展	天然鉱石の探索 磁鉄鉱, 電機石, 方鉛鉱, 雲母
エレクトロニクス・セラミックス(20世紀中期～)	家電製品, 電話の普及	TiO_2, $BaTiO_3$, フェライト, $(Mn \cdot Zn)Fe_2O_4$
半導体デバイス (～現在)	TV時代, ポータブル製品 コンピューター誕生 デジタル通信 パソコンの普及 携帯電話の普及 インターネット	セラミックスの高性能化, 新機能探索, 新デバイスの開発時代 各種フェライト, $Pb(Zr \cdot Ti)O_3$, リラクサ, YAG, Al_2O_3, ZnO, AlN, Li-M'-O系

　今世紀に入って真空管が発明されたことにより今日のエレクトロニクスの基盤ともいうべき発信, 同調, 増幅等の技術が発展してきた. と同時にコイル, コンデンサー, 抵抗, 検波器, マグネット等の回路部品の出現が待たれた. 当初絶縁材料として陶磁器が用いられたが, 今日でいうセラミックスは開発されてはいなかった.

　その間に, 天然鉱石の探索が精力的に進められ有用な物質が発見されてきた. しかしながら, これらの物質は特性のばらつき, 温度, 時間, 湿度等に対する安定度等が不十分なものであった. 第二次世界大戦を前に天然鉱石の改良に着手し, 精製された原料粉末を用いて, フェライトや酸化チタンの人工的に合成されたセラミックスが登場することになる. これにより, 電子機器の性能は飛躍的に向上した. セラミックス開発の成果如何が戦果を左右したとの話も聞かされるが, これを契機に新しいセラミックスの合成や電磁気的特性の研究開発が活発化してきた.

　天然鉱石もセラミックスも微結晶の集合体であり, スピネル, ウルツアイト, ペロブスカイトといった結晶形を有している. 電磁気的機能や性能は結晶形や構成元素によって決定されるが, さらに, 含有不純物量, 微結晶粒の大きさ, 結晶粒界状態, 空隙率等によって電磁気的特性が左右される. 合成されたセラミックスは, 天然鉱石に内在する不均一性やバラツキの欠点を取除くと同時に, 天然鉱石の構

成元素の一部を他の元素で置換したり，特定の元素を積極的に微量添加して結晶粒界の制御を行う等，特性の改善や新機能の探索が続けられてきた．

■ 1.1.3 機能性セラミックスの分類と用途

チタン酸バリウム（$BaTiO_3$）やフェライト（$Mn·Zn$）Fe_2O_4（表Ⅱ-1.1.1 参照）が出現して以来およそ半世紀が経過した．この間に多種多様な機能を有するセラミックスが開発されエレクトロニクスの発展に多くの貢献をなし，今日では電子部品を構成する材料として不可欠なものとなっている．

セラミックスの機能は**表Ⅱ-1.1.2**に示すように，エレクトロニクスに要求されるほぼすべての領域をカバーしている．さらなる特長として，他の材料と比較して諸特性の調整が任意にできることがあげられる．構成元素選択の自由度が多く元素の種類，組成，量等によって特性値を大幅に変えられること，結晶系でいえば単相では得られない特性を多相にしてシナジー効果を出すこと，添加元素によって特性を改善することができる等を武器に，時代の要求に機敏に対応してきた．また，製造の容易さが電子材料としての位置づけを強固にしてきた．以上述べたように，セラミックスの特長をいかした電子回路部品は，将来に向けても主要な位置をを占めると予想される．さらに回路部品にとどまらず，センサーやレ

表Ⅱ-1.1.2　セラミックスの機能と用途

機　能	材　料	用　途
絶縁性	アルミナ（Al_2O_3）	多層基板，IC基板
	アルミナ・ガラスセラミックス，AlN	放熱基板
半導体	SiC, ZnO, SnO_2	サーミスター，バリスタ
	$BaTiO_3$	ガスセンサー
イオン導電性	$β$アルミナ, ZrO_2	イオン電池
	$LiCoO_2$, $LiMn_2O_4$	酸素センサー
圧電性	$Pb(Zr·Ti)O_3$, $BaTiO_3$	圧電フィルター，SAW
	$LiNbO_3$	振動ジャイロ，圧電トランス，圧電アクチュエーター
誘電性	$BaTiO_3$, $CaTiO_3$, $SrTiO_3$	セラミックスコンデンサー
	リラクサ［$Pb(M'·M'')O_3$］系	誘電体フィルター
磁　性	（$Mn·Zn$）Fe_2O_4	コイル，トランス
	（$Ba·Sr$）フェライト	マグネット，磁気ヘッド
光学的性能	YAG, Ti_2O_4	レーザー発振子，偏光子

1.1 エレクトロニクスの動向と機能性セラミックスの進歩

ーザーといった機能部品,電池などその用途はますます拡大しようとしている.
　各論では機能別にセラミックスの材料,製造プロセス,応用製品,情報通信機器への使用例等について述べる.

第Ⅱ-2章

各 論

2.1 絶縁性セラミックス

■ 2.1.1 セラミックス多層配線基板

(1) はじめに

　エレクトロニクス機器は，マルチメディアの進展に伴って信号処理の高速化，多量データの伝送，蓄積等の高機能高性能化が強く望まれている．これを実現するには，半導体デバイスや電子部品の発展とこれらを高密度に実装するハードウエアテクノロジーの開発が必須である．セラミックス材料はエレクトロニクス分野で広く使われているが，特に実装技術の領域では，LSI (large scale integration circuit) 搭載する実装配線基板として注目を集めている．この基板には多ピンで狭ピッチの端子をもつチップを実装しなければならず，微細パターンでかつ高多層，多機能な配線基板が要求される．ここでは，高密度高速機器に対応したガラスセラミックス材料を用いたセラミックス多層配線基板の技術の詳細と応用展開について紹介する．

(2) 特　徴

　チップサイズパッケージ (CSP：chip size package) のような小型高密度パッケージやベアチップの出現により，実装基板では高密度微細配線化が急速に進んでいる．マルチチップモジュール (MCM：mult chip module) では性能重視の観点からこの傾向は強い．LSI間の距離が長くなると信号遅延が問題になるためである．実装基板は多層配線構造をとっており，信号線層と電源供給のための電源層，グランド層からなっている．

当初，シート積層法を利用したアルミナ多層配線基板が用いられていたが，焼結温度が高いため導体にWやMoを使わなければならず，配線の微細化や低抵抗に限界があった．また誘電率が10と比較的大きく，信号遅延の課題や熱膨張係数がシリコンと不整合である等の問題があった．これらの問題を解決する実装基板として，ガラスセラミックス基板が開発され実用化された．絶縁材料としてガラスとセラミックスの複合材料を用いることによって，焼結温度，誘電率，熱膨張係数，機械的強度などのパラメーターを制御することが可能となった．配線導体に銀や銅などの低抵抗材料を使用でき，低誘電率で低損失ガラスセラミックスを使い，高速高周波用MCMに対応した基板を設計できる特徴をもっている．

　ガラスセラミックス材料は各方面で活発な開発が行われており，多くの組成系が提案されている．ここでは代表的な系として，ホウケイ酸鉛ガラスとアルミナ，ホウケイ酸ガラスとアルミナの複合系について紹介する．**表Ⅱ-2.1.1**にこれらの材料系の特性を示すが，焼結温度が900℃程度と低く，ホウケイ酸鉛ガラスの系で誘電率は7.8，ホウケイ酸ガラスの系で7.1と，アルミナに比べて低い値を示している．誘電損失は高周波回路の損失に影響を及ぼす因子であり，小さな値が求められる．熱膨張係数はチップ実装上重要な特性であり，比較的低い値に制御されている．機械的強度も280 MPaと実装基板として十分な値をもっている．

表Ⅱ-2.1.1　ガラスセラミックス材料の特性

	ホウケイ酸ガラス（アルミナ系）	ホウケイ酸鉛ガラス（アルミナ系）
組成ガラス／アルミナ	50/50 wt%	45/55 wt%
誘電率[1 MHz]	7.1	7.8
誘電損失[1 MHz]	0.002	0.002
熱膨張係数[$\times 10^{-6}$/℃]	5	5.5
熱伝導率[W/mK]	3.6	3.6
抗折強度[MPa]	280	280

　強度が高い理由として，これらの系では焼結過程でアノーサイト結晶の生成されることが影響していると考えられている．ガラスは800℃付近で軟化反応が起り，この液相とアルミナ粒子が反応しCa, Al, Siからなるアノーサイト微結晶が形成される．アノーサイト微結晶がガラスセラミックス焼結体の内部で強度補強の役目をはたすため，一般のガラスセラミックス基板にない高強度が実現できる．**図Ⅱ-2.1.1**にアノーサイト結晶化率と基板曲げ強度の関係を示す．焼結体内部にアノーサイトが多く存在するに従って強度が増加していることがわかる．

(3) 応　用
a. 高速コンピューター用実装基板

図Ⅱ-2.1.2に，コンピューター用MCMの多層配線基板の断面構造を示す．ガラスセラミックス多層基板をベース基板として，その上にポリイミドの絶縁層が多層に形成された構造をとっている．ポリイミド層には信号配線が形成されている．一方，ベース基板は6層のクロック配線と電源，グランド層を含めて14層の導体層を構成している．絶縁材料はホウケイ酸鉛ガラスとアルミナの複合系を用い，配線にはAg-Pd系を適用した．導体組成は95％Ag-5％Pdで，比抵抗は5mΩcmと低い値を示す．

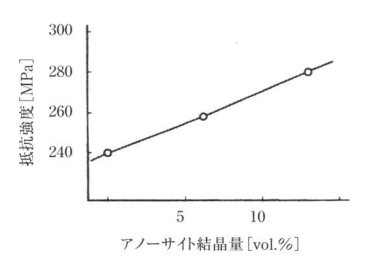

図Ⅱ-2.1.1　アノーサイト結晶率と基板曲げ強度

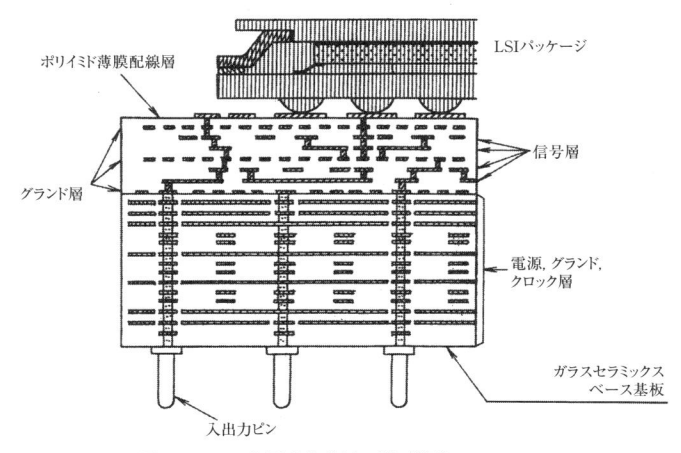

図Ⅱ-2.1.2　多層配線基板の断面構造

システム全体の実装構成を**図Ⅱ-2.1.3**に示す．このシステムではクロック周波数200MHz以上の高速処理を実現している．MCMには100個のチップが搭載され，このモジュールとプリント基板ボードがコネクターで接続されている．**表Ⅱ-2.1.2**にコンピューター用実装基板の特性を示す．

b. 高速光インタフェース用モジュール

光通信システムの156Mbps光インタフェースモジュールに適用し，体積10cc（従来比1/7），消費電力1W以下という従来に比べ大幅な性能向上が実現できた．**図**

図Ⅱ-2.1.3 大型コンピューターの実装構成

表Ⅱ-2.1.2 コンピューター用実装基板の特性と仕様

		特　性
基板	サイズ	225×225 mm
	厚さ	5.5 mm
	抗折強度	280 MPa
	そり	30 μm/225 mm
	誘電率（1MHz）	7.8
	誘電損失（1MHz）	0.002
	収縮率	13.0％±0.2％
ライン幅		200 μm
ビアホール径		200 μm
積層数		40 層
導体層		14 層
導体材料		Ag-Pd（5μΩcm）
I/Oピン	数	11 540
	ピッチ	1.8 mm
	強度	>3 kg

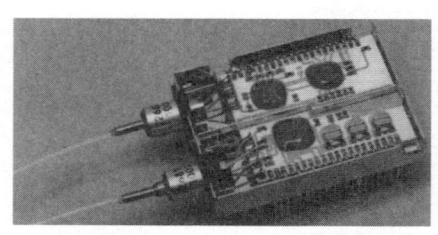

図Ⅱ-2.1.4 光インターフェイス用 MCM

表Ⅱ-2.1.3 多層基板の設計仕様

設計仕様	概要
内層導体材料	Ag/Pd
表層導体材料	Ag/Pd
最小パターン幅／間隔	0.2 mm/0.2 mm
層間ビアホール径	φ0.2 mm
最小ビアホールピッチ	0.6 mm

Ⅱ-2.1.4 に MCM の外観を示す．基板の材料はホウケイ酸鉛ガラスとアルミナの複合系を用いた．導体6層構造で，30×25 mm の大きさに，LD と PD 以外のすべての部品を両面実装している．IC 3 個をベアチップ実装することにより，モジュールの大幅な小型化を図った．導体材料としては Ag-Pd 系であり，特に表層導体は金ワイヤーボンディング性とハンダぬれ性を考慮して選定された．**表Ⅱ-2.1.3** に多層基板の設計仕様の概要を示す．

c. マイクロ波通信用 MCM 基板

高周波通信用機器は，アナログ回路で波長が短いため，高い回路形成精度が要求される．また，十分な電気シールドが必要であり，その構造も複雑になる．ガラスセラミックス多層基板はこの課題を解決し，小型高密度で高周波特性に優れた

2.1 絶縁性セラミックス

MCM を提供することができる．**図II-2.1.5**にマイクロ波通信用 MCM の構成を示す．電圧制御型発信器，アンプ，モジュレーターなどのマイクロ波回路をすべて含んでいる．各キャビティにはチップが搭載され，基板のパッドと接続されている．MMIC チップは発熱量が大きく，キャビティの底部から放熱ビアによりヒートシンク部に熱を逃がしている．キャビティは金属キャップでろう付けし，外部から保護すると共に電気的にシールドしている．各機能回路の相互干渉を抑えるため，基板内に2000穴をこえるシールドビアが形成されている．

導体7層構成であり，グランド層に挟まれて RF (radio frequency) 回路が2層と DC 回路2層，表層部からなっている．絶縁材料はホウケイ酸ガラスとアルミナの複合系を用いた．この材料は誘電損失が低く，Ag と同時焼成が可能であり，配線導体損失を低く抑えることができるため高周波領域での基板材料として最適なものである．また，鉛フリーの材料系であるにもかかわらず，焼成過程でアノーサイト微結晶を生成し，アルミナ並の高強度を実現できる．また，絶縁層間を利用した内装カップラーや RF の終端抵抗（酸化ルテニ

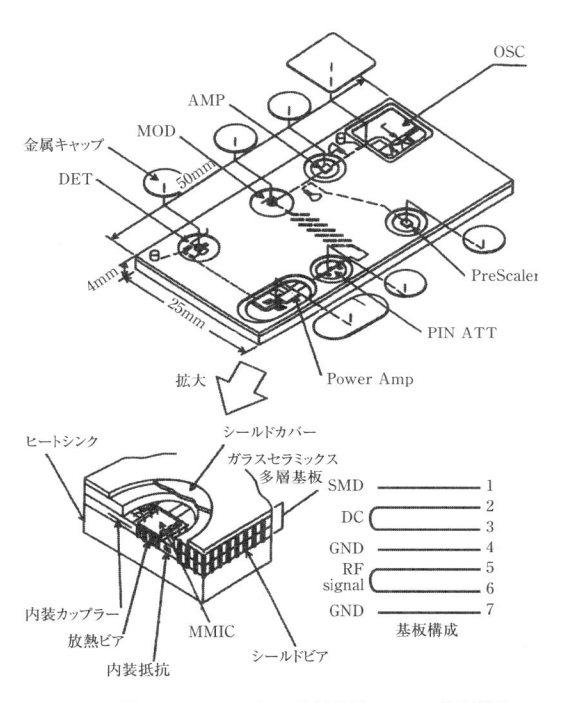

図II-2.1.5 マイクロ波通信用 MCM の基板構造

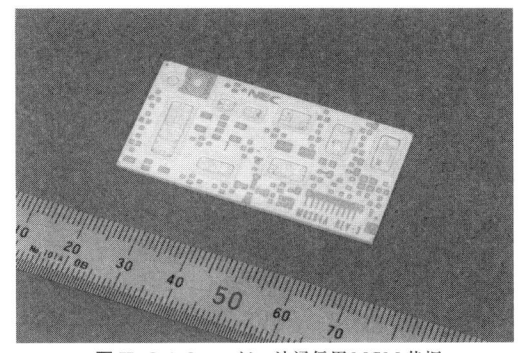

図II-2.1.6 マイクロ波通信用 MCM 基板

ウムを主成分)が基板焼成と同時に内装形成されているのも特徴である．**図Ⅱ-2.1.6** には MCM 基板を，**表Ⅱ-2.1.4** には基板の基本特性を示す．

(4) 今後の展望

セラミックス多層配線基板は，高性能 MCM を実現するためにきわめて重要であり，今後高速・高周波化に伴う基板電気特性最適化，フリップチップや CSP などの接続への対応，熱的，機械的など多岐にわたる材料物性の最適化が必要である．このような物性をすべて満足する材料を単一材料で実現することはきわめて困難であり，ガラスセラミックス基板のような複合材料によってのみ実現可能となる．今後の実装基板は，デジタル系では 1 GHz 以上のクロックに対応でき，アナログ系や伝送通信領域では数十～数百 GHz の周波数に対応できることが求められるため，絶縁材料・導体配線材料には低損失化が不可欠となる．高周波領域ではノイズや相互干渉が大きな問題となるため，基板の中でいかにシールドを実現できるかがポイントになる．また，L, C, R などの回路素子を基板内に内装する要求も高くなってくるであろう．

表Ⅱ-2.1.4　マイクロ波通信用 MCM 基板の基本特性

	MMCM特性
比誘電率 (1 MHz, 10 GHz)	7.1, 7.1
誘電損失 (1 MHz, 10 GHz)	0.002, 0.005
絶縁抵抗 (50 VDC) [Ωcm]	$>10^{14}$
熱膨張率 [$\times 10^{-6}$ ℃]	5
抗折強度 [MPa]	280
収縮率 [%]	13
導体抵抗 [μΩcm]	2.5
内装抵抗 [Ω]	50±20%
最小ライン幅／スペース [μm]	50/40
ビア径 (シールドビア, 放熱ビア) [μm]	$\phi 200, \phi 500$
最小ビアピッチ (シールドビア, 放熱ビア) [μm]	500, 800
熱抵抗 (放熱ビア部) [℃/W]	10
He ガスリーク [cc/s]	$<1.0\times 10^{-8}$

■ 2.1.2　IC 基板について

セラミックスは，古くは 19 世紀後半に，絶縁体として用いられて以来，現在では集積回路の基板を初めとして，あらゆる電子部品に使用されている．アルミナセラミックスは，絶縁性，誘電性，高圧性，磁性，半導性など，エレクトロデバイスに欠くとこのできない重要性をもっているためである．

IC 用基板，混成集積回路 (HIC；hybrid integrated circuit) は，基板上のスクリーン印刷によって 5～25 μm の厚膜を形成したり，真空蒸着方法で 50～5 000 Å の薄膜を形成し，これらの配線で高密度回路をつくったものである．

2.1 絶縁性セラミックス

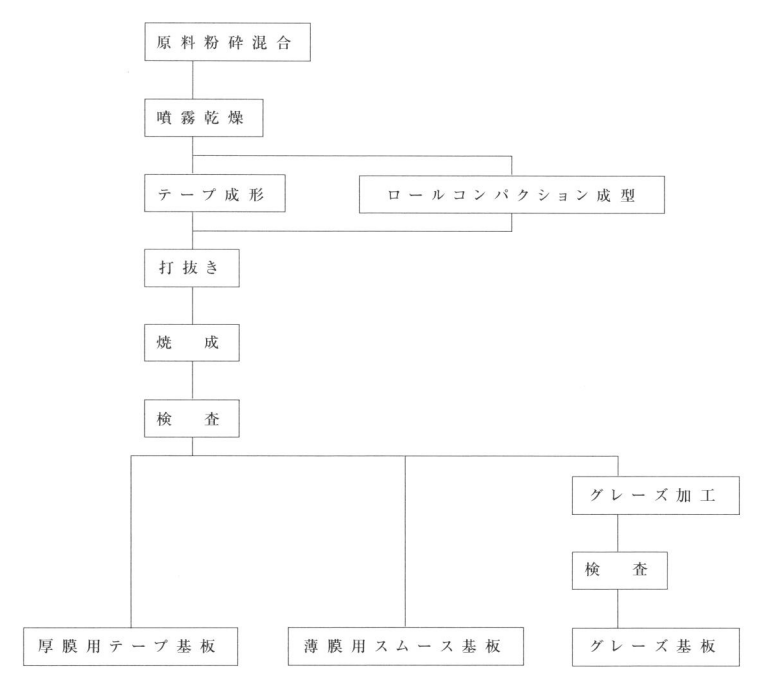

```
原料粉砕混合
    ↓
噴霧乾燥
    ↓
テープ成形 ─── ロールコンパクション成型
    ↓
打抜き
    ↓
焼成
    ↓
検査
    ├─────────────────────┐
    │                  グレーズ加工
    │                     ↓
    │                   検査
    ↓          ↓          ↓
厚膜用テープ基板  薄膜用スムース基板  グレーズ基板
```

図Ⅱ-2.1.7 アルミナセラミックス基板の製造プロセス

以下に,HICに使われるセラミックス基板の製品について説明を行う.

(1) アルミナセラミックス基板の製造プロセス

アルミナセラミックスの製造工程を **図Ⅱ-2.1.7** に示す.HIC用基板として代表的なものに,厚膜用テープ基板,薄膜用スムース基板,グレーズ基板等があり,それぞれの特徴について説明する.

a. 厚膜用テープ基板

厚膜用基板として必要な性質をまとめると,次のようになる.
① 厚膜ペーストとの密着性に優れていること.
② 厚膜焼成中やハンダ浸しのような急熱,急冷に耐えること.
③ 製造工程や実装使用時に耐えられる機械的強度を有すること.
④ 熱放散性がよいこと.

⑤ 電気的特性に優れていること．
⑥ 寸法精度がよく，安価であること．

　これらの点から厚膜基板としては，アルミナ含有率96％前後のものが，市場で大量に使用されている．**表Ⅱ-2.1.5**に代表的な材質（96％セラミックス）の電気的，機械的，熱的特性を示す．

表Ⅱ-2.1.5　96％セラミックスの電気的，機械的，熱的特性

項　目	単　位	特性値	項　目	単　位	特性値
外観		緻密	熱伝導率	w/mk	27
呈色		白	絶縁耐力	kV/mm	12
見掛密度	g/cm^3	3.7	体積固有抵抗	Ωcm(20℃)	$>10^{14}$
吸水率	％	0		(300℃)	10^{10}
ビッカース硬度	kg/mm^2	1 400		(500℃)	10^8
曲げ強度	kg/mm^2	32	誘電率　(1 MHz)		9.4
ヤング率	kg/mm^2	3.4×10^6	誘電正接	$\times10^{-4}$	4
熱膨張係数　(40〜400℃)		7.2×10^{-6}			
(40〜800℃)		7.9×10^{-6}			

b. 薄膜用スムース基板

　薄膜印刷は，厚膜印刷とは異なり，真空蒸着によって金属を蒸発させ基板の表面に金属層を形成する方法やスパッタリング法，CVD法，イオンプレーティング法等がある．いずれも配線は非常に細かく膜厚も薄く，従来の厚膜用基板の基板表面が0.2〜10μmクラスの凹凸を有するのに対し，1μm以下の厚みである薄膜は基板表面の凹凸の影響を受けやすい．

　基板表面の表面粗さについては，アルミナの粒径の細かい方が小さく，高純度アルミナの方が不純物が少なく粒界での不連続相となるガラス質が少ないので，薄膜印刷には良い方向にある．アルミナ中に含まれる不純物は，薄膜の密着性に大きく影響するために，薄膜用としては高純度でかつ，粒径の小さいアルミナ基板が使用される（**図Ⅱ-2.1.8**）．このため，薄膜用基板に使用される基板のアルミナ含有量は，99.5％前後のものが多い．

　図Ⅱ-2.1.8には，薄膜基板の特徴である基板表面結晶および表面粗さを，**表Ⅱ-2.1.6**には材料特性を示す．

c. グレーズ基板

　グレーズドセラミックス基板は，純度96％前後のアルミナ基板にグレーズ加工を施したもので，本来のアルミナ基板の表面状態では，結晶の凹凸が生じ，グレ

2.1 絶縁性セラミックス

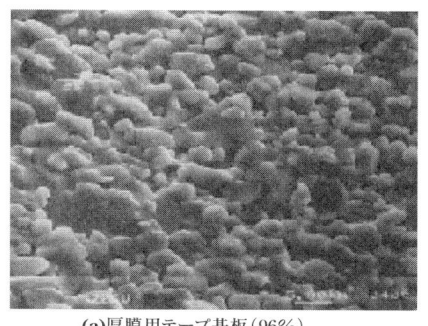

(a) 厚膜用テープ基板（96％）　　　**(b)** 薄膜用スムース基板（99.6％）

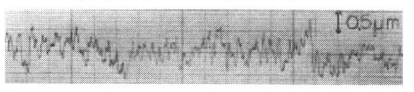

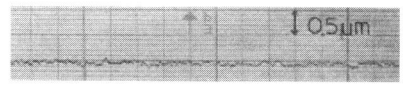

図 II-2.1.8　電子顕微鏡写真による結晶写真（上）と表面加工データ（表面粗さ（下））

表 II-2.1.6　薄膜用スムース基板特性値

項　目	単　位	特性値
外観		緻密
呈色		白
見掛密度	g/cm^3	3.86
吸水率	％	0
ビッカース硬度	kg/mm^2	1 600
曲げ強度	kg/mm^2	40
ヤング率	kg/mm^2	3.4×10^6
熱膨張係数　（25〜400℃）		7.4×10^{-6}
（25〜800℃）		8.2×10^{-6}

項　目	単　位	特性値
熱伝導率	w/mk	33
絶縁耐力	kV/mm	20
体積固有抵抗	Ωcm（25℃）	>10^{14}
	（300℃）	10^{12}
	（500℃）	10^{11}
誘電率　（1MHz）		9.9
誘電正接	×10^{-4}	2

ーズ加工を施した面は，平坦性，平滑性に優れ，また表面欠陥が少ないなどの特徴を備えており，特に高密度化が進むファクシミリや各種プリンタ用サーマルプリンタヘッド基板として幅広く使用されている．

(1) 部分グレーズ基板

厚膜，薄膜方式のG3，G4のファクシミリ用およびカラープリンタ用サーマルプリントヘッドに多く用いられている．1〜3 mm 程度の細い幅の凸状のグレーズ部に，発熱抵抗体が形成される．

(2) 全面グレーズ基板

厚膜方式の各種ファクシミリ用サーマルプリントヘッドに多く用いられる．グレーズ表面の平坦性が良好で，端部メニスカスも非常に小さい．

(3) シリアルグレーズ基板

ワープロ用,バーコード用プリントヘッドに多く用いられる.グレーズのピッチ精度がよく,また,基板の端からヒーターグレーズ部までの距離が短く,さらにグレーズ部の幅が狭くできるために高速印字が可能である.

(2) 今後の展望

今後HIC用基板としては,さらなる寸法精度の向上,安価な製品の供給を強く求められている.特に携帯端末を中心とした小型化,高密度化の市場ニーズにより,セラミックスのもつ高い熱放散性を利用し,ICチップからの熱の影響を最小限にとどめる事を目的として,セラミックスのHIC基板としての用途が拡大してきている.

樹脂系材料の基板開発も進む中で,高信頼性をもつセラミックスにおいては,樹脂系材料とは大きく異なる分野へのさらなる材料開発,改良が求められている.グレーズ基板においても,カラー印刷機が増える中で写真と同等,それ以上の高画質プリンターが要求されており,セラミックス基板の平坦性,グレーズ加工精度のさらなる開発が急務である.

2.2 半導性セラミックス

■ 2.2.1 サーミスター (NTC, PTC)

(1) はじめに

実用に供されているサーミスターには,主に酸化物半導体の負の抵抗温度特性を利用したNTCサーミスターと,チタン酸バリウム系半導体の構造転移に伴なう正の抵抗変化を利用したPTCサーミスターとがある.表II−2.2.1[1],表II−2.2.2[2]に示すように,材料,特性,構造,製法は種々あるが,温度センサー用,温度補償用,電流制限用(突入電流制限用,過電流保護用,モーター起動用,消磁回路用等),ヒーター用等,用途に応じて使い分けられている.最近では,携帯電話の電子回路の温度補償用やリチウム電池の保護回路の温度センサー用等にチップ形のものが多用され始めている.

2.2 半導性セラミックス

表II-2.2.1 サーミスタ材料と特性例

特性	結晶構造	主成分	代表的抵抗値	B定数	使用温度	備考
NTC	スピネル	Mn-Ni系酸化物		4 000~7 000 K	<473 K	バルク, 厚膜, 積層
		Mn-Co-Ni系酸化物		2 000~7 000 K	<473 K	バルク, 厚膜, 積層
		$CoO-Al_2O_3-CaSiO_3$系	0.9~500 kΩ (973 K)	500~16 500 K	573~1 273 K	バルク (高温用)
		$Mg(Al, Cr, Fe)_2O_4$系	10~107 Ω (873 K)	2 000~17 000 K	873~1 273 K	バルク (高温用)
		$NiO-CoO-Al_2O_3$系	100~106 Ω (1 323 K)	10 000~20 000 K		バルク (高温用)
	蛍石	$ZrO_2-CaO-Y_2O_3$系	0.8~8 kΩ (1 023 K)	5 000~18 000 K	973~2 273 K	バルク (高温用)
	コランダム	$Al_2O_3-Fe_2O_3-MnO$系	45 Ωm (873 K)	11 300 K		バルク (高温用)
	六方晶	$V_2O_5-MnO_2-CoO$系	1 kΩ (643~1 123 K)			バルク, スパッタ膜
		SiC		2 000~3 000 K	173~723 K	蒸着膜
		SnSe		~2 000 K	143~303 K	スパッタ膜 (体温計用)
		TaN		~1 200 K	308~313 K	蒸着膜
		Ge		<523 K		バルク
PTC	ペロブスカイト	$BaTiO_3-Y_2O_3-Mn$系	α=15~20 %/℃	<573 K		

第Ⅱ編 情報・通信分野

表Ⅱ-2.2.2 各種NTCサーミスター素子の構造,製法,特徴,用途

形状	代表的構造	製法	特徴	用途
ビード形		2本の白金線の間にサーミスター・ペーストを付け1 000～1 300℃で焼結する.	安定度は最も高く,高温に耐える.最も小形で,熱容量,消費電力が小さい.一般にはガラス・コートして外気と遮断・保護する.	精密温度検出用,工業計測機器,医療機器
ディスク形		粉末成形法で円板状に成形,焼結後両面に銀電極を焼付ける.	自動成形できるので最も量産に向いており,大形にできるので,大電流・大電力用のものがつくられる.	温度センサー,電流制限用,空調機器,冷蔵庫,電源
ロッド形		湿式押出法または粉末成形法で成形,焼結後,両端に銀電極を焼付ける.	ディスク形を細長くした形状で,安定度はディスク形と同じ.高抵抗・低Bのものがつくれる.	調理器用庫内温度センサー,オーブンレンジ,ガスレンジ
厚膜形		アルミナ基板にサーミスタ・ペーストを印刷し焼結ける.	シート形,串形,サンドイッチ形が任意に選べ,低抵抗・高B,高抵抗・低B等,広い範囲の特性がつくれる.	ハイブリッドICの温度補償用
薄膜形		アルミナ基板にサーミスター材料をスパッタリングまたは蒸着法で薄膜状に付ける.	サーミスタ層がきわめて薄いので,表面積のわりに熱容量が小さい.SiCをスパッタしたものは高温に耐え適度にBが低いので,広い温度範囲のセンサーに適している	ボロメーター,高温センサー(SiC薄膜のもの),複写機,電子レンジ,住設機器
電極一体形		2本の白金線を成形体に埋込み,1 600～1 800℃で一体焼結する.	1 000℃までの高温において使用可能である.	高温センサー,触媒コンバーター,ガス・石油燃焼機器
単板チップ形		ディスク形を薄板にスライスし,両面に電極加工後,チップに切断する.	ディスク形と類似でありながらビード形と同様に小形である.	温度センサー,温度補償用,体温計,空調センサー,水温センサー
ガラス(樹脂)ビード形		単板チップにリード線を導電ペーストで付け,ガラス(または樹脂)封入する.	小形で安定性が高い.	温度センサー,家電・住設機器,自動車・OA・産業機器
ガラスダイオード形		単板チップをダイオードのガラスケースに封入する.	小型で安定性が高い	温度センサー,家電・住設機器,自動車・OA・産業機器
積層チップ形		サーミスター・シートに電極を印刷後積層し,切断後焼結し,端部電極を付ける.	内部電極の電極間距離,重なり面積,層数とサーミスター材料を変えることにより,幅広い特性の実現が可能である.	温度センサー,温度補償用,液晶パネル,カムコーダー,携帯電話,電池パック

(2) NTCサーミスター

a. 特　性

主に酸化物半導体の負の抵抗温度係数（negative temperature coefficient；NTC）を利用する素子で（**図Ⅱ-2.2.1**），抵抗温度特性は式（Ⅱ-*2.1*）によって近似され，温度係数 α は式（Ⅱ-*2.2*）によって定義される．ここで R_0 は基準になる温度での抵抗であり，B は抵抗変化の大きさを表す定数で，通常のものまで2 000～7 000 Kであり，高温用（573～1 173 K）のもので500～16 500 Kである．組成，焼成条件，熱処理条件等により R_0 と B 定数，α はさまざまに変えられるため，用途に応じて特性が設定される．

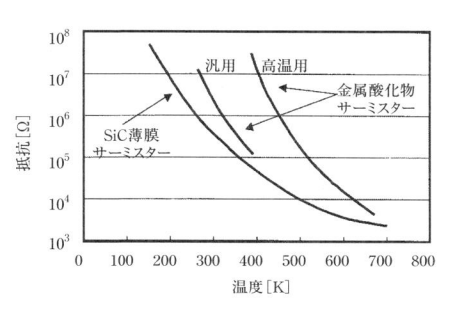

図Ⅱ-2.2.1　NTCサーミスターの抵抗-温度特性例

$$R = R_0 \exp B\,(1/T - 1/T_0) \qquad (Ⅱ-2.1)$$
$$\alpha = (1/R)\,\mathrm{d}R/\mathrm{d}T = -B/R_2 \qquad (Ⅱ-2.2)$$

b. 材　料

表Ⅱ-2.2.1に示すように，主にMn，Ni，Co等の遷移金属酸化物を主成分とするスピネル構造をとる酸化物焼結体が使われている．この材料は p 型半導体で，常温の比抵抗がAlなど3価になる金属元素の添加で大きくなり，Cuなど1価になる金属元素の添加で小さくなる領域がある．特に高温用のものでは酸化アルミニウムや酸化クロム系のスピネル化合物半導体や酸化ジルコニウム系のイオン伝導体が使われる．一般に通常の粉末冶金的方法でつくられるが，ビード形のように，素材が白金リード線と共に焼成されるものもある．また，基板上に厚膜形成法や薄膜形成法でつくられるものもある．

c. 用　途

温度による抵抗変化が大きいため，温度センサー，電子回路の温度補償素子，突入電流制限素子として広く使われている．さらに自己発熱を利用して風速，真空，ガス，液位センサー等としても応用されている．また，環境に曝される素子と曝されない素子の2素子と他の抵抗器を使ってホイートストン・ブリッジを組み，湿度や着霜を検知する用途もある．突入電流制限素子（パワー・サーミスター）は，主に電子機器の電源に直列に挿入され，スイッチが入れられたときに大容量の平滑コンデンサーに流れる充電電流を制限するのに使われる．

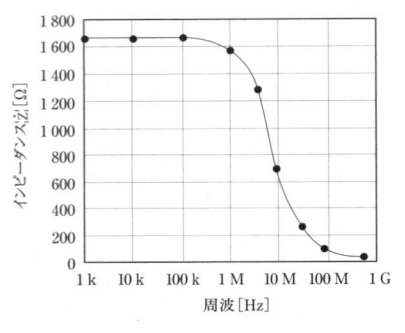

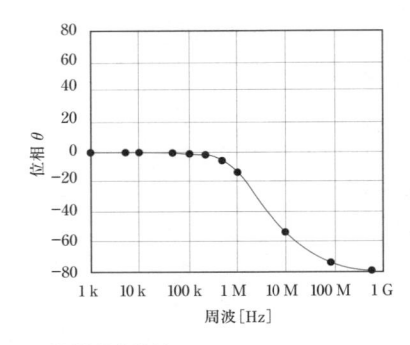

図Ⅱ-2.2.2　NTCサーミスターの周波数特性例

d. 動　向

マイクロコンピュータ(CPU)を用いた温度制御の精緻化に伴ない，常温抵抗や抵抗の温度特性の許容幅が±1％以下というように狭いものが求められる傾向がある．このため，共沈紛のような成分分散の良好な原料粉体が使われる方向にある．また，常温抵抗と温度特性の幅広い要求に構造設計的に対応するために，積層チップ型のものがつくられ始めている．表面実装用のチップ形の素子(SMD)では，携帯電話器等使われる機器の小型化に伴ない，1005タイプ(1.0 mm×0.5 mm)や0603タイプ(0.6 mm×0.3 mm)のものまで開発されつくられ始めている．

図Ⅱ-2.2.2にNTCサーミスターの周波数特性例を示すが，100 kHzを越えるあたりから容量成分が現れ始める[3]．水晶発振器の温度補償用のように高周波で使われる素子では，高周波領域での容量ができる限り小さい方が望ましい．積層チップ形のNTCサーミスターは単板構造のものより，容量が大きくなりやすいので，より低比誘電率の材料の開発も進められている．一般的には比抵抗が小さくなると，比誘電率が大きくなる傾向がある[3]．

(3) PTCサーミスター
a. 特性・材料

Laの等希土類金属元素やNb，Sb等をドナー(電子供与体)として固溶させて半導体化したチタン酸バリウム焼結体の比抵抗が，その結晶構造が正方晶から立方晶に変わるキュリー点(393 K)付近で数桁上昇することを利用した抵抗素子である．正の温度係数(positive temperature coefficient；PTC)をもつ領域は**図Ⅱ-2.2.3**に示すようにキュリー点近傍だけである．キュリー点はBaをSrで置換すること

2.2 半導性セラミックス

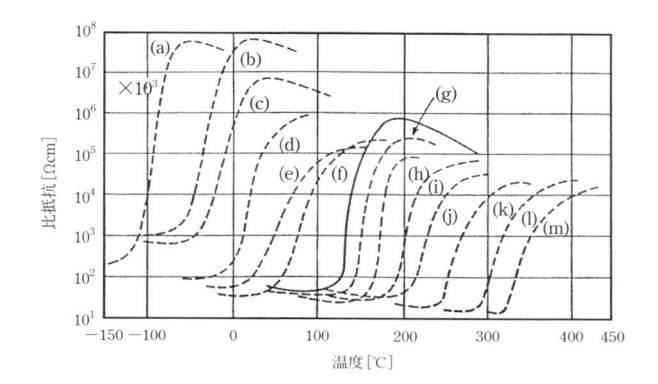

実線の左側の曲線はSrで,右側の曲線はPbで以下のパーセントだけBaが置換されている試料である.
(a)70, (b)60, (c)50, (d)40, (e)30, (f)20, (g)5, (h)10, (i)15, (j)20, (k)30, (l)40, (m)50

図 II-2.2.3 BaをSrまたはPbで置換したPTCサーミスターの比抵抗−温度特性[4]

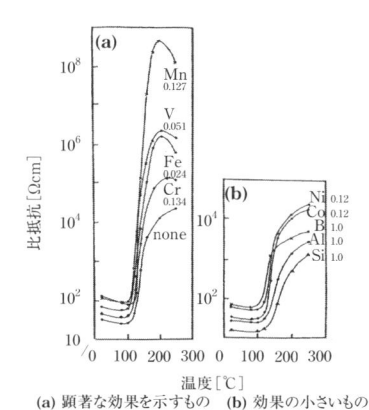

(a) 顕著な効果を示すもの (b) 効果の小さいもの

図 II-2.2.4 PTCサーミスターの比抵抗−温度特性に及ぼす添加物の効果(添加量 mol%)

により低温度側へ,またBaをPbで置換することにより高温度側へ動かすことができる[4].

また,比抵抗の変化幅は**図II−2.2.4**に示すように,微量のMn, Fe, Cr, V等の遷移金属イオンの添加により最大で9桁までにすることが可能である[5].

PTC特性の発現については,**図II−2.2.5**に示すような結晶粒界に形成される

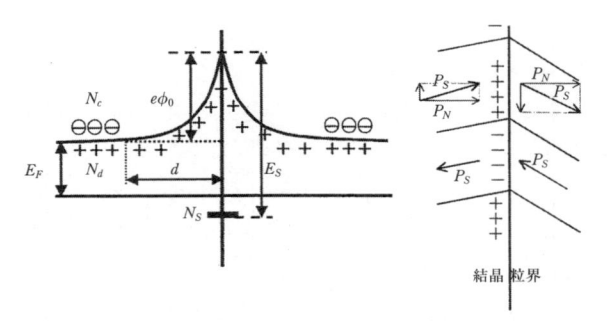

$e\phi_0$: 障壁の高さ　　　　d : 障壁の幅
N_d : ドナー密度　　　　N_c : キャリヤー電子密度
N_s : 界面準位密度　　　E_s : 界面準位
E_F : フェルミ準位　　　 P_s : 自発分極

図Ⅱ-2.2.5　PTCサーミスターの結晶粒界に形成されていると考えられている二重ショットキー障壁と自発分極

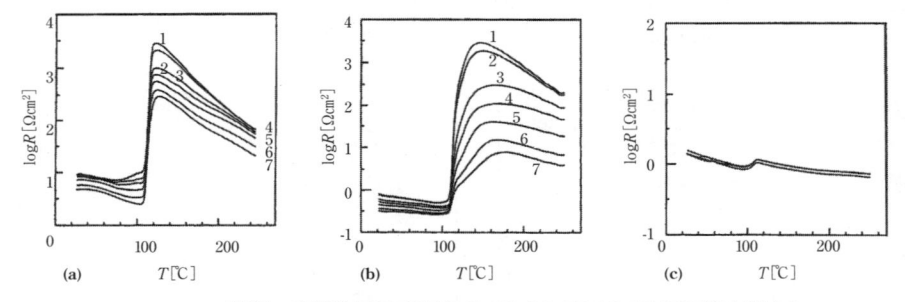

数字1～7は異なる印加電圧 (0.01, 0.2, 0.5, 0.7, 1.0, 1.5, 2.0 V) に対応する

図Ⅱ-2.2.6　単粒子間に形成された粒界に見出された,3種の抵抗-温度特性

二重ショットキー障壁と自発分極の消滅で説明されているが[6),7)],障壁の高さを表すポアソンの式(Ⅱ-2.3)と比誘電率の温度依存性を表すキュリー・ワイスの式(Ⅱ-2.4)だけで説明することには異論が出されている[8)]. PTC特性は,焼成後の冷却過程での再酸化条件に依存することから[5)],二重ショットキー障壁生成の元になる結晶粒界の界面準位は,吸着酸素によるとする説が有力であるが,遷移金属元素の添加効果については必ずしも明解ではない.近年の単粒子粒界を使った実験では,**図Ⅱ-2.2.6** に示すように3種類の粒界が見つかっている[9)].通常の焼結体ではこれら3種の粒界が共存し,それらの特性の合成として測定される特性が現れているものと考えられる.

$$\phi_0 = e^2 N_D d^2 / (2\varepsilon\varepsilon_0) \qquad (Ⅱ-2.3)$$

2.2 半導性セラミックス

$$\varepsilon = C/(T-T_c) \qquad (\text{II}-2.4)$$

ここで, ϕ_0：ポテンシャル障壁の高さ
e：電子の電荷
N_D：ドナー密度
d：障壁の幅
ε：素材の比誘電率
ε_0：真空の誘電率
C：定数
T：温度
T_c：キュリー温度

b. 用　　途

温度センサーや温度補償素子としても使われるほか，定温度ヒーターやTVの消磁回路やモーターの起動回路，過電流保護素子等の電流制限素子としても広く使われている．電流制限素子としては，回路に直列に挿入されるため，一般に材料の比抵抗は低い方が良いが，使用時の耐電圧特性を考えると 2×10^{-2} Ωm以下は実用性に乏しい．

c. 動　　向

常温での比抵抗の低い素材の実現に限界があるため，積層チップ・コンデンサーと同じように積層構造にして電極面積を大きくして素子としての抵抗を低くすることも検討されているが，内部電極はNiのように素材とオーム性接触をする金属であることが必要である．しかし，素材は還元されるとPTC特性を失う．Niが酸化されず，実用性のあるPTC特性が還元されて失われない条件は今のところ見つかっていない．このため近年，樹脂と炭素紛を混合して固め，樹脂のガラス転移に伴ない炭素粒同士の結合が途切れて電気伝導性が低下することを利用したプラスティックPTCが，電流制限素子として多用されている．一方，Biのように融点で体積の収縮する金属と絶縁体または半導体の粒子を混合して熱処理により固め，金属の融点で金属粒同士の接触が途切れて電気伝導性が低下することを利用したPTCサーミスターの開発も試みられている[10]．

引用文献

1) 一ノ瀬昇,小林哲二,センサーとその応用,総合電子出版社,**106**, p.113 (1980).
2) 二木久夫,民生機器用温度センサーとその使い方,電子技術,**21**, 2, p.17 (1979).

3) 沼田真, チップ NTC サーミスタ, TDK Products Selection Guide 2000 (2000).
4) E. Andrich, Properties and Applications of P.T.C. Thermistors, *Electron. Applic.*, **26**, p.123 (1966).
5) H. Ueoka and M. Yodogawa, Ceramic Manufacturing Technology for the High Performance PTC Thermistor, *IEEE Trans. Manufacturing Technology*, MFT − 3, 2, pp.77 − 82 (1974).
6) W. Heywang, Bariumtitanat als Sperrschrichthalbleiter, *Solid St. Electron.*, *3*, p.51, (1961).
7) G. H. Jonker, Some Aspects of Semiconducting Barium Titanate, *Solid St. Electron.*, *7*, pp.895 − 903 (1964).
8) B. Huybrechts, K. Ishizaki and M. Takata, The Positive Temperature Coefficient of Resistivity in Barium Titanate, *J. Material Sic.*, **30**, pp.2463 − 2474 (1995).
9) M. Kuwabara, K. Morimo and K. Hamamoto, Single Grain Boundaries in PTC Resistors, *J. Am. Ceram. Soc.*, **79**, 4, pp.997 − 1001 (1996).
10) 岡田益男, 新規に開発した Bi 金属分散型 PTCR セラミックスヒーターの実用化に関する研究, 課題番号09555203, 平成9～11年度科学研究費補助金（基盤研究（B）（1））研究成果報告書 (2000).

■ 2.2.2 バリスタ

(1) はじめに

セラミックス半導体としてのバリスタ（variable resistor）には，代表的な ZnO バリスタのほか，SiC バリスタおよび強誘電体系バリスタがあげられる．これらのバリスタはその名前からわかるように，印加電圧によって抵抗値が変化する抵抗素子のことである．その用途は種々あるが，最も代表的なものは異常電圧吸収素子（サージアブソーバー）であろう．ここではサージアブソーバーとしてのバリスタ，特に ZnO バリスタを中心にその特性と特徴を解説する．

(2) ZnOサージアブソーバーの特性[1]
a. 非直線指数（α）とバリスタ電圧

1970 年代前半までの代表的セラミックスバリスタは SiC バリスタであった．しかしながら，現在では ZnO バリスタがその優れた特性のため，SiC に代るものとし

2.2 半導性セラミックス

て確固たる地位を築いている．この素子はZnO粉末に特殊な金属酸化物を添加，焼成して得た円板状セラミックス素体を特性要素としており，汎用のサージアブソーバーの場合には銀電極等を付加した後にリード線を付し，樹脂コーティングを行う．この素子のI-V特性は，**図Ⅱ-2.2.7**に示すように一定の印加電圧までは高抵抗で，ある電圧以上になると急激に低抵抗化し，電流が流れ出す非直線I-V特性をもっている．この特性を近似的に表すために，次式を用いることが一般的である[2]．

$$I = kV^\alpha$$

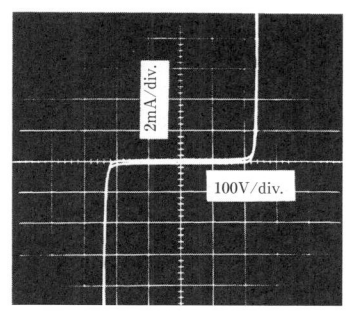

図Ⅱ-2.2.7 ZnOバリスタの微少電流領域Ⅰ-V特性

このときのαを非直線指数と称し，非直線性の大きさを示す値である．ZnOバリスタの場合50以上の値をもち，100をこえることもあるので，サージアブソーバーとしてほぼ理想的なI-V特性をもっている．また，素子に基準となる電流imA（通常1mA）が流れるときの電圧をバリスタ電圧（V_{imA}）と称し，電流が流れ始める電圧を表す．汎用のサージアブソーバーの場合，バリスタ電圧は20V程度から2000V程度のものが市販されている．

b. 制限電圧

ZnOバリスタは異常電圧が回路や機器に侵入したとき，低抵抗化しサージを吸収することにより回路や半導体素子を保護するものである．したがって一定のサージ電流xAを吸収したときの素子の電圧が保護レベルを示すものとなる．この値を制限電圧V_{xA}と称している．汎用サージアブソーバーの場合，10～50A程度のサージ電流を流したときの値をV_{10A}あるいはV_{50A}などと表している．この値が低ければ，電圧の上昇を抑えるので高性能な素子といえる．**図Ⅱ-2.2.8**に，電流領域を1mA以下から数1000Aの範囲に広げたときの典型的なV-I特性（制限電圧特性）を示し，バリスタ電圧V_{50A}などを示した．

c. サージ電流耐量およびエネルギー耐量

サージアブソーバーとしての重要な性能

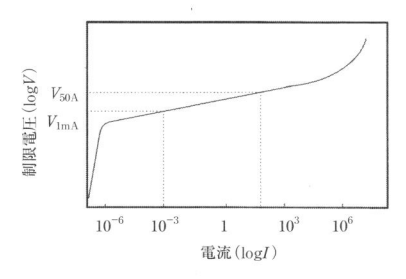

図Ⅱ-2.2.8 ZnOバリスタのV-I特性（制限電圧特性）

表Ⅱ-2.2.3　市販 ZnO バリスタの仕様の例（抜粋）[3]

形　名	最大許容回路電圧DC[V]	バリスタ電圧V_1[V]	最大制限電圧V_x[V]	エネルギー耐量[J]	サージ耐量[A]
ENC220D-14B	18	22	43(10A)	4	1 000
ENC330D-14B	26	33	65(10A)	6	1 000
ENC470D-14B	38	47	93(10A)	8.5	1 000
ENC680D-14B	56	68	135(10A)	12	1 000
ENC101D-14A	85	100	165(50A)	18	2 500
ENC151D-14A	125	150	250(50A)	25	2 500
ENC221D-14A	180	220	360(50A)	40	2 500
ENC271D-14A	225	270	455(50A)	50	2 500
ENC391D-14A	320	390	650(50A)	70	2 500
ENC471D-14A	385	470	775(50A)	80	2 500
ENC681D-14A	560	680	1 120(50A)	90	2 500
ENC821D-14A	670	820	1 355(50A)	110	2 500
ENC102D-14A	825	1 000	1 650(50A)	130	2 500
ENC182D-14A	1 465	1 800	2 970(50A)	240	2 500

は，サージ電流の吸収能力である．ZnO バリスタでは，短波尾のサージ吸収能力として約 20 μs の幅のサージ電流を吸収できる場合，その電流値をサージ電流耐量と称している．また，長波尾(2 ms 矩形波)のサージに対する性能としてエネルギー耐量を定義しており，その吸収電流をジュール熱に換算して表示している．

以上が基本的な ZnO バリスタの特性で，これらの特性をもとに ZnO バリスタ素子の仕様が決められる．**表Ⅱ-2.2.3**は，市販のZnOバリスタの仕様の抜粋を示したもので，円板の大きさが約 14 φ の素子の製品仕様である[3]．また**図Ⅱ-2.2.9**には，これらの素子の外観写真を示した．

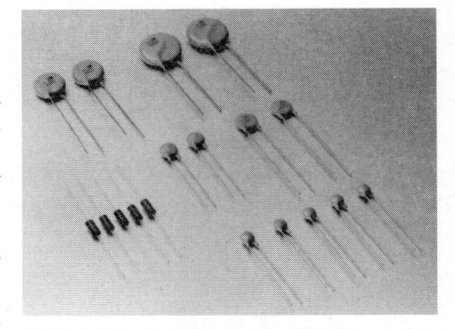

図Ⅱ-2.2.9　ZnOバリスタ(サージアブソーバー)の外観写真

(3) 電力用避雷器

ZnO バリスタのもう一つの大きな用途は，電力用避雷器のための素子である．電力を送電する発電所や変電所に設置された機器を落雷による異常電圧から保護

するために用いられるもので，近年の情報化社会に不可欠な停電のない高品質の電力供給に重要な役割をはたしている．図II-2.2.10は，系統電圧154 kVの変電所に設置された避雷器の写真である[4]．セラミックス製碍子の中には，直径数cmのZnO素子が55枚積重ねられて用いられている[5]．

図II-2.2.10 変電所に設置された電力用避雷器

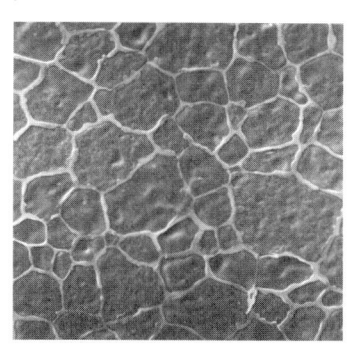

図II-2.2.11 ZnOバリスタの焼結面のSEM写真

(4) 素子の微細構造と動作機構

ZnOバリスタは，粒界特性を利用したセラミックス半導体として紹介されることが多い．その微細構造は図II-2.2.11に示すように，粒界に第2相を形成した複合構造をもっている[4]．正確には実際の粒界相は非常に薄く，単原子層以下のものであることがわかっている．このような粒界付近には二重ショットキー障壁と呼ばれる電位障壁が形成されており，通常は絶縁層として働いているが，ある電圧以上になると降伏現象が生じ，図II-2.2.7のような非直線電流が流れるものと考えられている．したがって素子の非直線特性を左右する要因は，この二重ショットキー障壁の構造を決定するものである．これらの要因としてZnO結晶粒のキャリヤー濃度，粒界電子状態などがある[6]．また，放電耐量を左右するものとして，ホウ素などの低融点添加物や素子の均一性があげられる．

(5) その他のバリスタ

その他のセラミックスバリスタには，
① SiCバリスタ
② 強誘電体形バリスタ(高容量バリスタ)

がある．SiCバリスタはSiCの粒子を焼き固めたもので，ZnOバリスタが出現するま

では代表的なバリスタであった.しかしながら非直線性が低く($\alpha = 3\sim7$),放電耐量も小さいため現在では特殊な用途のみに使われており,ZnOにその地位を譲り渡している.強誘電体形バリスタは半導体のSrTiO$_3$セラミックスを用いたもので,ZnO同様粒界の非直線性を利用している.また,セラミックス半導体コンデンサーと同じ構造をもつため,素子の静電容量が大きいという特徴をもっており,非直線性や放電耐量はZnOバリスタに劣るが,繰返しの多い小電流のサージ吸収に適している[7].

(6) 今後の展望

バリスタの分野は,ZnOバリスタの出現でほぼ理想に近いものが開発されたといえる.しかし現在でも性能の向上が求められており,サージアブソーバーとしてはより電圧の低いもの,電力用としては装置の小型化のための高耐圧化への努力が続けられている.

参考文献

1) 円板形酸化亜鉛バリスタの試験方法,電子材料工業会標準規格,昭和60年9月
2) M. Matsuoka *et al.*, *Suppl. J. Jpn. Soc. Appl. Phys.*, **39**, p.94 (1970).
3) 富士ゼットラップENCシリーズカタログ,富士電機(株) (1988).
4) K. Mukae, *Am. Ceram. Soc. Bull.*, **66**, p.1329 (1987).
5) 向江和郎,セラミックスデータブック, 93, p.254 (1993).
6) K. Mukae *et al.*, *Ceramic Trans.*, **41**, p.195 (1994).
7) 半導体セラミックス,(株)ティー・アイ・シー, p.42 (1998).

■ 2.2.3 各種センサー

(1) はじめに

セラミックスの半導性を利用した種々のセンサーが提案され,実用化されている.最も広く普及した半導体を用いたセンサーは,SnO$_2$やZnOを主とする半導体型ガス漏れ警報器である.この半導体型センサーは50年近くの長い歴史を有しており,固体電解質型酸素センサーと並んで,現在でも最も広く普及している化学センサーである.このセンサーについては既に,**第Ⅱ編1.2.2**において,詳細な解説がある

ので，そちらを参考にしていただきたい．また，$MgCr_2O_4$を用いる酸化物半導体型湿度センサーも高温の湿度管理に有用であるので，電子レンジなどに取付けられて実用化している．

半導体型ガスセンサーは，ガスの吸着による電子的な相互作用によりキャリアー濃度が変化して，電気的な抵抗の変化を生じて，この抵抗変化からガス検知を行う．このセンサーは検知原理が単純であり，種々のガスを検知できるが，ガス選択性に劣る．このためにCH_4，C_3H_8やCOなどの可燃性ガスを検知するという観点から最も適したセンサーである．しかし，近年，要求が高まっている特定のガスのみを選択的に検知するという観点からは改良の余地が大きい．そこで，半導体型センサーの検知特性を活かして，選択性と信号処理を向上した新しいタイプの化学センサーが種々提案されている．本節では，セラミック半導性を利用したこのような新しい種々のガスセンサーを紹介する．

(2) 静電容量型センサー

材料の静電容量 C はよく知られているように，次式で与えられる．

$$C = \varepsilon_0 \varepsilon_r (d/S) \qquad (\text{II}-2.5)$$

ここで，ε_0：真空中の誘電率
ε_r：真空中の比誘電率
d：電極間距離
S：電極面積

固体(吸着媒)へのガス吸着では，ε_r，dまたはSのいずれかが変化する場合に，ガス濃度に依存して静電容量が変化するので，静電容量式ガスセンサーが開発できることになる．水を除くと，気体分子の比誘電率の違いは小さいので，湿度を除くとガスセンサーとしてはdまたはSの違いを利用するタイプが検討されている．H_2Oは特異的にきわめて大きな比誘電率を有しており，H_2Oの吸着は静電容量で高感度にモニターできる．静電容量式湿度センサーでは，水分が吸着しても膨潤せず安定な誘電体であるセルロースやポリイミド系などの高分子膜を吸着媒として開発され，実用化されている．

一方，静電容量式ガスセンサーは開発例がきわめて少ないが，dまたはSの変化を利用した静電容量型ガスセンサーが提案され，新しいガスセンサーとして注目されている．これらの中で，$BaTiO_3-CuO$系または$CuO-BaCO_3-CeO_2$系などの複合酸化物の静電容量はCO_2によって選択的に変化するので，CO_2センサーとして

の応用が報告されている.

　現在,環境意識の高まりから,環境を計測し,快適な生活環境に保全する要求が高まっている.この結果,センサーを用いた環境計測は重要な課題となっており,中でもCO_2は室内環境の保全において検知が要求される最も重要なガスの一種である.しかしながら,CO_2は化学的にきわめて安定なガスなので,選択的な検知は比較的困難なガスであり,現在まで感度,選択性,安定性から環境モニタリングに十分耐えうる小型のセンサーは開発されておらず,開発は立ちおくれている.現在のところは,アルカリ系の炭酸塩を副電極に用いる固体電解質型CO_2センサーが最も有望なセンサーとして検討されている.しかし,酸化物半導体の接合面に発生する電気的な空乏層を利用した容量型センサーも提案されている.

　$BaTiO_3$に種々の異なる酸化物半導体を混合した酸化物複合体の静電容量はCO_2の導入により増加または低下するので,静電容量からCO_2濃度を検知することができる.酸化物の組合せではCuOを$BaTiO_3$に組合せた複合酸化物が最も大きな静電容量の変化を示した.図II-2.2.12には$CuO-BaTiO_3$素子におけるCO_2導入時のインピーダンス,静電容量,抵抗の変化を示した[1].図に示すように,$CuO-BaTiO_3$素子では静電容量のみでなく,インピーダンスおよび抵抗成分が総て変化した.これは$CuO-BaTiO_3$が理想的なコンデンサーではなく,インピーダンスの位相角が90°より小さいためである.しかし,明らかなように静電容量の変化が最も大きいので,この複合酸化物は静電容量型センサーとして最も感度が高い.

　このような静電容量の変化はp型半導体のCuOとn型半導体の$BaTiO_3$の界面に出現する電気的な空乏層がCO_2の吸着による電気的な相互作用で変化するためである.一方,$CuO-BaTiO_3$系酸化物に$LaCl_3$を少量添加した素子のインピーダンスがCO_2濃度とともに変化することも報告されているが[2],本質的にはインピーダンス変化は容量変化でもたらされる.このCO_2センサーは30 ppm～50％という広い範囲でCO_2の検知が可能であり,静電容量は2桁にわたって変化する[1].この素子ではH_2Oや炭化水素の影響を受けることなく,CO_2に選択的に応答する.

　より安定な検知特性を示す容量型CO_2セ

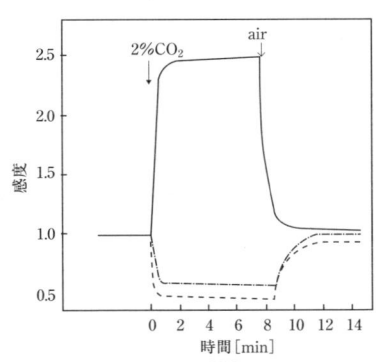

図II-2.2.12　CO_2に対する$CuO-BaTiO_3$複合酸化物のインピーダンス(----),レジスタンス(-・-),キャパシタンス(――)の応答

ンサーとしてCeO$_2$/BaCO$_3$/CuO (63/6/31)からなる複合酸化物が報告されている[3]. このセンサー素子では85℃, 相対湿度90％の湿潤環境に放置しても感度の経時変化は認められず, きわめて安定であった. また, 実際の長期評価においても800日という長期にわたって, 安定な検知特性を示した. そこで, 基準抵抗からなる発信回路と周波数カウンターとからなる検知システムを作製したところ, 湿度の変化によらず, 周波数からCO$_2$を検知できることがわかった. このセンサーを用いて通常のオフィスのCO$_2$濃度を測定し, これを赤外線吸収方式のCO$_2$モニターの測定結果と比較したころ, 図II-2.2.13に示すようにほぼ一致した変化が認められることがわかった. このセンサーの特徴は, 起動性がよく, 低価格であり, アクチュエーター回路を含めてきわめて小さくできる点にあり, オンボードタイプのCO$_2$センサーとして, 空調用の室内環境モニターとして実用化された(図II-2.2.14). 一方, 同じ原理に基づくNO$_x$センサーとしてBaSnO$_3$-WO$_3$が報告されている[4].

従来のセンサーは化学センサー, 物理センサーによらず, 1つの素子で1つの変化量のみを検出する. 近年いくつかのセンサーからの応答を信号処理して, うまみ成分の検知や良い匂いの計測などといった, より複雑な混合物の検知が試みられるようになってきた. このような目的でのセンサーでは温度や濃度などの多くの物理量の検知が要求される. このような目的から, 1つのセンサーで異なる2つ以上の現象を検知しようとする試みがある[5]. 図II-2.2.15にはSrSnO$_3$-Fe$_2$O$_3$のNOに対する感度と抵抗の温度依存

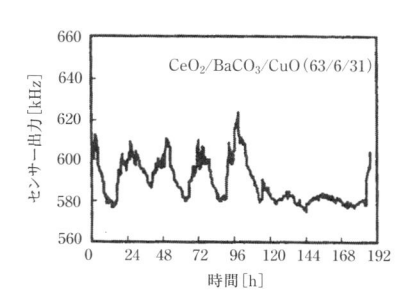

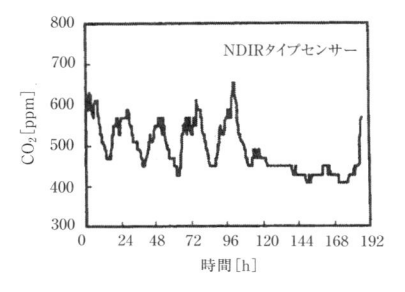

図II-2.2.13 IR吸収法と静電容量型CO$_2$センサーによる室内環境測定結果の比較

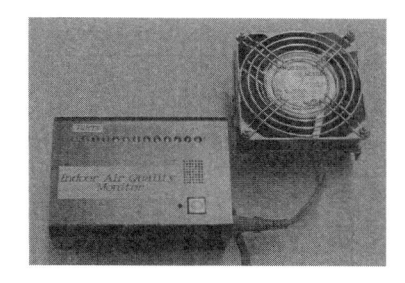

図II-2.2.14 静電容量型CO$_2$センサー

性を示す．この素子では，抵抗は温度にほぼ直線的に依存するので，抵抗から温度を検知することが可能であり，静電容量はNOにきわめて選択的に応答するので，静電容量からNOを検知できる．このような，1つのセンサーで異なる変化量を計測する試みは，センサーの高機能化において興味ある展開と考えられる．

一方，静電容量変化を利用するセンサーとして，MOS型のキャパシターも検討されている[6]．このセンサーの原理はガス吸着に伴う金属の仕事関数の変化を検知に用いるFET型センサーと同じであり，ガス吸着による静電容量の変化はバイアス電位の変化として出力される．H_2やNH_3などの検知例が報告されている．

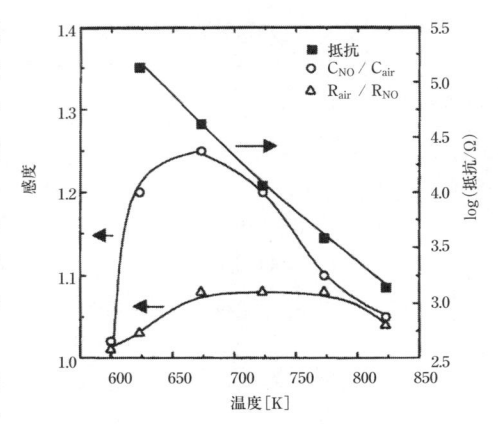

図Ⅱ-2.2.15　$SrSnO_3$-Fe_2O_3のNOに対する感度と抵抗の温度依存性（C:容量，R:抵抗）

(3) p-n接合を利用したガスセンサー

先に述べたようなp型とn型半導体の接合界面の空乏層の電子的な変化を直接ガスセンサーに応用した例としてp-n開接合を利用したガスセンサーが提案され，広く検討されている．**図Ⅱ-2.2.16**には開接合ヘテロ界面のガス検知特性を示した[7]．典型的なn型半導体のZnOとp型半導体のCuOのディスクを機械的に押付けて得たヘテロ接合のI-V特性に及ぼす湿度の影響を示した．明らかな整流特性が認められるとともに，湿度が高くなると順方向（p型が正）でのみ大きな電流増加が生じ，整流特性が顕著となる．このような電流増加は順方向バイアス下でp

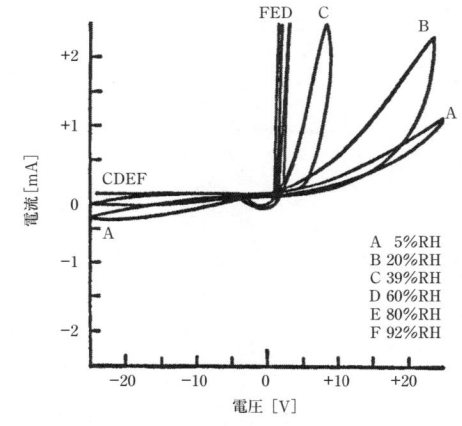

図Ⅱ-2.2.16　ZnO/CuO開接合ヘテロ界面の湿度検知特性

2.2 半導性セラミックス

型半導体からのホールとn型半導体からの電子が界面に凝縮した吸着水に放出され，吸着水を通して電流が流れるために起ると考えられている．代表的なn型酸化物半導体のSnO_2においてもCuOの混合により，H_2Sに対する感度が大きく向上することが報告されているが，これも局所的な$p-n$開接合が発生する結果と考えられる．このような$p-n$開接合体は半導体の種類を選択することで，種々の被検ガスを選択的に検知できるようになるので，種々のセンサーへの応用が考えられる．また，整流作用の変化を利用した温度センサーへの応用も検討されている．

(4) バリスタ特性を利用したガスセンサー

酸化物半導体と金属などのヘテロ界面に発生するエネルギー障壁により発生するバリスタ特性を利用したガスセンサーが提案されている[8]．バリスタ特性は粒界に発生するエネルギー障壁の変化を利用してスイッチングを行うように開発されたデバイスであるが，ガスの吸着に伴い半導体の仕事関数が変化するので，ブレークダウン電圧のシフトを生じる．とくに，SnO_2にBi_2O_3などの酸化物やPtなどの金属を添加した素子はH_2により，大きなブレークダウン電圧の変化を生じるので，バリスタ型のセンサーになる．1 300 ℃で焼結して得たSnO_2はZnO系バリスタに類似した非線形の$I-V$特性を示すが，これに1 mol％のBi_2O_3またはZnOもしくは0.5wt％の貴金属とくにAuを添加した素子はH_2に対して大きなブレークダウン電圧の変化を生じる．図Ⅱ-2.2.17には種々の貴金属をSnO_2に添加した素子の$I-V$曲線を示した[8]．図から明らかなように1％の水素が共存するとブレークダウン電圧は低電位側にシフトすることがわかる．図Ⅱ-2.2.17の例ではAuの添加によるシフトが最も大きいことがわかる．そこで，このようなバリスタ特性におけるブレークダウン電圧のシフトからガスの検知が可能になる．一方，組成を選択すると同じSnO_2を母材とする系でもNO_2に優れた感度を示すように

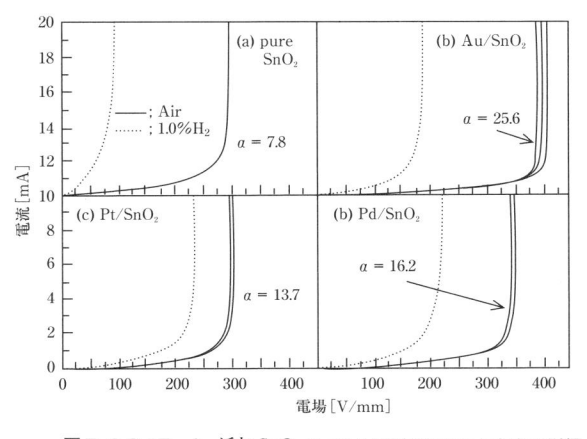

図Ⅱ-2.2.17　Au添加SnO_2のバリスタ特性に及ぼす水素の影響

なる．**図Ⅱ-2.2.18**にはNO$_2$検知におけるSnO$_2$のブレークダウン電圧と濃度との関係を示した[9]．感度は添加物により，大きく変化するが，ブレークダウン電圧がNO$_2$の濃度とともに増加することからNO$_2$濃度の検知は十分可能である．このようなSnO$_2$におけるバリスタ特性はSnO$_2$粒子の接合界面の幾何学的な因子の影響が大きく，粒子界面を制御することで，感度と選択性を制御できる．このセンサーでは警報回路のスイッチングをセンサー自身が行える可能性があり，素子そのものが検知回路を一部取込んだ機能を有する．

以上のように，セラミックスの半導性を利用したセンサーでは，単純な被検ガスとの電子的な相互作用を利用するバルクタイプの方式から半導体接合界面の物性を利用してセンサー素子が信号処理を一部行う，高機能化が進んでいる．このようなセンサーは既に一部実用化されているが，今後，選択性，感度を向上させることでさらに複雑な物質の混合物から特定の物質のみを選択して検知できるようになると期待される．

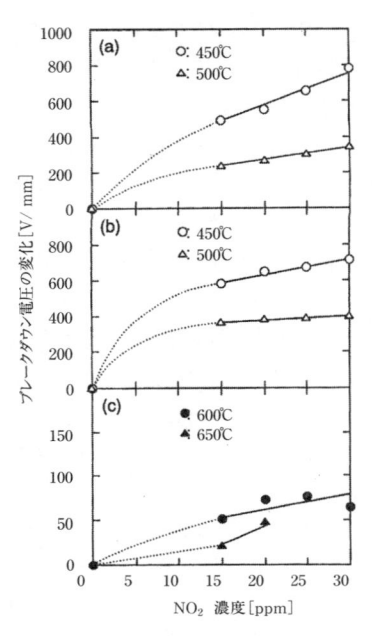

図Ⅱ-2.2.18 NO$_2$検知におけるSnO$_2$のブレークダウン電圧と濃度との関係

参考文献

1) T. Ishihara, K. Kometani, Y. Nishi and Y. Takita, *Sensors & Actuators*, **B28**, p.49 (1995).
2) M. S. Lee and J. U. Meyer, *Sensors & Actuators*, **B68**, p.293 (2000).
3) S. Matsubara, S. Kaneko, S. Morimoto, S. Shimizu, T. Ishihara and Y. Takita, *Sensors & Actuators*, **B65**, p.128 (2000).
4) F. Winquist, A. Spetz, M. Armgarth and I. Lundstrom, *Sensors & Actuators*, **B1**, p.58 (1990).
5) T. Ishihara, K. Kamakura, H. Nishiguchi and Y. Takita, *Electrochem. & Solid State Lett.*, **3**, p.245 (2000).

6) 中村吉伸，池尻昌久，宮山勝，河本邦仁，柳田博明，日本化学会誌, p.1154, (1985).
7) M. Egashira, Y. Shimizu, Y. Takao and Y. Fukuyama, *Sensors & Actuators*, **B33**, p.89 (1996).
8) Y. Shimizu, E. Di Bartolomeo, E. Traversa, G. Gusmano, T. Hyodo, K. Wada and M. Egashira, *Sensors & Actuators*, **B60**, p.118 (1999).

2.3 イオン導電性セラミックス

■ 2.3.1 リチウムイオン電池

(1) はじめに

1992年9月にソニー㈱は正極に$LiCoO_2$を，負極にハードカーボンを使用したLiイオン二次電池の量産を開始し，小型軽量のカメラ一体型VTRに搭載した[1]．それから約8年を経過した2000年のLiイオン二次電池の日本における出荷額は2 956億円に達し，大きな産業に育ってきている[2]．

(2) Liイオン二次電池の構成と電池反応

円筒型Liイオン二次電池の構造を図Ⅱ-2.3.1に示す．PTCは温度上昇時の電流制限素子として機能させている．正負極の電極材料はドクターブレード法等により，AlやCuの金属導電性シート(10～20μm)の上に両面塗布形成され(片面は100～150μm)，乾燥後加圧装置で密度を上げた後，所定の寸法に切断され，高分子のセパレーターと共に巻取り機で所定の形状に形成される．

正極用電極としては，$LiCoO_2$, $LiNiO_2$, $LiMn_2O_4$等の活物質，およびそれ以外にこの活物質粉末の結合材であるバインダーや導電性付与剤が含まれている．負極用電極としては炭素の活物

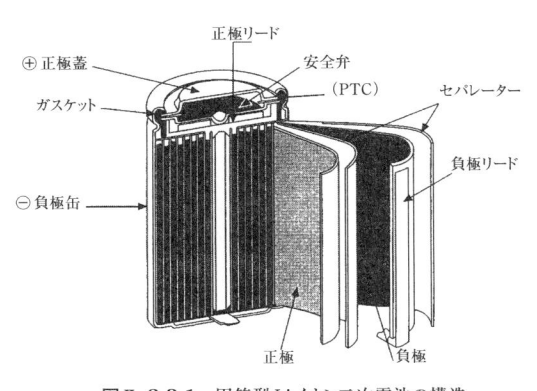

図Ⅱ-2.3.1 円筒型Liイオン二次電池の構造

質およびそれ以外に，正極の場合と同様に，バインダーや導電性付与剤が含まれている．通常のセラミックスではシートの形成後焼成工程が入るためバインダーは消失してしまうが，電池の電極シートは焼成工程を経ずに使用されるためバインダーは残存する．

正極では充電時に

$$LiCoO_2 \rightarrow Li_{1-x}CoO_2 + xLi^+ + xe^- \qquad (\mathrm{II}-2.6)$$

なる反応が進み，遊離したLiイオンが電解液中を移動し負極材料に収納される．

したがって，負極での反応は充電時には

$$xC_6 + xLi^+ + xe^- \rightarrow xLiC_6$$

なる反応が起る．放電時には正極，負極とも逆の反応が起きる．

(3) 正極活物質材料

正極用活物質材料としては，イオン導電性と電子伝導性を併せもつ混合伝導体が使用される．この材料として，岩塩型構造の$LiCoO_2$や$LiNiO_2$およびスピネル型構造の$LiMn_2O_4$がある．前者は層状構造であり，Liイオンの拡散経路は2次元チャンネルである．後者は3次元のチャンネル構造である．

岩塩構造の$LiCoO_2$や$LiNiO_2$では，上式($\mathrm{II}-2.6$)の反応でxに上限がある．その値はCoでは約0.5であり，Niでは約0.7である．この理由は，それ以上の値になると母体結晶構造が崩壊され，安定な充放電ができなくなるためである．これに対して$LiMn_2O_4$では，$x=1$までLiイオンを引抜いても結晶構造は安定である．したがって充電時の上限電圧の制御については，岩塩構造の正極材料を使用するときには厳密さが要求される．$LiCoO_2$や$LiNiO_2$では充電時に体積は膨張するが，$LiMn_2O_4$は

表II-2.3.1 Liイオン二次電池用正極材料の比較

項　　目	$LiCoO_2$系	$LiNiO_2$系	$LiMn_2O_4$
平均動作電圧 [V]	3.6	3.5	3.8
理論エネルギー容量 [mAh/g]	295	295	148
実用的限界エネルギー容量 [mAh/g]	155	200	135
導電率 [s/cm]	10^{-2}	10^{-1}	10^{-6}
Liイオンの拡散係数 [cm^2/s]	$10^{-8} \sim 10^{-9}$	10^{-7}	$10^{-9} \sim 10^{-11}$
熱安定性	やや不安定	不安定	安定
安全対策	複雑な対策	複雑な対策	簡易な対策
遷移金属資源の豊富さ	希少	Coよりは豊富	非常に豊富
原料コスト	高い	中間	安い

2.3 イオン導電性セラミックス

逆に体積は収縮する.安全性と関係する満充電時の正極材料から酸素が脱離し始める温度は,Ni系が最も低く,次にCo系であり,Mn系が最も高い[3].

上述の3種類の正極活物質材料と,これらを用いた二次電池の特徴を**表Ⅱ-2.3.1**に示す[3].理論エネルギー容量は式(Ⅱ-2.6)で$x=1$の場合に相当し,実用的限界エネルギー容量は上述したような理由により,ある程度安定してサイクルが可能なレベルの容量である.これらの正極材料はLiの炭酸塩,水酸化物,硝酸塩と遷移金属の酸化物や水酸化物原料から合成されているのが一般的である.合成された粉末の平均粒径は,各電池メーカーにより異なるが,数μm～20μm程度のものが使用されている.

$LiCoO_2$の合成は比較的容易であり,安全性も$LiNiO_2$系より確保しやすく,現在は大量に使用されている.純粋な$LiNiO_2$は,Co系に比較してエネルギー容量は高いが,焼成温度が高く均質な合成が困難であり,LiとNiのサイト交換も起りやすくサイクル特性がよくない.また安全性の確保が困難であるので,NiサイトにCoを20 mol%程度置換したものが多く試みられている.

$LiMn_2O_4$系は,エネルギー密度はCo系に比較して少し低いが,材料費がCo系に比べ1/2～1/3程度であり,さらに過充電に強いため保護回路を簡略化でき,安全性も高いので電池システムとしても安価にできることを特長としている.したがってハイブリットカー(HEV)や電気自動車(EV)用の大容量二次電池には,このMn系材料が期待されている[2].このMn系では,サイクルや高温特性を改良するためLiが化学量論比より多くした材料が多く試みられている.この$LiMn_2O_4$系や$LiNiO_2$系の実用化も進んでいる.

図Ⅱ-2.3.2には,上述の3種類の正極材料を用い,負極を易黒鉛化性炭素材料と組合せた二次電池の電池セル電位と放電深度の関係を示す.

(4) 負極活物質材料[4]

理論的容量の点からはLi金属を負極に使用できればよいが,充放電サイクルを

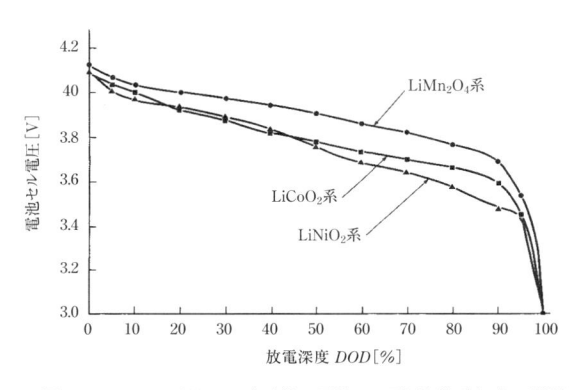

図Ⅱ-2.3.2　Liイオン二次電池の電池セル電圧と放電深度の関係

繰返すとLi金属表面からデンドライトが生成し，内部ショートを起してしまう．この問題を解決した負極活物質として炭素材料がある．この炭素材としては結晶構造から①黒鉛系材料（グラファイト），②易黒鉛化性炭素系材料（ソフトカーボン），③難黒鉛化性炭素系材料（ハードカーボン）の3種類に分けられる．またこれらの材料は製法や原料により，破砕体，繊維（ファイバー）状，球状，鱗片状等の形態をとる．

① 黒鉛系材料：結晶性が高い．天然に産出する黒鉛が使われている．産地により不純物が異なる．理論容量372 mAh/gに近い値が出せる．しかしながら電解液として代表的な高誘電率系のPC（プロピレンカーボネート）を分解してしまうので使用できない．充電時に層間にLiイオンを収納すると層間距離が大きくなる．

② 易黒鉛化性炭素系材料：黒鉛系に比較し，結晶性が十分発達していない．コークスの熱処理により得られる．容量は280～360 mAh/g程度が報告されている．電解液のPCはその比率が小さいと使用できる．この系の材料が負極活物質では最も多く使用されている．シートの密度を高くできるため電池の容量を高くでき，放電深度が大きくなっても電池の電圧の低下が小さい特徴がある．

③ 難黒鉛化性炭素系材料：結晶の配向性が乱れたままであり，結晶性がきわめて低い．層間距離は黒鉛系より大きく，Liイオンの出入りで層間距離はほとんど変化しない．このためサイクル特性は良好である．容量としては400 mAh/gの報告がある．ただしこの系の材料は電極シートとしての密度を上げにくいため，電池の容量は易黒鉛化性炭素系材料を使用したときよりも少し低くなるし，充電の上限電圧を0.1 V高める必要がある．電解液にPCが使用できる．

参考文献

1) 逢坂哲弥，西美緒，川瀬哲成，"キーテクノロジー電池"，丸善，pp.45－93, (1996).
2) 米澤正智, セラミックス, **33**, pp.752－755 (1998).
3) 芳尾真幸，小沢昭弥編，"リチウムイオン二次電池"，日刊工業新聞社, pp.1－47, (1996).
4) 竹原善一郎監修，"高密度リチウムイオン二次電池"，テクノシステム, pp.155－166, (1998).

2.3 イオン導電性セラミックス

■ 2.3.2 酸素センサー

(1) はじめに

イオン導電性セラミックスのうち,酸素イオンを伝導する材料としてジルコニア固体電解質が知られている.当初は燃料電池としての開発が主であったものが,近年になり各種産業用として用いられるようになってきた.特に大量生産されている発展的応用用途として注目されるのが,筒状素子を用いた自動車用の酸素センサーである.これは環境保全に向けた排気ガス規制に伴い,有害排気ガスを三元触媒を用いて浄化するシステムに用いられており,内燃機関の燃焼制御信号を発する重要な機能部品となっている.

また省燃費,CO_2排出量低減化に向けて,板状素子を用いた酸素ポンプを利用したタイプについても開発が進んでいる.

自動車用として用いられるためにはその信号の信頼性,苛酷な熱,振動,衝撃等の耐久条件に耐え,10年以上の長期寿命保証をしていく必要がある.その要求品質を達成し,維持するために固体電解質素材の選択,電極の構成等を調査検討した結果を筒状酸素濃淡電池タイプと板状酸素ポンプタイプを代表例として本項で解説する.

(2) 酸素センサーの作動原理

酸素イオン伝導性がある固体電解質の表裏に酸素濃度差があると,酸素イオンは**図 II-2.3.3**のようにこの電解質の中を拡散し,酸素濃度の濃い方から薄い方へ移動し平衡状態になろうとする.そこで固体電解質表面に集電用の多孔質電極を設けておくと,図のように両面間に起電力を得ることができる.これを酸素濃淡電池とよぶ.このとき,起電力 E はネルンストの式とよばれる式(II-2.7)に従う.

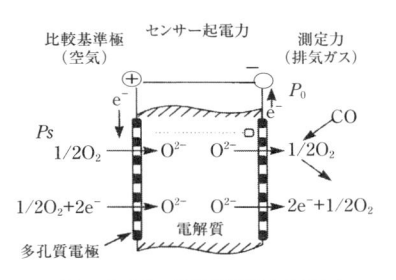

図 II-2.3.3 固体電解質を使用した酸素濃淡電池

$$E = (RT/4F) \ln (P_s/P_g) \qquad (\text{II} - 2.7)$$

ここで,R :気体定数,
T :絶対温度,

F ：ファラデー定数，
P_s, P_g ：それぞれ基準極・測定極での酸素分圧

　通常の酸素センサー（λセンサー）は大気導入経路をもち，大気を基準極としているが，全領域空燃比センサーは自己生成酸素基準をもっている．後述するように，全領域空燃比センサーでは，酸素センシングセルの測定極と基準極の間に微少電流を流すことにより，酸素を排気ガス中から基準極に汲み込むことができる．そして式（Ⅱ-2.8）のポンプ電流により，測定極の酸素濃度を一定にしてポンプ電流と相関のある空燃比を測定することができる．

$$I_p = nF/RT\,A\,D\,(P_{oe} - P_{od}) \tag{Ⅱ-2.8}$$

ここで，n ：反応に関する電子の数，
　　　　A ：ガス律速層のコンダクタンス，
　　　　D ：ガス拡散係数，
　　　　P_{oe}：燃焼ガス中の酸素分圧，
　　　　P_{od}：ガス検出室の酸素分圧

　固体電解質には，ThO_2，Bi_2O_3，ZrO_2，CeO_2 などが知られているが，今日実用化されているのは，イオン伝導性や実使用時での耐久性を考慮してすべてジルコニア（ZrO_2）である．

(3) ジルコニア酸素センサー（λセンサー）

　ジルコニアセラミックスは，図Ⅱ-2.3.4 に示すように，先端を閉じた筒状の固体電解質素子に用いられている．固体電解質素子の作製工程を 図Ⅱ-2.3.5 に示す．使用原料は，量産性を考慮した場合高純度の共沈粉末は価格的にも高いため，出発原料として安定化剤の入っていない高純度粉末を用いた．テトラゴナル相の準安定化領域を利用した組成であるため，粒子径制御のため粉砕混合プロセスや焼結プロセスの精密制御を行っている．ジルコニア原料にイットリア粉末を所定量添加して混合後，1300℃付近で仮焼して部分安定化粉末を作製する．原料の混合過程でコンタミとして入る不純物，特にそのうちでも電気伝導性を阻害するといわれているガラス成分などの混入を制御して粉末の作製を行っている．

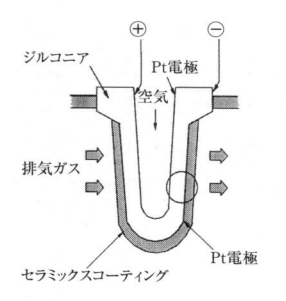

図Ⅱ-2.3.4　ジルコニア素子部の概念的構造

2.3 イオン導電性セラミックス

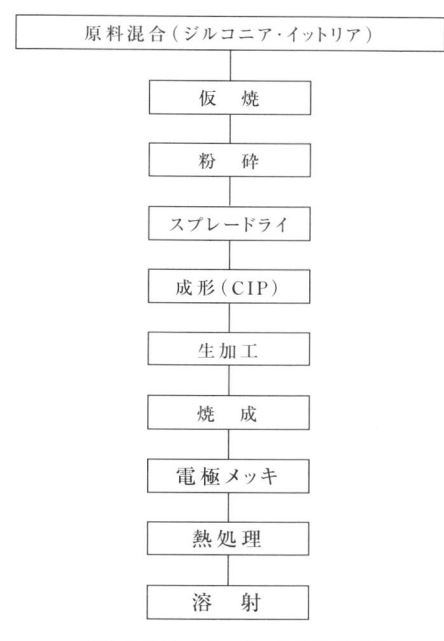

図II-2.3.5 λセンサー素子作製工程

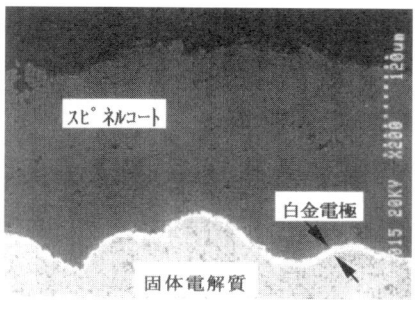

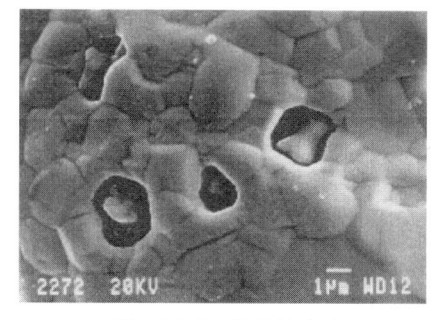

図II-2.3.6 素子断面

図II-2.3.7 素子電極表面

　固体電解質素子は，プレス成形し所定形状に生加工後，成形体外側表面に同材質である素地を塗布して焼成する．同材質の素地は適度に凹凸表面を形成し，この面に化学メッキ法による白金電極とその保護用のマグネシア・アルミナスピネルのセラミックスコートが，プラズマ溶射により強固に形成されている．また，内側表面も白金メッキを施してある．**図II-2.3.6**に素子断面のSEM（走査電子顕微鏡）写真を示す．

　通常排気ガスには，未燃成分と残存酸素が含まれており，正確な空気過剰率を知るためには，これら未燃成分と残存酸素を反応させ平衡状態にする必要がある．電極に使用される白金の触媒作用により，この反応が促進される．センサーとして機能する重要な場所は，基層，電極と固体電解質の3つが共存する界面(三相界面)であり，**図II-2.3.7**に示すように，白金電極表面に適度なポアーが存在するように製造することがポイントである．

(4) 全領域空燃比センサー(UEGOセンサー)

　板状センサーは，前述の筒状センサーに対し，厚膜技術を用い小型で複雑な形状のセンサーの作製が可能となる．**図Ⅱ-2.3.8**に示すのは，厚膜技術を使用した全領域空燃比センサーの例である．また，全領域空燃比素子製作工程を**図Ⅱ-2.3.9**に示す．使用原料は，酸素濃淡電池と比較すると大きな電流が流れる酸素ポンプセルをもつため，高純度の粉末精製・安定化が可能な共沈粉末を選択した．この粉末をバインダーと均一混合し泥漿を作製，ドクターブレード法によってグリーンシートを形成する．次に，厚膜印刷により電極等の必要構成材をグリーンシートの表裏面に形成し，3枚のシートを圧着することにより生素子を作製する．この構成材は基板との密着性を確保する必要があり，焼成収縮カーブ・収縮率等の組合せが必須となる．特に，過酷な使用条件に曝される電極材には，基板との密着力を上げるため，Ptとセラミックスを混合したサーメット電極を使用した（**図Ⅱ-2.3.10**）．

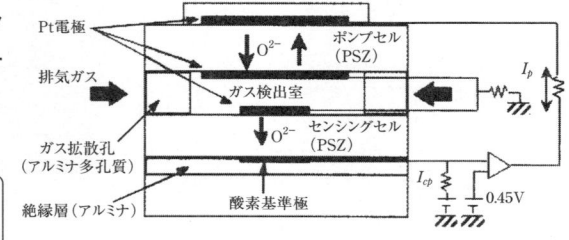

図Ⅱ-2.3.8　全領域空燃比センサー素子概念図

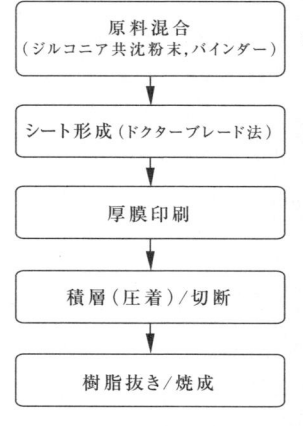

図Ⅱ-2.3.9　全領域空燃比センサー素子作製工程

図Ⅱ-2.3.10　ポンプセル外側電極反射電子像

(5) おわりに

　以上のようにジルコニア固体電解質は，初めてネルンストが固体電解質の酸素

濃淡電池としての起電力発生を見出した時代から比較すると，飛躍的に進歩したと考えられる．すなわちセラミックス固体電解質，電極材料の改良をはじめとした実使用に即した開発，周辺技術の整備が行き届き，本来の素材のもつ機能特性を工業化規模においても達成されるに至っている．またその製品は，単なる酸素をセンシングする道具から発展拡大し，自動車の排出ガス浄化システムにとって必須の機能部品の位置づけとなり，年間数千万個が世界で生産されるに至っている．今後，さらに地球的視野から環境保全に貢献すべく，こうしたセンサーの応用用途が拡大されていくと考える．

参考文献

1) 中原吉男，高見昭雄，内燃機関，**30**, 11, pp.78 - 82 (1991).
2) 野田芳朗，川原一雄，山田哲正，鈴木晨，西尾兼光，PCレポート，**17**, 5, pp.114 - 117 (1999).

2.4 圧電性セラミックス

2.4.1 セラミックスフィルター

(1) はじめに

　特定の周波数範囲の信号を通過させるフィルターとしては，圧電性セラミックスを使ったもの以外に，水晶を使ったものやLCを使ったもの，さらにはアクティブフィルター，表面波フィルターなどがあり，使用周波数，通過比帯域幅，形状，価格などで使い分けられている．セラミックスフィルターは，LCフィルターに比べ小型化が可能でかつ無調整化が可能となる．また，水晶フィルターに比べ通過帯域幅は広くなり，圧電セラミックスの種類を選ぶことで通過帯域幅を1％程度～十数％まで種々の特性を実現することが可能となる．さらに，圧電セラミックスの加工の容易さから，水晶などの単結晶よりも安価につくることができる．
　これらの特徴を活かし，現在中間周波数の検波用フィルターを中心として，AM/FMラジオ，TV等の受信機器やPHS，PDC (personal digital cellluar) 等の通信機器に広く使われている．使用される周波数は機器により，400 kHzから数MHzまで広範囲にわたり，図Ⅱ-**2.4.1**のように種々のセラミックスフィルターが製

(2) 各種検波用フィルター

圧電セラミックスは圧電効果による電気－機械変換と固体振動を利用したものであり，1つの形状でこれらすべての周波数に対応することは難しい．実際には，**図Ⅱ-2.4.2**のように，450 kHz付近では角板の拡がり振動または棒の長さ振動を，4～6 MHzでは厚みすべり振動を，10 kHz付近では厚みすべり振動または厚み縦振動を，それ以上の周波数ではレイリー波やSH波をというように，各周波数帯に適した振動モードを選択して実用化している．

450 kHzを中心としたフィルターは中間周波検波用フィルターとして，AMラジオ，ページャ，PDCなど広く使われている．これらには，主に角板の拡がりモードを使用したラダーフィルターが使われてい

図Ⅱ-2.4.1　圧電フィルター

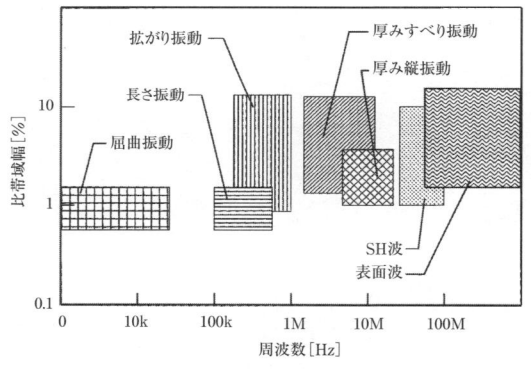

図Ⅱ-2.4.2　振動モードと利用周波数

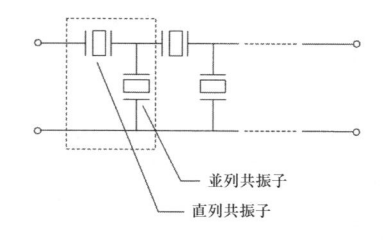

図Ⅱ-2.4.3　ラダーフィルターの構成

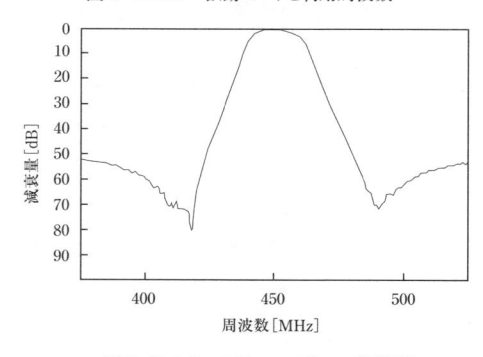

図Ⅱ-2.4.4　ラダーフィルターの特性例

2.4 圧電性セラミックス

る．ラダーフィルターは，**図Ⅱ-2.4.3**のように直列共振子と並列共振子をラダー型に交互に並べていくことで構成されるフィルターであり，段数を増やしていくことで選択度や帯域外減衰量をよくすることが可能である．**図Ⅱ-2.4.4**に周波数特性の一例を示す．通過帯域幅

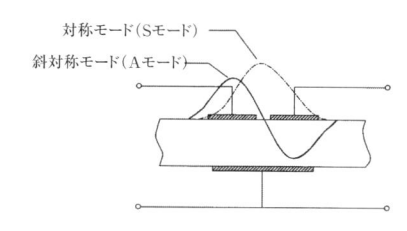

図Ⅱ-2.4.5　厚み縦振動モードの2重モードフィルター

も比較的広く取ることができるが，正方形板の一辺の長さで周波数が決定し，機械的強度の観点からも共振子をあまり薄くすることができないため，小型化には限界がある．

また一方で，棒の長さ振動の2重モードを利用したフィルターも実用化されている．長さ振動を使用することで素子の幅を小さくすることができ，小型で安価なフィルターをつくることができる．ただし，帯域が広く取れないことから，AMラジオなどの用途を中心に実用化されている．最近は，長さ振動を使いながら，広帯域を実現できる素子が開発され，小型で高性能のラダーフィルターが実現できている．

10.7MHzを中心としたフィルターはFMラジオ(10.7MHz)，PHS(10.8MHz)等の中間周波用として使われている．この周波数帯では厚み縦振動を使用するが，**図Ⅱ-2.4.5**のように，基板上で電極を分割することで2つの振動モードを発生させてフィルター特性をつくる，2重モードフィルターが使われている．特性を確保するために，さらにこれを2素子縦続接続したものが多く使われているが，製造上の都合からは同一基板内に2素子を形成したものとなっている．**図Ⅱ-2.4.6**にその特性の一例を示す．通信機用途としては小型化が重要な課題であり，2素子を分割して積層構造とすることで小型化を実現したものが商品化されている．さらに，データ伝送速度の高速化により広帯域化が求められ，厚みすべり振動を応用した広帯域フィルターも商品化されている．

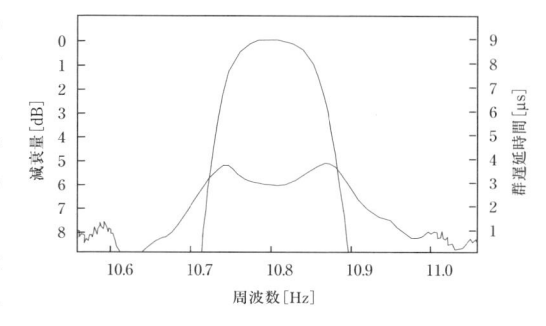

図Ⅱ-2.4.6　厚み縦振動を利用したフィルターの特性例

20 MHz 以上の周波数ではレイリー波を利用した SAW（surface acoustic wave）フィルターが用いられてきたが，SAW フィルターは特性設計の自由度が高い反面，波を伝搬するスペースが必要なことや，反対側に伝搬する波を抑圧しなければならないことから，数十 MHz 帯では小型化することが難しい．そこで最近 SH 波と素子の端面反射を利用した，共振子型の小型フィルターが開発され，実用化されている．

■ 2.4.2 圧電振動ジャイロ

(1) はじめに

物体の加速度と回転速度を計測すればその物体の運動，姿勢，位置を知ることができる．回転速度はリングレーザージャイロや光ファイバージャイロあるいはローターの慣性力を利用した機械的ジャイロを用いれば正確に測定でき，航空機や船舶用として用いられている．しかしながら，これらのジャイロは民生用途に普及させるには一般的には大きくかつ高価である．これに対し圧電振動ジャイロは，近年特に低コスト化と小型化が進みカメラの手振れ防止，自動車のナビゲーション，車体姿勢制御（横滑り防止等）等の身近な製品に搭載されて，ますます市場が拡大している．

(2) 原　理

質量 m を持つ質点を x 方向に振動させている系を考える．この系に角速度 Ω_0 の回転が加わった時に，速度 v で運動する質点には，次式で表されるコリオリの力 F_c が y 方向に作用する．

$$F_c = 2mv\Omega_0$$

このような回転時に発生するコリオリの力は振動方向と回転軸のそれぞれに直交する方向に発生し，その大きさは並進速度 v と回転速度 Ω_0 に比例する．

図 II - 2.4.7 に，振動ジャイロの基本的な構造である音叉型振動ジャイロを示す．同図(a)に示すように，このジャイロでは駆動振動は音叉の基本的な屈曲振動モードが用いられている．アームが伸びている方向を軸とする回転運動が振動子に与えられた場合，駆動振動させているそれぞれのアームに対して，アームの振動方向に対し直角にコリオリの力が働くため，同図(b)に示すような検出振動が励振され，この検出振動を計測することによって回転速度を測定できる．駆動振動に対し検出振動の位相は 90 度遅れている．圧電振動ジャイロでは，駆動振動の励振およ

び検出振動の計測の両方について材料の圧電効果を利用している．**図Ⅱ-2.4.8**に，圧電振動ジャイロに用いられる代表的な回路構成を示す．駆動回路では自励振回路で振動子に一定の駆動振動を起こさせ，検出回路では駆動信号を参照信号として検出電気信号の同期検波を行ない，回転速度に比例した直流電圧を出力する．

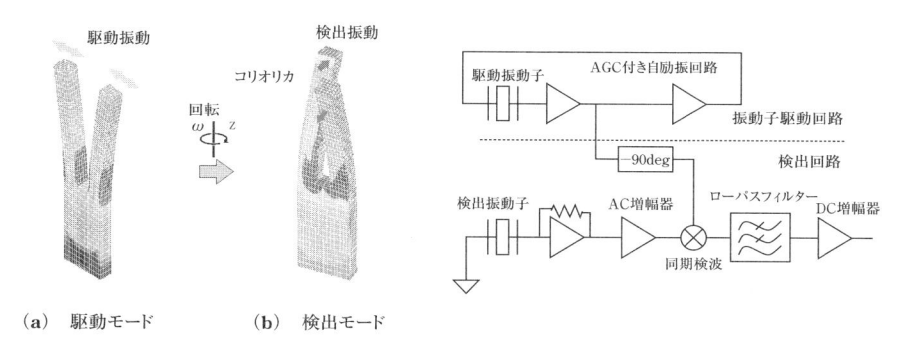

図Ⅱ-2.4.7 単純音叉型ジャイロの動作原理

図Ⅱ-2.4.8 圧電振動ジャイロの電気回路

(3) 各種構造と材料

上で述べた音叉型振動ジャイロを発展させて様々な構造の振動ジャイロが考案されている．**図Ⅱ-2.4.9**に従来の代表的な圧電振動ジャイロ・センサーに使われている振動子構造をその支持方法，駆動振動モードと共に示す[1]〜[4]．大きくは音片型振動子と音叉型振動子に分けられる．支持の方法は駆動および検出の両方の振動モードでほとんど変位のない部位を固定する必要があり，この点では音片型振動子よりも音叉型振動子が有利である．一方，音片型振動子は形状が単純であり低コストで製造が可能である．振動ジャイロでは特に温度安定性が重要であり，このため温度安定性の高い材料として恒弾性金属や温度特性の優れた圧電セラミックス(PZT)や水晶，タンタル酸リチウム($LiTaO_3$)，ニオブ酸リチウム($LiNbO_3$)等の温度安定性の優れた圧電単結晶の特定のカット角のウェーハが振動子材料として用いられる．

恒弾性金属を振動子として用いる場合，金属上に圧電体を樹脂で接着し振動駆動と信号検出を行なう．しかしながら，振動子が小型になってくると，金属と圧電セラミックスの接着に使用される樹脂層の影響が製造バラツキ，経時変化等に

	音片型圧電力		音叉型圧電振動子	
	三角柱[1]	円柱[2]	直交音叉[2]	三脚音叉[2]
外観	恒弾性金属 / PZT	PZT	恒弾性金属 / PZT	PZT
振動の節	節	節	節	節

図 II-2.4.9　各種振動ジャイロの構造と駆動振動モード

無視できなくなってくるため，近年は恒弾性金属との組合せはあまり行われず圧電体材料でジャイロ振動子全体を構成することが多い．

図II-2.4.9に示したジャイロは総て検出角速度軸方向に長い縦置き型の振動子を利用した構造であるが，種々の電子機器が小型・低背化しており，低背な横置き構造が実装するうえで有利な場合が多い．**図II-2.4.10**に，水晶を用いた横置き型のダブルT型振動ジャイロを示す[5]．本ジャイロでは1対のT字型駆動振動子と1対の検出振動子からなり，同図(a)に示すようにT字型振動子が振動している状態で紙面に垂直な軸の回転が加えられると，同図(b)のような検出モードの振動が起り検出振動子が振動し回転を検出する．

本ジャイロは形状が複雑であるが，水晶のZ板ウェーハ上にフォトリソプロセスでエッチングマスクをつくり，ウエットエッチングを行なうことにより精度の高い加工が可能である．**表II-2.4.1**に本ジャイロの特性を示す．

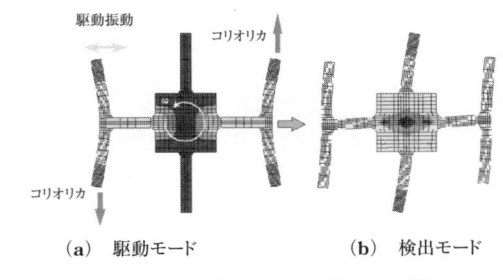

(**a**)　駆動モード　　(**b**)　検出モード

図 I-2.4.10　横置きダブルT型水晶振動ジャイロ

(4) 特性に及ぼす設計諸因子
a．感度と離調

感度は，駆動側の振動子の共振周波数f_1と検出側の振動子の共振周波数f_2を同一にしたとき最大になるが，測定する回転の周波数が変化したときに感度が一定にならないという問題がある[6]．このためf_1とf_2に所定の差$\Delta f=|f_1-f_2|$をつける必要がある．測定する回転周波数範囲において感度を一定にするためには，離調$\Delta f=|f_1-f_2|$は測定する回転周波数の数倍以上に設定する必要があり，用途によって最適値が異なる．カメラの手振れ防止では10～20 Hzの回転周波数で十分であるのに対し，自動車の姿勢制御では～100 Hzの回転周波数を必要とし，Δfも数百 Hz以上に設定する必要がある．離調Δfが大きくなるとほぼそれに反比例して感度が低下するため，電気回路での信号の増幅度を高める必要がある．

表Ⅱ-2.4.1　横置きダブルT型水晶振動ジャイロの特性

電源	電源電圧	DC 4.75～5.25 V レシオメトリック機能
信号出力	消費電流	20 mA以下
	出力形式	アナログ電圧出力
	出力インピーダンス	1 kΩ
感度	公称値	20 mV/deg/s
	入力フルスケール	±100 deg/s
バイアス	公称値	2.5 V
	バイアス変動	±1 deg/s以下
ノイズ	振動感度	0.1 deg/s/G以下
起動特性	起動時間	1 s以下
使用環境	動作環境	−40℃～85℃
	保存環境	−40℃～85℃

b．温度ドリフト

光ジャイロに比較し圧電振動ジャイロの設計，製造上の困難さは，ゼロ点の温度ドリフトが起りやすいことにある．圧電振動ジャイロのゼロ点の温度ドリフトの原因は

① 材料に起因する圧電特性，振動周波数の温度による変化
② 駆動振動の検出側への漏れ
③ 振動子保持に起因する外部への振動の漏れや，振動子内の微妙な振動特性変化
④ ジャイロ振動子内での駆動側と検出側の電気的結合による信号ノイズ
⑤ 外部電気回路の温度特性，駆動回路からの検出回路への信号ノイズ混入

等が重要である．

温度ドリフトを低減するためには原因を解析し個別に設計で対策するか，製造後，振動子のバランス調整等必要な要因につきをチューニングして対策する．ま

た温度ドリフト特性を測定し，外部回路で補正することもしばしば行なわれている．許容される温度ドリフトは用途により異なり，ゼロ点のリセットが容易なカメラの手振れ防止や，GPS(global positioning system) 信号を併用した演算処理によるマップマッチングでゼロ点補正のできるナビゲーション用途では比較的ゆるく，リセットや補正が容易でない自動車等の姿勢制御用途では厳しい．

c. 耐衝撃・耐振動特性

外部から衝撃や振動が加わると，その並進加速度により回転速度信号にノイズが発生し機器誤動作の原因になるため，耐衝撃・耐振動特性は重要である．対策としては

① 外部から加速度が加わっても，振動子が並進運動しても回転運動が起らないようになるべく振動子の重心点を保持する設計
② 実用周波数近辺に振動子や筐体等の部品が共振点をもたない設計
③ 防振機構の設置
④ 実用周波数以上の信号を除去し振動ノイズを低減するためのローパスフィルターの設置

等が重要である．

(5) おわりに

振動ジャイロの原理は1800年代から知られていたが，本格的に使われるようになったのは，1990年頃からカメラの手振れ防止用に使われるようになってからである．実用化が遅れたのは，コリオリの力によって発生する駆動側振動の10万分の1以下ものわずかな振動を測定するために，ノイズとの分離が難しくなかなか小型の実用的な振動ジャイロがつくれなかったためである．圧電体を使った振動子設計法や回路技術の進歩により性能向上と小型化，さらに低コスト化が進み自動車のナビゲーションや姿勢制御にまで急速に用途を広げている．今後は2軸，3軸の多軸化やロボットの姿勢制御での使用，さらには携帯端末等ウエラブルな用途にも広がることが期待される．

参考文献

1) 中村武, 正三角柱振動子を使う圧電振動ジャイロ, 小型, 低価格で身近な応用をねらう, 日経エレクトロニクス, No.514, pp.183-191 (1990).
2) H. Abe, T. Yoshida and K. Turuga , Piezoelectric-Ceramic Cylinder Vibratory

Gyroscope, *Jpn. J. Appl. Phys.*, **31**−9B, pp. 3061−3063 (1992).
3) 市瀬俊彦, 寺田二郎, 音叉形振動ジャイロ, 超音波TECNO 9月号, pp. 42−47 (1994)
4) A. Satoh, K. Ohnishi and Y. Tomikawa, Characteristics of the Piezoelectric Vibratory Gyrosensor Constructed Using a Trident Tuning−Fork Resonator, IEEE International Ultrasonics Symposium in Sendai, No.PZ−6, Oct. 5−8 (1998).
5) 菊池尊行, 大杉幸久, 谷信, 榎島徹, 横井昭二, 相馬隆雄, 富川義朗, 水平横置きダブルT型水晶振動子を用いた圧電振動ジャイロセンサ, 電子情報通信学会論文誌 C, **J84**, 8, pp. 267−272 (2001).
6) 工藤すばる, 近野正, 菅原澄夫, 振動ジャイロスコープの周波数応答特性および過渡特性, 信学技報 US93−47, pp. 45−51 (1993).

■ 2.4.3 圧電トランス

(1) はじめに

　圧電トランスは, 入力した交流電圧を変圧し出力する電源部品であり, 圧電セラミックスの機械振動を利用したトランスである. 従来, トランスといえば, 磁性体に巻線を施し, 電磁作用を利用してエネルギー伝達を行なう巻線タイプが主流であった. 圧電タイプは単純・小型な構造と安全・良質な特性をもつため, 特に液晶パネル市場で, 巻線タイプからの置換が急速に進行し一般化しつつある[1]. この背景としては, 液晶パネル搭載の代表的な製品であるPDA (personal digital assistant)・ノートPCなどの携帯情報機器の普及がある. これらの商品はその性格から, 小型軽量化とバッテリー長時間駆動化がモデルチェンジごとに進化しており, このため液晶パネルの電源部品であるバックライト・インバーターの役割が重要視されるよになり, 圧電トランスを搭載することで軽薄短小化と高効率化に対応していくことが市場のトレンドとなっている.

(2) 原　理

　圧電トランスは1956年にローゼン (C.A.Rosen, 米国)が発表しており[2], その原理は古くから知られている. 図Ⅱ−2.4.7に, いわゆるローゼン型とよばれている圧電トランスの構造を示す. ローゼン型の圧電トランスは, 矩形板セラミックス素子に片側半分の上下面と端面部の3面に電極を形成し, これを利用して厚み方

向と長さ方向に分極処理する．この電極は電気的な入出力もかねており，それぞれ1次側（駆動部）と2次側（発電部）を構成する．1次側に素子の長さで決る共振周波数付近の交流電圧を印加すると，逆圧電効果により長さ方向に機械振動が励起される．このとき2次側に生じる歪みを，圧電効果により端面電極から電気的信号として取出す．つまり，圧電トランスは"電気エネルギー→機械エネルギー→電気エネルギー"の伝達により昇圧されることになる．

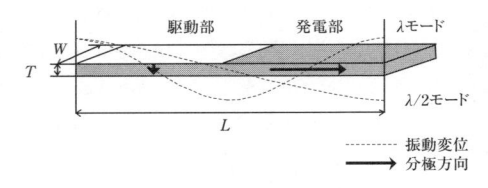

図II-2.4.7 ローゼン型圧電トランスの構造

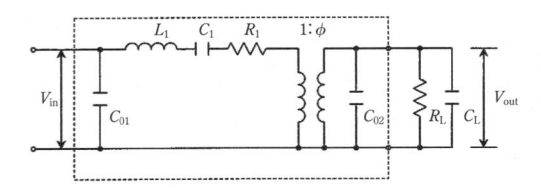

図II-2.4.8 圧電トランスの等価回路

ローゼン型圧電トランスは，振動モードが基本波長である$\lambda/2$モードのときを基本構造とする．しかし，$\lambda/2$モードは変位最小・応力最大となる節の位置が中央の1点のみでありあまり実用的ではない．節の位置が2点あるλモードは，支持方法に工夫ができるなど設計自由度が高くなり都合がよい．また，昇圧比・変換効率・電力密度についてもλモードが高くなることが実験的に確かめられている．

図II-2.4.8には，圧電トランスの出力側に負荷抵抗R_Lと負荷容量C_Lを接続した場合の等価回路を示す[3]．L_1, C_1, R_1は共振周波数近傍の等価インダクタンス，等価容量，等価抵抗であり，ϕは理想昇圧比，C_{01}, C_{02}は1次側と2次側の静電容量に相当する．この等価回路での昇圧比Gは次式で算出できる．

$$|G(jw)| = \cfrac{1}{\phi\sqrt{\left\{\cfrac{C_{02}+C_L}{C_1}+\cfrac{R_1}{R_L}+\cfrac{1}{\phi}-\omega^2 L(C_{02}+C_L)\right\}^2 + \left\{\omega\left(R_1(C_{02}+C_L)+\cfrac{L_1}{R_L}\right)-\cfrac{1}{\omega R_L C_1}\right\}^2}}$$

ここで，上式と**表II-2.4.1**に示した代表的な寸法の圧電トランスの等価回路定数を用い，負荷抵抗1MΩと200kΩの場合について，昇圧比と周波数の関係を計算した結果を**図II-2.4.9**に示す．昇圧比は鋭い共振特性を示しており，そのときの昇圧比が負荷抵抗に大きく依存している様子が観測できる．なお，この結果を利用すると，圧電トランスによる冷陰極管を点灯するメカニズムは簡単に説明で

2.4 圧電性セラミックス

表Ⅱ-2.4.1 圧電トランスの等価回路定数
(寸法[mm]48.0×7.1×2.6)

項目	単位	特性値
L_1	mH	155
C_1	pF	30
R_1	Ω	65
C_{01}	pF	700
C_{01}	pF	6
ϕ	−	5

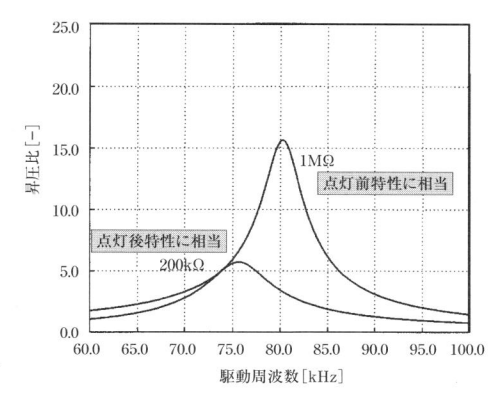

図Ⅱ-2.4.9 圧電トランスの共振特性

きる．つまり，点灯前の負荷インピーダンス開放（1MΩ）では高い昇圧比により圧電トランスの駆動周波数を高い方から低い方へスイープすることで無理なく点灯電圧まで到達させることができ，点灯後（200kΩ）では6倍程度の低い昇圧比となり，入力電圧を変えることなく出力電圧が管電圧へシフトする．

(3) 特　性

圧電トランスは高電力・大振幅のもとで動作させるため，材料には

① 経時変化が少ない
② 動作時の温度上昇が小さい
③ 機械強度が大きい

ことなどが望まれる．例えば，チタン酸ジルコン酸鉛（PZT）を主成分としたハイパワー系の圧電セラミックスは，圧電トランス用の材料として適している．材料の組成および製造プロセスを工夫することで，

① 機械品質係数Q_mが高い
② 電気機械結合係数kが大きい
③ 粒径を小さくし，機械的強度が高い

などの特長をもつセラミックスが得られている．参考までに，**表Ⅱ-2.4.2**にタムラ製作所製SS材の材料データを示す．

　圧電トランスを高電力で動作させると，内部の機械的損失により温度が上昇する．表面の温度分布は，非接触の赤外線放射計などで容易に測定できる．温度分布は応力が集中する節部分で最大となる．このとき，温度上昇と出力電力とを関係づけたデータをとると，ハイパワー特性を評価する目安になる．

図Ⅱ-2.4.10には，圧電トランスの2次側に負荷抵抗として100kΩ，300kΩ，1MΩをそれぞれ接続したときの，共振点駆動でのデータを示す．曲線はそれぞれの負荷によって傾きの大小に違いはあるものの，温度上昇と出力電力の関係が線形的である領域と，あるポイントを境に非線形となり発散傾向を示す領域とがある．この非線形領域では，Q_m が急激に減少していると思われ，実用上問題である．このため，温度上昇の線形領域が圧電トランスの定格範囲とされている．また，300kΩ のときにパワーロスが最も少ないことがわかるが，これは圧電トランスの出力側インピーダンスと整合していることによる．

表Ⅱ-2.4.2 SS材（タムラ製作所）の材料特性

項 目	記 号	単 位	特 性
密度	ρ	10^3kg/m^3	7.94
電気機械結合係数	k_{31}	%	35
	k_{33}		71
比誘電率	$\varepsilon_{11}/\varepsilon_0$	-	1 470
	$\varepsilon_{33}/\varepsilon_0$		1 320
誘電損失	$\tan\delta$	%	0.2
電圧定数	d_{31}	10^{-12}m/V	-130
	d_{33}		305
	g_{31}	10^{-3}Vm/N	-11
	g_{33}		26
弾性定数	S_{11}^E	10^{-12}m^2/N	12
	S_{12}^E		-4
	S_{13}^E		-6
	S_{33}^E		16
	S_{44}^E		37
	S_{66}^E		31
機械的品質係数	Q_m	-	2 200
キュリー点	T_c	℃	312
平均粒径	R	μm	1.2

(4) おわりに

圧電トランスはバックライト・インバータに搭載し商品化され，その技術は市場のニーズに対応しながら進展しているが，改善されるべき課題はまだまだ多い．例えば，積層構造による高昇圧比化である．これは，1次側をセラミックスコンデンサーのように積層化することで入力インピーダンスを低減でき，単板構造に比べて昇圧比を上げる原理である．しかし，圧電トランスが大振幅化で駆動し高電圧を発生させるため，積層構造が破壊の要因となることも懸念され，信頼性の確保に関して，

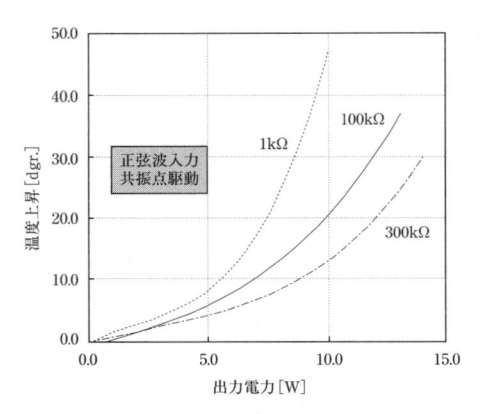

図Ⅱ-2.4.10 圧電トランスの温度上昇特性

市場を説得していく努力が必要であろう．

　圧電トランスはこのような課題をクリアしつつ，小型化・高周波化・高出力化は進行していくものと思われるが，高周波化に伴うバックライトの漏れ電流の影響が心配される．この対策として，圧電トランスの構造検討や駆動回路の改善は当然のことながら，バックライトの高周波対策についても，さらなる検討が続けられることと期待されている．

参考文献

1) 水谷彰, 橋口裕作, 藤沢雅憲, 堀内幸人, 石川裕之, 日経エレクトロニクス, No.621, pp.147-157 (1994).
2) C. A. Rosen, Ceramic transformers and filters, *Proceedings of Electronic Component Symposium*, pp.205-211 (1957).
3) 萩原述史, 神田利彦, 三枝武男, 昭和60年電気学会全国大会講演論文集, No.454, pp.523 (1985).

■ 2.4.4 薄膜デバイス

(1) はじめに

　圧電体セラミックスは高周波フィルター，アクチュエーター，各種センサーなど電子部品材料として広範に用いられ，それに伴い数多くの研究がなされてきた．さらに近年は，携帯機器の普及に伴い電子機器の小型化，高機能化が求められ，圧電体の薄膜化の研究が盛んに行われるようになった．これまで，高品質の圧電体薄膜が困難であったことから，長い間研究レベルにとどまっていたが，1990年以降の酸化物薄膜プロセスの進歩により，高特性の圧電薄膜の生産が可能になり，一部で商品化が始まりつつある．さらに半導体と集積化することで，これまでに無い，新たな電子デバイスの提案もなされるようになってきた．

　圧電薄膜を応用するためには，均一な薄膜が得られることはもとより，圧電体の物性が他の絶縁体や半導体との接合面において劣化しないことが要求される．動作温度範囲において，十分な圧電性を得るためには，キュリー温度が室温より十分高いことが必要である．このためにチタン酸鉛($PbTiO_3$)，ジルコン酸チタン酸鉛(PZT)といったペロブスカイト型複合酸化物，層状構造をとる層状ペロブスカイ

ト材料について研究が盛んに行われている．

(2) 圧電薄膜の作製方法

　薄膜化が検討されている圧電体として，大きな圧電性を有する鉛系の強誘電体（PZT, PTなど）に関する報告が数多くなされている．鉛系強誘電体の結晶化には，どのような方法を用いても500℃以上の温度が必要であり，蒸気圧の高い酸化鉛（PbO）をいかにして定比組成として膜中に取込むかが作製の大きなポイントである．薄膜の物理的作製法としては，MBE法，電子ビーム蒸着，反応性蒸着法，スパッタリング法，イオンビームスパッタリング法，レーザーアブレーション法などが知られている．有機金属合成法の発達により，化学的作製法であるゾルゲル法，MOCVD法なども検討されてきている．なかでもスパッタリング法は，セラミックスターゲットをそのまま薄膜化できるメリットがあり，得られる薄膜の結晶学的性質，光学的性質，電気的性質がきわめて高く，装置も入手しやすく扱いも簡易なため，研究から量産まで広く用いられている．ここでは，スパッタリングによるPZT薄膜作製について簡単に述べる．

　PZT系材料の薄膜をスパッタリング法により作製する場合，先に述べたとおり550℃以上の高い基板温度が必要になる．高温の基板表面からのPbOの再蒸発を補償するために，スパッタリングターゲットに20mol％程度の過剰のPbOを添加しておく．ジルコン（Zr）リッチの組成領域では，さらに高い基板温度が必要になるため，PbO欠損の問題は深刻である．Zr/Ti比はターゲット組成と膜中の組成を比較すると，チタン（Ti）リッチにずれる傾向があるので，これもターゲット組成をあらかじめ補正しておく必要がある[1]．

　PZTは基板温度により低温から非晶質，パイロクロア構造，ペロブスカイト構造，$PbTi_3O_7$構造をとる．圧電性を有するペロブスカイト構造の薄膜を得るためには，550〜600℃の基板温度が必要になる．Zrに富む領域のPZTを合成する場合は，さらに高温が必要であることが報告されている[1]．

　圧電性は，PZTの分極軸方向に発現するので，薄膜の結晶軸配向制御は重要である．$x<0.47$の正方晶系の領域では，分極軸は[001]（またはc軸）方向，Zrリッチの菱面体晶系では，[111]方向に圧電性が発現する．そこで，正方晶の領域では，イオンの配列が類似していてPZTと格子のミスマッチの小さい酸化マグネシウム（MgO），チタン酸ストロンチウム（$SrTiO_3$）単結晶の[100]面を基板としてエピタキシャル成長を行う，あるいはそれら基板上に成長させた白金（Pt）[100]薄膜電

2.4 圧電性セラミックス

極上にエピタキシャル成長，あるいは配向成長させる．菱面体晶系の領域では，Si[111]面などを，あるいはPt薄膜を[111]面配向で成長させて基板として用いることで[111]配向したPZTを得ることができる．

(3) 圧電薄膜のデバイス応用

圧電体薄膜のデバイス応用について，表II-2.4.3に応用デバイス，特徴，各デバイスが利用する物性，具体的材料，成膜方法などをまとめて示す．ここでは，純粋に圧電性に限定せず，いわゆる圧電体がもつ電気光学効果，焦電性などの物性を応用したデバイスについても示してある．以下にいくつかのデバイスについて，

表II-2.4.3 圧電薄膜の応用分野

デバイス	利用物性	材料	薄膜	成膜法	文献
加速度センサー	圧電性	$Pb(ZrTi)O_3$	300nm	ゾールゲル	8
超音波センサー		$PbTiO_3$	>2μm	rf-スパッタリング	9
マイクロバルブ		$Pb(ZrTi)O_3$	1.5μm	ゾールゲル	8
マイクロモーター		$Pb(ZrTi)O_3$	0.3μm	ゾールゲル	9
表面弾性波(SAW)素子		$LiNbO_3$	0.6μm	rf-スパッタリング	10
光変調機	電気光学効果	$(PbLa)(ZrTi)O_3$	350nm	rf-スパッタリング	11
	線形効果	$Pb(ZrTi)O_3$	585nm	ゾールゲル	12
		$BaTiO_3$	200nm	CVD	13
第2次高調波(SHG)素子	非線形効果	$LiNbO_3$	400nm	rf-スパッタリング	14
赤外線センサー	焦電効果	$(PbLa)(ZrTi)O_3$	2μm	rf-スパッタリング	15
		$PbTiO_3$	0.6μm	ゾールゲル	8
強誘電体メモリーキャパシター型	強誘電性	$Pb(ZrTi)O_3$	280nm	ゾールゲル	16
	残留分極	$SrBi_2Ta_2O_9$	175nm	ゾールゲル	16
ゲート型(MFS)		$Bi_4Ti_3O_{12}$	1μm	rf-スパッタリング	17
(MFIS, MFMIS)		$(PbLa)(ZrTi)O_3$	250nm	ゾールゲル	18
on AlGaAs/GaAs HEMT		$BaMgF_4$	200nm	蒸着	19
強誘電体冷陰極		$Pb(ZrTi)O_3$	6μm	焼結体シート	20
DRAMキャパシターセル	高誘電率	$(BaSr)TiO_3$	30nm	CVD	21, 22
SiLSIバイパスキャパシター		$(BaSr)TiO_3$	200nm	ゾールゲル	22
GaAsバイパスキャパシター		$(BaSr)TiO_3$	200nm	rf-スパッタリング	23
		$SrTiO_3$	200nm	rf-スパッタリング	24
EL素子		$(PbLa)TiO_3$	1.0μm	rf-スパッタリング	25
ジョセフソントンネリング素子	絶縁性	$BaSnO_3$	4nm	反応性蒸着	26

簡単に紹介する．

a. 表面弾性波フィルター

圧電性単結晶材料表面に形成された電極幅と間隔がωの交叉櫛状電極(IDT；interdigital transducer)に交流電気信号を加えると，周波数$f=V_s(4\omega)^{-1}$の表面弾性波(SAW；surface acustic wave)が選択的に励振され(V_sはSAW速度)，逆変換を経て周波数フィルターや遅延デバイスとして機能する．典型的SAWは，表面に垂直な方向の原子変位が伝搬するレイリー波である．V_sが大きい材料を用い，ωを小さく加工すればデバイスの高周波化が図れる．

スパッタリング法を用いたc軸配向酸化亜鉛(ZnO)薄膜を用いた表面弾性波素子は，すでにテレビの中間周波数フィルターとして実用化されている．基板材料の選択とZnO薄膜の膜厚制御により，温度依存性の良好な薄膜デバイスが得られている．基板にサファイヤ単結晶を用いると，エピタキシャルZnO薄膜が得られ，伝搬損失が小さくなる．移動体通信用小型携帯機器，衛星放送用GHz帯の高周波フィルターとして応用が検討されている[2),3)]．

近年では，SAW速度の大きなサファイア基板上に，ニオブ酸リチウム($LiNbO_3$)エピタキシャル薄膜を形成した構造が検討されている．IDTに加える電気信号と表面弾性波間の電気－機械結合係数は，$LiNbO_3$の[0001]方向で最も大きくなる．このため基板上に$LiNbO_3$を[1010]配向させ，[0001]軸を表面に平行かつIDTと直交させると最も効率がよい．

b. バルク波共振子

薄膜の厚み振動モードを利用したバルク波共振子の報告もなされている．その共振子の構造を 図Ⅱ－2.4.11 に示す[4)]．Siの[100]面上に熱酸化により二酸化ケイ素(SiO_2)膜を形成した後，Siの異方性エッチングにより作製した厚さ10μm以下のSiO_2膜ダイアフラムと，その上にスパッタリング法で形成した膜厚約10μmのZnO薄膜との複合共振により，VHF帯，UHF帯に基本共振周波数をもつ共振子が得られている．この共振子は，振動基本モードで動作できるため，高い結合係数を示す．さらにはSiとの一

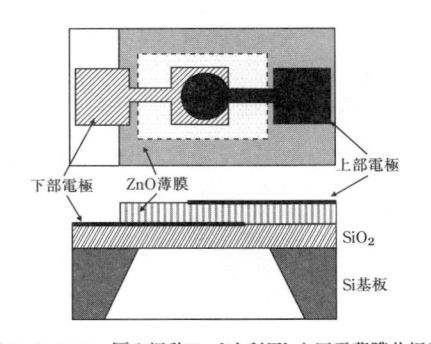

図Ⅱ-2.4.11 厚み振動モードを利用した圧電薄膜共振子

2.4 圧電性セラミックス

体化も可能である．また，ZnOはSiO$_2$と逆の周波数温度係数を有するため，複合構造により，温度安定性のきわめて高い共振子が実現できる．基板裏側からの異方性エッチングの代りに基板と振動膜との間に100 nmの微小な空間を設けた構造の圧電共振子も試作されている[5]．

(4) 圧電センサー

圧電効果を利用したセンサーは
① 圧電材料に加わる圧力を検知する圧力センサー，加速度センサー
② 共振周波数やQ値の変化を検出する膜厚センサー，ノッキングセンサー
③ 弾性表面波素子の特性変化を検出する応力センサー，電位センサー
④ 電気音響相互変換を用いる超音波センサー

などが知られている[6]．現在実用化されている圧電センサー材料は，バルクセラミックスを用いたものがほとんどであるが，高感度化，小型化，半導体信号処理回路との一体化をねらって，圧電薄膜を用いたセンサーの研究開発が活発に行われるようになってきた．例えば，Si$_2$の異方性エッチングにより，ZnOやPbTiO$_3$薄膜と複合化したSiやSiO$_2$の片持ち梁により加速度や応力のセンサーが開発されている[7]．

図Ⅱ-2.4.12に示すとおり，Si基板上に形成したSiO$_2$上にPt電極，PbTiO$_3$圧電薄膜，Al電極を形成し，PbTiO$_3$圧電薄膜の下側のSi基板を異方性エッチングにより除去した超音波センサーが作製された．片持ち梁の大きさは幅80 μm，長さ40～100 μmである．フォトリソグラフィーにより，残したい部分にSiO$_2$や，Bドーピングを施したSiを形成し，選択異方性エッチングにより他の部分を除去して作製する．この素子が超音波を受信すると，その音圧により片持ち梁が振動し，PbTiO$_3$のたわみによる圧電効果により，電極側に電圧が発生する．片持ち梁の長さや，膜厚を変化させることで，共振周波数を制御することができる．また，共振周波数の異なる片持ち梁をアレイ化することで，周波数特性のフラットなセンサー，指向性を制御したセンサーも実現可能である．

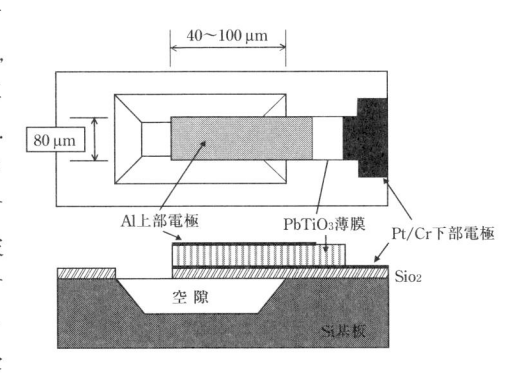

図Ⅱ-2.4.12 PbTiO$_3$薄膜を用いた超音波センサー

(5) まとめ

圧電薄膜の作製と応用例について簡単に概観した．能動素子，一般電子部品において，圧電体薄膜は小型化・高集積化のキーを握っているといえる．しかしながら，圧電体薄膜の実用化においては，結晶性の改善，合成温度の低温下，成膜速度の向上など生産にかかわる問題に加え，圧電性そのもののミクロな理解という基礎研究部分においても，検討を要する課題が山積みである．今後の発展が期待される．

参考文献

1) K. Iijima, I. Ueda and K. Kugimiya, *Jpn. J. Appl. Phys.*, **30**, p.2149 (1991).
2) T. Mitsuyu, O. Yamazaki and K. Wasa, *IEEE Ultras. Symp. Proc.*, p.74 (1981).
3) 和佐清孝他，第27回エレクトロメカニカル機能部品調査専門委員会資料，pp.27－75 (1982).
4) 徳田正盛他，電子通信学会研究会資料，US84－11, p.43 (1984).
5) 鈴木仁他，電子通信学会研究会資料，U86－71, p.75 (1986).
6) 川端昭，エレクトロニクス，p.1257 (1975).
7) 浜川圭弘他，電子・材料，p.61 (1983).
8) D. L. Polla *et al.*, *MRS Bulletin*, **21**, 7, p.59 (1996).
9) 奥山雅則，表面科学，**17**, p.648 (1996).
10) 藤村紀文，伊藤太一郎，表面科学，**17**, p.671 (1996).
11) T. Kawaguchi *et al.*, *Appl. Optics*, **23**, p.2187 (1984).
12) 梨本恵一，文献9), p.676 (1996).
13) D. M. Gill *et al.*, *Appl. Phys. Lett.*, **69**, p.2968 (1996).
14) D. K. Fork *et al.*, 文献8), p.53 (1996).
15) 高山良一，応用物理，**64**, p.1221 (1995).
16) 三原孝士，文献15), p.1118 (1995).
17) K. Sugibuchi *et al.*, *J. Appl. Phys.*, **46**, p.2877 (1975).
18) E. Tokumitsu *et al.*, *Extended Abstracts of 1996 Int. Conf. SSDM*, p.845 (1966).
19) S. Ohmi *et al.*, *Jpn. J. Appl. Phys.*, **35**, p.1254 (1996).
20) 奥山雅則他，信学技報，ED93－146, p.81 (1993).
21) 國尾武光，大屋秀市，応用物理，**65**, p.1106 (1996).
22) H. Yamaguchi *et al.*, *1996 IEDM Technical Digest*, p.675 (1996).

23) K. Arita *et al.*, *IEICE Trans. Electron.*, E77-C, p.392 (1994).
24) S. Nagata *et al.*, *Digest of 1993 IEEE ISSCC*, p.172 (1993).
25) T. Nishimura *et al.*, *Jpn. J. Appl. Phys.*, **35**, L1683 (1996).
26) Y. Tazoh and S. Miyazawa, *IEIC Trans. Electron.*, E79-C, p.1260 (1996).

2.5 誘電性セラミックス

■ 2.5.1 積層コンデンサー

(1) はじめに

　携帯電話やモバイルパソコン等に代表されるように，電子機器の小型化・高性能化・省電力化の流れはますます加速され，それらに用いられる受動部品も，表面実装可能なチップ化が急速に進展してきた．積層セラミックスコンデンサーも，小型高容量・高信頼性・優れた高周波特性等の特徴により，ここ10年間の生産数量は年率15％程度の大きな伸びを示している．チップサイズも年々小型化しており，現在では一般電子機器では1608タイプ(1.6×0.8mm)が，携帯機器では1005タイプ(1.0×0.5mm)が主流となっており，0603タイプ(0.6×0.3mm)の検討も始まっている．また，電源回路等では，10～47μFの大容量積層コンデンサーが使用されている．積層コンデンサーの小型化・高容量化・高信頼性化・低コスト化は，なお強く求められており，誘電体材料・積層プロセス技術の開発が精力的に行われている．ここでは，積層コンデンサーの開発動向と誘電体材料の概要について述べる．

(2) 積層コンデンサーの開発動向

　積層セラミックスコンデンサーは，**図Ⅱ-2.5.1**に示すように誘電体層と内部電極層が交互に多数積重ねられ，並列に接続された構造からなっている．積層コンデンサーの静電容量Cは，次式で表される．

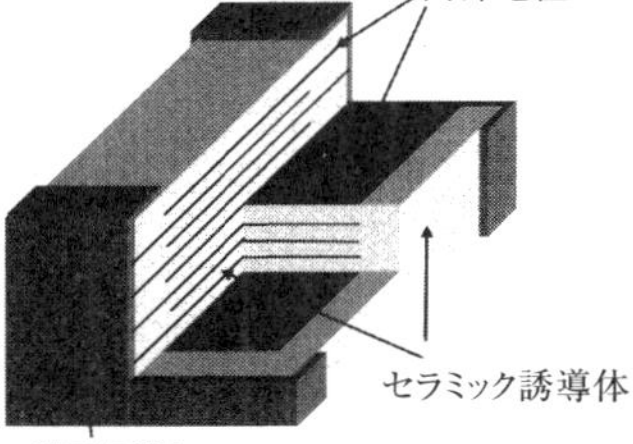

$$C = \varepsilon_r \varepsilon_0 (n-1) s/t \qquad (\text{Ⅱ}-2.8)$$

　ここで，s：1対の内部電極の交差面積，

図Ⅱ-2.5.1 積層コンデンサーの構造

n ：内部電極層数，
ε_r ：誘電体セラミックスの比誘電率，
t ：誘電体層の厚み，
ε_0 ：真空の比誘電率，

である．したがって，小型高容量の積層コンデンサーを実現するためには，高誘電率の誘電体材料，誘電体層の薄層化，積層数の増大，内部電極交差面積の増大（積層精度の向上）が求められる．また従来，内部電極材料として貴金属のPdが用いられてきたが，積層数の増大に伴い電極コストが全体のコストに占める割合が急激に上昇するため，低コスト化には内部電極の卑金属化（Ni, Cu）が必要である．

a. 高誘電率材料

高誘電率材料の開発としては，従来から用いられているチタン酸バリウム（$BaTiO_3$）をベースにしたものと，Pb複合ペロブスカイト化合物をベースにしたものに大別される．チタン酸バリウム系では，固相合成技術の進展や，シュウ酸法・水熱合成法等の湿式合成技術が確立され，0.5μm以下の微細で均一な粉体が量産されている．これらの粉体に，Co_2O_3, Nb_2O_5等を微量添加したり，BaサイトをSr, Caで，TiサイトをZr, Sn等で置換することで，比誘電率が5 000（B特性：－25～85℃の範囲で，20℃の容量を基準とした容量変化率が±10％），15 000～20 000（F特性：－25～85℃の範囲で，容量変化率が－80％から＋30％）にも及ぶ高誘電率材料が開発されている[1]．

ペロブスカイト化合物としては，$Pb(Mg_{1/3}Nb_{2/3})O_3$, $Pb(Zn_{1/3}NbNb_{2/3})O_3$, $Pb(Mg_{1/2}W_{1/2})O_3$等が主成分として用いられる．

① チタン酸バリウム系材料に比べてさらに高い比誘電率が得られる
② DCバイアス印可時の比誘電率の低下が小さい
③ 1 000℃以下の低温で焼結可能

などの特徴を有しており，Ag－Pd電極を使用した大容量積層コンデンサーが開発され，主として電源平滑回路に用いられている[2]．

b. 非還元性誘電体材料

従来から内部電極材料として用いられてきたPdの高騰により，内部電極の卑金属化が近年，積極的に進められている．Ni電極は，高温で容易に酸化されるため，還元性雰囲気中で焼成する必要がある．従来の誘電体材料では，還元性雰囲気中では容易に還元され半導体化してしまうため，還元性雰囲気中での焼成でも高絶縁性を保つ非還元性誘電体材料の開発が重要となる．チタン酸バリウムをベース

2.5 誘電性セラミックス

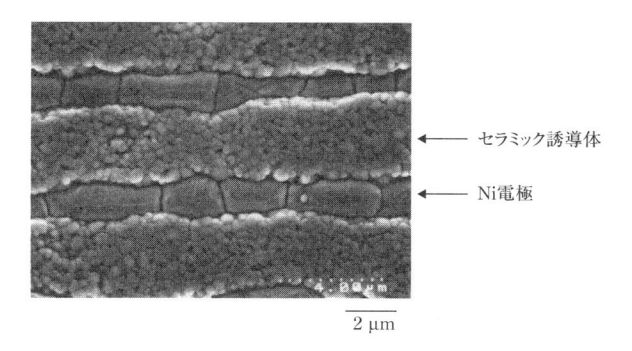

図 II-2.5.2 高容量 Ni 電極積層コンデンサーの断面 SEM 写真

として，Mn等のアクセプター成分の添加，Ba/Ti比を1以上に制御する等の手法で，非還元性に優れた材料の開発が進められてきたが，高温・高電界下での寿命特性が短いなどの課題が残されていた[3],[4]．

1990年代に入って，さらにHo，Dy，Y等の希土類酸化物を添加し，ドナー・アクセプターのバランスをとった新材料の開発により，従来のPdを内部電極とした積層コンデンサーと同等以上の信頼性を有するNi電極積層コンデンサーが開発された[5],[6]．これらの材料を用いることで，小型高容量積層コンデンサーの開発が急速に進展した．**図Ⅱ-2.5.2**に，1608タイプB特性1μmFNi電極積層コンデンサーの断面SEM（走査電子顕微鏡）写真を示す．この10年間で，誘電体厚みは10μmから3μm程度まで薄層化され，容量値も20倍程度の拡大が実現されている．

一方，Cuを内部電極に用いた積層コンデンサーの開発も進められており，ジルコン酸カルシウムとガラス成分からなるガラスセラミックス材料を用いた温度補償用積層コンデンサーが量産化されている[7]．Cu の融点は 1 083 ℃と低いために，1 000 ℃程度の低温で焼結可能な非還元性材料の開発が必要となる．Cuは，内部抵抗が小さく高周波特性に優れていることから，高周波回路用部品としての活用が期待される．

c. 積層プロセス技術

積層セラミックスコンデンサーの代表的な製造工程のフローチャートを**図Ⅱ-2.5.3**に示す．誘電体層の成形には，シート成形法や印刷法が実用化されている．薄層化の進展に伴い粉体の微細化が進められ，微細粒子とバインダー・可塑剤・分散剤等を均一混合する分散技術が重要となっている．成形された5～50μmの生シート上に，ペースト状の内部電極が印刷される．焼成後の電極膜厚は通常1～3μm

であるが，電気的特性を損なわない範囲で，できるだけ薄く均一な塗布膜の形成が求められる．印刷後，所定の枚数のシートが積層されるが，積層数の増大や超小型化に対応するために，高精度な位置合せ技術が必要である．積層・圧着後，個々のチップに切断され，脱バインダー・焼成される．セラミックスと金属を同時に焼結するために，各々の焼成収縮挙動の調整と共に，焼成条件の制御が重要となる．内部電極に卑金属を用いた場合には，さらに炉内雰囲気の厳密な制御が必要となる．

```
誘電体材料
  ↓
スラリー
  ↓
シート形成
  ↓
内部電極印刷
  ↓
積層・圧着
  ↓
切  断
  ↓
焼  成
  ↓
端子電極
  ↓
完成品
```

図Ⅱ-2.5.3　積層セラミックスコンデンサーの製造フローチャート

(3) おわりに

積層コンデンサーの需要の増大傾向は，今後も維持されるものと期待されるが，その一方で，デジタル回路化・システムLSIの進展に伴い，多数の受動部品が半導体チップ中に取込まれていくことも予測される．したがって，半導体チップ中に取込むことが難しい大容量化・高電力化・高周波化・高精度化に向けた新材料・積層プロセス技術の開発が，ますます重要となってくるものと思われる．

参考文献

1) D. Hennings, *Int. J. High Technology Ceramics*, **3**, p.91 (1987).
2) 山下洋八，"積層セラミックスコンデンサー用鉛系誘電体材料"，ニューケラス3「積層セラミックスコンデンサー」，学献社，p.94, (1988).
3) Y. Sakabe, K. Minai and K. Wakino, *Jpn. J. Appl. Phys.*, **20** Suppl. 20-4, p.147 (1981).
4) S. Sumita, M. Ikeda, Y. Nakano, K. Nishiyama and T. Nomura, *J. Am. Ceram. Soc.*, **74**, 11, p.2739 (1991).
5) H. Saito, H. Chazono, H. Kishi and N. Yamaoka, *Jpn. J. Appl. Phys.*, **30**, 9-B, p.2307 (1991).
6) H. Shizuno, S. Kusumi, H. Saito and H. Kishi, *Jpn. J. Appl. Phys.*, **32**, 9-B, p.4380 (1993).
7) M. Mandai, M. Sakabe and J. P. Canner, *Am. Ceram. Soc. Bull.*, **8**, 9, p.1671 (1989).

2.5 誘電性セラミックス

■ 2.5.2 誘電体フィルター

(1) はじめに

マイクロ波通信機器の重要な構成要素にフィルターと発振器があるが，今日ではその共振素子として誘電体共振器が広く使われている．これは電磁波の波長が，誘電体内部においては自由空間の場合の $1/\sqrt{\varepsilon_r}$（ただし，ε_r は比誘電率）に短縮されるためで，この効果によって誘電体フィルターや発信器を大幅に小型化できるからである．

本項では，いくつかのマイクロ波用誘電体の材料特性を示したのち，現在急速に普及が進んでいる自動車電話・携帯電話等の移動体通信に用いられる誘電体フィルターを紹介する．

(2) マイクロ波用誘電体材料とその応用分野

マイクロ波用誘電体材料の開発は1970年代初期から世界的に行われるようになり，今日では**表II-2.5.1**に示すような各種の材料が実用化されている．

マイクロ波帯における誘電特性は主としてイオン分極で決定されるため，この周波数域における比誘電率は一定であり，また，ガラス成分等を含まない高Q共振器材料については，誘電損（$\tan\delta$）は周波数に比例して増大する．このため，材料の品質係数Q値を $\tan\delta$ の逆数で定義すると，Qに周波数を乗じた積 $Q\times f$ が各材料に固有の定数となる．表にはこの値を記している．

それぞれの材料の応用分野を示すと，高い $Q\times f$ 積をもつ材料ほど高い周波数でも高いQ値をもっているので，例えば，$\varepsilon_r=25$ の高Q材料は30～80GHz帯のITS（intelligent transport system）やwireless LANの応用分野に適している．$\varepsilon_r=30$～45

表II-2.5.1　誘電体共振器材料の特性（τ_f は共振周波数の温度係数）

誘電体共振器材料	ε_r	$Q\times f$値[GHz]	τ_f[ppm/℃]
MgTiO$_3$-CaTiO$_3$	21	50 000	0～6
Ba(Mg, Ta)O$_3$[1), 2)]	25	200 000～400 000	0～6
Ba(Zn, Ta)O$_3$[3), 4)]	30	100 000～200 000	0～6
Ba$_2$Ti$_9$O$_{20}$[5)]	35～40	40 000～60 000	0～6
(Zr, Sn)TiO$_4$[6)]	38	50 000～70 000	0～10
CaTiO$_3$-NdAlO$_3$[7)]	45	45 000	-1～1
PbO-Bi$_2$O$_3$-Nd$_2$O$_3$-TiO$_2$[6)]	90～110	2 500～7 000	0～6

の材料は，3〜30 GHz帯の衛星放送用局部発信機や固定局間通信用フィルター等に有用であり，ε_r >90の材料は0.2〜3 GHz帯の携帯電話用フィルターに使われる．

最近，移動帯通信機用

表II-2.5.2 低温焼結多層基板材料[10]

誘電体材料	ε_r	Q	τ_c [ppm/℃]
$BaO-Al_2O_3-SiO_2-B_2O_3$ [8]	6	1 300	10
$BaO-SrO-ZrO_2-SiO_2$	15	2 000	0
$CaZrO_3$+glass [9]	25	3 500	0
$BaO-Nd_2O_3-TiO_2$+glass [10]	75	2 500	0

注）誘電特性は1MHzでの値，τ_cは容量の温度係数

の多層基板デバイスとして，バンドパスフィルターやチップ型方向性結合器，ディレイライン等が実用化されている．**表II-2.5.2**は多層基板用材料の特性例を示したものであるが，これらの材料は融点の低い銀電極や銅電極を内蔵したまま，900〜1 000 ℃以下の低温で焼結が可能である．

(3) 移動体通信用誘電体フィルター

図II-2.5.4は，1980年代初期に実用化された自動車電話用デュプレクサの例である[11]．ε_r=21，外径10 mmϕの同軸共振器を使って送信・受信用各6段のフィルターを構成したもので，デュプレクサの外寸は87×54×13 mm，体積は60 cm³であった．**図II-2.5.5**には，最近の携帯電話に使用されているデュプレクサの例である．ε_r=90，1辺3mmの角柱型同軸共振器を使い，デュプレクサの外寸は23×15×4 mm，体積は1.3 cm³まで小型化されている．

図II-2.5.6には，表II-2.5.2の低温焼結材料を使用したチップ型LCフィルターの構造概念図である．内部電極には銅が使用されており，回路パターンの上

図II-2.5.4　1980年代初期の自動車電話用ディプレクサ

図II-2.5.5　最近の携帯電話用ディプレクサ

2.5 誘電性セラミックス

下層はアース電極として，周辺回路からの影響を遮断している．LCフィルターの外寸は 5.7×5.0×2.5 mm，体積は 0.07 cm³ である．

以上は携帯電話の移動局側のフィルターの例であるが，基地局用フィルターにも誘電体共振器を使用することができる．基地局用フィルターには高電界が印加されるため，使用される誘電体には低損失であることに加えて，3次高調波歪み率の小さいことが要求される．これらは高電界が印加されることによって発生する発熱や，信号間の相互干渉を抑制するために必要な性能である．

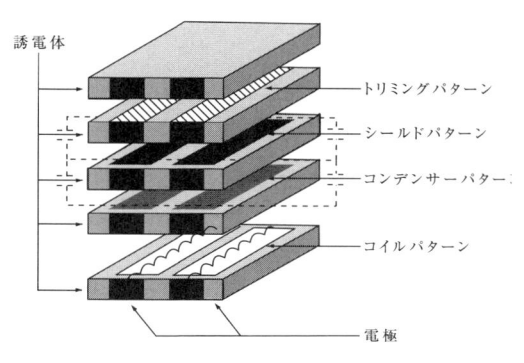

図II-2.5.6 チップ型LCフィルターの概念図

$\varepsilon_r = 38$ の $(Zr,Sn)TiO_4$ 材料については，マイクロ波帯における3次高調波歪み率が測定されており，この材料の歪み率が 30 V/mm の電界下で －150 dBc 以下という実用可能なレベルにあることが報告されている[11),12)]．

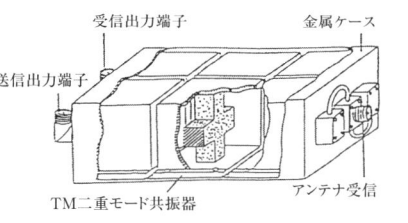

図II-2.5.7 TM110二重モードを使用した基地局アンテナフィルター

図II-2.5.7 には基地局用アンテナフィルターの構造図で，$(Zr,Sn)TiO_4$ 材料を使った TM110 の二重モード共振器が使用されている[13),14)]．TM110モードは小型で高い無負荷 Q をもち，しかも発生した熱を外部に逃がしやすいという大電力用途に適した構造をもっている．また，これを二重モードとすることによって，単モード共振器1個の体積に2個分の共振器の役割をもたせることができ，小型化に有利である．

(4) おわりに

マイクロ波通信システムは，今後もますます発展していくことが確実視されている．マイクロ波用誘電体材料と誘電体フィルターの開発活動は現在も活発に行われており，今後も幅広い分野に応用展開されていくと思われる．

参考文献

1) S. Nomura, K. Toyama and K. Tanaka, Ba($Mg_{1/3}Ta_{2/3}$)O_3 Ceramics with Temperature‑Stable High Dielectric Constant and Low Microwave Loss, *Jpn. J. Appl. Phys.*, **21**, L624‑626 (1982).
2) H. Matsumoto, H. Tamura and K. Wakino, Ba(Mg,Ta)O_3‑BaSnO$_3$ High‑Q Dielectric Resonator, *Jpn. J. Appl. Phys.*, **30**, 9B, pp.2347‑2349 (1991).
3) S. Kawashima, M. Nishida, I. Ueda and H. Ouchi, Ba(Zn,Ta)O_3 Ceramics with Low Dielectric Loss, *J. Am. Ceram. Soc.*, **66**, pp.421‑423 (1983).
4) H.Tamura, T. Konoike and K. Wakino, Improved High‑Q Dielectric Resonator with Complex Perovskite Structure, *J. Am. Ceram. Soc.*, **67**, C‑59‑61 (1984).
5) H. M. O'Bryan, Jr. and J. Thomson, Jr., A New BaO‑TiO_2 Compound with Temperature‑Stable High Permittivity and Low Microwave Loss, *J. Am. Ceram. Soc.*, **57**, pp.450‑453 (1974).
6) K. Wakino, K. Minai and H. Tamura, Microwave Characteristics of (Zr,Sn)TiO_4 and BaO‑PbO‑Nd_2O_3‑TiO_2 Dielectric Resonators, 文献4), pp.278‑281 (1984).
7) 平原他, 特開平6‑76633.
8) 萬代治文, 高周波多層セラミックスデバイス, エレクトロニク・セラミクス, 5月号, pp.24‑28 (1992).
9) 萬代治文, 日本セラミックス協会, 第11回電子材料セミナー, p.45 (1992).
10) 大川他, 技術誌住友金属, pp.43‑44 (1991).
11) 西川敏夫, 石川容平, 服部準, 井田良雄, 共振器法による誘電体材料の相互変調ひずみの測定法, 電子情報通信学会論文誌, J27‑C‑I, pp.650‑658 (1989).
12) H. Tamura, J. Hattori, T. Nishikawa and K. Wakino, Third Harmonic Distortion of Dielectric Resonator materials, *Jpn. J. Appl. Phys.*, **28**, pp.2528‑2531 (1989).
13) T. Nishikawa, K. Wakino, T. Hiratsuka and Y. Ishikawa, 800MHz Band High‑Power Bandpass Filter Using TM110 Mode Dielectric Resonators For Cellular Base Stations, *IEEE MTT-S Int. Microwave Symp. Dig.*, pp.519‑522 (1988).
14) 石川容平, 服部準, 安藤正道, 西川敏夫, 誘電体TM二重モード共振器を用いたセルラ基地局用デュプレクサ, 1991年電子情報通信学会春季全国大会, C‑91.

2.6 磁性セラミックス

■ 2.6.1 MR, GMRヘッド

(1) HDDの記録密度

HDD (hard disk drive)の記録密度は，年率60％からさらに年率100％をこえる伸びを示している．2003年中には100 Gbit/in^2 をこえる面記録密度が量産レベルで達成されようとしている．図Ⅱ-2.6.1に面記録密度の年次毎の伸びを示す．年率60％はAMRヘッド（MRヘッド）が，年率100％はGMRヘッドがその大きな要因になった．

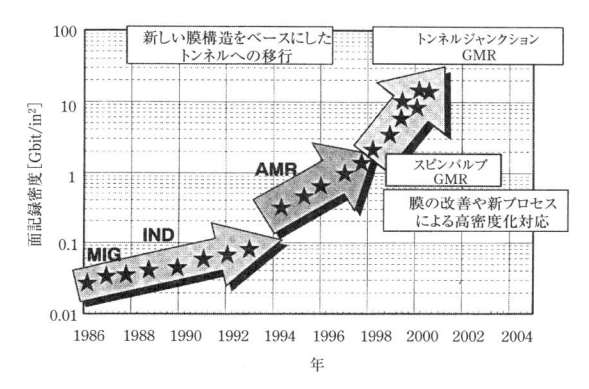

図Ⅱ-2.6.1 面記録密度の年次伸び率

本稿では，このGMRヘッドを中心にHDD用磁気ヘッドの現状と今後の動向を概説する．

(2) 巨大磁気抵抗効果

巨大磁気抵抗効果（GMR：giant magnetoresistance）[1〜7]は異方性磁気抵抗効果（AMR：anisotropic magnetoresistance）と異なり，2つの磁性層の磁化が平行と反平行の場合で伝導電子の散乱強度が異なり，比抵抗の差を生じることを利用している．

GMRの実現のためには，いかにして2つの磁性層の磁化を安定に反平行とさせるかが重要であり，各種の方式が研究されたが，現在磁気ヘッドとして実用化されているものはスピンバルブGMRである．

また，さらなる高記録密度を目指して，スピンバルブGMRヘッドの改良や，さらにトンネル電流を利用したトンネルジャンクションGMRヘッドが研究され，実用化が検討されている．

(3) スピンバルブGMRヘッド

スピンバルブGMRヘッド[8]は磁性膜を2層構造にして，一方の磁性膜を反強磁

性膜によって固定し，他方の磁性膜を，外部磁界により磁化方向が変化する自由層としたものである．スピンバルブGMRヘッドは，従来のAMRヘッドに比らべ2～3倍の出力を得ることができる．

スピンバルブGMRヘッドを実際のヘッドとして構成するには，AMRヘッドの場合と同様にバルクハウゼンノイズ抑制のための磁区制御が必要であり，一般にはハードフィルムが用いられている．

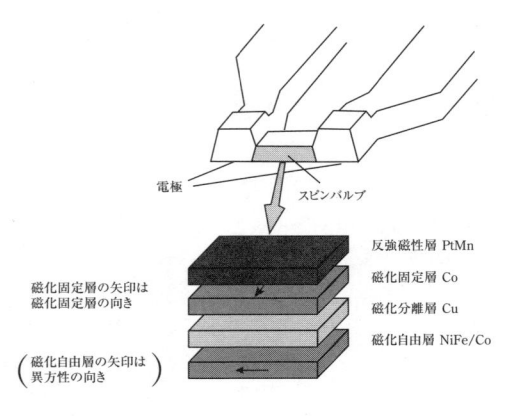

図Ⅱ-2.6.2　スピンバルブGMRエレメントの構造

図Ⅱ-2.6.2にヘッド構造とスピンバルブGMRエレメントの構造を示す．また図Ⅱ-2.6.3には，スピンバルブGMRヘッドの抵抗/磁界曲線を示す．

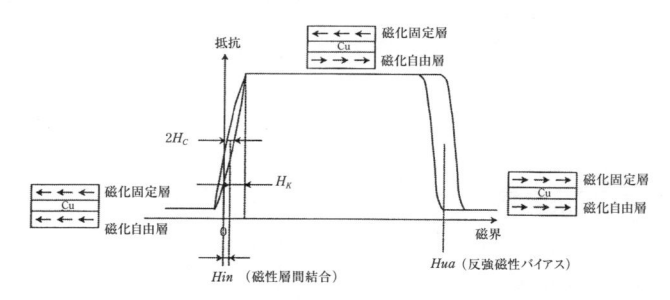

図Ⅱ-2.6.3　スピンバルブGMRヘッドの抵抗-磁界特性（MRカーブ）の概念

(4) スピンバルブGMRヘッドの改善

現状のGMRヘッドで得られる読出し出力では，MR効率は10％未満であり，15Gbit/in^{2}程度までの面密度しか応答できない．このためスピンバルブGMRヘッドの種々

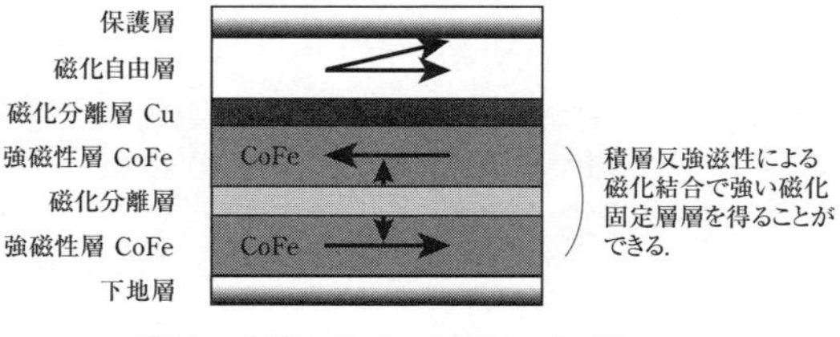

図Ⅱ-2.6.4　スピンバルブGMRヘッドの改良構造例

の改良が検討されている．**図Ⅱ-2.6.4**にそれらの改良構造例の一つとして，次項で述べる積層フェリ磁性スピンバルブGMRを示す．これらの改良により，MR効率は10％以上を達成しようとしている．

(5) 積層フェリ磁性スピンバルブ GMR ヘッド

積層フェリ磁性構造(Synthetic 構造)[9]においては，強磁性結合による磁化固定層形成を行い，自由層に対する磁化固定層からの漏れ磁界によるバイアスを減少させている．これにより読出し波形の対称性確保が容易となり，また磁化ピンニング(磁化固定)もより強固なものとすることができる．

(6) スピンフィルタースピンバルブ GMR ヘッド

スピンフィルター構造においては自由層の膜厚を極度に薄くし，かつフィルター層としての低抵抗金属層を平行して置くことにより固定層との間の磁化散乱領域に電流集中をさせ，実質的な抵抗変化の増大を図ったものである．

(7) 鏡面反射スピンバルブ GMR ヘッド

鏡面反射構造[10]は固定層および自由層のそれぞれの側に電子反射層をおいて，固定層との間の磁化散乱領域に電力集中をさせ，実質的な抵抗変化の増大を図ったものである．

(8) マグネティックトンネルジャンクションGMRヘッド

スピンバルブGMRヘッドの次にくる読出しヘッドとしてマグネティックトンネルジャンクションGMRヘッド(MTJ GMR：トンネルGMRヘッド)[11,12]の実用化が研究されている．トンネルGMRヘッドは薄い電気絶縁層を挟んで2層の磁性膜を配し，この磁性膜の磁化が平行，反平行の場合に前記の絶縁膜を通るトンネル電流の値が異なることを利用しており，従来のGMRヘッドが読出しギャップの長手方向すなわちシールド層と平行にセンス電流を流しているのに対して，シールド層とは直角方向にセンス電流を流す構造となっている．**図Ⅱ-2.6.5**に従来構造とトンネルGMRヘッドの比較を示す．トンネルGMRヘッドにおいては30％をこえるMR効率を期待できるが，トンネル接合として電気絶縁膜を用いるため，その低抵抗化が実用上の大きなポイントとなる．

第Ⅱ編 情報・通信分野

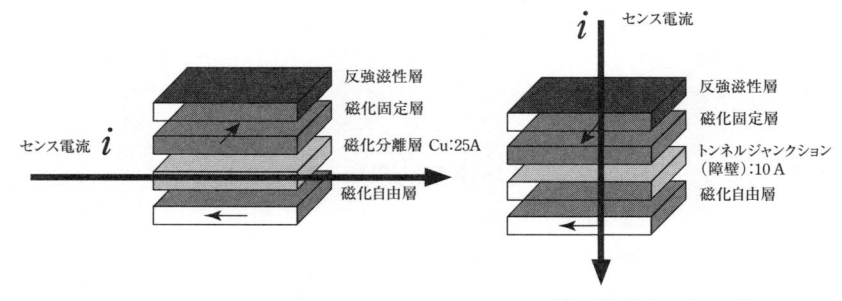

(a) 従来のスピンバルブGMRヘッドCIP(current in plane)構造

(b) トンネルGMRヘッドCPP(current perpendicular to plane)構造

従来構造に対してトンネルGMRヘッドは，磁化分離全層膜の代りに電気絶縁膜であるトンネルジャンクション層が置かれ，この部分のトンネル電流が変化する．また，センス電流の流れる向きが異なっている．

図Ⅱ-2.6.5 CIP構造のスピンバルブGMRヘッドとCPP構造のトンネルGMRヘッドの比較

(9) 書込みヘッドの高密度記録対応

高密度記録を達成するためには，書込みヘッドの改善が，MR読出しヘッド以上に重要である．書込みヘッドの改善には2つのアプローチが必要である．1つは高保持力媒体へのオーバーライト特性の確保であり，他の1つは高周波数書込みの確保である．

特に高TPIでの狭トラックにおける，書込み磁束の十分な確保が困難になっており，狭書込みトラック形成そのものと共に，むしろGMR読出しヘッドの開発以上に重要なテーマとなっている．さらに高周波数書込みに対しては磁性ポールの渦電流による高周波損失の防止と共に，書込みヘッドの低インダクタンス化が必要であるがサスペンションのリード線でのインダクタンスも問題となっている．これらのインダクタンスを大幅に低減して，書込み磁束の立上りを早くし，より高周波での書込み性を確保する試みとして，書込みアンプをヘッドと共にサスペンション上に同時搭載したチップオンサスペンション技術が提案されている．

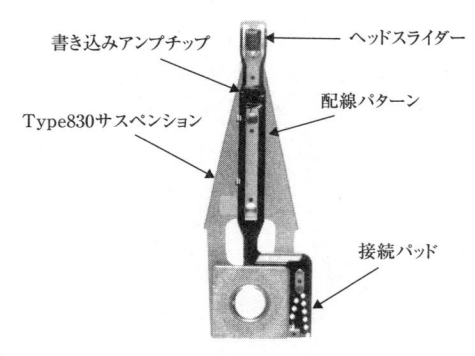

サスペンション：Type 830 CIS-Active
チ　ッ　プ：SSi 32 R 1900

図Ⅱ-2.6.6 チップオンサスペンション

(10) チップオンサスペンション

　リード線のインダクタンスを大幅に低減して，書込み磁性の立上りを早くし，より高周波での書込み性を確保する試みとして，書込みアンプをヘッドと共にサスペンション上に同時搭載したチップオンサスペンション技術が提案されている（**図Ⅱ-2.6.6**）[13]．写真はFront Chipがフェースボンディングされた書込みアンプICである．

(11) 2段アクチュエーター

　スピンドルの高速回転によるディスクの面振れによりTMR（track miss registration）が大きくなり，サーボ追従が困難になってきている．これに対するものとして，高トラック密度においてはマイクロアクチュエーターを用いた2段アクチュエーター技術が必須であり，エピゾ素子を用いた方法[14]，マイクロマシンによる方法[15]等各種の方法が提案されている．

(12) 磁気ヘッド用基板（スライダー材料）

　スライダー材料すなわち磁気ヘッド基板には，現在はAl_2O_3・Tic（AlTiC）セラミックス基板が用いられている．これは高い熱伝導率，低い電気抵抗，加えてその大きなヤング率に裏打ちされた高い加工精度がその理由である．通常はホットプレス製法によっているが，高い衝撃強度を得るためにHIP製法のものも使われ始めている．またスライダー加工時のエッチング加工特性を確保するために粒子径，材料系，添加剤等の改善も進められている．

　しかし将来の高密度記録ヘッドを考えた場合，現在のAlTiC基板でも不十分であり，さらなる高ヤング率・高熱電導率の基板が望まれている．

(13) 磁気ヘッドの今後

　将来の磁気ヘッド/サスペンションアッセンブリーは，例えば微少トラッキングのためのマイクロアクチュエーター，高速書込みのためのプリアンプ等をサスペンション上に具備した，いわばハイブリッドICと同様の考え方が必要になるものと考えられる．

　他方，HDDの記録密度の高い伸びに応じた高密度記録用の磁気ヘッドを実現していくためには，さまざまの課題を解決していかなくてはならない．一方，HDDは各構成要素の総合的な性能アップにより，その密度，速度，容量をアップし

ていくものでああある．ヘッドの性能アップも他の構成要素と協力して進めることにより，その弱点をカバーしていくことができる．今後はさらにこのことが重要になるであろう．

参考文献

1) P. Grunberg : U. S. Pat. No. 4949039(1991).
2) 宮崎照宣：日本応用磁気学会誌, **16**, p.615 (1992).
3) 井上ほか：文献2), p.623 (1992).
4) 藤森ほか：日本応用磁気学会誌, **19**, p.4 (1995).
5) 猪俣浩一郎：応用物理, **63**, p.1198 (1994).
6) T. Shinjo, *et al.* : *J. Phys. Soc. Jpn.*, **59**, p.3061 (1990).
7) 浅野ほか：日本応用磁気学会誌, **22**, p.107 (1998).
8) B. Dieny, *et al.* : *J. Magn. Mater.*, **93**, p.101 (1991).
9) K. R. Coffey, *et al.* : U. S. Patent, No.5583725 (1996).
10) 榊間ほか：文献7), p.1189 (1998).
11) T. Miyazaki, *et al.* : *J. Magn. Magn. Mat.*, **139**, p.L.231 (1995).
12) M. Sato, *et al.* : *Jpn. J. Appl. Phys.*, **36**, p.L.200 (1997).
13) M. Shiraishi : *EMT/IMC Proceedings*, p.333 (1998).
14) 添野ほか：日本機械学会第75期通常総会講演会講演論文集(Ⅳ), p.208 (1998).
15) L. S. Fanet, *et al.* : *IEEE Trans. Magn.*, **42**, p.222 (1995).

■ 2.6.2 高周波電源用フェライト

(1) 最近の技術動向

　フェライト実用材料の中で，Mn－Zn系フェライトが電源トランス用コア材として主に用いられている理由は，基本的には飽和磁化が高いことと低損失であることにある．さらに，組成，組織制御などにより諸磁気特性のバリエーションをもたせられることが，スイッチング電源の多様化にマッチしたことにもある．トランスの電気容量 EI は式（Ⅱ－2.9）で表される．

$$EI = 4k_f f H B_m A l \quad [\text{VA}] \qquad (\text{Ⅱ} - 2.9)$$

ここで，k_f：係数で，矩形波では1，正弦波では1.11，

2.6 磁性セラミックス

f ：駆動周波数,
H ：印加磁界,
B_m ：磁束密度,
A ：磁心断面積,
l ：磁心磁路長

である．電源パワーの増加あるいは小型化を達成するためには，式（Ⅱ-2.9）からfおよびB_mを増加させればよいことがわかる．しかし，Mn-Znフェライトの損失は **図Ⅱ-2.6.7** に示したようにfおよびB_mの増加と共に増大する[1]．このことから，電源トランス用フェライトの開発の主要課題は，高周波または高印加磁界において損失の小さい材料を得ることにあった．

スイッチング電源の最近の技術動向をまとめると，

① 小型化：電子機器のほとんどが小型・軽量化をめざし，電源もそれに沿い，携帯機器においては電源の小型化が商品の死命を制する場合もある．
② 省電力化：すべての電子機器に科せられた命題であり，また家電のインバータ化，AC/DCアダプターなどのドロッパー方式からスイッチング方式への変換もこの理由による．
③ ノイズ対策：コンピューターCPUの高周波化に伴い，電子機器の誤動作を引起すEMI対策が緊急の課題になった．電源の場合は，機器からの空間へのノイズ放射とACラインへ入る高調波が問題となる．
④ 動作温度：多くのスイッチング電源の動作温度は100℃以下に設計されている．しかし用途によっては小型化に伴う放熱性の低下のため，より高温動作の設計の動きもある．

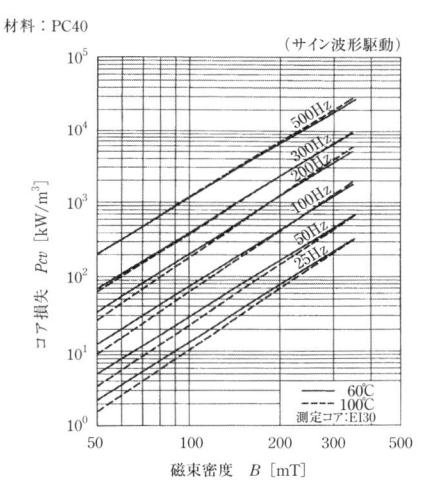

材料：PC40 （サイン波形駆動）

図Ⅱ-2.6.7　コアによる損失

(2) 材料の諸特性

これらの技術動向に基づく回路側からのフェライト材料への諸要求条件は両立

第Ⅱ編 情報・通信分野

表Ⅱ-2.6.1 電源フェライト各社材質表

	100kHz帯域材	広帯域材	高周波材	高飽和磁化材
TDK	PC40, PC44, PC45, PC46	PC44	PC50	PC45, PC46
富士電気化学	6H10, 6H20		7H10	
日立金属	ML24D, ML30D, ML26D MB24, DMB35D, MB30D	ML25D ML32D	ML12D	ML25D, ML32D
住友特殊金属	3F6, 3F6B, 3F6G	3F6A	3F6C, 3F6H	
川鉄フェライト	MB1, MB3, MB4, MBT1	MB4	MC2	MB1
トーキン	BH1, BH2	BH5	B40	BH3

しないものが多く，材料側で実現できる諸特性をも考慮した形で電源が設計され，またフェライト材種が選択される．すなわち，フェライトメーカー主要各社の材料は必ずしも用途を指定しているわけではないが，電磁気特性の観点からまとめてみると **表Ⅱ-2.6.1** のようになる．

まず，周波数について述べると，メインの材質は100 kHzで諸特性を最適化したもので，それ以下の周波数にも適用可能であり，高 B_m での損失特性を主眼とした高性能材とその普及材からなる．小型化のため駆動周波数を上げると，**図Ⅱ-2.6.8** に示したようにいずれの構成部品の損失も増加する[2]．したがって，小型化と低損失の両立を図り，しかもEMC対策も考慮して100〜300kHz帯域で負荷の増減により駆動周波数が変動する電源に対応した広帯域低損失材も実現されている．また，DC/DCコンバータのうちで小型化が最優先課題の用途では500〜1MHzで駆動する電源もつくられており，その周波数帯域で損失が最適化された材料も開発されている．

一方，電源方式に対しては，フォワード方式ではトランスのインダクタンスを大きくすることにより励磁電流を小さくして損失を低減できるので，高透磁率でしかも低損失の材料が適している．フライバックコンバータ方式では，トランスにエネルギーを蓄えそれを2次側に放出する形式をとるため，電源のパワー増加のために飽和磁化の高い材料が望まれている．この高飽和磁化材料は，フォワードコンバータ方式の2次側に入るチョークコイルにも適している．以上，電源の周波数および方式に対応した材料の区別を述べたが，フェライト材料に対するその他の用件として：

① フェライトの損失はある温度で極小を示す温度特性をもち，一般に100℃に設定している．最近電源用途の多様化のため，設計温度もいろいろになっ

2.6 磁性セラミックス

てきているが，温度依存性の小さい材料が理想的ではある．

② トランス組立ての自動化に伴い，トランスコアを接着する工法も多用されつつあり，この場合組付け応力による磁気特性の変動の少ない材料を求められるケースもある．

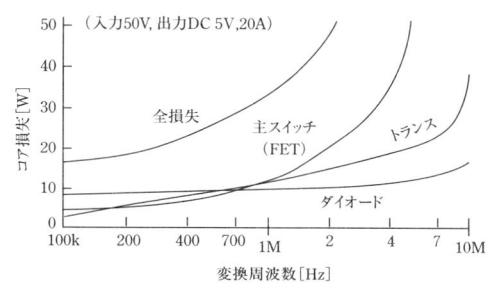

図Ⅱ-2.6.8 高周波化と損失分布

(3) 今後の展望

これらの電源用フェライトの現状に照らして今後の展望をまとめると，要求される基本特性は，低損失，高飽和磁化，およびその他磁気特性のばらつき低減である．また，Mn-Znフェライトの低損失を維持したままNi-Zn並の高電気抵抗をもつ材料の期待もあるが，現状は達成レベルに至っていない．飽和磁化はフェライト化合物物性からいってほぼ限界に至っており，さらなる高飽和磁化の達成のためには化合物構造の改質，あるいは異なった材料からのアプローチが必要となる．電源回路部品としてフェライトの損失は限りなくゼロを要求され，しかもその限界が理論的に明らかにされていない．そのため損失低減に限りない努力がなされており，その開発指針をまとめてみた．

従来，フェライトの損失はヒステリシス損失，渦電流損失からなるとし，その他未知の損失成分として残留損失も加えられている．直流磁気ヒステリシス曲線から求めたヒステリシス損失と，式(Ⅱ-2.10)[3]に示す渦電流損失計算値(実測は不可能であった)を全損失から差引いて得られる残留損失は高周波になるほど大きくなり，1MHzでは全損失の80％以上にも達する．

$$P_e = (\pi^2/4) R^2 B_m^2 f^2 / \rho \quad [\text{W/m}^3] \quad\quad (Ⅱ-2.10)$$

ここで，ρ：電気抵抗
　　　　R：渦電流回路長

したがって，従来の損失解析では未知損失成分の発生原因を定性的に述べる程度になり，材料開発の指針とはなりえなかった．最近，実験的に渦電流損失を定量的に求める手法が開発され，それによればコア内部全体に流れる渦電流は式(Ⅱ-2.10)による推算値の約2倍あることがわかった(**図Ⅱ-2.6.9**)[4]．また残留損失の周波数および印加磁界依存性が明らかになり，この起源が磁壁の移動に伴

う磁壁内のスピン共鳴および局部的な渦電流にあると推定されている[5]．

一方，ヒステリシス損失発生機構の解明は進んでおらず，やっと緒についたところである[6]．これらの解析はまだ定性の域を脱していないが，損失機構のイメージが具体的にたてられるようになり，材料開発に使える段階に至っている．すなわち，開発ターゲットとなる材料の駆動周波数がわかれば，現状材料の損失成分が算出される．渦電流損失を低減させるには組織制御(結晶粒径，粒界抵抗および誘電率制御)が必要で，一般にヒステリシス損失とは逆の動きをするのでそれらのバランスをとる．また，残留損失については f, B_m 依存性解析に基づく結晶組織制御と結晶粒の電気抵抗の制御が検討項目となる．これらの指針に基づいた実験的研究により，十分有意差のある実用材料の開発は可能であると考えられ，これらの繰返しによりいずれ損失低減の限界が明かになると思われる．

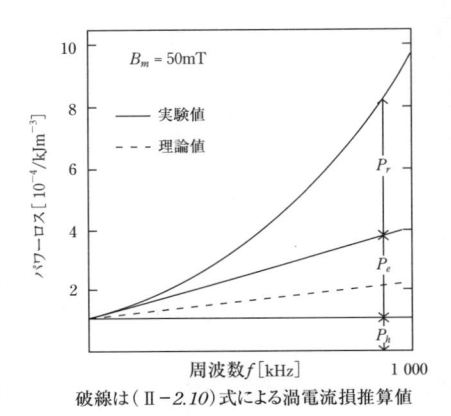

図 II-2.6.9　1サイクル当りの各損失成分の周波数依存性

参考文献

1) TDK (カタログ), TDK FERRITE CORES, BLE－006 E, p.9 (1998).
2) 杉浦, 電気学会誌, 112－1, p.44 (1992).
3) S. Yamada and E. Otsuki, *IEEE Trans. On Mag*, **31**, p.4062 (1995).
4) 大槻, ニューセラミクス, 9－6, p.23 (1996).
5) S. Yamada, *Tokin Technical Review*, **25**, p.80 (1998).
6) 藤田, 後藤, 第22回日本応用磁気学会学術講演概要集, p.220 (1998).

2.7 酸化物光学結晶

■ 2.7.1 固体レーザー

(1) はじめに

　Nd：YAGレーザーを中心に発展してきた固体レーザーも，近年になっていくつかの異なった方向性をもって着実な進展を見せてきている．米国で毎年開催されている固体レーザーに関する国際会議ASSL（Advanced Solid State Lasers）やレーザー全般に関するCLEO（Conference on Laser and Electro-Optics）でセッションとして分化されている項目からも明らかなように，近年の顕著な方向として，①波長の多様化，②高効率，高出力化，③アイセーフ化，④超短パルス発生，等をあげることができる．

表Ⅱ-2.7.1　レーザー関連結晶の略称と化学式

KTP	$KTiOPO_4$
LBO	LiB_3O_5
BBO	BaB_2O_4
CLBO	$CsLiB_6O_{10}$
YAG	$Y_3Al_5O_{12}$
YLF	$YLiF_4$
LiSAF	$LiSrAlF_6$
LuAG	$Lu_3Al_5O_{12}$
GVO	$GdVO_4$

　この各々の進展には，その特徴を引出すための材料開発が基礎になっていることはいうまでもない．本稿ではそうした材料開発の視点から，最近の固体レーザー材料の進展の一端を紹介してみたい．

　まず，レーザー波長の多様化については，原発の波長が多様化したことに加えて，チタンサファイアやクリソベリル，フォルステライトなどの材料を用いた波長可変レーザーの進展やKTPやLBO，BBO，CLBOといった優れた波長変換用非線形光学結晶の開発により，紫外から赤外にいたるまで種々の波長のレーザーが得られるようになった．

　高効率，高出力化の分野では今までNd：YAG主流となってきたが，近年これを凌駕すると期待される新材料が初めて登場した[1]～[4]．これはYbを活性体とするレーザーで，高効率という面ではLD励起でスロープ効率75％が報告されている[3]．また大出力の点でもTEM_{00} 100W，最大346W（スロープ効率45％，温度-9℃）の報告があるが[5]，これは厚さがわずか0.3mmないし0.4mmで，直径も数mmのディスク型の発振素子を用いての結果である．さらに疑似CWモードで600W出力（入力4kW）が報告されている[6]．

　本稿では，この高効率高出力分で著しい進展をみせているこのYbレーザーに焦点を絞って，筆者らの実験結果をもとに以降で詳述する．このほかの動向としては，レーザーの安全使用という時代の要請に応えてのアイセーフレーザー材料，

例えば，Tm, Ho：YLFが，また非加熱加工の分野などで期待される超短パルスレーザー発生用材料としてTiサファイア，Cr：LiSAF, Ndガラス，種々のファイバーなどの研究が活発に行われている．**表Ⅱ-2.7.1**に本稿で略記した結晶材料の化学式をまとめて示す．

(2) Ybレーザーの特徴

Yb^{3+}を活性体とする固体レーザーは，エネルギー準位構造がきわめて単純なことが特徴となっている．**図Ⅱ-2.7.1**はNd^{3+}とYb^{3+}の両場合のエネルギー準位を比較したもので，Yb^{3+}の場合，基底状態より上方に1準位しかないのに対して，

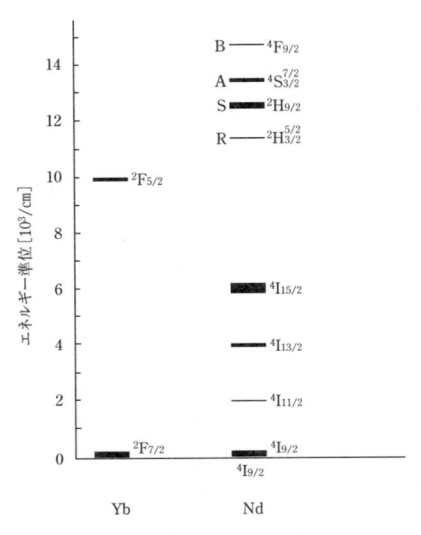

図Ⅱ-2.7.1 YbとNdのエネルギー準位図

Nd^{3+}の場合は$15×10^3$ cm^{-1}までの間にさえ6準位が存在している．このことはYbレーザーの吸収，発光スペクトルがNd^{3+}の場合に比べ著しく単純であることを意味している．実際にレーザー動作の原理も**図Ⅱ-2.7.2**のように，Ndレーザーでは4準位が関与しているのに対し，Ybレーザーでは2準位の間の遷移となっている．動作状況からいえば，それぞれの準位がシュタルク分岐による微細構造をもつため，正確には準3準位レーザーとなっている．

一般に3準位レーザーは，4準位系に比べ発振閾値が高く，強励起が必要とされている．ちなみにYb：YAGの発光遷移断面積は$1.8×10^{-20}$cm^2（Yb：15at％）でYAGの約1/15である．しかしこれは高出力用途における低効率を意味するものではなく，前述のようにYbレーザーでは高いスロープ効率を示している．**図Ⅱ-2.7.3, 2.7.4**に，筆者らが育成したYbレーザー結晶の吸収スペクトルを示す[7]．**表Ⅱ-2.7.2**は，それぞれの結晶の励起光吸収データである．

Ybレーザーの特色をYb：YAGの例で説

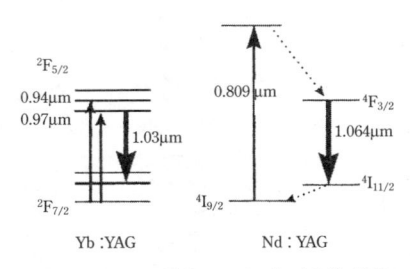

図Ⅱ-2.7.2 4準位レーザー(Nd)と準3準位レーザー(Yb)

2.7 酸化物光学結晶

明すると，発振波長は1.03μm（Nd：YAG 1.064）で，波長0.94μmまたは0.97μmのLDで励起する場合，高い量子効率（約90％）と低い発熱量（波長0.89μmのLDで励起するNd：YAGの場合の約1/3）が原理的に可能である．さらに，0.94μmの吸収線半値幅は約15nmと広く，LD励起に有利である．また，Ybは50 at％程度まで高添加が可能で，小チップによる共振器構成が可能となり放熱の面でも有利である．さらに，上方にエネルギー準位をもたないため，アップコンバージョン（周波数上方変換）損失やESA（励起吸収）によるエネルギー変換損失が原理的に発生しないという特色がある．

このようにYbレーザーは原理的には大きな利点をもつが，レーザー結晶を製作するにあたっては留意すべき大きな問題がある．もちろん，現在まで進展してきた低損失Nd：YAGの結晶成長技術は基礎としなければならないが，さらに他の希土類不純物の混入と結晶が還元性の状況に置かれること，光散乱体の発生に

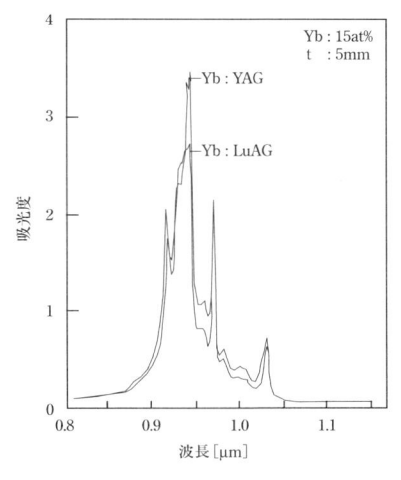

図 II-2.7.3　Yb:YAG, Yb:LuAGの吸収スペクトル

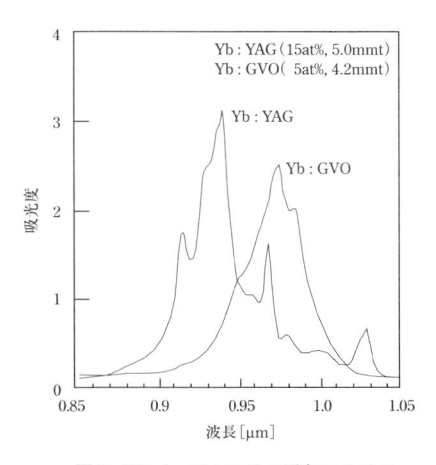

図 II-2.7.4　Yb:GVOの吸収スペクトル（Yb:YAGとの比較）

表 II-2.7.2　Ybを添加した固体レーザー用結晶の励起光吸収特性

	試料長 [cm]	吸収ピーク波長 [nm]	吸光度濃度 [at%]	Yb仕込み	吸収係数（規格化） [$cm^{-1}at\%^{-1}$]
Yb:YAG	0.5	940	3.58	15	1.1
Yb:LuAG	0.5	940	2.66	15	0.82
Yb:GVO	0.42	975	2.36	5	2.59

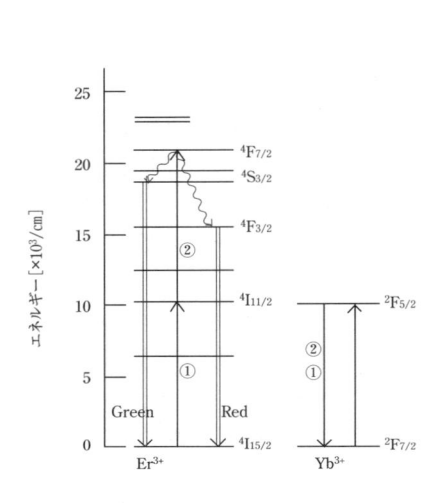

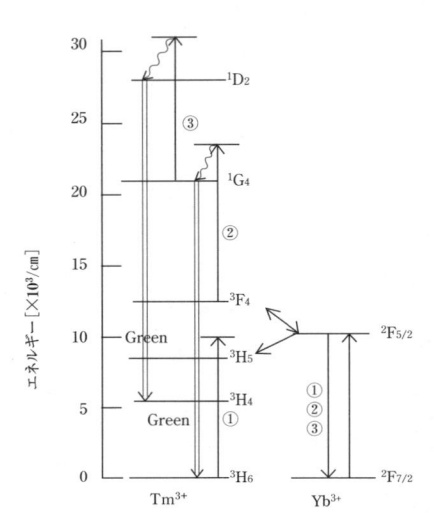

図Ⅱ-2.7.5　エネルギー移乗の機構（Yb-Tm）　　図Ⅱ-2.7.6　エネルギー移乗の機構（Yb-Er）

は特別の注意が必要である．

　先に，YbレーザーではアップコンバージョンやESAがないので効率が良いと述べたが，これは純度的に理想的な場合であって，仮にErやTmなどが含まれていたとすると，準位間のエネルギー移乗という現象が生じて発振効率を低下させる．このことは，ErやTmを活性体とするアップコンバージョン可視レーザーにおいて，Ybが有効な増感材として用いられていることからも理解できる．**図Ⅱ-2.7.5**は，Ybの$^2F_{5/2}$から$^2F_{7/2}$への緩和エネルギーがTmのレベルへ移乗して，アップコンバージョンの過程を経て緑色を発光する過程を示したもので，実際Tmをわずかでも含んだ結晶では，励起の際緑色に光るのがよく観測されている．こうした場合，Ybの1.03μm発振効率の低下は免れない．**図Ⅱ-2.7.6**は，Erによるエネルギー遷移の過程を示したもので，同様に効率低下を招く原因となる．このようにYbレーザーでは，原料精製過程で除去しにくい隣接希土の不純物の影響を考慮する必要がある．筆者らの経験では，数ppmの混入ですでに有害であった[7]．以下にYbレーザー材料開発の代表として，Yb：YAG結晶成長の結果と考察を述べる．

(3) Yb：YAG結晶成長

　結晶成長は，高周波誘導加熱方式のチョクラルスキー法（CZ法，引上げ法）により

2.7 酸化物光学結晶

表 II-2.7.3 Yb:YAG 結晶成長条件

成長法	高周波加熱CZ法
るつぼ	イリジウム製
	50mmϕ×50mmH×2mmt
雰囲気ガス	N_2+O_2（0～500ppm）
成長速度	0.5mm/h
回転数	15rpm
原料純度	5n（99.999%）
総仕込み量	約350g
Yb濃度	15at%（0～20at%）
結晶寸法	25mmϕ×110mml

図 II-2.7.7 Yb:YAG 単結晶

行った．結晶成長条件を**表 II-2.7.3**に，得られた結晶の外観を**図 II-2.7.7**に示す．得られた結晶を用いて光学法[10]により求めたYAGへのYbの有効分配係数（k_{eff}）は1.07で[11]，偏析はごく少ないことがわかった．以下に，結晶成長の分野で問題とすべき諸点について説明する．

a. 光散乱体の発生

活性元素を添加しない undoped YAGでは，十分な光学的品質が得られるような結晶成長条件下で原料に希土元素を添加していった場合，その影響がどう現れるかについては，通常，一つの目安として，その添加物のYAGへの有効分配係数の大きさで判断することができる．すなわち，k_{eff}が1に近いほどその影響が少ない，つまり結晶品質が阻害されに

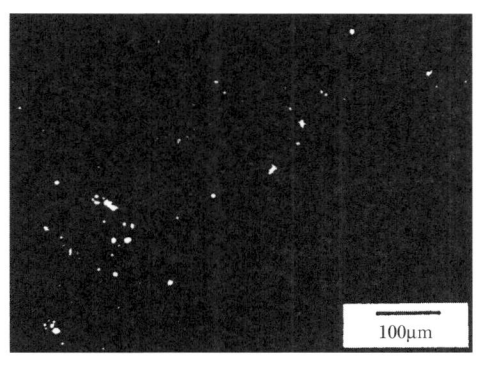

図 II-2.7.8 Yb:YAG結晶内に生じた光散乱体

くいわけである．例えば，Nd:YAGではk_{eff}は約0.2とかなり小さいので，たとえ1at%を添加する場合でさえ，良質結晶を得るための成長速度はundopedの場合の数分の1にする必要がある．逆にTm:YAGの場合はk_{eff}がほぼ1なのでNd:YAGと同程度の0.5 mm/hの成長速度の場合，10 at%位の高添加でも光学的品質は良好である．

こうした一般的傾向からすればYb:YAGの場合，k_{eff}がほぼ1なので添加は容易と予想されるが，実際には光散乱体を生じやすいという特殊な事情がある．図

Ⅱ-**2.7.8**は結晶中に生じた光散乱体の観察像で，これを減少させるためにはNd：YAGの場合と同様な配慮，すなわち，低い成長速度とYbが原料融液に均一に溶込むような手段，例えば，共沈原料を用いるなどの手段が必要である．

b. 結晶純度

希土類不純物特にTm, ErなどYbの準位からのエネルギー移乗を起しやすい不純物が有害なことを先に述べたが，結晶成長においては原料純度に注意する必要がある．希土類元素の純度は，その精製法からいって隣接の希土が最も混入しやすい．したがって，Yb：YAGの主原料のY_2O_3よりも添加剤のYb_2O_3の方に留意する必要がある．

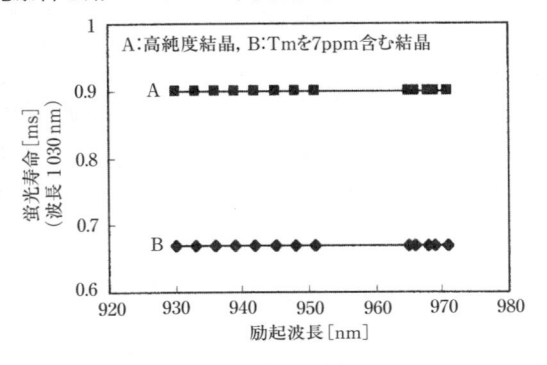

図Ⅱ-2.7.9 結晶純度と蛍光寿命の関係

表Ⅱ-2.7.4は，筆者らが結晶成長に用いたYb_2O_3の不純物分析(GDMS)の結果で，ほとんどの希土は0.1ppm以下でほぼ問題ないとみている．固体レーザー用結晶の発光(利得)にかかわる品質の評価については，その蛍光寿命を測定し異常な短縮がないかどうかを確かめることが有効な手段なので，育成した結晶について測定を行った．**図Ⅱ-2.7.9**は，励起波長を0.93〜0.97μmまで変化させて1.03μmの蛍光寿命を測定したもので，Aは上記の純度を配慮した結晶，BはTmを7ppm含む結晶である．Aが1ms以上の蛍光寿命を有しているのに対し，Bは680μsと著しく低い．このBの結晶では，室温でのLD励起発振は困難であった．なお，LD励起の際B結晶は緑色に発光するのが容易に認められたが，A結晶では発光は肉眼で観察されなかった．以上の結果からも明らかなように，Ybレーザーでは希土不純物に

表Ⅱ-2.7.4 活性元素Yb添加用Yb_2O_3粉末の希土不純物分析結果[ppm]

Pr	Nd	Sm	Eu	Gd	Tb	Dy	Ho	Er	Tm
0.023	0.088	0.063	0.001	0.004	0.003	0.13	0.025	0.008	0.036

特に注意する必要がある．

c. 結晶の着色

表Ⅱ-2.7.3に示した標準条件で成長した結晶は，淡青緑色に着色している．この

着色はYb以外の不純物によるものと見なしている研究者も多いが，筆者はこれはYbの存在自体に起因するものとみている．その根拠は，
① 同一主原料，成長条件で得られるundoped YAGには着色がみられない
② 添加剤のYb$_2$O$_3$の純度は前述の分析結果からも明らかなように，主原料（Y$_2$O$_3$, Al$_2$O$_3$）の純度に比べ特に問題となる要素はない
③ ほぼ同様の着色が，原料の種類もその純度も，結晶成長条件も異なるYb：LuAGなど他のYbレーザー結晶にもみられた

ことなどである．

図Ⅱ-2.7.10はこの着色の原因となっている吸収スペクトルを示したもので，約380 nmを中心とするブロードな吸収で，アニール前でみられるこの吸収（A）は，1 000 ℃，20時間の酸素アニールで消滅する（B）．また，水素1％を含む窒素中での1 000 ℃，20時間の還元処理で（C）のように吸収は増大する．これらの実験結果を総合すると，この着色にはYbの酸化還元がかかわっている可能性

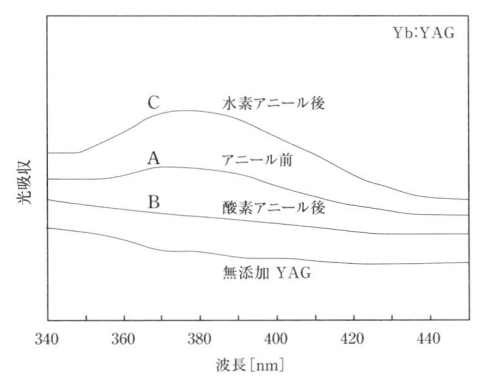

図Ⅱ-2.7.10　Yb:YAGの着色をもたらす吸収ピークとアニールによる変化

があると考えられる．すなわち，ごくわずかの割合かもしれないが，Yb^{2+}が生じていて着色に関係している可能性がある．N. E. Toppらによれば[12),13)]，Ybは比較的容易に溶液中，固体中で2価になりうるとしていることも推測の根拠である．

この着色に注目しなければならない理由は，この着色と固体レーザーの性能とに密接間な関係があることがわかったためである．

図Ⅱ-2.7.11は，淡い着色のあるアニール前とそれを酸素アニールして無色透明になった結晶，還元処理して着色が濃くなった結晶の蛍光寿命測定結果

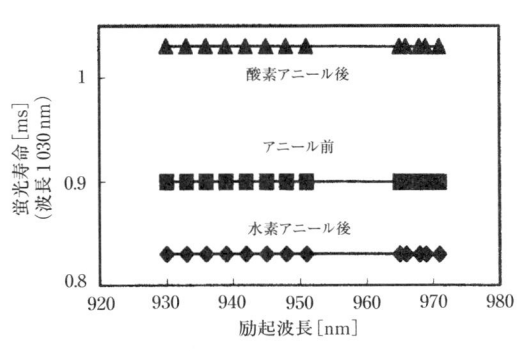

図Ⅱ-2.7.11　Yb:YAGの還元状況と蛍光寿命の関係

を示したもので，酸化還元状況が直接蛍光寿命に大きな影響を与えるという興味深い結果を得た．

Nd：YAG など一般のレーザー結晶においては，通常着色はロス（吸収損失）に関与するが，このようにゲイン（利得）のバロメーターとなることは少ない．実験例では，アニール前で 0.9 ms であったものがアニールで 1.05 ms に増大している．この実験結果から，酸素アニールで特性改善が図れることが明らかになった．結晶成長時はるつぼ保護の面から十分な酸素分圧下で結晶成長ができるとは限らないので，アニールによる改善は有効な手段となる[14]．

このようにして得られた Yb：YAG 結晶を用いて，LD 励起ディスクレーザーを試作した．**図Ⅱ-2.7.12** はその共振器構成[15]，**図Ⅱ-2.7.13** は入出力特性である．

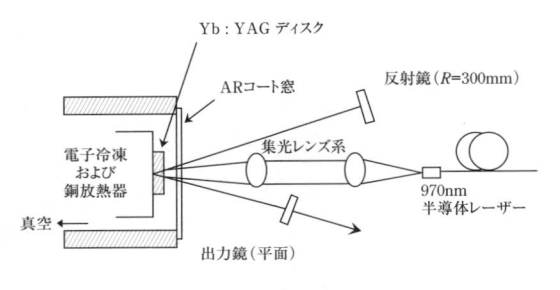

図Ⅱ-2.7.12　LD励起 Yb:YAG ディスクレーザーの構成

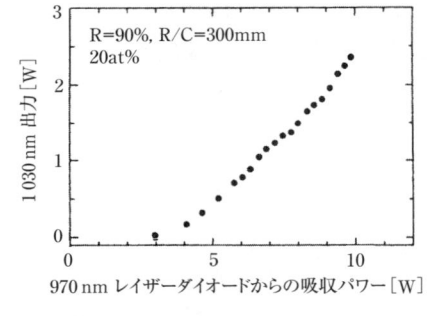

図Ⅱ-2.7.13　LD励起 Yb:YAG ディスクレーザーの入出力特性

(4) ま と め

固体レーザーの最近の進展は利用波長域の拡大，短パルスの応用，高効率高出力化などそれぞれ異なった方向で著しい進展を見せているが，本稿では，これまで Nd：YAG 一辺倒であった高効率高出力の分野で初めてこれを凌駕する新素材として登場した Yb レーザーを取上げた．

Nd：YAG 開発の場合との大きな相違点は，Nd：YAG 結晶成長の場合，酸素欠陥制御によって過渡および安定吸収に起因する損失を軽減することが要点であったのに対し，Yb：YAG では，結晶成長条件もしくは結晶処理条件の最適化によって，直接高利得を確保するということであった．そしてこれを達成するためには，高純度原料の開発や正確に蛍光寿命を測定するための技術開発など，基礎技術の支援が必須であった．今後励起用 LD の開発とあいまって，Yb レーザーが普及する

2.7 酸化物光学結晶

ことを期待したい.

参考文献

1) L. D. DeLoach, S. A. Payne, L. L. Chase, L. K. Smith, W. L. Kway and W. F. Krupke, *IEEE J. Quantum. Electron.*, **29**, pp.1179-1191 (1993).
2) A. Giesen, H. Hugel, A. Voss, K. Wittig, U. Brauc and H. Opower, *Appl. Phys.* B58, pp.365-372 (1994).
3) M. Karszewski, U. Brauch, A. Giesen, I. Johannsen. U. Schiegg, C. Stewen and A. Voss, *ASSL Tech. Digest*, pp.235-237 (1997).
4) S. Erhard, A. Giesen, M. Karszewski, T. Rupp, C. Stewen, I. Johannsen and K. Contag, *OSA TOPS Advanced Solid-State Lasers*, **26**, pp.38-44 (1999).
5) M. Karszewski, U. Brauch, K. Contag, S. Erhard, A. Giesen, I. Johannsen, C. Stewen and A. Voss, *OSA TOPS Advanced Solid-State Lasers*, **19**, pp.296-299 (1998).
6) H. Bruesselbach, D. S. Sumida, R. Reeder and R. W. Byren, *ASSL Tech. Digest*, PD10 (1997).
7) Y. Kuwano, S. Saito, N. Srinivasan, M. Kiriyama, M. Yamanaka, Y. Izawa and S. Nakai, *Proc. 41th Symp. Synthetic Crystals(Japan)*, pp.53-54 (1996).
8) R. J. Thrash and L. F. Johnson, *Opt. Soc. Am. B*, **11**, pp.881-885 (1994).
9) H. Kuroda, S. Shinoyama and T. Kushida, *J. Phys. Soc. Japan*, **32**, p.1577 (1972).
10) Y. Kuwano, *J. Cryatal Growth*, **57**, pp.353-361 (1982).
11) 第28回結晶成長国内会議, 24a, A11, 1997.
12) N. E. Topp著, 塩川二郎, 足立吟也訳, "希土類元素の化学", 化学同人.
13) 足立吟也編, "希土類の化学", 化学同人.
14) Y. Kuwano, US patent 5914975.
15) T. Kasamatsu, H. Sekita and Y. Kuwano, *Appl. Opt.*, **38**, pp.5149-5153 (1999).

第II-3章 基礎データ

表II-3.1 各種基板材料の主要特性

項　目	SiC	AlN	BeO (99.5%)	Al_2O_3 (92%)	Si
熱拡散率 [cm^2/s]	1.3	0.29〜1.08	0.89	0.06	0.71
熱伝導率 [W/mK]	270	70〜260	260	17	125
熱膨張率 [10^{-6}/K] (RT−400℃)	3.7	4.2〜4.6	7.5	6.5	3.6
比抵抗 [Ω/cm]	$10^{13}, 10^{10}$	10^{11}〜10^{14}	$>10^{15}$	$>10^{14}$	10^{-3}〜10^3
誘電率 (1MHz)	40	8.8〜10	7.1	8.5	12
密度 [g/cm^3]	3.1	3.25〜3.27	2.9	3.6	2.33
曲げ強さ [MPa]	390	270〜490	186	310	480〜550
ヤング率 [GPa]	390	274〜323	314	265	250

*曲げ強さ, ヤング率はSI単位に換算
セラミック工学ハンドブック, 技報堂出版(1989), 他より

表II-3.2 各種セラミックスのマイクロ波周波数域での誘電特性

材　料	比誘電率ε_r	$\tan\delta$ [$\times 10^{-4}$]	$Q=1/\tan\delta$	温度係数τ_f [ppm/℃]	周波数 [GHz]
Al_2O_3	9.8		30 000	−55	9
	9.92	0.7		65	9.8
TiO_2	104		14 000	450	3
$ZrTiO_4$	42		4 500	55	7
$BaTi_4O_9$	39.5	1.4		3	6
$Ba_2Ti_9O_{20}$	37	1.3	7 000	15	7
$Sr_2Nb_2O_7$	52		100	390	7
$MgTiO_3$	17		22 000	−45	5
$CaTiO_3$	170		1 800	800	2
$SrTiO_3$	255		700	1 670	2
$SrZrO_3$	30		200	−60	7
$BaZrO_3$	40		200	150	7
$Ba(ZrTi)O_3$	37.5		6 500	0	7.5
$Ca(ZrTi)O_3$	29		3 000	2	4
$(MgCaLa)TiO_3$	20	0.35		2	2.2

セラミック工学ハンドブック, 技報堂出版(1989)より抜粋, 改変

表 II-3.3　代表的結晶の圧電関連定数

	水晶	LiNbO$_3$	LiTaO$_3$	NH$_4$H$_2$PO$_4$(ADP)	KH$_2$PO$_4$(KDP)
点 群	32	3m	3m	42m	42m
密度 [g/cm^3]	2.65	4.64	7.45	1.8	2.34
圧電定数 d:10^{-12}C/N e:C/m^2	d_{11}=−2.31 d_{14}=0.73	d_{15}=73.7 d_{22}=20.8 d_{31}=−0.86 d_{33}=16.2	e_{15}=2.72 e_{22}=1.67 e_{31}=−0.38 e_{33}=1.09	d_{11}=−1.5 d_{36}=48	d_{14}=1.3 d_{36}=21
比誘電率	ε_{11}=4.52 ε_{33}=4.64	ε_{11}=85.2 ε_{33}=28.7	ε_{11}=53.6 ε_{33}=43.4	ε_{11}=56 ε_{33}=15.8	ε_{11}=44 ε_{33}=22
弾性コンプライアンス s:10^{-12}m^2/N	s_{11}=12.77 s_{12}=−1.79 s_{12}=−1.79 s_{13}=−1.22 s_{14}=4.50 s_{33}=9.60 s_{44}=20.04	s_{11}=5.78 s_{12}=−1.01 s_{12}=−1.01 s_{13}=−1.410 s_{14}=−1.02 s_{33}=5.02 s_{44}=17.0	s_{11}=4.87 s_{12}=−0.58 s_{12}=−0.58 s_{13}=−1.25 s_{14}=0.64 s_{33}=4.36 s_{44}=10.8	s_{11}=17.5 s_{12}=7.5 s_{12}=7.5 s_{13}=−11.5 s_{33}=43.5 s_{44}=115 s_{66}=164	s_{11}=17.5 s_{12}=−4 s_{12}=−4 s_{13}=−7.5 s_{33}=20 s_{44}=79 s_{66}=166
キュリー温度 [℃]	常誘電体	1 210	610	−125	−150
融点 [℃]	1 750	1 253	1 650	—	—

セラミック工学ハンドブック,技報堂出版（1989）より抜粋

表 II-3.4　各種フェライトの飽和磁気

化学式	飽和磁気(RT) [G]	キュリー温度 [K]	比　重
MnFe$_2$O$_4$	400	570	5
FeFe$_2$O$_4$	480	860	5.24
CoFe$_2$O$_4$	425	790	5.29
NiFe$_2$O$_4$	270	860	5.38
CuFe$_2$O$_4$	170	455	5.35
MgFe$_2$O$_4$	230	700	4.52
Li$_{0.5}$Fe$_{2.5}$O$_4$	310	940	4.75
Y$_3$Fe$_5$O$_{12}$	135	550	5.17
Ba$_2$Co$_2$Fe$_{12}$O$_2$	185	613	5.4
Ba$_3$Co$_2$Fe$_{24}$O$_{41}$	270	683	5.33

セラミック工学ハンドブック,技報堂出版（1989）より

表 II-3.5　各種磁気センサー材料の特性

材　料	電子移動度 [cm^2/Vs]	禁制帯幅 [eV]	ホール係数 [cm^3/coul]
InSb	78 000	0.18	400
InAs	33 000	0.36	120
GaAs	8 500	1.43	600
Ge	4 000	0.66	87 000
Si	1 900	1.12	170 000

先端材料ハンドブック（1996）より

3 基礎データ

表 II-3.6 各種バリスタの特性

特 性	SiC	BaTiO$_3$	ZnO	SrTiO$_3$	Fe$_2$O$_3$	TiO$_2$
バリスタ作用	粒界	電極-焼結体界面	粒界	粒界	電極-焼結体界面	電極-焼結体界面
バリスタ電圧 [V]	5～1 000	0.8～3	8～9 000	20～500	9～40	7～32
a	3～7	10～20	20～100	5～15	3～6	～2
サージ耐量	大	小	大	中	小	小
用 途	火花消去 過電圧保護 避雷器	火花消去	過電圧保護 避雷器 電圧安定	ノイズ吸収 過電圧保護	火花消去	火花消去

ニューマテリアルハンドブック, 昭晃堂(1993)より

表 II-3.7 各種光ファイバーの光学特性

種 類	代表組成	低損失波長域 [μm]	光損失 [dB/km]
酸化物ガラス	SiO$_2$+GeO$_2$, F	0.37～2.4	0.16 (1.55μm)
	SiO$_2$+Na$_2$O+B$_2$O$_3$, 他	0.45～1.8	3.2 (0.84μm)
フッ化物ガラス	ZrF$_4$+BaF$_2$+LaF$_3$, 他	0.40～4.3	0.7 (2.6μm)
カルゲン化ガラス	As+S	0.92～6.6	35 (2.4μm)
	As+Ge+Se	1.30～9.5	182 (2.1μm)
ハライド結晶	CsBr	―	400 (10.6μm)
	TlBrI	―	120 (10.6μm)
	AgBr	―	70 (10.6μm)
プラスチック	PMMA	0.35～0.7	55 (0.57μm)
	PC	0.5～0.7	800 (0.77μm)

セラミック工学ハンドブック, 技報堂出版(1989)より

表 II-3.8 主なセラミックスの屈折率

化学式	平均屈折率	複屈折
SiO$_2$	1.55	0.009
MgO	1.74	0
Al$_2$O$_3$	1.76	0.008
Y$_2$O$_3$	1.92	0
ZrO$_2$	2.2	0.07
3Al$_2$O$_3$2SiO$_2$	1.64	0.01
MgAl$_2$O$_4$	1.72	0
(Pb, La)(Zr, Ti)O$_3$	2.5	0.005
SiC	2.38	―

ニューマテリアルハンドブック, 昭晃堂(1993)より

表II-3.9 セラミックスセンサーの種類

	出力	効 果	材料	応用例
温度センサー	抵抗変化	NTC PTC 半導体-金属相転移	NiO, FeO, CoO, Al_2O_3 $BaTiO_3$ VO_2, V_2O_3	SiC温度計, ボロメーター 過熱保護センサー 温度スイッチ
	磁化変化	フェリ磁性-常磁性転移	Mn-Znフェライト	温度スイッチ
	起電力	酸素濃淡センサー	安定化ZrO_2	高温耐食温度計
位置・速度センサー	反射波波形変化	圧電効果	PZT	魚群探知機 探傷器, 血流計
光センサー	起電力	焦電効果	$LiNbO_3$, $LaTaO_3$, PZT $SrTiO_3$	赤外線検出
	可視光	反ストークス効果	LaF_3(Yb, Er)	赤外線検出
		波数逓倍効果	$Ba_2NaNb_5O_{15}$, $LiNbO_3$	
		蛍光	ZnS(Cu, Al), Y_2O_2S(Er)	カラーテレビ, X線モニター
		熱蛍光	CaF_2	熱蛍光線量計
ガスセンサー	抵抗変化	可燃性ガス接触燃焼反応熱 酸化物半導体のガス吸着 脱離による電荷移行 酸化物半導体の化学量論的変化	Pt触媒/アルミナ/Pt SnO_2, ZnO, γ-Fe_2O_3 $LaNiO_3$, (La,Sr)CoO_3 TiO_2, CoO-MgO	可燃性ガス濃度計 警報器, ガス警報器 自動車排ガスセンサー
	起電力	高温固体電解質酸素濃淡電池	安定化ZrO_2, ThO_2	排ガスセンサー 溶鋼中酸素分析
	電気量	クーロン滴定	安定化ZrO_2	リーン燃焼酸素センサー
湿度センサー	抵抗	吸湿イオン伝導 酸化物半導体	LiCl, P_2O_3, ZnO-Li_2O TiO_2 $NiFe_2O_4$, ZnO, Niフェライト	湿度計 湿度計
	誘電率	誘電率変化	Al_2O_3	湿度計
イオンセンサー	起電力	固体電解質膜濃淡電池	AgX, LaF_3, Ag_2S, CdS, AgI	イオン濃淡センサー
	抵抗	ゲート吸着効果	Si	イオン敏感性FET

ニューマテリアルハンドブック, 昭晃堂(1993)および先端材料ハンドブック(1996)より

第Ⅲ編

エネルギー分野

第Ⅲ-1章 総論

1.1 はじめに

　エネルギー問題は，冷戦終了後の世界が直面する最重要課題の一つであり，地球環境問題，南北問題とも密接に関連して，人類が早期に解決を迫られている緊急課題となっている．1998年に開催された京都サミットでは，化石燃料の燃焼による炭酸ガス排出や熱帯雨林の破壊などに起因する地球温暖化問題が，主要議題として取上げられた．

　セラミックスは，エネルギー分野で大きな貢献をなしうる材料である．例えば，他の材料をはるかに凌駕する耐熱性，耐摩耗性，遮熱性を利用して，ばね，工具，摺動部材，エンジン部品，タービン部材，断熱材などに使用されるようになり，省エネルギーに大きく寄与しつつある．さらに，熱電変換，燃料電池，原子力などのエネルギー変換機能の分野でも，セラミックスは無くてはならない材料となっている．

　本編では，エネルギー分野で使用されるセラミックスを機能別，すなわち機械的機能，熱的機能，化学的機能(耐食性)，エネルギー変換機能，それに加工・接合の各項目に分類して解説する．

1.2 物理学の階層構造

　我々が材料の種々の機能(第Ⅱ編の「情報・通信分野」で取上げた機能の多くも含む)について実験・調査を行うとき，対象とする材料の機能－特性が学問体系の中でどのように位置づけられているかを知ることは，その材料を理解し応用するうえで大きな助けになる．はじめに，材料の機能，すなわち物理特性の基礎となる物理学がどのような構造になっているかを調べてみよう．

図Ⅲ-1.1.1に示すように，物理学はいまのところ3層の階層構造になっている．我々になじみが深い古典場を第1階層とすると，第2階層は量子力学，第3階層は素粒子論・場の量子論というように，観察対象が微少になるに従って物理学の階層が1階層ずつジャンプする．第1階層の古典場は，ニュートン力学(質点力学およびその拡張である連続体力学)とマックスウェルの電磁気学とからなり，互いに密接に結びついている．その対象は宇宙規模から数nmの大きさのものにまで及び，きわめて広範囲の物理現象を支配している．

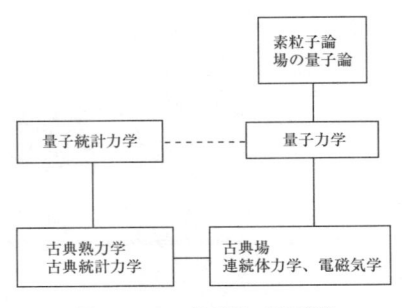

図Ⅲ-1.1.1 物理学の階層構造

古典場における「力」は，重力と電磁気力の2つである．我々が，重力以外で「力」を感じるのは，すべて電磁気力である．これは一見奇異に感じられるかもしれないが，よく考えてみると当然のことである．机を手で押したとき手のひらに力を感じるが，これは手のひらの細胞を構成する原子と机の素材である木(あるいは金属，プラスチック)の原子とが互いに近づいた結果，原子を構成する電子雲同士の間に静電的斥力が生じ，その斥力を手のひらの神経が力として察知するのである．ニュートン力学でいう作用－反作用は，相互に生じる静電的斥力にほかならない．

力学と電磁気学との密接な関係は，物理量の基本単位を考えるともっとよくわかる．表Ⅱ-1.1.1に古典場における基本単位を示す．力学の基本単位は，長さ[m]，質量[kg]，時間[s]の3個である．一方，電磁気学では，力学の基本単位プラス1個，例えば，クーロン[C]で，計4個ある．このほか種々の基礎方程式が両者で共通に成立つことがわかっており，力学問題と電磁気学問題の相似性(アナロジー)に古くから関心がもたれてきた．一例をあげると，力学の振動問題を電気回路問題に置換える等価回路アナロジー解法が開発されている．以上のことから，物理学では両者を区別しないで，場の古典論として一括して扱うことが多い．

表Ⅲ-1.1.1 基本単位

	長さ	m
力学量	質量	kg
	時間	s
電磁気量	クーロン	C
物質量	モル	mol
光学量	カンデラ	cd
熱力学量	ケルビン	K

さて，よく知られているように，極低温や原子オーダーでの物理現象を記述しようとすると，場の古典論は破綻してしまう．プランクが「量子」の概念を考えついたのは，極低温における黒体輻射問題における古典理論の破綻を説明するためであった．原子核の周りを回転している電子がエネルギーを失わない理由は，古典論では説明不可能であったが，「量子」概念により定量的に説明できるようになった．こうして量子力学は20世紀の初頭に登場し，半導体やレーザーなどの先端技術の基礎理論として社会にも大きな影響を与えてきた．

しかし，20世紀前半に原子核の内部にも内部構造があることがわかると，量子力学にも限界があることがわかり，新たに素粒子論が構築され，それに伴って場の量子化（素粒子と場との相互作用理論）もなされた．そして素粒子論にも限界が……．

ではなぜ物理学に階層構造があるのだろうか．これはゲーデルの不完全性定理により理解できる．

ゲーデル（Kurt Goedel）は1931年，若干25歳で偉大な定理である「不完全性定理」[1]を発表した．この大定理はすべての公理体系，とりわけ論理学や情報科学に対して深刻な影響を及ぼした．不完全性定理とは，一言でいうと

「ほとんどすべての理論体系－数学的に意味のあるほとんどすべての形式的体系－は不完全である．その体系の中で決定不可能な命題が必ず存在する」

という驚くべき定理である．この大定理は一見すると否定的側面をもつようにみえるが，実は決してそうではない．「決定不可能な命題」を「決定可能」とすることにより新しい学問が生れると考えると，この定理は計りしれない価値をもつ．物理学において，古典場では決定不可能な命題である「量子」概念を創出することにより量子力学が生れた．図III-1.1.1で示した物理学の階層構造は，不完全性定理からみれば当然の帰結であることがわかる．

1.3 古典場における物理量の相関関係

多くの機能－特性は図III-1.1.1における古典場，すなわち連続体力学と電磁気学の範囲で理解することができる．以下では，古典場における物理量－物質定数－について概観し，各機能の座標上の位置関係を明らかにする．

■ 1.3.1 示強性物理量と示量性物理量[2]

材料は何らかの機能を発揮するために使用される．機能とは，ある物理量と別の物理量との間にある種の変換関係が成立する状態をいう．熱力学と結合した場の古典論に限定してもう少し正確に定義すると，機能とは，示強性物理量（intensive）と示量性物理量（extensive）との間の変換関係，あるいは示強性物理量同士，示量性物理量同士の変換関係をいう．ここで示強性物理量とは，応力，電界，磁界，温度（4種類）のことであり，場の強さ（刺激の強さ）を表す．示量性物理量とは歪み，電束密度，磁束密度，エントロピー変化（4種類）であり，刺激に対する応答の大きさを表す．**図Ⅲ-1.1.2** にこれら諸物理量の間の変換関係を示す．例えば，ある種の物質に磁界という刺激を与えたとき，その応答として歪みが発生することがあるが，この現象を磁歪（じわい）効果とよんでいる．同様にして，各応答関係にはそれぞれ固有の名称－圧電効果，焦電効果，熱磁気効果, etc. －がつけられている．

先に述べたように，すべての物質はある環境下で刺激を与えられたとき，一定の応答をする（機能を発揮する）ことを期待されている．この刺激と応答の組合せによって材料を区別する習慣がある．応力という刺激に応答し，抵抗する材料が構造材料であり，熱に抵抗する材料が耐火物であり，電磁気的刺激に応答するのが電子材料・磁性材料である．このほかに光学機能，量子論的機能，生体機能などがあるが，これらについては他の編を参照してほしい．

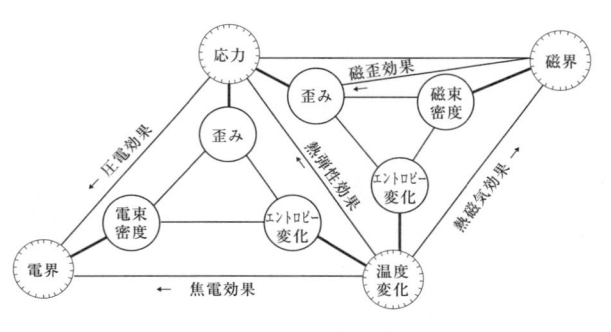

図Ⅲ-1.1.2 示強性物理量と示量性物理量との相関関係

■ 1.3.2 物質定数の定義

示強性物理量と示量性物理量の間の関係式を構成式といい，その係数を物質定数という．このことを以下に具体的に示す．

1.3 古典場における物理量の相関関係

応力(2階のテンソル)成分を T_{ij} (i は応力が作用する面の法線ベクトルの方向, j は応力の作用する方向), 電界(ベクトル)成分を E_i, 磁界(ベクトル)成分を H_i, 温度(スカラー)を θ, 歪み(2階のテンソル)の成分を S_{ij}, 電束密度(ベクトル)の成分を D_i, 磁束密度(ベクトル)の成分を B_i, エントロピ(スカラー)を κ とすると, 各示量性物理量の平衡点まわりの微少変化は, 一般に4つの示強性物理量を独立変数とする全微分形式によって, 次のように表される(全微分の鎖法則).

$$dS_{ij} = \frac{\partial S_{ij}}{\partial T_{kl}} dT_{kl} + \frac{\partial S_{ij}}{\partial E_k} dE_k + \frac{\partial S_{ij}}{\partial H_k} dH_k + \frac{\partial S_{ij}}{\partial \theta} d\theta$$

$$dD_i = \frac{\partial D_i}{\partial T_{kl}} dT_{kl} + \frac{\partial D_i}{\partial E_k} dE_k + \frac{\partial D_i}{\partial H_k} dH_k + \frac{\partial D_i}{\partial \theta} d\theta$$

$$dB_i = \frac{\partial B_i}{\partial T_{kl}} dT_{kl} + \frac{\partial B_i}{\partial E_k} dE_k + \frac{\partial B_i}{\partial H_k} dH_k + \frac{\partial B_i}{\partial \theta} d\theta$$

$$d\kappa = \frac{\partial \kappa}{\partial T_{kl}} dT_{kl} + \frac{\partial \kappa}{\partial E_k} dE_k + \frac{\partial \kappa}{\partial H_k} dH_k + \frac{\partial \kappa}{\partial \theta} d\theta \quad (\text{III}-1.1)$$

通常, 我々が測定する示量性物理量は平衡点まわりの微少変化なので, 上式右辺の各係数(1階の偏微分)は比例定数となる. 各係数はそれぞれ以下に示すように固有の物質定数としてよく知られている. この係数行列は対称であること, すなわち係数行列間に相反関係があることがわかっている.

① $S_{ijkl} \equiv \dfrac{\partial S_{ij}}{\partial T_{kl}}$ ：弾性コンプライアンス定数［変形のしやすさを表す. 通常の弾性率（正確には弾性スティッフネス定数）の逆数に相当］

② $\alpha_{ij} \equiv \dfrac{\partial S_{ij}}{\partial \theta} = \dfrac{\partial \kappa}{\partial T_{ij}}$ ：熱膨張係数

③ $d_{ikl} \equiv \dfrac{\partial D_i}{\partial T_{kl}} = \dfrac{\partial S_{kl}}{\partial E_i}$ ：圧電定数

④ $\varepsilon_{ij} \equiv \dfrac{\partial D_i}{\partial E_j}$ ：誘電率

⑤ $m_{ijk} \equiv \dfrac{\partial S_{ij}}{\partial H_k} = \dfrac{\partial B_k}{\partial T_{ij}}$ ：磁気誘電定数

⑥ $p_i \equiv \dfrac{\partial D_i}{\partial \theta} = \dfrac{\partial \kappa}{\partial E_i}$ ：焦電気定数

⑦ $g_{ikl} \equiv \dfrac{\partial B_i}{\partial T_{kl}} = \dfrac{\partial S_{kl}}{\partial H_i}$ ：圧磁定数

⑧ $\mu_{ij} \equiv \dfrac{\partial B_i}{\partial H_j}$ ：透磁率

⑨ $q_i \equiv \dfrac{\partial B_i}{\partial \theta} = \dfrac{\partial \kappa}{\partial H_i}$ ：焦磁気定数

⑩ $C \equiv \dfrac{\theta}{\rho}\dfrac{\partial \kappa}{\partial \theta}$ ：比熱（ρ は密度）

①〜⑩までの定義式により，我々になじみの深い物質定数がもつ物理的意味がよくわかる．また各物質定数を測定する際に，式(Ⅲ-1.1)の全微分形式をいつも意識する必要があることがわかる．例えば，電束密度を測定するとき，電場の影響のみでなく，他の示強性物理量の影響がどの程度あるのかを調べる必要がある．なお，式(Ⅲ-1.1)には熱流，電流，物質流など物理量の流れ(flux)に関する情報が含まれていないことに注意してほしい．

■1.3.3 物質から材料へ―熱的・機械的機能に及ぼす諸因子

物質の熱的・機械的性質は，前項，①の弾性的性質，②の熱膨張係数のほか，物理量の流れに関する量(熱伝導率，拡散係数など)，時間変化に関する量(粘性率，クリ

表Ⅲ-1.1.2 機械的性質と評価理論，微構造因子

機械的性質	評価理論	微構造因子
弾性率, 構成式	弾性論	気孔
塑性・超塑性	塑性論	粒界, 粒径, 粒形状
粘弾性応答	粘弾性論	粒界き裂
即時破壊, 遅れ破壊,		熱膨張係数の異方性
疲労破壊	破壊力学	弾性率の異方性
き裂進展抵抗		第2, 3相
破壊靱性		相転移
熱衝撃損傷・破壊抵抗	マイクロメカニクス	点欠陥, 転位
高温強度	転位論	積層欠陥
クリープ抵抗, 破壊	損傷力学	表面性状
摩擦・摩耗		
内部摩擦		
破壊時粒子放散現象	破壊物理	結合様式

ープ速度など），不可逆過程の閾値に関する量（降伏応力，破壊応力，破壊靱性など）がある．また，我々が実生活で必要とする材料物性は，物質定数と種々の微構造因子とが複雑に絡み合った巨視的物性である．**表Ⅲ－1.1.2**に材料の機械的性質と，それに影響を及ぼす微構造因子，および対応する評価理論の一覧を示す．弾性率以外のほとんどの機械的性質は，非線形ないし不可逆過程の閾値を示している．

1.4 おわりに

　セラミックスは，省エネルギーに大きな貢献をなしつつある材料である．本節では，初めに材料の機能，すなわち物理特性の基礎となる物理学が階層構造になっていることを，ゲーデルの不完全性定理と関連づけて説明した．ついで，古典場における各物理量間の相関関係，物質定数の定義，セラミックスの熱的・機械的性質に及ぼす諸因子と関連学問について述べた．個別の特性に関する理論的背景をさらに深く勉強されたい方は，それぞれの専門書をお読みいただきたい．

参考文献

1) 廣瀬健，ゲーデルの業績とその影響，数理科学，**270**, pp.5-11 (1985).
2) J. F. Nye, "Physical properties of crystals", Oxford (1957).

第Ⅲ-2章 各論

2.1 機械的機能

■2.1.1 高弾性エネルギー(ばね)

(1) ばね材料

ばねはエネルギーの吸収または蓄積を目的としてその弾性を利用するものであることから、エネルギーの吸収蓄積の大きい(高弾性エネルギー)材料が望まれる。換言すれば、ばねとしては弾性限度が高く、しかも弾性域が広い高強度な材料が要求される。

現在、実用化されているセラミックスは、酸化物系ではPSZ(部分安定化ジルコニア, partially stabilized zirconia)、非酸化物系では窒化ケイ素(Si_3N_4)である。**表Ⅲ-2.1.1**には、PSZ, 窒化ケイ素の特性値を示す[1,2]。Y_2O_3(イットリア)系のPSZは微細な結晶粒で、正方晶のみからなる焼結体である。室温近傍では、正方晶は熱力学的には安定ではなく、外部応力を受けると安定な単斜晶に応力誘起マルテンサイト変態し、外力を変態のエネルギーとして吸収するため高強度、高靭性である[3]。

一方、窒化ケイ素は共有結合性が強く、難焼結な材料である。そのため、なんらかの焼結助剤を添加するのが一般的である。

表Ⅲ-2.1.1 PSZ, 窒化ケイ素の特性値

項　目	単　位	PSZ(Y_2O_3-ZrO_2)	窒化ケイ素
密度	[g/cm^3]	6.05	3.2
曲げ強度	[MPa]	700〜1 300	900〜1 300
破壊靭性値	[MPam$^{1/2}$]	7〜14	6〜10
硬度	[GPa]	15	16〜20
ヤング率	[GPa]	150〜200	300
熱膨張係数	[10^{-6}/℃]	8.7〜11.4	3.2
熱伝導率	[W/mK]	1.9〜3.3	13

α－Si_3N_4粉末を原料とし，Y_2O_3とAl_2O_3（アルミナ）を添加した場合，球状のα－Si_3N_4は液相焼結の過程で長柱状のβ－Si_3N_4に相変態する．この長柱状粒子が絡合った微細組織を形成しているため，窒化ケイ素は非酸化物セラミックスの中で，最も高い強度と靭性を示す[4]．

(2) セラミックスばねの形状

ばね形状としては，以下の3種類が製造可能である．

　①板ばね：比較的高荷重をコンパクトなスペースで得られる．
　たわみ（変位量）は小さい
　②圧縮コイルばね：比較的低荷重でたわみ（変位量）は大きい
　③皿ばね：板ばねよりもコンパクトなスペースで高荷重が得られる．板ばねよりもたわみ（変位量）は小さい

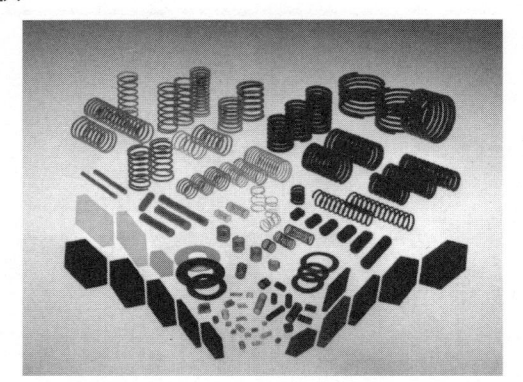

図Ⅲ－2.1.1　各種セラミックスばね（左側：PSZ，右側：窒化ケイ素）

図Ⅲ－2.1.1 には各種セラミックスばねを示す．

(3) セラミックスばねの高温強度と使用温度

図Ⅲ－2.1.2 に，PSZと窒化ケイ素を用いたコイルばねの高温強度の例を示す[5]．

PSZはセラミックスの中でも高強度で高靭性な材料であるが，マルテンサイト変態を利用した強化機構であるため，温度の上昇に伴い強度が低下し，600℃をこえると室温強度に対して半減する．また，1000℃以上では大きな塑性変形を伴うようになり，ばねとしての機能をはたせなくなる．

図Ⅲ－2.1.2　PSZと窒化ケイ素のコイルばねの高温強度

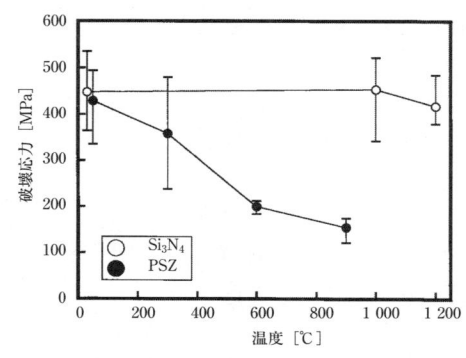

2.1 機械的機能

一方,窒化ケイ素は1000℃まで強度の変化をほとんど示さない.しかし,1200℃においてはわずかに強度が低下する.これは焼結助剤が粒界にガラス相として存在し,1200℃以上の高温で軟化するためと考えられる.以上のことから,窒化ケイ素は1000℃までの高温域の用途へ適用可能である.

(4) ばねの有効体積と強度の関係

セラミックス部品は一般に,その体積が大きくなれば,大きな欠陥を含む確率が増加し,強度が低下する.この強度の寸法効果は,ワイブルの破壊理論より求まる有効体積を用いて評価される[6].そこで,コイルばねの有効体積を算出するための式を求め,8種類の窒化ケイ素コイルばねの有効体積と強度の関係を求めた例を**図Ⅲ-2.1.3**に示す[7].コイルばねを展開すると,その有効コイル長さ$L = \pi Dn$(ここで,D:コイル平均径,n:有効巻数)であることから,いずれのばねも有効体積はかなり大きくなる.また,有効体積の増加と共に,平均強度は低下する.このことから明らかなように,この有効体積を用いることにより,コイルばねの強度の推定が可能で,設計に応用できる.

図Ⅲ-2.1.3 窒化ケイ素コイルばねの有効体積と強度の関係

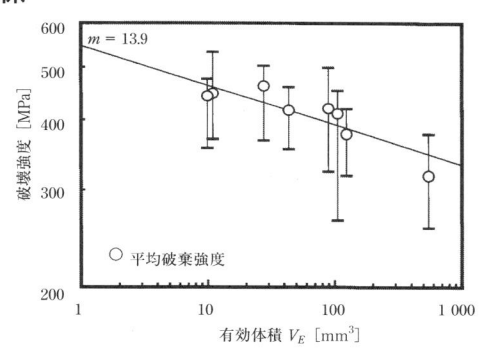

(5) ばねの用途

セラミックスは耐熱性,耐食性,耐摩耗性,電気絶縁性,非磁性などの優れた特長を有している.これら特長を活かしたセラミックスばねの用途例としては,高周波加熱装置,半導体関連装置などの支持部品,ガラス,金属,化学などのプラント関連部品などがある.しかし,PSZについては前述したように高温強度が低く,耐熱性を必要としない用途に限られる.また,窒化ケイ素についてはその特性を最も活かす用途は,金属系の耐熱ばね材料では対応が困難な700℃以上の耐熱性を必要とする場合である.例えば,ろう付けやガラス封着などの接合時の荷重負荷用,ガスタービンエンジン,各種燃焼ボイラー,燃料電池などには最適なばねである.

(6) 今後の展望

セラミックスは耐熱性，耐食性など優れた特性を有している反面，脆く，強度のばらつきが大きい．今後，強度に対する信頼性を向上させるために，熱処理による表面欠陥の自己治癒[8]，過負荷を与える保証試験[9]，疲労寿命保証[10]など，設計，製造面からさらなる検討が進められている．また，材料面でも，粒子分散複合セラミックス[11]により，より高強度，高耐熱なばねができるものと考えられる．

参考文献

1) 秋咬徹，微視組織制御による耐熱セラミックスの高強度・高じん化に関する研究，博士論文，p.4 (1994).
2) 山口喬，柳田博明編，"エンジニアリングセラミックス"，セラミックスサイエンスシリーズ5, 技報堂出版，p.23, (1986).
3) A. G. Evans and A. H. Heuer, Transformation toughening in ceramics, Martensitic transformation in crack−tip stress field, *J. Am. Ceram. Soc.*, **63**, p.241 (1980).
4) K. Komeya, Development of nitrogen ceramics, *Ceramic Bulletin*, **63**, p.1158 (1984).
5) 佐藤繁美, セラミックスばね用材料, 新素材, **17**, 11, p.43 (1996).
6) D. G. S. Davies, The Statistical approach to engineering design in ceramics, *Proc. Brit. Ceram. Soc.*, **22**, p.429 (1973).
7) 佐藤繁美，田口功平，安達隆介，中谷雅彦，セラミックス(Si_3N_4)コイルばねの強度特性, ばね論文集, **42**, p.55 (1997).
8) 安藤柱，秋咬徹，佐藤繁美，小林康良，窒化ケイ素セラミックスのき裂治癒現象に関する研究，日本機械学会論文集, **64**, A, p.1936 (1998).
9) 小林康良，佐藤繁美，安達隆介，安藤柱，秋咬徹，セラミックス(Si_3N_4)コイルばねの強度保証に関する研究，ばね技術研究会1998年度春季講演会講演論文集，p.39 (1998).
10) 佐藤繁美，曽根智之，小林康良，安藤柱，セラミックス(Si_3N_4)コイルばねの疲労寿命解析，文献7), p.61 (1997).
11) 佐藤繁美，秋咬徹，小林康良，安藤柱：Si_3N_4/SiC複合セラミックスのクリープ特性に及ぼすSiC粒径の影響, *Journal of the Ceramic Society of Japan*, **104**, p.1035 (1996).

2.1 機械的機能

■ 2.1.2 高硬度(工具, コーティング)

　炭化物,窒化物,酸化物に代表されるセラミックスはイオン結合と共有結合から形成されていて,金属やポリマーと比較して原子間距離が短いので,一般には高硬度($H_v=\sim 3000$)である.高硬度をセールスポイントとしたセラミックスの用途は多々あるが,年間1000億円以上の利用例は切削工具以外にない.ここでは,高硬度特性を十分に発揮しているセラミックスとして,切削工具を取上げる.

　精密加工法の中で最も汎用的加工法である切削加工法は,今世紀初頭の高速度工具鋼(ハイス)の発明以来,精密工業の生産性,精度向上に大きく貢献してきた.切削加工法は工作機械,利用技術の進歩に支えられて発展してきたが,工具材料の進歩に負うことが大きく,ここ20年間のその躍進は特に顕著である[1].**図Ⅲ-2.1.4**は,工具材料の開発,改良によって切削条件の適用範囲がどの程度拡大したかを示している.切削条件は一般に切削速度[m/min],送り[mm/rev]と切込み[mm]によって決められる.このうち切削速度は高温硬度と耐摩耗性,送りは靱性の目安であり,この2パラメーターによって切削工具の適用範囲がほぼ推測できる.

　歴史的には,工具材料は高速度鋼→WC-Co系超硬合金→TiC-Ni系サーメット→セラミックスへと高硬度材料の方向へ変遷している.高速度鋼～50m/min,超硬合金～150m/min,コーテッド超硬合金～250m/min,サーメット～300m/min,セラミックス～500m/min,c-BN,ダイヤモンド～2000m/minが工具材料の推奨切削速度である.これは切削速度の上昇に伴って工具刃先は高温(～1300℃=1573K)になるので,高圧(～1t/mm³=10GPa)に加えて刃先材料は物理的には高温硬さ,耐クリープ抵抗,化学的には耐酸化性,被削材に対する耐溶着性が必要となるからである[2].精密加工の生産性向上には高速切削が必然的な要素であり,高速度切削には高硬度セラミックスの使用が避けて通れない.高硬度セラミック

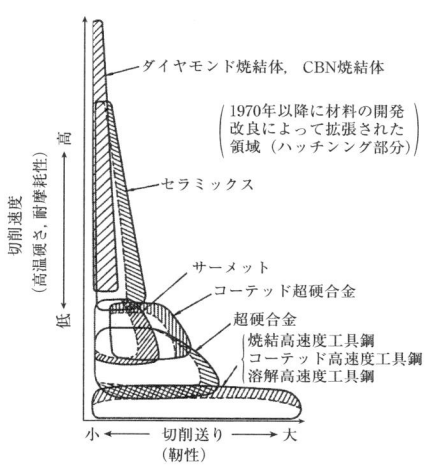

図Ⅲ-2.1.4 1970年以降の切削工具材料の切削適用範囲

185

スの切削工具への応用を，材料構成上2つに分けて説明する．

(1) 焼結体工具

a. WC-Co系超硬合金工具

　WC系超硬合金工具は生産量，売上高ともに1980年代に高速度鋼工具を凌駕した．超硬合金と称しているが，耐衝撃性を備えた広義のセラミックスである．実体は体積の70～80％がWC主体の硬質セラミックスであり，残りはCoもしくはCo-Ni合金である．金属成分は靱性を向上させるため，WC相や他炭化物相を囲繞している．他炭化物相はWCと他硬質耐熱性炭化物TiC，TaCの固溶炭化物(W,Ti,Ta)Cである．主成分WCは，c軸長が極端に短い六方晶系の炭化物である．TiC，TaC等と比較して硬度はやや低いが若干の靱性をもち，耐溶着性に優れている．弱点としては，耐酸化性が悪く比重が大きい．WC系超硬合金は上記の耐衝撃性を備えてはいるが，耐熱性，耐酸化性がやや乏しいため，切削速度も～150 m/minである．

b. TiC-Ni系サーメット工具

　WC系超硬合金の耐熱・耐酸化性を改善させるため，日本を中心に登場したものがTiC-Ni系サーメット（Cermet＝Ceramic＋Metalの略語）である．サーメットも超硬合金と同様，体積の70～80％が硬質のTiC系セラミックスであり，残りはNiもしくはNi-Co合金である．TiCは面心立方晶系の高硬度，低比重炭化物である．実用材料の硬質相はTiCを主体に他硬質耐熱性セラミックスのTaC，NbC，Mo_2C等がTiCとの固溶炭化物(Ti,Ta,Nb,Mo)Cとして用いられている．靱性を向上させるため金属成分はTiC固溶体相を囲繞している．特に最近ではTiNを添加したTi(C,N)-(Ti,Ta,Nb,M)C-Ni系が主流になっている．TiNの添加はTiC粒の粒成長抑制[3]と耐溶着性および中温域における靱性向上に寄与している．Ti(C,N)系サーメットは耐熱性，耐酸化性を備えた広義のセラミックスであるが，耐衝撃性がやや乏しく，切削速度も～300m/minである．

c. セラミックス工具

　日本におけるセラミックス系工具の年間生産量は，現在約1 000万個である．材料別に区別すると，Al_2O_3基にTiC，Ti(C,N)もしくはZrO_2などを混合した酸化物系と，Si_3N_4，c-BN（立方晶ホウ化窒素）基の窒化物系，およびダイヤモンド系に大別できる．最も販売量の多いものはAl_2O_3-TiC系である．これは高硬度，耐熱性に優れるAl_2O_3セラミックスの弱点である耐熱衝撃性をTiCの添加により防止し

2.1 機械的機能

たものである．**図Ⅲ-2.1.5**に示すように，TiCは網目状のスケルトンを形成し，熱伝導性と靱性の向上に貢献している[4]．鋳鉄や一般鋼の中高速仕上切削や高硬度鋼の低速切削に向いている．特に，TiCの約4～5割をTiNに置換したAl_2O_3-Ti(C,N)系は，HRC60以上の高硬度鋼の切削に効果がある[5]．

Si_3N_4系は実質上Al_2O_3が固溶したサイアロン(Si,Al)(O,N)であり，結合相として主にY_2O_3が用いられている．耐熱欠損性(靱性)は著しく高いので鋳鉄の高速（～1 000 m/min），

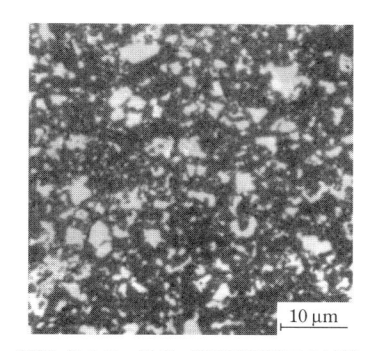

図Ⅲ-2.1.5 Al_2O_3-TiC系切削工具材料の組織写真(白い粒子がTiC，灰色の素地はAl_2O_3)

高送り（～0.6 mm/rev）の荒切削[6]やNi基スーパーアロイの切削[7]に用いられ，生産性向上に貢献している．しかし，高温下におけるSi_3N_4と鋼の拡散反応により鋼の切削にはむかない．

一方，c-BN系工具はTi(C,N)もしくは若干のCoから結合されている．c-BNはダイヤモンドに次ぐ硬度をもち，熱伝導も良好なので高硬度鋼の切削に適している．c-BNは鋼と高温下で拡散反応するが，高硬度鋼の切削では，切屑が断続となるため拡散反応は比較的防止されるので工具の磨耗寿命はのびる．最高硬度を有するダイヤモンドはあらゆる材種切削に対しオールマイティの感がするが，鉄系金属の切削ではダイヤモンドの黒鉛化が瞬時に起るため使用できず，もっぱらAl合金や複合材料，セラミックスの切削工具として使用されている．c-BNやダイヤモンド工具の切削速度は～2 000 m/minに達する．Al_2O_3-TiC系やSi_3N_4系は常圧焼結後熱間静水圧プレス(HIP)するため安価に製造できるが，c-BNやダイヤモンド焼結体は高温（～1 600 ℃=1 873 K）高圧（～5万気圧=5 GPa）焼結のため高コストとなり，大型のものが生産できない．

(2) 被覆(コーティング)材工具

耐酸化性の乏しい高速度鋼，炭・窒化物系工具の表層にAl_2O_3, TiC, TiNを多層被覆して用いると切削工具寿命が5～10倍向上する．高速度鋼被覆の場合は母材軟化を防ぐため450 ℃（723 K）以下でTiNの物理蒸着（PVD：physical vapor deposition）法が主に利用されている．TiNは耐溶着反応性，良熱伝導性のため高速度鋼工具の耐クレータ磨耗に有効である．WC系超硬合金工具の被覆には大量

生産向きの化学蒸着（CVD：chemical vapor deposition）法が用いられ，約1 000 ℃（1 273 K）で被覆される．CVD法では母材の上にTiC,TiN, Ti (C,N), Ti (C,O), Ti (C,N,O)を介してAl$_2$O$_3$を被覆し，さらに最外層にTiNを被覆することが多い．多層被覆は残留応力の緩和に効果的である．膜厚は合計3～15μm程度のものが，切削用途に応じて使い分けられている．これ以上の膜厚はセラミックスのバルキーの効果が生じて，被覆層を逆に脆弱化する．

　セラミックス工具の使用は市民権をもっているといえども，その生産量は上記WC系超硬合金とTiC系サーメットの合計の約10％強である．生産量が伸びない最大の理由は，セラミックス固有の靱性不足にある．金属成分を含まない被覆材工具以上のより高靱性，高温良熱伝導のセラミックス工具が開発されるならば，セラミックス工具の使用量は飛躍的に増大するであろう[8]．

参考文献

1) 福原，窒化ケイ素系切削工具の現況，ファインセラミックスの実用化技術，第16回高温材料技術講習会，窯業協会，pp.81-87（1985年2月）．
2) M. Fukuhara, K. Fukazawa and A. Fukawa, Physical Properties and Cutting Performance of Silicon Nitride Ceramic, *Wear*, **102**, pp.195-210 (1985).
3) M. Fukuhara and H. Mitani, Effect of Nitrogen Content on Grain Growth in Ti(C,N) - Ni - Mo Sintered Alloy, *Powd. Met. Int.*, **14**, pp.196-200 (1982).
4) M. Fukuhara, Properties of (Y)ZrO$_2$ - Al$_2$O$_3$ and (Y)ZrO$_2$ - Al$_2$O$_3$ - (Ti or Si)C Composites, *J. Am. Ceram. Soc.*, **72**, pp.236-242 (1989).
5) 福原，上原，セラミックス系切削工具，ニューセラミックス，オプトロニクス，**8**, pp.55-58 (1990).
6) 福原，深沢，Si$_3$N$_4$系ニューセラミックス(第一報)，タンガロイ，**23**, pp.52-57 (1983).
7) 福原，Si$_3$N$_4$系ニューセラミックス(第二報)，タンガロイ，**24**, pp.41-47 (1984).
8) 福原，切削工具，"これだけは知っておきたいセラミックスのすべて"，日本セラミックス協会編，日刊工業社，p.118-119 (1998).

2.1 機械的機能

■ 2.1.3 耐摩耗性(軸受,摺動部品)

(1) はじめに

最近の技術の進歩に伴って,転がり軸受の使用される環境や条件は従来と比較して過酷でかつ多様化してきており,一般の高炭素クロム軸受鋼製の転がり軸受だけでは対応できなくなってきている.そこで,耐摩耗性,耐熱性,耐食性などの優れた特性を有しているエンジニアリングセラミックスの転がり軸受への応用が,各産業分野で積極的に進められており,そのいくつかは実用化されている.

ここでは,各種セラミックスの転がり軸受への適用性について明らかにし,次にセラミックス軸受として一般的に使用されている窒化ケイ素の転がり軸受への応用について述べる.

(2) 各種セラミックス材料の転がり軸受への適用

a. 各種セラミックス材料の転がり寿命比較

表Ⅲ-2.1.2 各種セラミックス材料の特性値

セラミックス材料 項　　目	単　位	窒化ケイ素 Si_3N_4	ジルコニア ZrO_2	炭化ケイ素 SiC	アルミナ Al_2O_3
密度	[g/cm^3]	3.2	6	3.1	3.8
熱膨張係数	[1/℃]	3.2×10^{-6}	10.5×10^{-6}	3.9×10^{-6}	7.1×10^{-6}
ビッカース硬さ(H_v)		1 500	1 200	2 200	1 600
縦弾性係数	[GPa]	320	220	380	350
ポアソン比		0.29	0.31	0.16	0.25
3点曲げ強さ	[MPa]	1 100	1 400	500	300
破壊靭性	[MPam$^{1/2}$]	6	5	4	3.5

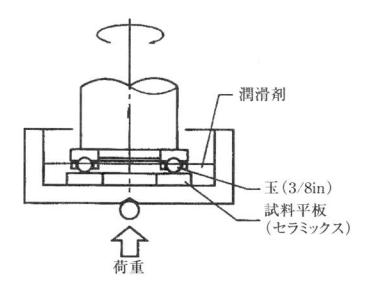

表Ⅲ-2.1.2に,転がり寿命比較を行った各種セラミックス材料の特性値を示す[1].セラミックス材料は,窒化ケイ素(Si_3N_4),部分安定化ジルコニア(ZrO_2),炭化ケイ素(SiC),アルミナ(Al_2O_3)の4種類で,窒化ケイ素と部分安定化ジルコニアはHIP(熱間静水圧加圧)焼結品である.図Ⅲ-2.1.6に試験軸受を示す.試験軸受は,スラスト玉軸受51305の外

図Ⅲ-2.1.6 試験軸受

表Ⅲ-2.1.3　試験条件

油潤滑	
潤滑	スピンドル油
相手材	3/8″SUJ2玉
玉数	3
荷重	応力繰返し数1.08×10⁷回毎ステップアップ
回転数	1 200 r/min

輪をセラミックス平板(試験片)におきかえたもので，セラミックス平板上を軸受鋼球が荷重を受けながら回転する．**表Ⅲ-2.1.3**には試験条件を示す．試験は一定の応力繰返し数ごとに，試験荷重を段階的に上げている．**図Ⅲ-2.1.7**に試験結果を示す[1]．窒化ケイ素が最も転がり寿命が優れ，部分安定化ジルコニア，炭化ケイ素，アルミナの順に転がり寿命が短かくなることがわかる．

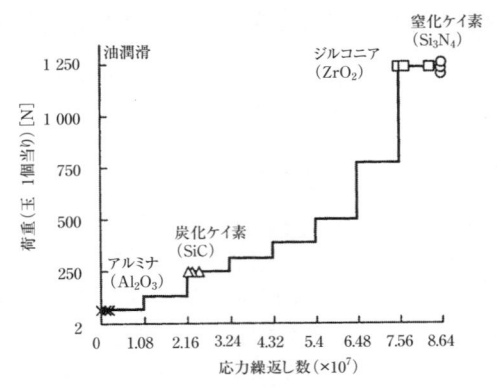

図Ⅲ-2.1.7　試験結果(寿命)

次に，各種セラミックスの中で最も転がり寿命の優れている窒化ケイ素と，高炭素クロム軸受鋼の転がり寿命比較を行う．**図Ⅲ-2.1.8**は同一条件(スラスト玉軸受51205相当の軸受で外輪が平板)における窒化ケイ素と高炭素クロム軸受鋼の転がり寿命分布を示したものである[2]．窒化ケイ素は高炭素クロム軸受鋼に比較して同等以上の転がり寿命を有しており，転がり軸受材料として十分使用可能である．

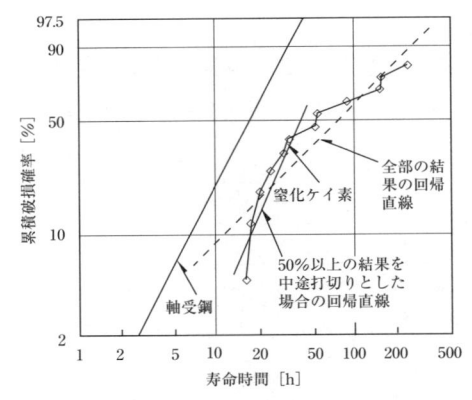

図Ⅲ-2.1.8　窒化ケイ素と高炭素クロム軸受鋼の転がり寿命比較

b. 各種セラミックスの転がり軸受への適用性

表Ⅲ-2.1.4は，各種セラミックスの転がり軸受への適用性について示したものである[1]．転がり寿命だけでなく，破損形態や耐荷重性等も考慮して判定したものである．転がり軸受に最も適しているものは窒化ケイ素である．しかし，非常に

2.1 機械的機能

表Ⅲ-2.1.4 各種セラミックスの転がり軸受への適用性

	判定	性能・用途	特性
窒化ケイ素 (Si_3N_4)	◎	軸受鋼と同等以上の耐荷重性,寿命を有する 高性能が要求される用途に適用可能	高速回転,高真空,耐食性 耐熱性,非磁性,高剛性
ジルコニア (ZrO_2)	○	使用できる荷重が制限される 腐食性の強い薬液中などで適用可能	高耐食
炭化ケイ素 (SiC)	○	使用できる荷重が制限される 腐食性の強い薬液中などで適用可能	高耐食,超高温
アルミナ (Al_2O_3)	×	転がり軸受には適さない	

転がり軸受への応用

◎:適する　○:用途によって適する　×:適さない

強い腐食環境下や超高温雰囲気では,軸受に負荷される荷重を制限してジルコニアや炭化ケイ素を転がり軸受に適用することができる.

(3) セラミックス軸受の応用

a. セラミックス軸受の特性

表Ⅲ-2.1.5は,セラミックス軸受として最も適した材料である窒化ケイ素と,一般の転がり軸受に使用している高炭素クロム軸受鋼の特性を比較し,セラミックス軸受を適用した場合の長所を検討したものである[1].その結果,窒化ケイ素を用いたセラミックス軸受は,同表に示すような特性を活かした幅広い用途が考えられる.例えば,窒化ケイ素の低密度特性は,軸受の高速化の際の転動体(玉,ころ)の遠心力軽減に効果を発揮する.さらに,窒化ケイ素を適用すると高速回転時の油膜切れによる耐焼付き性向上も期待できることから,工作機械主軸用軸受で実用化が進んでいる.

b. セラミックス軸受の構成と用途例

表Ⅲ-2.1.6は,セラミックス軸受の構成と用途例について示したものである[1].セラミックス軸受の構成としては,総セラミックス軸受(内外輪,転動体が窒化ケイ素)と組合せセラミックス軸受(転動体がまたは転動体と内輪が窒化ケイ素)の2種類がある.組合せセラミックス軸受の場合内外輪は特殊鋼を使用し,また保持器材料は軸受の使用条件に合せて金属材料や樹脂材料を使用する.

以上,セラミックス軸受は鋼製軸受に比較して歴史が浅いにもかかわらず,表

表Ⅲ-2.1.5　窒化ケイ素と高炭素クロム軸受鋼の特性比較

項目［単位］	セラミックス (Si_3N_4)	軸受鋼 (SUJ2)	セラミックス軸受の特長
耐熱性［℃］	800	180	高温下で高負荷能力を維持
密度［g/cm³］	3.2	7.8	転動体(玉または,ころ)の遠心力を低減→寿命向上,昇温防止
線膨張係数［1/℃］	$3.2×10^{-6}$	$12.5×10^{-6}$	昇温による内部すきまの変化が小→振動防止,予圧量の変化が小
ビッカース硬さ(H_v)	1 500	750	転がり接触部の変化が小→高剛性
縦弾性係数［Gpa］	320	208	
ポアソン比	0.29	0.3	
耐食性	良	不良	酸・アルカリ溶液中などの特殊環境下での使用が可能
磁性	非磁性体	強磁性体	強磁場内での着磁による回転変動が小
導電性	絶縁性	導電性	電食を防止(モーター用など)
素材の結合状態	共有結合	金属結合	油膜切れによる転がり接触部の凝着(移着)が小

表Ⅲ-2.1.6　セラミック軸受の構成と用途例

■：セラミックス

(1)高速回転	(2)真空環境用	(3)耐食用
軸受鋼の40%の比重.転動体の遠心力が低減されるので,高速回転に適する	真空度1～10^{-10}Paでの使用が可能.用途に合せて潤滑法を選定	酸・アルカリ中,海水中および溶融金属中での使用が可能
■用途例 工作機械主軸,自動車ターボチャージャー,一般産業機械(スピンテスターなど)	■用途例 半導体製造装置,真空機器(ターボ分子ポンプなど)	■用途例 化学機械,鉄鋼機械,繊維機械
(4)高温用	(5)非磁性	(6)絶　縁
セラミックスの耐熱温度は800℃.使用温度に合せて潤滑法を選定	磁界中での使用が可能	セラミックスは絶縁体.通電の恐れのある用途で使用が可能
■用途例 鉄鋼機械,一般産業機械,自動車ディーゼルエンジン	■用途例 半導体製造装置,超電導関連装置,原子力発電装置	■用途例 鉄道車両,モーター

Ⅲ-2.1.6で示した用途を中心に実用化が進められている．また最近では，自動車用ターボチャージャーやOA機器用モーターの軸受にも適用が進められており，転がり軸受材料としてのセラミックスの地位が確立しつつある．

参考文献
1) Koyoカタログ，セラミックス軸受・EXSEV軸受，CAT., No.208.
2) 藤原孝誌，竹林博明他，潤滑，**33**, 4, p.55 (1988).

■ 2.1.4 潤滑性（固体潤滑剤）

　セラミックスの固体潤滑剤としての応用は比較的歴史が浅く，1940年代の軍事目的としての二硫化モリブデン（MoS_2）の応用が初めと思われる．固体潤滑剤として応用されるセラミックスはそれほど数多くあるわけでなく，汎用になっているのは，MoS_2のほか六方晶窒化ホウ素（h-BN），二硫化タングステン（WS_2）などである．これまで固体潤滑技術はかなりの進歩を遂げてきているが，固体潤滑のメカニズムについてはまだ解明されていない部分が多い．最近，地球環境保護を考慮した省資源・省エネルギーの観点から，動力損失の低減と長寿命化を図るうえで固体潤滑剤に対しより高度な要求が出されており，新たな適用方法・新たな範囲の拡大を図るうえでも，メカニズム解明のための基礎検討とこれに基づいた新しい固体潤滑剤の開発が必要である．その中でもセラミックスは耐熱性に優れ，地球環境にも優しいという点から，新しい固体潤滑剤として応用されるものの開発が期待される．

　ここでは，セラミックス系の代表的な固体潤滑剤，MoS_2，h-BNについてその特徴と用途を他材質の固体潤滑剤である，黒鉛，テフロン（PTFE）と適宜比較しながら述べるが，まず固体潤滑剤に関する使い方について簡単に述べておく．

(1) 固体潤滑剤の使用法
　固体潤滑剤の使い方には大きく分けて
　① 潤滑オイルや潤滑グリースなどに添加してその性能を向上する
　② 固体潤滑剤もしくはその複合材からなる被膜をあらかじめ摺動材表面に施すか，摺動材そのものを複合材料にしてその1成分として固体潤滑剤を加える

の2通りがある．

前者の適用法は，新しい固体潤滑剤を実用化させるうえで初めに検討される方法である．この方法においては，固体潤滑剤をいかに摺動部分に効率よく導入し，効率よく付着させるかが重要な技術となる．固体潤滑剤添加潤滑油製品の寿命は固体潤滑剤の消費より，導入性・付着性が確保できなくなった時点となっているのが現実である．

実際には付着性と導入性は相反する性質のもので，その改善には高度な技術が要求される．例えば**図Ⅲ-2.1.9**[1]は，h-BNを添加した鉱油を潤滑油に用いたときの，h-BNの分散をよくして導入性を上げるために添加する分散剤の種類と比摩耗量の関係を示したものである．h-BNの分散性は分散剤B＞分散剤A＞分散剤Cの順となったが，h-BNによる摩耗低減効果は分散剤A＞分散剤C＞分散剤Bの順となり，摩擦面の解析からh-BNの付着量の差によることが明らかにされている．このように分散剤ひとつの選択においても作用メカニズムを考えた技術が必要である．

後者の適用法は，オイル潤滑が適用できない高温，極低温，真空，超高圧などの極限状態でも適用可能なことから，固体潤滑剤に期待が大きい方法である．この方法では，特に被膜をつけて潤滑効果を発現させる場合には，被膜の形成方法，使用環境でその寿命は大きく変動する．正しい処理が行われた乾燥被膜潤滑剤では酸化に留意することが大切である．酸素の存在下では，使用雰囲気温度は低くても摺動点では摩擦熱により高温化しており，酸化が原因でブリスタ（ふくれ）やスケーリング（はがれ）を生じ膜が破壊され，寿命となる．

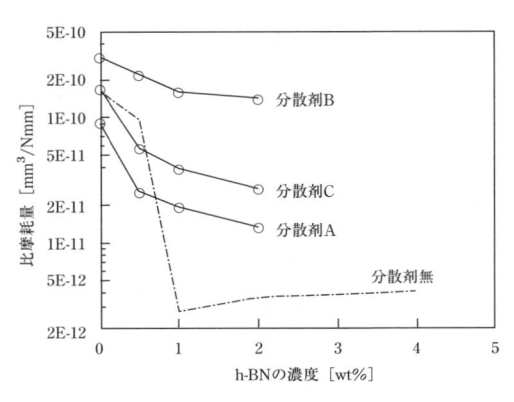

図Ⅲ-2.1.9 摩耗に及ぼす分散剤の影響

(2) 代表的なセラミックス系固体潤滑剤

代表的なセラミックス系固体潤滑剤 MoS_2，h-BN の特性を **表Ⅲ-2.1.7**[2] に示す．MoS_2，h-BNのどちらも黒鉛と類似した層状の結晶構造を有し，層間はファン

2.1 機械的機能

表Ⅲ-2.1.7 主な固体潤滑油の特性

物質名	二硫化モリブデン	窒化ホウ素	黒鉛	PTFE
化学記号	MoS_2	h-BN	C	
比重	4.8	2.27	2.23〜2.25	2.2
結晶構造	六方晶	六方晶	六方晶	
硬度(モース)	1〜3	2	1〜2	
摩擦係数:大気中	0.006〜0.25	0.2	0.05〜0.3	0.04〜0.2
:真空中	0.001〜0.2	0.8	0.4〜1.0	0.04〜0.2
熱安定性[℃]:大気中	350	700	500	250
:真空中	1350	1587		500
色	灰	白	黒	白

デルワールス力で緩く結合しているため滑りやすく，この性質により固体潤滑剤として機能する．

① MoS_2の特長は，耐荷重性に優れ，使用雰囲気の影響を受けにくい点にあり，またセラミックス系固体潤滑剤の草分け的材料であることから実用化技術も進んでおり，応用例も多い．ただし，有機系固体潤滑剤であるPTFEより摩擦係数が若干高く，400℃から酸化し摩擦係数が増大するという欠点をもっている．

② h-BNの特長は，**図Ⅲ-2.1.10**[3]からも明らかのように耐熱性に優れ，白色・無毒で環境に優しいという点にあるが，他の固体潤滑剤より若干摩擦係数が高く(特に真空中では高い)，高価である点が問題点としてあげられる．しかしコスト面では最近低減が計られてきており，体積単価ではMoS_2より少し高い程度にまでなりつつある．

上記のように，固体潤滑剤にはそれぞれ得意とする潤滑性能がある反面，不得意な性能もあるので，多くの場合複数の固体潤滑剤や，他の添加剤と併用して潤滑剤設計がなされている．例えば，自動車の等速ジョイントに使用されるグリースでは耐フレーキング性，耐焼

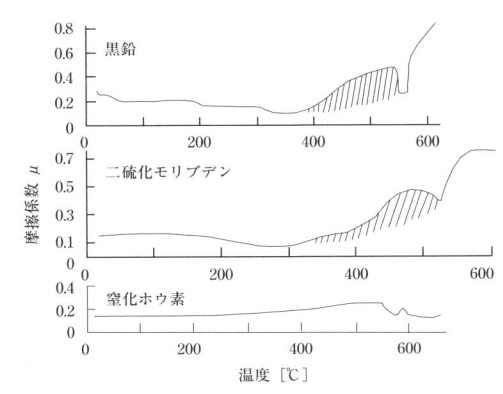

図Ⅲ-2.1.10 黒鉛，二硫化モリブデン，窒化ホウ素の摩耗係数の温度変化(大気中，ピンオンディスク法による測定値)

付き性，耐摩耗性，低摩擦性などの性能が要求され，特許第2799634号によれば基油に固体潤滑剤であるh-BN，増稠剤，有機亜鉛化合物，極圧剤，酸化防止剤などが添加されて目的の性能を発現している．また複合材料としての例では，高温用転がり軸受の保持器に，従来耐熱性，靭性に問題のあったグラファイト材に代り，ニッケル基合金にh-BNと黒鉛を加えて焼結した複合材を検討している例が最近報告されている[4]．ここでは黒鉛のなじみの良さと，h-BNの高温域までの潤滑性がニッケル合金の高靭性と共に活かされている．

(3) 新しいセラミックス系潤滑剤

最近開発検討されている新しいセラミックス系潤滑剤としては，
① シリカ超微粉
② $Sr_xCa_{1-x}CuO_y$系複合酸化物
がある．

a. シリカ

シリカは真球度が高くかつ種々の粒径の微粒子や，粒度分布の狭いものを比較的容易に調整でき，しかも安価で，大気中でも熱的に安定であり，さらに目的に応じた表面処理も容易にできることから，新しい固体潤滑剤として注目されている．**図Ⅲ-2.1.11**[5),6)]に，粒径の異なるSiO_2微粒子およびMoS_2の耐摩耗性と耐焼付き性を比較した結果を示したが，数nm～数十nmのシリカ超微粉が優れた耐摩耗性と耐焼付き性をもつことがわかる．しかし，同じSiO_2粒子でも，サブμmの粒径のものはむしろ砥粒として作用する結果となっている．このシリカ超微粒子添加による耐摩耗性と耐焼付き性の向上効果は，シリカ粒子が金属接触を妨げ移着粒子の大規模な成長を抑制しているためと推定されている[6)]．

b. $Sr_xCa_{1-x}CuO_y$系複合酸化物

$Sr_xCa_{1-x}CuO_y$系複合酸化物は，高温用固体潤滑剤として検討されているもので，CaO_2と層とSr(Ca)層が無限に積み重なった酸素欠陥ペロブスカイト構造をもつことから，低摩擦と酸化安

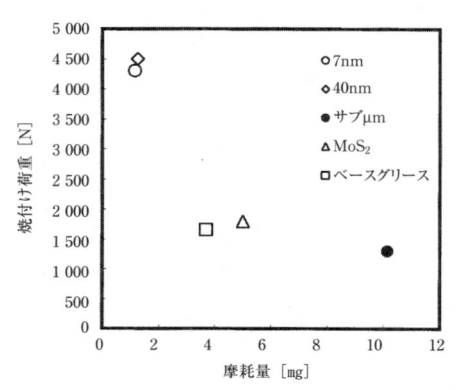

図Ⅲ-2.1.11　SiO_2微粒子の粒径と添加グリースの摩耗量と焼付け荷重の関係

2.1 機械的機能

表Ⅲ-2.1.8 複合酸化物の耐荷重性

固体潤滑剤	融着荷重[N]		
	3mass%*	5mass%*	10mass%*
$Sr_{0.1}Ca_{0.9}CuO_y$	1 960	1 960	2 450
$Sr_{0.14}Ca_{0.86}CuO_y$	1 568	1 960	2 450
$Sr_{0.9}Ca_{0.1}CuO_y$	1 960	2 450	4 900
$SrCuO_y$	1 960	1 960	3 920
$CaCuO_y$	1 960	1 960	1 960
MoS_2	−	1 960	−

*グリースへの添加濃度,Shell 4球試験,すべり速度:0.68m/s

定性が予想される.**表Ⅲ-2.1.8**[7]に,潤滑グリースに添加した場合の耐荷重能の向上効果を,MoS_2を比較材にして示した.耐荷重性に優れるMoS_2と同等以上の耐荷重能が得られている.またこの種のセラミックスを添加したグリースの摩擦係数の温度依存性を調べ,約500℃まで0.10~0.17の低摩擦係数を示すことが明らかになっている[8].

以上,固体潤滑剤としてのセラミックスについて概説したが,初めにも述べたように,固体潤滑剤の作用メカニズムについてはまだまだ明らかになっていない部分が多く,今後さらなる基礎的検討と,それに基づく応用研究により新たなセラミックス系固体潤滑剤の開発,応用が展開されることを期待する.なお今回紹介できなかった応用例は数知れずあるので,いくつかの総説[9]~[11]を参考文献に記載しておくので参考にしていただきたい.

引用文献

1) 岡田和三,木村好次,郭奇亮,日本トライボロジー学会トライボロジー会議予稿集,名古屋1993年11月,p.115 (1993).
2) 山本,トライボロジスト,**40**, 4, pp.85−88 (1995).
3) R. F. Deacon and J. Goodman, *Proc. Roy. Soc. A*, **243**, pp.464−482 (1958).
4) 荻原博之,日経メカニカル,510, pp.24−25 (1997).
5) 広中清一郎,"セラミックスデータブック'98", pp.62−65 (1998).
6) 細江広記,平塚健一,南一郎,広中清一郎,*J. Ceram. Soc. Japan*, **105**, 10, pp.867−870 (1997).

7) 鈴木雅裕，佐々木雅美，広中清一郎，*J. Ceram. Soc. Japan*, **106**, 8, pp.808-810 (1998).
8) 鈴木雅裕，佐々木雅美，村上敏明，東海大学紀要開発工学，7, pp.171-179 (1997).
9) 松永正久監修，津谷裕子編集，"固体潤滑ハンドブック"，幸書房 (1982).
10) 潤滑経済，358, pp.161-184 (1996).
11) 潤滑経済，385, pp.2-25 (1998).

■ 2.1.5 複合材

(1) 機械的挙動の大略

セラミックスを基材とする複合材には，粒子強化，ナノコンポジットなどさまざまな形態のものがあるが，ここでは，最近脚光を浴びている，タービンエンジンの耐熱部材など，エネルギー関連分野の高強度を要する部材への適用が期待されている連続繊維強化セラミックス複合材（CMC：ceramic matrix composites）について記述する．この種のセラミックス複合材は，先にあげた2つの複合材が一般的な先進セラミックスと類似の挙動をするのに対して，強度・剛性の保持を基本的に繊維に依存しており，き裂進展／破壊挙動はまったく異なる．また，高強度を実現するには，繊維とマトリックス（基材）の界面での相互にすべり合うせん断応力を最適にするような界面処理が必要であるなどの，特殊な製造ノウハウを要するという大きな相違がある．強化繊維の配置も，一次元（実際にはほとんど用いない）配列のものから，多くの場合に用いられる二次元織物，あるいは，板厚方向に繊維を通した三次元織物も珍しくないなど，多用な形態をとっている．

a. 三次元強化前躯体焼成法基材CMC

このCMCの機械的挙動の大略を提示する第1段階として，航空宇宙技術研究所／宇部興産㈱／シキボウ㈱が共同して開発した三次元強化前躯体焼成法（PIP）基材CMC（NUSK-CMC）の常温での引張応力-歪み挙動[1]を**図Ⅲ-2.1.12**示す．強化繊維はチラノ繊維®（Lox-M）である．この応力-歪み挙動は，一方向材ではなく二次元面内 x, y に等量の繊維

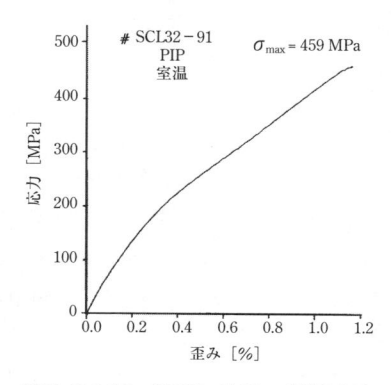

図Ⅲ-2.1.12 NUSK-CMCの常温における応力-歪み挙動

2.1 機械的機能

をもつCMCとしては，異例に大きな破断歪みをもつ特殊なものであることに留意されたい．第1に，この応力－歪み線図を提示したのは，CMCのもつポテンシャル暗示の意味をもつ．この図から，応力－歪み曲線の下の領域の面積として定義される破壊エネルギーも，非常に大きい値（$3.0\,\mathrm{MNm/m^2}$程度）となっていることがわかる．

b．CVI-CMC：CERASEP

一方，これとの比較として，多少古いデータであるが，市場から入手できるCMCとして，フランスSEP社のCVI－CMC：CERASEP®（後に米国ランクサイド社にライセンス供与）の応力－歪み曲線[2]を **図Ⅲ－2.1.13** に示す．これは，世界最初に上市されたCVI－CMCのものであり，現バージョンでは強度・破断歪み共にさらに高いものとなっているが，当時のブレイクスルーの記録として提示する．強化繊維はニカロン®である．この2つの例で特徴的なことは，共に小さな歪み（0.03～0.05％）で応力－歪みの非線形が現れていることである．図Ⅲ－2.1.13には負荷－除荷の応力－歪み例が示されているが，このように，ある応力レベルまで負荷した材料では，いったん除荷後，そこまでの次回の負荷ではほぼ直線となる．図Ⅲ－2.1.12と同系のNUSK－CMCの負荷－除荷を伴う応力－歪み挙動を **図Ⅲ－2.1.14** に示す．この形も大略，図Ⅲ－2.1.13のループと類似のものとなっていることがわかる．このような応力－歪みを示す原因として，基材の微視的な割れの生

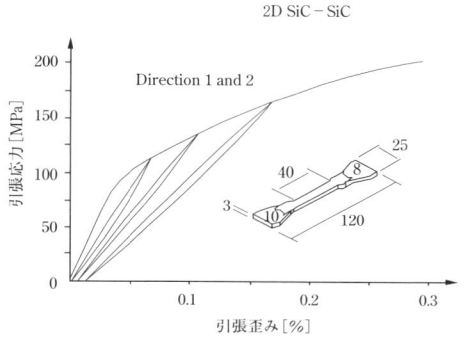

図Ⅲ－2.1.13 フランスSEP社が史上初めて上市したCMC材（CVI基材）CERASEP®の常温における応力－歪み挙動（除荷含む）

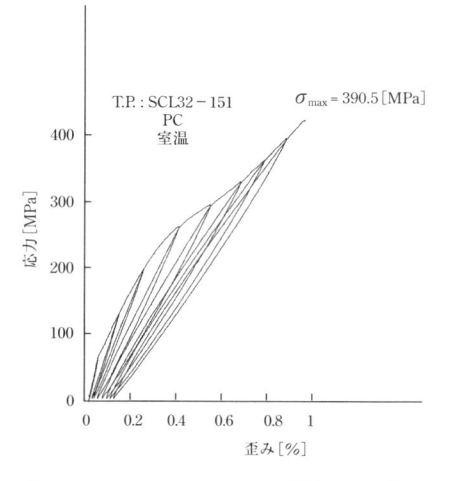

図Ⅲ－2.1.14 NUSK－CMCの常温における負荷／除荷のサイクルを伴う応力－歪み挙動

成から繊維-基材界面剥離の進展，荷重に直角な繊維の割れなどの影響が，かなり詳細に解析されるようになってきている．

c. ハイニカロン®強化PIP法基材CMC

図Ⅲ-2.1.13に示したものと同系統の繊維を用いたCMCの最近のデータとして，高温特性を改善したハイニカロン®強化PIP法基材CMCの常温の応力-歪み挙動[3]を，ポアソン歪みの挙動まで含めて **図Ⅲ-2.1.15** に示す．図Ⅲ-2.1.13よりもある程度改善されているが，図Ⅲ-2.1.12の強度・破断歪みには遠く及ばないことがわかる．航空宇宙技術研究所などが開発したCMCにおいてこのような挙動が発揮される鍵は，宇部興産㈱が開発した優れた界面処理(TM-S6)にある．この処理時の繊維近傍の非常に微視的な領域のオージェ分析結果[1]をほかの場合と比較して，**図Ⅲ-2.1.16** に示す．表面近傍の深さ25～30 nm程度までのきわめて限られた領域で，TM-S6処理の場合，C,Si,Oの元素分布がかなり特異な形状をしていることがわかる．このような表面処理によって，なぜ強度が上昇するかのメカニズムは完全には明らかになっていないが，破壊力学式を仮定したマイクロ観察結果から，本材料の界面の限界すべりせん断応力

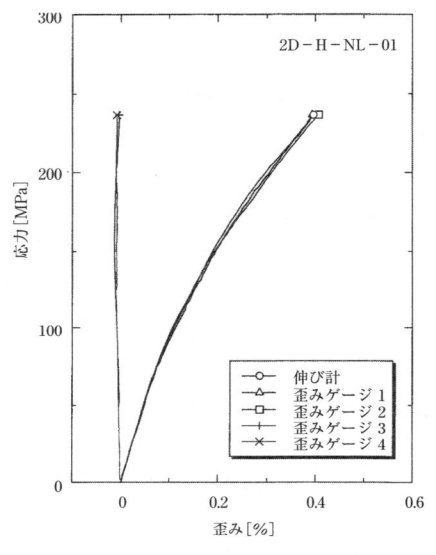

図Ⅲ-2.1.15　ハイニカロン®二次元織物強化PIP基材CMCの常温における応力-歪み挙動(ポアソン歪み挙動含む)

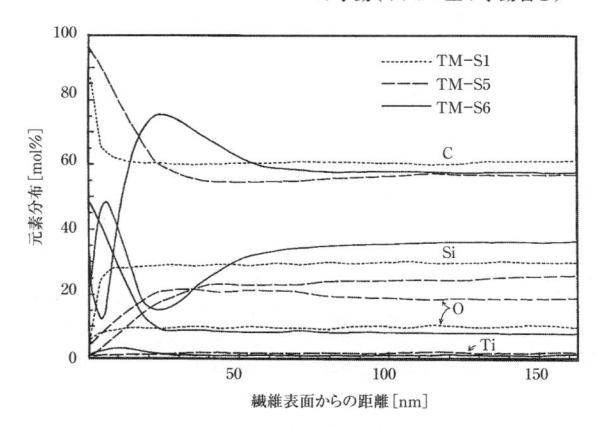

図Ⅲ-2.1.16　いくつかの表面処理をもつSi-Ti-C-O繊維(チラノ®: Lox-M)の表面近傍のAuger分析結果(TM-S6がもっとも良好な強度を与える処理)

2.1 機械的機能

表Ⅲ-2.1.9 NUSK-CMC(シール有/無)のマイクロ観察に基づく繊維強度特性推定値[4]

試験条件	τ:限界界面すべりせん断応力 [MPa]	$<h>$:平均プルアウト長さ $[10^{-3}\mathrm{m}]$	S_0:$L_0=10^{-3}$mに正規化した繊維のその場強度[GPa]	m:ワイブル係数
シール無				
常温	4.94(+/-0.16)	0.81(+/-0.02)	3.86(+/-0.13)	4.19(+/-0.05)
1200℃/真空中	6.27(+/-0.35)	0.59(+/-0.03)	3.45(+/-0.20)	5.72(+/-0.10)
1300℃/真空中	9.13(+/-0.96)	0.39(+/-0.04)	3.18(+/-0.34)	6.56(+/-0.11)
1100℃/大気中	54.75(+/-5.40)	0.07(+/-0.01)	1.37(+/-0.15)	2.91(+/-0.13)
1200℃/大気中	60.50(+/-8.43)	0.06(+/-0.01)	1.26(+/-0.18)	2.68(+/-0.11)
シール有				
1200℃/大気中	3.92(+/-0.26)	1.06(+/-0.07)	4.22(+/-0.29)	4.00(+/-0.07)
1200℃/大気中	6.06(+/-0.61)	0.57(+/-0.06)	3.12(+/-0.31)	4.64(+/-0.10)

τは5MPa程度とかなり小さく，この値が高強度発現に大きな役割を果たしていることが推定[4]されている．図Ⅲ-2.1.16に示した表面性状が，最適なτの発現に貢献していることが想定される．このときの推定結果[4]を，**表Ⅲ-2.1.9**に示す．ここには，この算定の根拠になった，平均プルアウト長さh(純粋観察結果)，繊維のCMC内その場強度S_0(観察したFracture Mirrorからの推定)，ワイブル定数m(多数観察からの統計値)の値も示してある．なお，この表にあるガラスシールが何かに関しては，以下に簡単に説明する．

(2) ガラスシール

上に述べたように，常温の強度に関しては近年目覚ましい成長を遂げたCMCであるが，本来の開発目的からみると，高温大気中で良好な強度・力学特性を有するかどうかが，実際にこの材料が工業部品として応用されるか否かの死命を制する．図Ⅲ-2.1.12に示したCMCを，製造後，特に処理しないで高温大気中で引張試験を行ったところ，1000℃以上でははなはだしい強度低下を生じた．これは，この繊維の性能からみて，繊維そのものが劣化したのではなく，上記の処理を施された繊維-基材界面が酸化により主にSiO_2化し，τが上昇して(表Ⅲ-2.1.9の波線部参照)，複合材としての強度が低下するに至ったと考えられる．そこで，川崎重工業㈱が開発した水ガラスベースのガラスシール技術を，このCMCに適用したところ，著しい強度特性の改善[4]がみられた．その結果を温度を横軸にとって，**図**

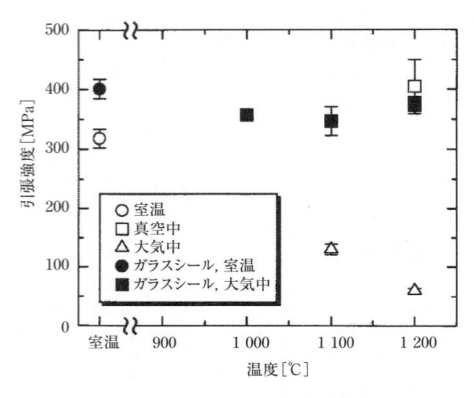

図Ⅲ-2.1.17　NUSK-CMCの耐酸化ガラスシールの有無による高温大気中静的引張強度の比較

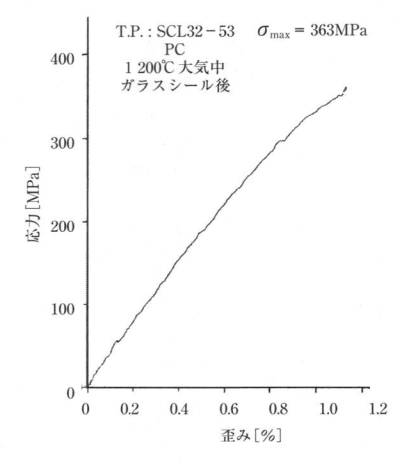

図Ⅲ-2.1.18　NUSK-CMCのガラスシール有りの場合の大気中1 200℃での引張応力-歪み挙動

Ⅲ-2.1.17に示す．

ここで注意すべきはこのガラスシールは，CMCの表面だけに存在するのではなく，ポリマー複合材の技術を使って，多孔質であるベースCMCの中へ貫入していることである．まず，シール無しだと強度は1 100℃大気中では常温の1/3, 1 200℃では1/6に低下してしまうことがわかる．一方，シール有りでは，大気中ではほぼ常温と同等の強度を有していることがわかる．ここには示さなかったが，真空中ではシール無しでもこの温度まで同等の強度を有することが確認されていることが確認されている．このことと，表Ⅲ-2.1.9から推定された界面せん断応力の結果が，シール有りでは室温ないし1 200℃真空中の値に近いことから考えて，ガラスシールが，界面の保護に果たしている役割は絶大であることがわかる．接触型変位計で取得した1 200℃大気中の応力-歪み関係[5]を図Ⅲ-2.1.18に示す．初期弾性係数が常温より低下し，初期の非線形性が緩和されていることがわかる．これは，製造温度に近くなっているので，熱残留応力がほぼ消失したことと関連すると考えられる．

このように，静的な特性はガラスシールにより大幅に改善されたので，高温大気中での長時間挙動をクリープ挙動[6]という形で把握することとした．その結果を図Ⅲ-2.1.19に示す．ここで比較対象として，黒塗り逆三角形で示したのは，図Ⅲ-2.1.13で示した材料の技術が米国Du-Pont-Lanxide社へ供与されて，改善

2.1 機械的機能

を経て上市されている CVI-CMC の 1 100 ℃ のデータである．これと直接比較すべき本材料の1 100 ℃ のデータを黒四角で示すが，1 000 時間近くまで，CVI-CMC の 1.8～2.2 倍程度のクリープ強度を発揮していることがわかる．正確に言いかえると，図Ⅲ-2.1.16 に示した表面処理によって得られた初期の高強度が，高温大気中でも急速に劣化されずに維持されているとみられる．

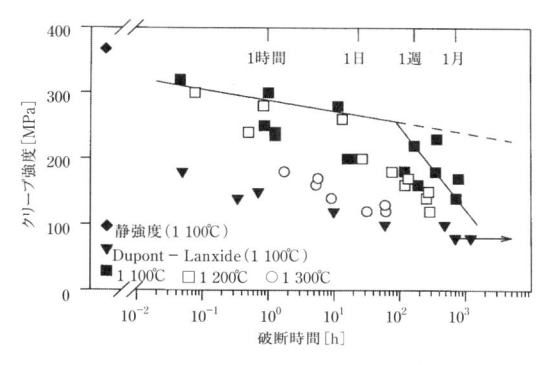

図Ⅲ-2.1.19 NUSK-CMCのガラスシール材の高温大気中の引張クリープ強度特性

このガラスシール適用CMCに関連して，今後多少改善の必要な点は，図Ⅲ-2.1.19中で1 100 ℃ および1 200 ℃ のデータ共に，100時間をこすあたりからやや顕著な強度低下が観測されていることである．この現象の原因として，100時間程度の経過の間にガラスシール内に結晶（Tridymite）が成長し，シールの粘度が上昇して，耐酸化機能が低下していることが推定されている．このような事実に鑑み，高温での疲労試験の実施が待望されている．100時間という高温暴露時間は，宇宙輸送機への応用などではほぼ十分な時間と考えられるが，エネルギー関連分野への応用という観点からは十分ではなく，今後のシールの改良，さらに別の耐酸化層の追加などが必要となるであろう．

以上，長繊維強化CMCについて，最新のデータを含むいくつかの機械特性データを提示してきた．注意すべきは，この材料はまだ新しく，材料系スペックなどにも流動的な要素があるので，データ参照にはどの材料のものであるかに十分留意すると共に，最新の情報を常に更新するよう心掛けることをお勧めする．また，機械部品の設計という観点からは，まだ十分なデータが蓄積されているわけではないことにも意を払う必要がある．

参考文献

1) T. Ishikawa *et al.*, Experimental Stress/Strain Bhavior of SiC-Matrix Composites Reinforced With Si-Ti-C-O-Fibers and Estimation of Matrix Elastic Modulus, *Composite Science and Technology*, **58**, pp.51-63 (1998).

2) J. J. Choury, SEP Carbon and Ceramic Composites in Aeronautics and Space Applications, *Proc. of 1st Int. Symposim on FGM*, Sendai, Japan, pp.157-167 (1990).
3) 日本ファインセラミックス協会編, 石油代替資源用新素材の試験評価方法の標準化に関する調査研究報告書, 3.5節 (1999).
4) I. J. Davies *et al.*, Tensile and In-SituFibre Properties of 3-D Sic/Sic-Based Composite at Elevated Temperature in Vacuum and Air and Air with and without an Oxidaition Protection System, *Ceramic Eng. And Sci. Proc.*, **19**, Issue 3, Am. Ce., pp.275-282 (1998).
5) T. Ishikawa *et al.*, Creep Behavior and Modeling of Sic-Based PC Ceramic Matrix Composites with Glass Sealant in High Temperature Air, *Proc. of 3rd HT-CMC*, also, Key Engineering Materials, **164mm-165**, pp.197-200 (1999).
6) 鈴木直人他, ガラスシール型PIPセラミックス基三次元織物複合材の高温大気中クリープ挙動に関する考察(第2報), 日本複合材料学会第23回複合材料シンポジウム講演要旨集, pp.132-133 (1998).

2.2 熱的機能

■ 2.2.1 高温強度(タービン用材料)

　ガスタービンはエネルギー変換機械の一種で,化石燃料などの化学的エネルギーを効率よく機械的エネルギーまたは電気エネルギーに変換することが可能である.その特徴は,非常に高温高速な内燃機関で最もコンパクトで高出力な点にあり,ジェットエンジンなど輸送用原動機としても,また高効率な発電用原動機としても,重要な地位を占めている.

　タービン効率は,タービン入口温度の上昇につれて顕著に向上する傾向があることから,タービン用材料にはさらなる耐熱性が要求されてきており,セラミックス材料の適用によるタービンの高効率化に対する期待は高い.そうした要求に応えるべく着実な研究開発が続けられており,本稿ではセラミックスガスタービン(CGT)を例に,高温高強度窒化ケイ素の適用例とその物性を紹介する.

　高温での用途を考慮すると,機械的特性の観点から共有結合性の強いセラミックスが優れた特性を示す.その中でも,窒化ケイ素は強度,靭性,高温特性でバランスのとれた特性を発揮し,特に熱衝撃特性に優れていることから,ガスター

2.2 熱的機能

ビン材料として最も普及が期待される材料である．**表Ⅲ-2.2.1**に窒化ケイ素セラミックスの典型的な特性をニッケル合金（インコネルなど）と比較して示す．窒化ケイ素が超合金と比較して，高温強度おいてはるかに優れているだけではなく，比重が小さいことから回転部品として有利であり，また熱膨張係数が小

表Ⅲ-2.2.1　窒化ケイ素とニッケル合金の機械的・熱的特性の比較

特性	窒化ケイ素	ニッケル合金
融点または分解温度[℃]	1 900（分解）	1 350〜1 450
比重[g/cm³]	3	〜8
ヤング率[GPa]	300	〜200
熱膨張係数[10^{-6}/K]	3	〜13
熱伝導係数[W/mK]	〜25	〜40
ビッカース硬度[kg/mm²]	〜1 700	〜300
引張強度[MPa] 室温	300〜600	〜1 000
800℃	300〜600	〜500
1 200℃	200〜400	
圧縮強度[MPa]	〜2 400	〜700
伸び[％]	0.2	〜20
破壊靱性[MPam$^{1/2}$]	4〜8	〜100
耐熱衝撃性[℃]	500〜1 200	>1 000

さく，耐熱衝撃性が高いことから，温度の急変を伴う用途に適していることがわかる．さらに，構成元素がケイ素および窒素であることは，原料資源の点からも超合金に対して優位にある．各国で進められてきたセラミックスのガスタービンへの応用においては，高温セラミックス部品で窒化ケイ素系材料が使用される場合がほとんどである．

窒化ケイ素の機械的特性は，窒化ケイ素組織中の粒と粒界相の形態と組成によって決定される．そこで，機械的特性の向上をめざして，窒化ケイ素の組織制御技術の開発が活発に行われた．その結果，強度，靱性，高温特性は主に国内セラミックスメーカーの活発な研究開発に支えられて飛躍的に向上してきた．高温部材への適用を考えた場合，高い強度レベルを高温まで維持する材料が望ましいが，強度レベルと高温特性の両者を同時に満足する特性を得るのは難しいことが判明してきた．そこで，最近の高温用窒化ケイ素は機械的特性の観点から2つの種類に分化してきている．

典型的な高温高強度窒化ケイ素の温度に対する強度の変化を**図Ⅲ-2.2.1**に示す．窒化ケイ素Aは，室温から1 100℃

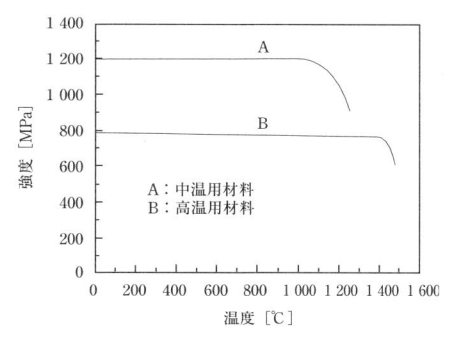

図Ⅲ-2.2.1　窒化ケイ素の高温強度特性

第Ⅲ編 エネルギー分野

図Ⅲ-2.2.2 CGT301への窒化ケイ素の適用例

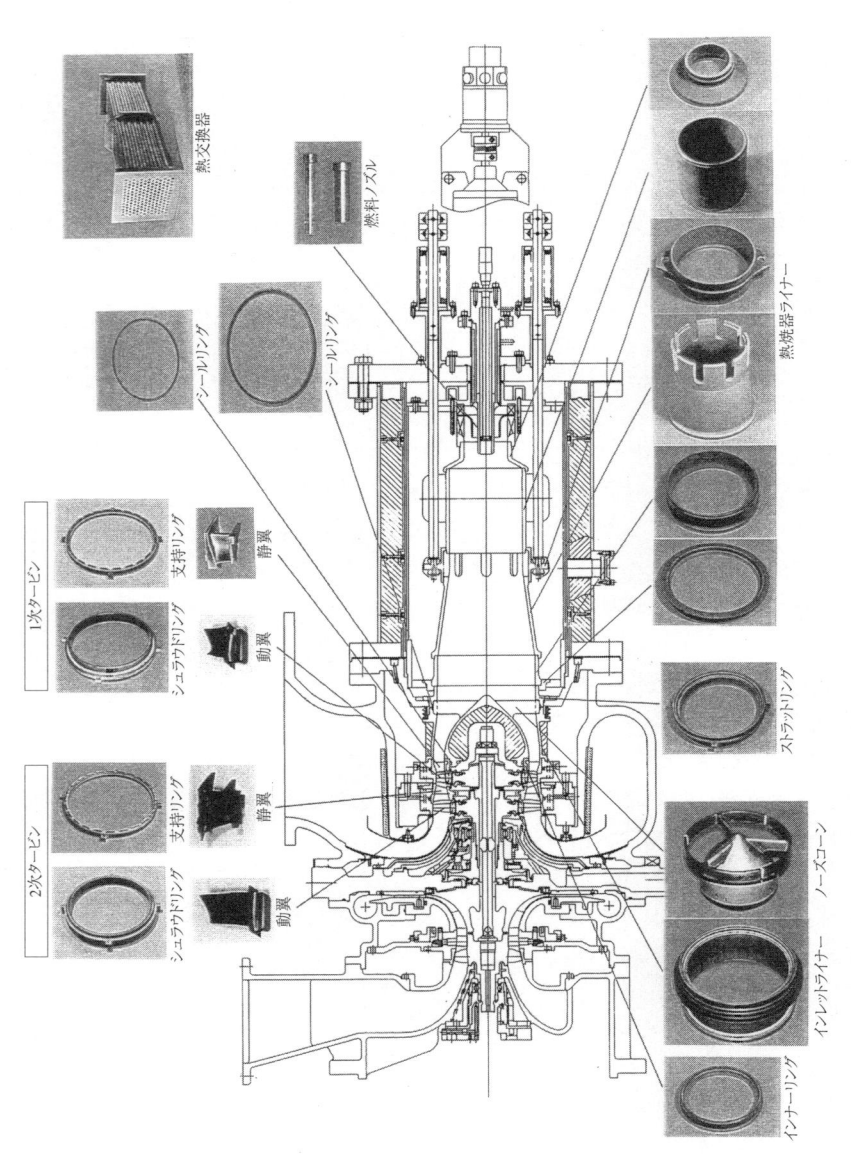

2.2 熱的機能

付近までの強度レベルはきわめて高いが，1 200 ℃程度から強度は顕著に低下する．この材料は，回転体部品などの，ガス温度はさほど高くないが応力レベルがきわめて高い部材への適用に適している．一方，窒化ケイ素Bでは，全体の強度レベルは高くないが，強度が低下する温度域が窒化ケイ素Aに比べきわめて高く，1400 ℃以上の温度でも強度は低下しない．また，耐酸化性などのほかの高温特性も，窒化ケイ素Aに比べ優れている場合が多い．この材料では，ガス温度が高く耐酸化性などの耐環境性が要求される部材として利用される．

この2つの種類の窒化ケイ素を適用した例として，通産省工業技術院のムーンライト計画の中で開発したコジェネレーション用300 kW級セラミックスガスタービン（CGT301）を紹介する．**図Ⅲ－2.2.2**に，ガスタービンの断面図と窒化ケイ素を適用した部材の写真を示す．上述の分類によれば，高強度の窒化ケイ素Aに相当する材料は，回転する金属ディスクに埋込まれた動翼に使用されている．他の燃焼器から静翼に至るまでのガス通路部品には，窒化ケイ素Bに相当する材料が適用されており，高温での安定性が重視されている．

■ 2.2.2 耐熱性・耐熱衝撃性

窒化ケイ素セラミックスは耐熱性・耐熱衝撃性に優れるので，自動車エンジン用部品として採用されている．本項では，その採用例を紹介する．

(1) 窒化ケイ素製渦流室[1]

ディーゼルエンジン用の窒化ケイ素製渦流室を**図Ⅲ－2.2.3**に示す．この渦流室は**図Ⅲ－2.2.4**に示すようにシリンダーヘッド内に設けられ，燃料をここで燃焼させるものである．燃焼室のまわりにセラミックスを用いると燃焼の高温化が

図Ⅲ－2.2.3　窒化ケイ素製渦流室

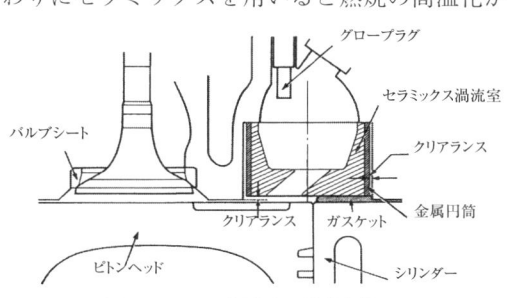

図Ⅲ－2.2.4　渦流室の装着状態

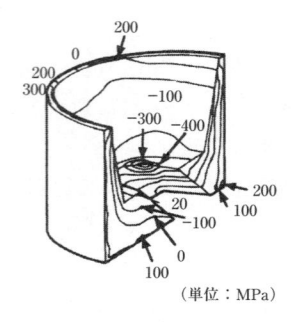

図Ⅲ-2.2.5 FEMによる熱応力分布

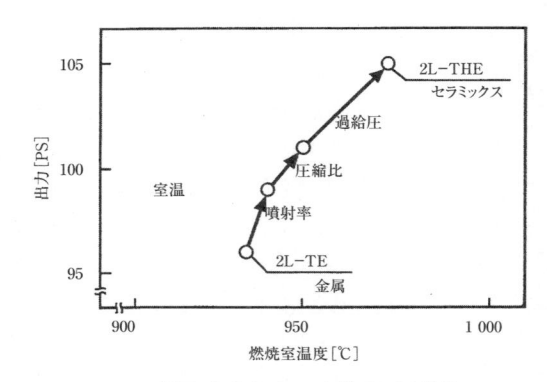

図Ⅲ-2.2.6 エンジン適合による性能

可能となり,エンジン性能向上が期待できる.エンジン運転時の主な実動応力としては,渦流室内部の温度差に起因する熱応力が考えられる.

図Ⅲ-2.2.5には,エンジン運転時の部分的測温結果に基づいてFEM解析により窒化ケイ素製渦流室の温度分布を求め,さらに発生する熱応力を解析した結果を示す.渦流室の形状に起因する熱膨張差による最大引張応力が300 MPaであり,窒化ケイ素材料を適用可能であることが確認できる.**図Ⅲ-2.2.6**にエンジン性能の適合を行った結果を示す.窒化ケイ素渦流室の適用により圧縮比,過給圧力,噴射量および噴射タイミングの最適化が可能で,最大9PSの出力向上を達成することができ,市販車エンジンに採用された.

(2) 窒化ケイ素製ターボチャージャー用タービンホイール[2],[3]

ターボチャージャーは排気ガスのエネルギーによって排気タービンを回転させ,同軸上の圧縮機を駆動させることにより吸気を圧縮し,エンジンに大気圧力以上の高密度の吸気を供給する装置をいう.加速時にアクセルを踏むとエンジン回転数は増加するのに対し,ターボチャージャーの回転数の増加にはターボラグとよばれる時間的なズレがある.窒化

図Ⅲ-2.2.7 窒化ケイ素製タービンホイール

2.2 熱的機能

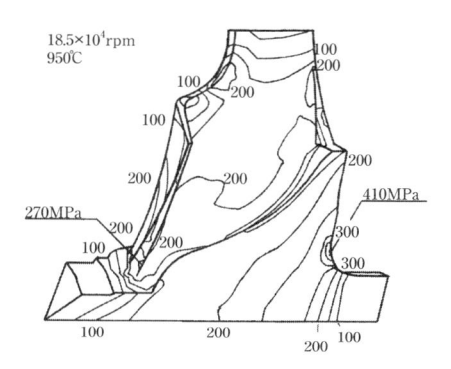

図Ⅲ-2.2.8　FEMによる遠心応力と熱応力を考慮した応力分布

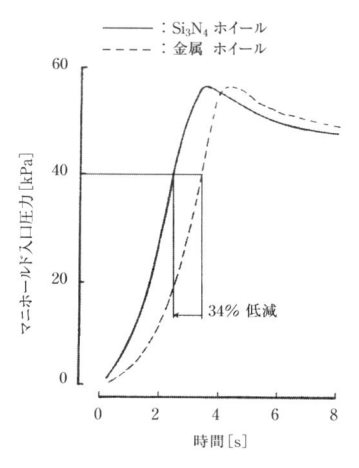

図Ⅲ-2.2.9　加速時の過渡応答性

ケイ素は耐熱合金に比べて比重が小さいことから，応答性の改善が期待できる．**図Ⅲ-2.2.7**にいくつかの窒化ケイ素タービンホイールを示す．**図Ⅲ-2.2.8**は窒化ケイ素用に形状を設計変更したタービンホイールの$950℃$，$18.5×10^4 rpm$における熱応力と遠心応力をFEM解析により求めた応力分布を示す．ハブ背面付け根部が最大応力部位で，最大引張応力が$410 MPa$であり，窒化ケイ素材料を適用可能であることが確認できる．エンジン性能試験の結果，**図Ⅲ-2.2.9**に示すように，金属製ターボホイールに比較して窒化ケイ素製は慣性モーメントが小さいことから，加速時の過渡応答性を34％向上させることができ市販エンジンに採用された．

(3) 窒化ケイ素製排気制御弁[4),5)]

図Ⅲ-2.2.10に，ツーウェイツインターボエンジンの吸気系システムを示す．このエンジンでは低負荷回転時にはターボNo.1のみを動作させ，排気ガス量が多くなる高負荷回転時にターボNo.2も同時に作動させることによって，車両発進加速時のレスポンスを向上させている．このターボNo.2の作動，

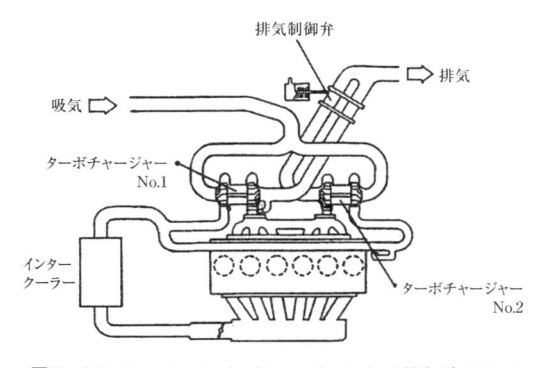

図Ⅲ-2.2.10　ツーウェイツインターボエンジンの排気系システム

図Ⅲ-2.2.11 窒化ケイ素製排気制御弁

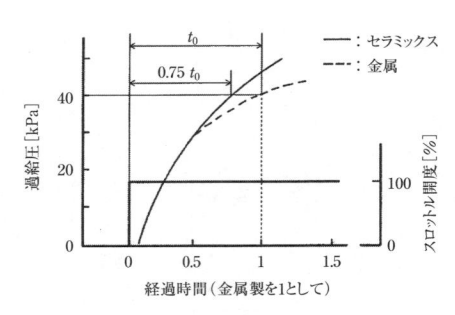

図Ⅲ-2.2.12 エンジンの加速性能

停止を制御するためにターボNo.2の下流に配置されているのが排気制御弁である．排気制御弁には排気ガスを遮断させること，すなわち全閉時の密閉度を上げ排気ガスの漏れ量を少なくすることが要求される．従来は耐熱鋼のバタフライ弁を使用しており，運転時の各部位における温度差による熱膨張差が大きいことを考慮して，バルブとボアのクリアランスを比較的大きく設定されていた．窒化ケイ素製排気制御弁を**図Ⅲ-2.2.11**に示す．バルブ，シャフトおよびボディはいずれも金属に比較して熱膨張の小さい窒化ケイ素製であり，排気ガス漏れ量の低減が期待できる．

バルブとシャフトの接合は，窒化ケイ素とのぬれ性に優れる金属シリコンを量産部品として初めて使用した．窒化ケイ素製排気制御弁の漏れ量を調べると，金属製に比較して約50％と大幅に低減することが確認された．

図Ⅲ-2.2.12にエンジンでの過給圧力の立上り特性を示す．窒化ケイ素製排気制御弁は，金属製より過給圧力40kPaに到達する時間を約25％短縮することができ，過渡特性が大幅に向上し，市販エンジンに採用された．

(4) 燃料噴射ポンプ用ローラーブッシュ[6]

今後の展望の代りとして，近年，自動車用エンジン部品に採用された窒化ケイ素製ローラーブッシュを紹介する．**図Ⅲ-2.2.13**にディーゼルエンジン用分配型燃料噴射ポンプを示す．ポンプ部品の潤滑は軽油燃料自身に頼っているので，近年の排出ガス浄化のための高圧燃料噴射要求に対し，噴射ポンプ部品は従来にも増して高い耐焼付き特性が求められる．ポンプ部品の中で耐焼付き特性について最も憂慮されるローラー・ローラーブッシュ間の耐焼付き特性向上をねらって，**図**

2.2 熱的機能

Ⅲ-**2.2.14**に示す窒化ケイ素セラミックス製ローラーブッシュを検討した．

図Ⅲ-2.2.15にポンプ単体ベンチ試験にて耐焼付き特性を測定した結果を示す．窒化ケイ素製ローラーブッシュ搭載ポンプは従来材の金属製ローラーブッシュの焼付き荷重の3倍でも焼付かず，耐焼付き特性の余裕度が大きい理由で市販エンジンに採用された．耐焼付き特性は局部的な摩擦熱による凝着現象に関係があるので，このような摺動部品にはセラミックスの高い耐熱性を活かせることができ，今後，採用が拡大するものと思われる．

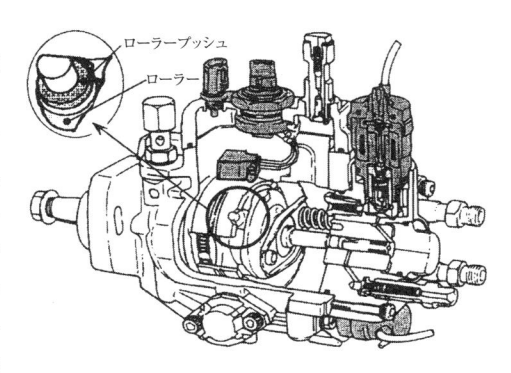

図Ⅲ-2.2.13　分配型燃料噴射ポンプ

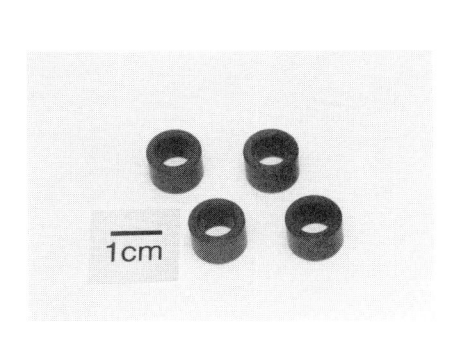

図Ⅲ-2.2.14　窒化ケイ素製ローラーブッシュ

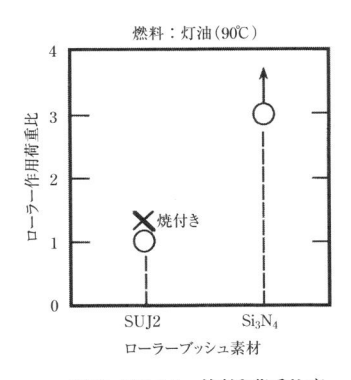

図Ⅲ-2.2.15　焼付き荷重比率

参考文献

1) S. Kamiya, M. Murachi, H. Kawamoto, S. Kato, S. Kawakami and Y. Suzuki, *SAE Transactions*, 850523, 3, pp.894-906 (1985).
2) T. Shimizu, K. Takama, H. Enokishima, K. Mikame, S. Tsuji and N. Kamiya, SAE Paper 900656 (1990).
3) T. Takama, S. Sasaki, T. Shimizu and N. Kamiya, ASME Paper No.91-GT-258 (1991).
4) 平田裕一郎，神谷純生，清水徹司，河瀬　隆，高間健一郎，*Toyota Technical Review*,

44, 5, pp.96 − 101 (1994).
5) 清水徹司,平田裕一郎,高間健一郎,自動車技術会学術講演会前刷集,9433533, pp.177 − 180 (1994).
6) 野田克敏,神谷純生,藤村俊夫,都築雅人,谷口和雅,自動車技術会学術講演会前刷集,9739930, pp.169 − 172 (1997).

■ 2.2.3 断熱性（断熱材）

熱は，理化学辞典[1]によれば，「温度の異なる2つの物体が接触するとき，高い温度の物体から低い温度の物体に移動するエネルギー」と定義されており，さまざまな形態により物体内を伝播する．その移動機構を大別すると，伝導伝熱，気体伝熱，対流伝熱，放射伝熱となり，特にここで論じようとしている断熱材は，比較的高い気孔率をもつ材質であるため，これら4つの伝熱形態の組合せにより，その特性が左右されることになる．

（1）伝熱形態
まず，これら4つの伝熱形態について，簡単に述べることにする．
① 伝導伝熱：物質の巨視的な移動なしに熱が物体内を伝わる現象であり，物体内の互いに接している分子間の熱が，直接伝播していく過程を伝導伝熱という[2]．厚さ d [m]の平板内を単位面積当りに流れる熱量 Q_s [W/m^2]は，平板の熱伝導率を λ_s [W/mK]，平板の両表面の温度を θ_1 [℃]，θ_2 [℃]とすれば，次式で表される．

$$Q_s = \lambda_s (\theta_1 - \theta_2)/d$$

② 気体伝熱：静止気体による伝熱を意味し，主として分子同士の衝突によりエネルギーが伝播される．気体分子運動論によれば，気体の熱伝導率 λa は次の式で表される．

$$\lambda_a = mcvnL/3$$

ここで，m：分子の質量[kg]，
　　　　n：単位体積中の分子数[1/m^3]，
　　　　c：比熱[J/kgK]，
　　　　v：分子の平均速度[m/s]，

2.2 熱的機能

L：分子の平均自由行程[m].

③ 対流伝熱：熱エネルギーをもっている物質が移動することで，物質と共にエネルギーが移動する．これが対流伝熱である．対流伝熱には自然対流伝熱と強制対流伝熱があり，重力場において，流体内の温度分布の差により密度差が生じた場合，重力によって流体が移動し，熱が伝達されることを自然対流という．一方，容器の中の流体を撹拌することで，流体の移動を行わせるような，重力とは無関係に機械的に流体が移動されることによる対流伝熱を強制対流伝熱という[3]．

④ 放射伝熱：固体・液体およびある種の気体は，熱エネルギーを電磁波として放射し，この電磁波が相互に離れている他の物質に受けられて，再び熱エネルギーになる[3]．これが放射伝熱であり，2枚の平行平板に挟まれた空間の場合では，単位面積当りの放射伝熱量Q[W/m²]は，両平面の有効放射率をそれぞれ$\varepsilon_1, \varepsilon_2$，ステファン・ボルツマン定数を$\delta$とすれば次式となる．

$$Q = \frac{\delta(T_1^4 - T_2^4)}{1/\varepsilon_1 + 1/\varepsilon_2 - 1}$$

ここで，T_1, T_2：両平面の温度[K]である[4]．

一般的に，断熱といった場合，これら4形態の伝熱を抑えることを意味する．

(2) 断熱機構

断熱材には，さまざまなタイプのものがあるが，これらの材料を，内部構造，特に骨格をなす固体の形状によって，繊維質断熱材，粉末質断熱材，発泡質断熱材の3種類に大別できる．**図Ⅲ-2.2.16**，その模型図を示す[5]．

これらの代表的な断熱材の断熱機構は，以下のようである．

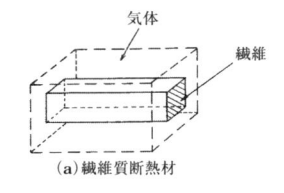

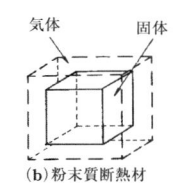

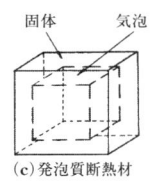

図Ⅲ-2.2.16 断熱材の模型図[5]

a. 繊維質断熱材

繊維質断熱材としては，ロックウール断熱材やグラスウール断熱材，セラミックスファイバー断熱材などがあげられるが，これらは，繊維間の接触部分に高い

熱抵抗をもち，繊維の積層方向に伝播する熱流束をきわめて小さくしている．

この種の断熱材では，繊維内部で伝導伝熱が生じ，繊維間の空隙に気体伝熱，対流伝熱と放射伝熱が生じている．断熱材の嵩密度を高くすると，繊維数が増え，繊維接触

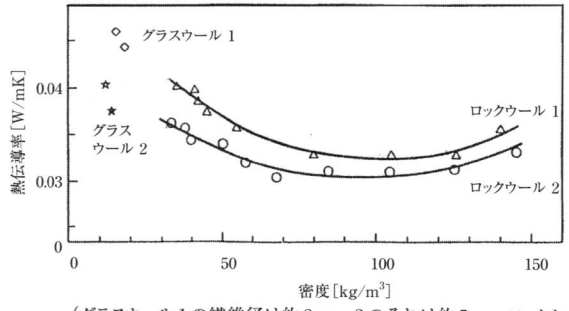

(グラスウール1の繊維径は約8μm，2のそれは約5μm，ロックウール1と2では製造方法が違う)

図Ⅲ-2.2.17　繊維質断熱材の密度と熱伝導率(平均温度30℃の場合)[6]

も密になるため，伝導伝熱が高くなり，一方で繊維間の空隙が小さくなるため，空隙内の温度差が減少し，対流伝熱はほとんど無視され，気体伝熱が主流となる．また，放射伝熱も，空隙のサイズが小さくなると，ほとんど無視することができるようになる．そのため，ある温度における繊維質断熱材の熱伝導率を，嵩密度をパラメーターとして測定すると，特定の嵩密度で熱伝導率が極小値を示すような嵩密度－熱伝導率曲線が得られる．**図Ⅲ-2.2.17**に，代表的な嵩密度－熱伝導率曲線を示す[6]．

また，繊維の配向性が熱伝導の重要な要素となり，熱流が繊維層に直交している場合と平行している場合とでは，まったく異なる熱伝導率を示す．例えば，ロックウール断熱材などは，薄い層状の綿を何層も重ねてつくられるが，熱がその層に対し垂直に伝播する場合と平行に伝播する場合では，後者の熱伝導率は前者のそれの2～3倍程度大きくなることが報告されている(ただし，真空下での測定)[7]．

b. 粉末質断熱材

粉末質断熱材には成形材と塗材があり，成形材でも，微細なゲル状結晶生成過程の自硬作用により成形されるタイプと，結合材を加えて成形されるタイプがある．両タイプとも，補強の目的から無機，有機繊維を少量混入してある[8]．

伝導伝熱に関しては，大部分が粉末同士の接触や焼結による熱抵抗となる．空隙はすべて連続気孔であり，空隙内の伝熱は，繊維質断熱材の場合と同様に，放射伝熱と気体，対流伝熱による．

粉末質断熱材の代表例として，ケイ酸カルシウム保温材がある．この断熱材は，

2.2 熱的機能

ゾノトライトまたはトバモライトと補強繊維などを主要構成材料とし，数 μm～数10 μm の微細な空孔からなる低密度の断熱材であり，その嵩密度と熱伝導率の関係は，**図Ⅲ-2.2.18** に示すように比例関係にある[9]．

その他，空隙のサイズを空気の平均自由行程以下にすることで，静止空気よりも優れた断熱性を実現することのできるエアロゲル断熱材がある[15]．

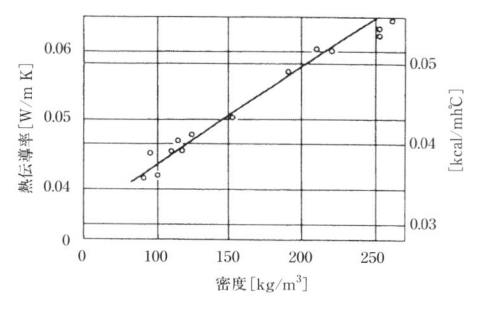

図Ⅲ-2.2.18 ケイ酸カルシウム保温材の密度と熱伝導率[9]（平均温度70℃の場合）

c. 発泡質断熱材

発泡体とは，独立するセル(closed cell)または連通するセル(open cell)からなる，物質と気体との複合材料である．無機，有機材ともに存在し，また天然，人工品がある．気泡中に空気以外の熱伝導率の小さな気体(炭酸ガス，フレオンガスなど)を封入することによって，静止空気の熱伝導率よりも小さい熱伝導率をもった断熱材がつくられる[8),10)]．

無機質発泡体としては，独立気泡からなる黒曜石発泡粒等を軽量骨材とした軽量コンクリートがある．これらの材料は，熱伝導率が小さく，断熱効果がすぐれており，不燃性の断熱材料として使用されている[11)]．

d. その他

その他，広く使用されている断熱材として，真空断熱材がある．単純に，断熱容器内部を真空にするタイプと，容器内部に繊維質断熱材や粉末質断熱材を充填するタイプがある．一般的に，断熱材の雰囲気を減圧し続けると，ある気圧下で熱伝導率が急激に低下するようになる．これは，断熱材内部の空隙の見かけのサイズと，空隙内に存在する気体の平均自由行程が一致するようになるためであり，どの程度の気圧下で熱伝導率が急激に変化するかは，断熱材の嵩密度に大きく依

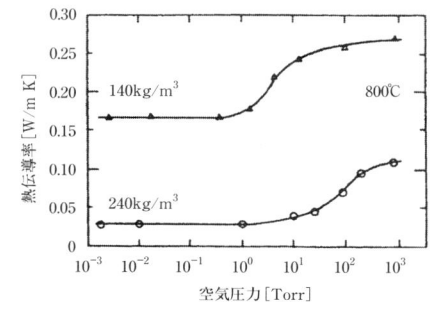

図Ⅲ-2.2.19 繊維質断熱材の圧力と熱伝導率[12)]

存している．**図Ⅲ-2.2.19**に圧力に対する繊維質断熱材の熱伝導率を示す[12),13)]．

また，複数の放射シールド板を，スペーサを介して多層構造とした多層断熱材がある[14)]．放射シールド板の間隔を狭めることで，対流伝熱や放射伝熱を低減させることが可能であり，内部を真空にして低熱伝導率断熱材を実現することもある．

引用文献

1) "理化学辞典"，第4版，岩波書店，p.949 (1987).
2) 杉山幸男，長坂克巳，"断熱工学"，3刷，槙書店，p.28 (1965).
3) 内田秀雄，"大学演習 伝熱工学"，第4版，裳華房，pp.1-2, (1973).
4) J. P. ホールマン，"伝熱工学(下)"，第1版1刷，ブレイン図書出版，p.303 (1982).
5) "省エネルギーのための保温入門"，日本熱エネルギー技術協会 (1978).
6) 大村高弘，田北善暉，住宅用ロックウール断熱材の熱抵抗，第14回日本熱物性シンポジウム論文集, pp.359-362 (1993).
7) 大村高弘，中山正章，周期加熱法による大気圧下および真空下における熱伝導率測定，第18回日本熱物性シンポジウム論文集, pp.229-232 (1997).
8) 文献5), pp.80-84 (1978).
9) "けい酸カルシウム保温材"，第5版第1刷，けい酸カルシウム保温材協会，p.14 (2001).
10) 工業調査会編，"工業材料大辞典"，p.1022 (1997).
11) 菊池四郎，守谷峯雄，佐藤文男，T/#5870「ライトン」，ニチアス技術時報，No.5, pp.1-6 (1987).
12) 大村高弘，田北善暉，周期加熱法による真空下での熱伝導率測定，第16回日本熱物性シンポジウム論文集, pp.385-388 (1995).
13) 大村高弘，真空熱伝導率測定方法の研究，ニチアス技術時報，No.3, pp.12-17 (1996).
14) 岩田章，超低温断熱材とその応用，ニチアス技術時報，No.4, pp.1-9 (1992).
15) 横川弘，横山弘，舛岡弘勝，滝嶌繁樹，住吉孝行，透明断熱材としての疎水性シリカエアロゲル，文献12), pp.261-264, (1995).

2.3 耐食性

■ 2.3.1 高温耐食性（炉材）

　一般に，1 000℃をこえるような高温部材いわゆる耐火物は，各種の工業窯炉で使用されている．現在，国内で，約250万 t/年が販売消費されているが，その使用条件，窯炉の使用部位によって，さまざまな具備特性が要求される．中でも，高温での耐食性は，炉寿命を決定づける重要な特性の一つである．

　この高温耐食性は，気相浸食と液相浸食とに大別される．また，液相浸食において，とりわけ局所的に，浸食速度が異常に増大する現象（局部浸食）が従来より観察されてきたが，近年その浸食メカニズムも解明されつつある．

　以下に，実際の窯炉での耐火物の浸食の具体的事例などをあげて概説する．

(1) 気相浸食

　耐火物の気相浸食について，先に詳しくまとめられた報告があり，COガス，炭化水素，天然ガス，硼酸ガス，亜硫酸ガス，水素および塩素ガス，金属ガスなど各種のガスによる浸食について述べている[1]．各種ガスの耐火物に対する浸食作用を一括して，表Ⅲ-2.3.1に示す．気相浸食は，400～1 200℃程度の比較的低温度域で生じる場合が多い．すなわち，温度の高い被加熱面より内部の低温度域で作用が及び，耐火物の特定の成分と選択的に反応もしくは，特定の成分が還元気化しやすい等の特徴がある．

　代表的な気相浸食のいくつかについて，その作用，機構などを次に述べる．

a. COガス

　COガスによる耐火物の損傷は，気相浸食の典型的事例であり，鉄鋼分野における高炉の内張り耐火物でよくみられる現象である．耐火物中に，鉄や酸化鉄が遊離の状態で存在するとき，400～600℃の温度域で下記の反応によって，炭素の沈積や炭化鉄を生成し，耐火物組織を崩壊させる．

　COガスによって，耐火物中の酸化鉄は還元され，金属鉄となり，さらに，炭化鉄へと変化し，生成した炭化鉄が炭素を遊離，沈積するとされ，以下の反応に整理される．

$$Fe_2O_3 + 3CO \rightarrow 2Fe + 3CO_2 \qquad (Ⅲ-2.1)$$

表Ⅲ-2.3.1 各種ガスの耐火物に及ぼす侵食作用[1]

ガス種	耐火物への作用	影響	反応温度 [℃]	耐火物（主として侵される組成）	実例
CO	炭素の沈積	組織の脆化，崩壊	400～600	各種耐火物（Fe触媒作用）	高炉
CH_4	炭素の沈積	組織の脆化，崩壊	600～1000	各種耐火物（Fe触媒作用）	化学工業炉
C_mH_n	還元作用	気化による脆化	1400以上	各種耐火物（$SiO_2 \rightarrow SiO+Si$）	高炉
Zn, Pb	金属の充填	酸化に伴う容積変化（亀裂等）	470～560	各種耐火物（気孔）	高炉，ガラス窯，ロータリーキルン
SO_2	低融性物質の生成	溶出による組織の脆化	800～1000	マグネシアークロム系耐火物（$MgO \rightarrow MgSO_4$）	コークス炉
	硫酸塩の生成	組織の膨大	50～200	シリカーアルミナ系耐火物（$Al_2O_3 \rightarrow Al_2(SO_4)_3$）	
B_2O_3	低融性物質の生成	溶出による組織の脆化	1000以上	マグネシアーアルミナ系耐火物（$MgO \rightarrow MgO \cdot B_2O_3$）	ガラス窯
アルカリ（主にK_2O）	アルカリケイ酸塩の生成	結合強度の劣化	600～900	シリカーアルミナ系耐火物（$3Al_2O_3 \cdot 2SiO_2 + K_2O \rightarrow Al_2O_3 \cdot SiO_2$）	高炉，ガラス窯，ロータリーキルン
		溶出による組織の脆化	800～1000	マグネシアークロム系耐火物（$MgO \rightarrow (Mg \cdot Na)SO_4$）	
H_2	還元作用	気化，溶出による脆化	1400以上	各種耐火物（$SiO_2 \rightarrow SiO+Si$）	化学工業炉
Cl_2	塩化物の生成	気化，溶出による脆化	900～1000	シリカーアルミナ系耐火物（$Fe \rightarrow FeCl_2, FeCl_3$）	化学工業炉
H_2O	水和物の生成	消化による脆化，崩壊	低温域	ドロマイト，マグネシア系耐火物	各種工業炉
	他種ガスとの共存効果	侵食の作用の促進・抑制	高温域	各種耐火物 促進CO, SO_2, Cl_2 抑制H_2	
O_2	酸化作用	酸化による脆化，崩壊	400以上	炭素，炭化ケイ素系耐火物	各種工業炉

218

2.3 耐食性

$$3Fe + 2CO \rightarrow Fe_3C + CO_2 \qquad (\text{III} - 2.2)$$
$$Fe_3C \rightarrow 3Fe + C \text{ (deposite)} \qquad (\text{III} - 2.3)$$
$$2CO \rightarrow CO_2 + C \text{ (deposite)} \qquad (\text{III} - 2.4)$$

式(III-2.2)〜(III-2.3)の反応は繰返され,炭素の沈積が持続し耐火物組織を崩壊にまで至らせる.結果的に鉄および鉄酸化物は触媒的作用を示し,反応式(III-2.4)に集約される.

COガス中で,Fe, FeO, Fe_2O_3 等を加熱すると,450〜600℃の温度域で活発にCO_2が発生することから,上述の反応を確認[1]することができる.

このような鉄や酸化鉄による炭素の沈積は,COガス同様に,メタンガスなどの炭化水素ガスによっても,800℃以上の温度で発生する.

$$C_nH_{2n+2} \rightarrow (n+1)H_2 + nC \text{ (deposite)} \qquad (\text{III} - 2.5)$$

これらの炭素沈積反応を抑制するには,通気性の低い緻密な耐火物であればよく,また,酸化鉄が遊離の状態でなく,SiO_2やAl_2O_3と結合させておく,あるいはガラス化させておくことも効果的である.ただし,COの分解に不活性な鉄ケイ酸塩($2FeO \cdot SiO_2$:fayalite)なども,K_2Oなどのアルカリ蒸気が共存すると酸化鉄を遊離するので,耐火物中の鉄,酸化鉄自体を少なくすることが重要である.

b. アルカリ蒸気

アルカリ(Na, K)蒸気による浸食としては,高炉のシャフト部での浸食がよく知られている.主に,Al_2O_3-SiO_2質からなる高炉耐火物がアルカリ蒸気と反応して生成した鉱物としては,kalsilite [$(K,Na)_2O \cdot Al_2O_3 \cdot 2SiO_2$],leucite [$(K,Na)_2O \cdot Al_2O_3 \cdot 4SiO_2$],sanidine [$(K,Na)_2O \cdot Al_2O_3 \cdot 6SiO_2$],等が認められている.これらのアルカリ化合物の生成は約15%ほどの容積変化を伴い,耐火物組織を弱め,亀裂,膨張崩壊あるいはまた,溶融現象を起させる.

このような生成鉱物は,耐火物の平均的な組成のみでなく,耐火物構成鉱物の分布や外来成分によっても異なるが,一般には,Al_2O_3/SiO_2比によって異なる.

コランダム(α-Al_2O_3)質耐火物では,アルカリと反応して β-Al_2O_3 [$(K,Na)_2O \cdot nAl_2O_3$]を生成し,alkali bursting とよばれる異常膨張,崩壊を生じる.この反応は,例えば,以下のようである.

$$11Al_2O_3 + 2K + CO \rightarrow K_2O \cdot 11Al_2O_3 + C \qquad (\text{III} - 2.6)$$

c. 炉材の蒸発(真空)

冶金における,真空溶解炉や真空脱ガス装置など,耐火物が真空中で使用されると,高温域で耐火物成分の蒸発が起る.

表Ⅲ-2.3.2　各種耐火物の高温真空下での蒸発[3]（1 632℃×4h, 5×10^{-3}torr）

種類	重量減少率[%]	蒸発速度[×10^{-4}g/cm^{2}min]
アルミナ質（Al$_2$O$_3$　99%）	0.2	0.2
ムライト質（Al$_2$O$_3$　72%, SiO$_2$　24%）	2.1	1.5
スピネル質（MgO　80%, Al$_2$O$_3$　16%）	4.8	3.2
マグネシア質（MgO　97%）	6.2	5.4
マグクロ質（MgO　57%, Cr$_2$O$_3$　20%）	14.0	12.0
ジルコニア質（ZrO$_2$　96%, CaO　4%）	0.15	0.17

　酸化物系耐火物の蒸発現象については，単純な単一組成の酸化物のみならず，多成分系である市販の耐火物についても，真空下での蒸発実験を行い，重量減少速度を調べた報告[2]がある．

　表Ⅲ－2.3.2には，各種耐火物の高温真空下での蒸発速度[3]を示した．ジルコニアや純アルミナは蒸発減量が少なく，マグネシア，マグクロ，スピネル質耐火物では蒸発減量が大きい．

　一例として，真空下でその蒸発が比較的速いマグネシア（MgO）の反応は，

$$\text{MgO (s)} \rightarrow \text{Mg (g)} + 1/2\, \text{O}_2\text{ (g)} \qquad (Ⅲ-2.7)$$

$$\text{MgO (s)} \rightarrow \text{MgO (g)} \qquad (Ⅲ-2.8)$$

この場合，固相の組成と気相の組成が同一であり，均一蒸発（congruent vaporization）とよばれ，蒸発速度は時間と伴に変化せず一定である．一方，スピネルのような化合物では，MgOのみが優先的に蒸発しAl$_2$O$_3$が残留する．このように固相組成と気相組成が異なる場合は，不均一蒸発（incongruent vaporization）とよばれ，一般に蒸発速度が時間とともに変化する[2]．

$$\text{MgO}\cdot\text{Al}_2\text{O}_3\text{ (s)} \rightarrow \text{Mg (g)} + 1/2\, \text{O}_2\text{ (g)} + \text{Al}_2\text{O}_3\text{ (s)} \qquad (Ⅲ-2.9)$$

$$\text{MgO}\cdot\text{Al}_2\text{O}_3\text{ (s)} \rightarrow \text{Mg (g)} + \text{Al}_2\text{O}_3\text{ (s)} \qquad (Ⅲ-2.10)$$

　蒸発反応のより深い理解のためには，蒸発する分子種を明確にする必要がある．例えば，反応式（Ⅲ-2.8），（Ⅲ-2.9）ではP_{O2}（酸素分圧）に依存し，P_{O2}が高ければ反応が抑制されるが，式（Ⅲ-2.8），（Ⅲ-2.10）の反応ではP_{O2}には無関係である．

　真空下でなく大気圧下においても，超高温下では耐火物の蒸発が起りうる．炉内温度が2 000℃をこえる超高温の熱処理炉に，数ヶ月内張りされたマグクロレンガの損傷状況のミクロ組織を，**図Ⅲ－2.3.1**に示した．内張りレンガの厚さはやや減少し，稼働面の5 mm程度が多孔質化し，空隙の多い組織へと変化している．

2.3 耐食性

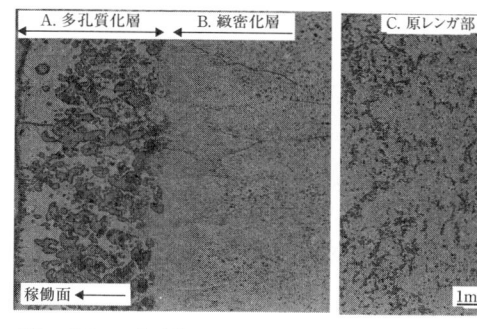

また，この多孔質化した層の背後は逆にかなりの緻密化現象を伴っているが，その調査結果を，原レンガと比較して**表Ⅲ-2.3.3**に示す．明らかに，高温での蒸気圧が高い Cr_2O_3，Fe_2O_3 成分が減少し，これらの成分が選択的に蒸発したことを示すものである．

図Ⅲ-2.3.1 超高温にさらされたマグクロレンガのミクロ組織

表Ⅲ-2.3.3 マグクロレンガ成分の蒸発

		A.稼働表面積(多孔質化層)	B.中間層(緻密化層)	C.原レンガ
化学組成 [wt%]	SiO_2	0.5	0.4	0.4
	Al_2O_3	7.4	5.3	5.5
	Fe_2O_3	2.7	6.9	7.6
	Cr_2O_3	11.7	18.5	18.9
	CaO	0.1	0.2	0.3
	MgO	77.9	69	67.4
見掛け比重		3.59	3.78	3.81
かさ比重		2.44	3.58	3.38
見掛け気孔率 [%]		32.0	5.4	11.4

(2) 液相浸食

鉄鉱石から鉄をつくる鉄鋼分野では，製銑，製鋼および鋳造等の各プロセスを経由することになるが，処理目的が異なる各プロセスではスラグ組成を含めた操業条件の違いにより，さまざまな耐火物が用いられる．例えば，混銑車(製銑プロセス)では Al_2O_3SiC-C 系，転炉や各種二次精錬炉(製鋼プロセス)では $MgO-C$ や $MgO-Cr_2O_3$ 系，タンディッシュやスライディングゲート(鋳造プロセス)には Al_2O_3 系吹付材や Al_2O_3-C 系が用いられている．

a. 単純な溶解

耐火物が溶融スラグ(主に，ケイ酸化合物)などの融液と接触して溶解反応を起すとき，例えば，耐火物を構成する酸化物成分と融液の組成から，状態図によって，平衡論的に溶解量を推定できる．しかし実際の耐火物では，溶解する速度が

問題となる．耐火物の溶解の模式図を **図Ⅲ-2.3.2** に示した．この溶解過程で耐火物成分は，図に示したような濃度勾配を生じ，δ で示した境界層(拡散層または，単に境膜)が耐火物壁に沿って存在する．同図(a) に示す単純な溶解反応ではこの拡散層を通じた溶解が起るが，この拡散層厚さをどのように制御していくかによって，耐火物の寿命が支配される．耐火物の浸食速度が界面境膜に支配される場合は拡散律速であり，このときの溶解速度式は一般に次式で表される．

$$dn/dt = DA(n_s - n)/\delta \qquad (Ⅲ-2.11)$$

ここで，n：融液中の溶質濃度，
　　　　n_s：融液中の溶質の飽和濃度，
　　　　D：融液中の拡散定数，
　　　　A：融液中の接触面積，
　　　　δ：拡散層厚さ，
　　　　t：時間．

濃度差が大きく，拡散層の厚さが薄いほど融体中に溶解しやすいことがわかる．さらに，耐火物とスラグの組成関係や温度条件によっても左右されるが，この要因については拡散定数 D の値の変化となって現われる．

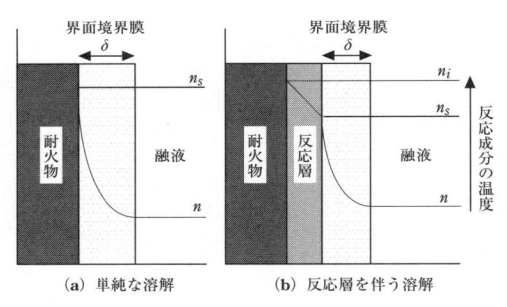

図Ⅲ-2.3.2　耐火物がスラグ(融液)へ溶解する際の模式図

実用されている耐火物では炉体寿命を延命させるために，操業途中に耐火物の構成成分をスラグに溶解させることによって n_s-n を小さく(スラグ中の耐火物成分を飽和濃度近辺に上昇)することがなされている．例えば，鉄酸化物を約10％含む$CaO-SiO_2$系スラグによる精錬を行う転炉(操業温度約1650℃)には$MgO-C$質耐火物が用いられているが，耐食性に優れた$MgO-C$質耐火物であっても高温のシリケート系スラグが接すれば溶解速度は著しく大きくなる．そのため実操業においては，高温のシリケートスラグ中にMgO質原料を添加し，スラグ中のMgO濃度を高め，溶解速度を低減する方法(スラグコントロール)がとられている．$MgO-C$質耐火物が転炉に適用された当初の炉寿命は数百回程度であったが，耐火物の高品質化と操炉の改善によって，その寿命は現在数千回程度に達している．

b. 反応層を伴う浸食

耐火物がスラグと接した場合，単純な溶解反応はむしろ希であり，図Ⅲ-

2.3 耐食性

2.3.2(b)に示すように耐火物表面に何らかの反応層が形成され,この反応層を介して溶解反応が進行する場合が一般的である.石灰質焼結体やマグネシア質焼結体のスラグへの溶解実験の例でも反応層が観察され,その形態が調査報告[4,5]されている.これらの溶解反応は,反応層内の拡散,耐火物−反応層間での化学反応,および境膜内での拡散の3つの因子に分ける必要がある.

固体−液相間の反応も,固体−気相間のそれと同様に考えることができ,固体−気相間の反応速度式では,次式に示すものがある[6].

境膜内の拡散律速の場合 　　　　$\alpha = kt$ 　　　　　　　　　　　　　(Ⅲ−2.12)
反応層内の拡散律速の場合 　　$1 - 3(1-\alpha)^{1/3} + 2\alpha = kt$ 　　(Ⅲ−2.13)
未反応固体表面での化学反応律速 　$1 - (1-\alpha)^{1/3} = kt$ 　　　　(Ⅲ−2.14)

ここで, α:反応率,
　　　　t:時間,
　　　　k:速度定数.

ただし,基本的には反応層があるか否かの違いのみで前述した単純な溶解反応と類似しており,いずれにしろ,耐火物のスラグへの溶解は,後述するように,境膜内の拡散律速(物質移動律速)である場合が多い.

c. 動的条件を伴う浸食

拡散律速か,否かの判別のために,溶解速度と試料の回転速度との関係が検討される.反応律速では,回転速度に無関係である.先述の石灰質焼結体やマグネシア質焼結体のスラグへの溶解実験の例でも,溶解速度は,回転速度に明瞭な依存性を示し[4,5],拡散律速であるとされる.

また,耐火物は実炉において攪拌され,流動するスラグによって動的な浸食を受けることが多く,実験室的に試料を溶融スラグ中で回転させたときと同様の状態であると考えられる.このような攪拌や回転は,一方で拡散層δを減少させるという影響を及ぼす.回転速度とδの相関については次式[7]が報告されている.

$$\delta = 1.61 D^{1/3} \nu^{1/6} \omega^{-1/2} \qquad (Ⅲ-2.15)$$

ここで, D:拡散定数,
　　　　ν:液体の動粘性係数,
　　　　ω:回転数.

拡散層厚さは回転数(換言すれば,スラグの移動速度)とスラグの粘性に依存して減少する.拡散層δの減少に伴い耐火物の溶解速度は増大し,一般的に溶解速度と攪拌速度の相関は次式で表現され,Sは4/5〜2/3程度といわれている.

溶解速度 ∝ (撹拌速度)^s　　　　　　　　　　　　　　　　　　（Ⅲ − 2.16）

　例えば，先述の転炉では，炉体下部に設置されたノズルと上部のランスから脱炭のための酸素ガスが高速で吹込まれ，内在物の溶鉄とスラグが著しい発熱と撹拌を受ける．MgO − C質耐火物の動的な浸食試験の報告[8]もあるが，このような使用環境下にあるMgO − C質耐火物は式（Ⅲ − 2.15）における拡散層δの減少に伴う著しい浸食を受け，耐火物の溶解速度は増大する．この条件下での溶解速度低減には，前述したスラグ中へのMgO濃度上昇，さらにCaO成分の富化（CaOまたはMgO − CaOの添加）によって拡散層厚さδに影響するスラグの動粘性係数νの増大と組成変動に伴う拡散定数Dを変化させることによって，溶解速度の低減が図られる．

d. 浸透浸食

　耐火物には10〜20％の気孔が存在するので，溶融スラグが接すると開口気孔を通じて毛細間現象により耐火物中に浸透していく．このメカニズムによる浸食では，溶融スラグが耐火物内部に深く侵入して，そのスラグ浸透層内で反応や溶解が起るため不連続的損傷（ある厚さをもって，突然耐火物が剥離）を生じることがある．例えば，耐食性に優れたMgO系耐火物ではスラグとの表面反応が非常に緩やかであるが，その一方では耐火物の開口気孔から数〜数十mmのオーダーで溶融スラグが浸透していく．このときの損耗形態を **図Ⅲ − 2.3.3** に示したが，浸透したスラグは耐火物構成粒子の間隙（粒界）を浸食し，スラグ浸透した部分の組織破壊を引起し，一定の時間が経過するとこの部分が一気に溶落する事態に陥る．また，スラグ浸透した部分は変質層となり，スラグ浸透のない健全層との境界部で耐火物内部の温度勾配や温度的な変動が原因で，突然の剥離（構造的スポール）を起したりもする．

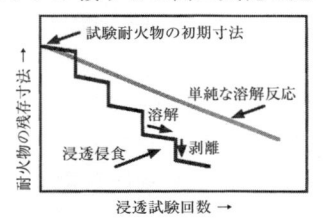

図Ⅲ-2.3.3　浸透浸食と単純溶解における耐火物損耗パターンの違い

　スラグ浸透時の毛細管現象の吸引力は，融液や耐火物の表面張力，界面エネルギーおよび接触角と密接な関係があり，一般に次式で表現される．

$\Delta P = 2 \gamma_L \cos \theta / r$　　　　　　　　　　　　　　　　　　（Ⅲ − 2.17）

ここで，ΔP：吸引力，
　　　　γ_L：融液の表面張力，
　　　　θ　：接触角，

2.3 耐食性

r：毛細管（耐火物の気孔）径．

耐火物とスラグの反応が無視できる場合には，スラグの浸透深さは気孔径が小さいほど深くなる．特に，MgO 質のような塩基性耐火物では，Al_2O_3 質などの中性〜酸性耐火物に比較して，スラグとの反応性が小さく（耐スラグ浸食性に優れる），スラグの浸透深さが深くなる傾向がある．

実用耐火物では，浸透したスラグと優先的に反応する成分を加え，浸潤スラグの粘度増大や固化作用を利用して，スラグの浸透を抑制する努力がなされている．また一方では，スラグにぬれにくい，すなわち，スラグとの接触角 θ が大きな（$\theta \geqq 90°$）材質の活用がある．その典型が炭素原料である．塩基性耐火物にピッチを含浸したり，また，MgO-C 質耐火物のように，マトリックスに黒鉛が配材された炭素含有耐火物は，接触角の増大によりスラグ浸透がほとんど観察されない．炭素含有耐火物は浸透浸食に対する抵抗性の強さのほかに，熱伝導率のアップに伴う耐熱衝撃性の向上が期待でき，各種の窯炉で活用されている．

(3) 局部浸食

液相浸食の範疇ではあるが，特異な浸食形態を示すため，あえて，1つの項目として取上げた．歴史的には，ガラス溶融タンクのレンガにおいて，目地部や気泡に起因した局部溶損が問題とされ，溶融スラグ表面あるいはスラグ-メタル界面で耐火物が局所的に溶損することは，古くからよく知られた現象である．

近年，向井らは，$PbO-SiO_2$ 系スラグ表面における固体 SiO_2 の局部溶損現象[9),10)]を直接観察により詳細に調べ，本系の局部溶損が，マランゴニー効果（界面張力の局所的変化による液体の運動変化）によって誘起されたスラグフィルム（厚さ 数十μm）の活発な運動により，物質移動が効果的に促進されて生じるものであることを明らかにした．すなわち，図Ⅲ-2.3.4 に示すように，固体表面に沿ってスラグ相から這い上がった薄いスラグフィルムが活発に動く部分で溶損が進行する．スラグフィルムの運動は，上昇する流れと下降する流れがあり，図Ⅲ-2.3.4 に示したようなフローパターンを描く．上

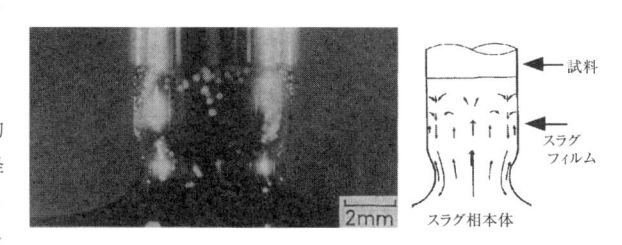

図Ⅲ-2.3.4　石英ガラス試料表面に生じたスラグフィルムと局部溶損およびスラグフィルムのフローパターン[9)]

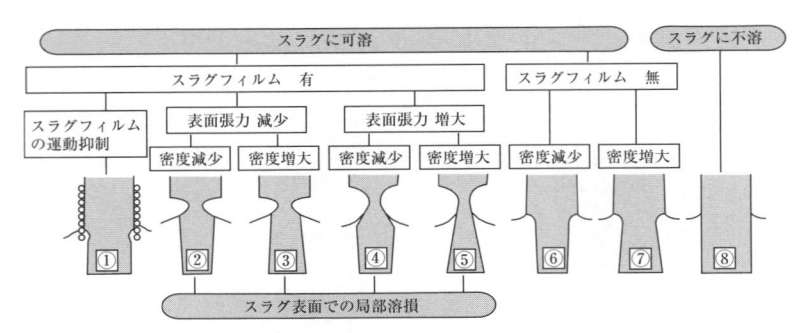

図Ⅲ-2.3.5 スラグに浸漬した固体酸化物の溶損形態の分類[12]
（表面張力,密度の減少・増大は酸化物の溶解によって生じるスラグの変化）

昇流のフィルムには，フィルム表面の上下方向および厚さ方向に沿ってSiO_2の濃度勾配が認められ，本系にマランゴニー効果が発生し，フィルム全体が拡散層を形成しているといえる．上昇流帯では，スラグフィルムの上昇と共にフィルムへSiO_2が溶解するため，フィルムの上部ほどSiO_2濃度が高くなる．本系の表面張力はSiO_2濃度と共

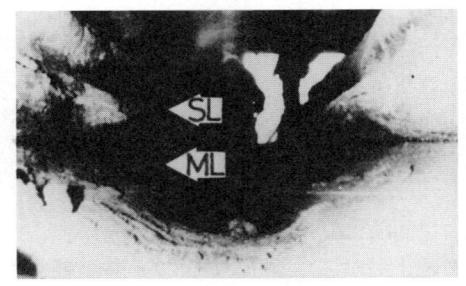

図Ⅲ-2.3.6 出銑口側から見た高炉出銑大樋の局部溶損[13]
（SL:スラグライン，ML:メタルライン）

に増大[11]するので，フィルムは上方に引張り上げられ，上昇流が持続する．一方下降流は，上昇流により上部に蓄積されたスラグが，重力によって下方に引戻されるために発生すると考えられる．ところで，気－液界面以下，すなわちスラグに浸漬された部分であるが，この部分は前述の拡散律速に伴う溶解反応を呈している．この部分も緩やかな溶解反応によって試料肉厚が徐々に減少していくが，局部溶損に比べればその溶損速度は圧倒的に小さい．

　鉄鋼用耐火物に用いられるマグネシアやアルミナ等の各種固体酸化物についても，同様なスラグ表面付近におけるマランゴニー効果による局部溶損が観察されている[12]．その中で，酸化物が溶解したときのスラグの性状変化によって，溶損形状が異なっており，**図Ⅲ-2.3.5**のように分類，整理[12]されている．

　実用耐火物の局部溶損の典型的な一例として，高炉出銑樋材の溶損状況を**図Ⅲ-2.3.6**に示した[13]．高炉の大型化に伴って，非貯銑式に代り貯銑式樋が採用されるようになって，このように上下2箇所にくぼみをもつ特異な損耗パターンが顕

著に現れるようになった．上下のくぼみは，それぞれスラグ表面付近およびスラグ－溶銑界面付近に位置する．この出銑樋材の局部溶損についても，本質的には，固体酸化物の局部溶損と同様のマランゴニー効果に基づくメカニズムで説明できる[13]～[15]．

参考文献

1) 林武志, 耐火物，**22**, p.176 (1970).
2) 佐多敏之, 耐火物，**30**, p.383 (1978).
3) K. Mark Bonar, *Amer. Ceram. Soc. Bull.*, **46**, 7, p.683 (1967).
4) 松島雅章，矢動丸成行，森克巳，河合保治, 鉄と鋼，**62**, 2, p.182 (1976).
5) 馬越幹雄，森克巳，河合保治, 鉄と鋼，**67**, 10, p.1726 (1981).
6) 窯業協会 編，"窯業工学ハンドブック(新版)", 技報堂，p.112 (1966).
7) 荻野和巳, 耐火物，**29**, p.350 (1977).
8) 池末明生，吉富丈記，鹿野弘, 鉄と鋼，**77**, 3, p.391 (1991).
9) 向井楠宏，原田力，中野哲生，平櫛敬資, 日本金属学会誌，**49**, p.1073 (1985).
10) 向井楠宏，岩田章，原田力，吉富丈記，藤本章一郎, 日本金属学会誌，**47**, 5, p.397 (1983).
11) 日野光久，江島辰彦，亀田満雄, 日本金属学会誌，**39**, p.120 (1967).
12) 原田力，藤本章一郎，岩田章，向井楠宏, 日本金属学会誌，**48**, 181 (1984).
13) 向井楠宏，吉富丈記，原田力，古海宏一，藤本章一郎, 鉄と鋼，**70**, p.541 (1984).
14) 吉富丈記，原田力，平櫛敬資，向井楠宏, 鉄と鋼，**72**, 3, p.411 (1986).
15) 吉富丈記，平櫛敬資，向井楠宏, 鉄と鋼，**73**, 11, p.1535 (1987).

■ 2.3.2 耐薬品性（耐酸性ポンプ）

(1) 総　論

a. セラミックス耐食ポンプ

セラミックス耐食ポンプは化学工業，鉄鋼，医薬農薬分野において，耐食，耐摩耗用途に昭和初期より使用され，1980年代よりISO規格に対応した新構造のポンプも上市された．

本ポンプは，接液部であるインペラー，ケーシング，エンドカバーを，各々一体の

表Ⅲ-2.3.4 各種セラミックスの特性

区分	特性項目	PSZ	炭化ケイ素	アルミナ98%	高アルミナ質セラミックス	フッ素樹脂	ニッケル・モリブデン系合金
物理的特性（常温時）	密度 [kg/m^3]	5 900	3 100	3 600	2 500	2 140	8 900
	曲げ強さ [MPa]	1 020	480	310	90	27（引張）	820（引張）
	弾性係数 [GPa]	205	410	290	82	0.8	210
	熱膨張係数 [10^{-6}/℃]	10.5	4.2	6.8	6	150	108
	硬度（H_0）[GPa]	11.7	27.5	15.4	13	−	2
材料の耐食性	20%塩酸 使用可能温度 [℃]	140	180	130	90	120	80
	60%硫酸 使用可能温度 [℃]	140	180	130	110	140	100
	25%苛性ソーダ 使用可能温度 [℃]	50	150	80	N/A	140	100
	50%フッ酸 使用可能温度 [℃]	N/A	100	N/A	N/A	80	N/A
ポンプに適した場合の特性	耐摩耗性	◎	◎	○	○	×	△
	耐薬液浸透性	◎	◎	◎	○	△	◎
	耐熱衝撃性	○	◎	○	○	◎	◎

本表データおよび特性比較は、各材料の代表値を示す．
耐食データは、当社のビーカーテストの結果によるものであり、ポンプに適用したものではない．
ポンプに適した場合の特性 ◎：とくに優れている／○：優れている／△：限定期間使用可能／×：使用不可

2.3 耐 食 性

図Ⅲ-2.3.7 遠心式セラミックスポンプのカット断面

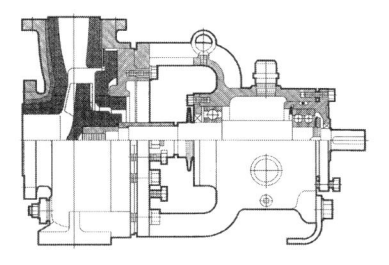

図Ⅲ-2.3.8 遠心式セラミックスポンプの断面図

高アルミナ質の磁器製とし，表面にガラス系の釉薬が施され，流体抵抗を小さくすると同時にセラミックス部材の強度向上を図っている．(**図Ⅲ-2.3.7**，**図Ⅲ-2.3.8**)

b. この分野に使用される耐食ポンプの材料の種類

近年，アルミナ，炭化ケイ素などの，従来のセラミックスにない優れた特性をもつ材料が開発された(**表Ⅲ-2.3.4**)．セラミックス耐食ポンプも従来の遠心式ポンプ以外に，耐食性の優れたマグネット駆動式遠心ポンプ，炭化ケイ素製遠心ポンプが商品化された(**図Ⅲ-2.3.9**，**図Ⅲ-2.3.10**)．後者は，接液部を厚肉のバルクSiCで構成し，高温薬液の移送にほとんどパーフェクトな耐食性を有するポンプ

図Ⅲ-2.3.9 マグネット駆動式遠心ポンプ

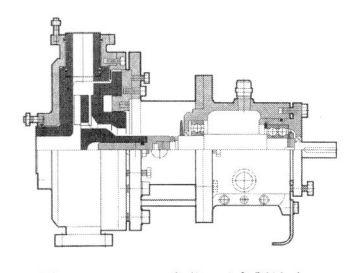

図Ⅲ-2.3.10 炭化ケイ素製遠心ポンプの断面

となっている．

(2) 各 論

表Ⅲ-2.3.4に示したセラミックス耐食ポンプに使用される各種セラミックス材料のうち，ジルコニアセラミックスは，その強度，耐摩耗性が優れるため注目

されてきたが，温度による結晶変態現象があり，用途が限定されていた．

このジルコニア結晶にY_2O_3，Ce_2O_3等を固溶させることにより，高温相である立方晶ジルコニアを常温域まで安定して存在させた部分安定化ジルコニア（以下PSZと略す）は，強度，破壊靱性が優れており，各種高機能製品への展開が可能になった．さらにその強度を維持しつつ耐食性を向上し，かつ大型複雑形状品を製造できるセラミックス成型技術を開発することにより，PSZ製の各種耐食ポンプの商品化がなされてきた．従来困難とされていた接液部がオールセラミックス製の高性能な耐食性真空ポンプが，以下に述べる技術開発により商品化されている．

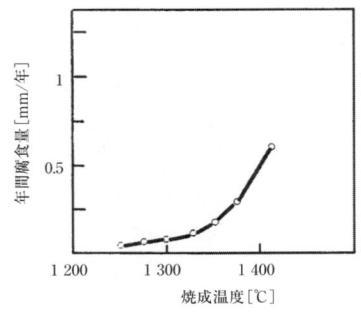

① 適正な安定化剤の添加と焼成によるPSZ材料特性の向上
② 強度バラツキ解消のための緻密な成形と研磨
③ 金属部材との接合・組立

以下，各項目について説明をする．

a. PSZ材料の耐食性向上

PSZを耐食ポンプ材料として適用する場合には，その安定化材の材料，添加量，成形，焼成条件によって，耐酸性が影響を受けることが知られている．特に安定化剤としては，Y_2O_3を約3 mol％添加したものが優れた耐食性を示す．また，その成形体の焼成条件によっても耐食性が影響を受け，各種温度での焼成品をオートクレーブ法による36％塩酸浸漬により年間耐食量を測定した例を図Ⅲ-2.3.11に示す．焼成温度が低いほど，強度が低くなるため，上記耐食性との関係で最適領域があることを示している．

図Ⅲ-2.3.11 塩酸浸漬による年間耐食量

b. 強度バラツキ解消のための成形，研磨

PSZの材料特性としての曲げ強度は900 MPa以上保有しているが，実

図Ⅲ-2.3.12 PSZによる大型複雑形状部品の成形

2.3 耐食性

際の各種製品においては，成形体に微小小孔が残留し，これが使用負荷による応力を受けた場合に破壊起点となり，強度低下を起すこととなる．PSZの場合，50μm以上の小孔は，大幅な強度低下をきたすこととなる．PSZ耐食ポンプ部材に，このような小孔残留を防止するために

① 原材料の均一微粒化
② PSZに適した成形バインダーの選択と特殊加圧成形
③ 研磨面強度向上のため，研磨条件の最適化

により強度を確保，**図Ⅲ-2.3.12**に示す大型複雑形状品が成形できている．

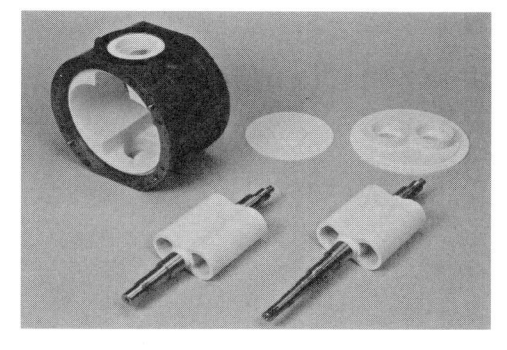

図Ⅲ-2.3.13 真空ポンプのPSZ部品

c. 金属との接合技術

PSZ製真空ポンプの商品化に際し，PSZとシャフト等の金属部材との接合は不可避である．特に高温・腐食下での高速回転のため，接合部の長期信頼性は重要な品質項目である．金属とPSZは熱膨張係数がほぼ同一のため，温度変化に伴う接合部の応力は小さく，焼嵌接合や樹脂接着が容易である．特に，PSZ製真空ポンプ部材の金属との接合は，接合構造，接合材，接合条件等の適正化により長期に高速回転可能な品質を確保している．そ

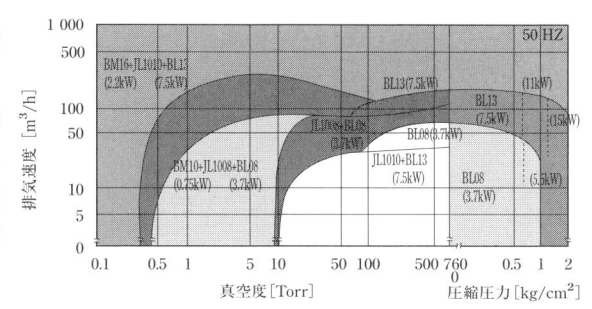

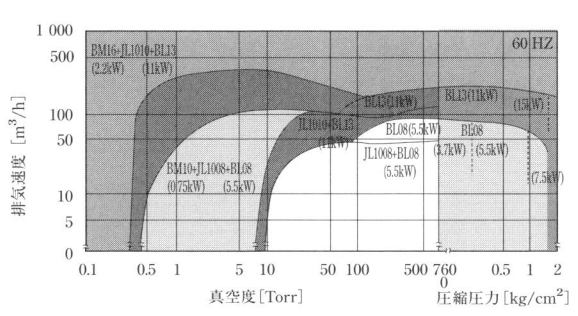

BL：液封式真空ポンプ（圧縮機）　　BM：メカニカルブースターポンプ
JL：ガスエジェクター　　　　　　　（　）内はモーター動力

図Ⅲ-2.3.14　真空ポンプ性能曲線

の部品を **図Ⅲ-2.3.13** に示す．

d. 今後の展望

表Ⅲ-2.3.4に示したように，耐食ポンプに応用できるファインセラミックスはまだ実績が浅いが，原料・成形・コストの改善がなされており，さらに適用の拡大・需要の拡大がなされるものと思われる

(3) まとめ

前述したように，PSZ部材を耐食ポンプ部品に適用することにより，従来の高アルミナ磁器製遠心ポンプ以外に図Ⅲ-2.3.9に示したマグネット駆動式遠心ポンプの商品化もなされている．接液部はすべてセラミックス製であり，特に強度の必要なキャン，ローター部にPSZが使用され，信頼性が確保されている．ほとんどの薬液に対して抜群の耐食性を有し，樹脂製・金属製ポンプで問題となるイオン等の溶出もなく，ポンプとしての耐熱レーティングは140℃まで使用可能である．また，真空ポンプとしても，酸，アルカリを含む各種溶剤の移送・排気が可能となり，液封式ポンプとメカニカルブースターポンプの組合せにより，0.3 Torrの到達真空度を達成できる唯一の高耐食真空発生ユニットとなっている（**図Ⅲ-2.3.14**参照）．

2.4 エネルギー変換効率

■ 2.4.1 熱電変換

(1) はじめに

熱電変換は熱電発電や電子冷却，温度制御に利用される．ここでは熱電材料の紹介を主眼として，
① 熱電変換を理解するために必要な熱電現象，
② 熱電材料の性能，
③ 主な熱電変換材料，
の順に紹介する．

(2) 熱電変換

金属や半導体などの電気伝導体に温度差を与えると，熱起電力（ゼーベック効

2.4 エネルギー変換効率

果)などの熱電現象を示す．熱電現象にはゼーベック効果以外に，ペルティエ効果とトムソン効果がある．

ゼーベック効果は，身近なところでは温度測定のために使われる熱電対温度計に利用されている．熱電発電では，この熱起電力を利用して熱エネルギーを直接に電気エネルギーに変換する．電気伝導体は，その電荷移動(キャリアー)の主体が正(ホール)か負

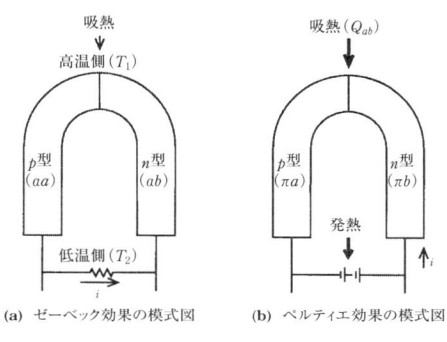

(a) ゼーベック効果の模式図　(b) ペルティエ効果の模式図

図Ⅲ-2.4.1　熱電変換の模式図

(電子)かで，おのおの正の起電力，負の起電力をもつ．したがって，大きな起電力を得るためには，正の起電力をもつ p タイプと負の起電力をもつ n タイプをペアーにするとよい．このようにしてつくられた素子を熱電素子とよび，熱電発電では p タイプと n タイプの継ぎ目を高温側におき，低温側で電力をとりだす．**図Ⅲ-2.4.1(a)** にその模式図を示す．起電力 V は，

$$V = \alpha_{ab}(T_1 - T_2)$$

で与えられ，α_{ab} をこのカップル ab のゼーベック係数とよぶ．熱電発電では，温度差がありさえすれば発電でき，普通の発電機のように動く部分はなく，メンテナンスフリーに近い状態で使用できる．このメリットを活かして，極地や砂漠などの通常の発電機を使うのが困難な場所や，固体・液体燃料の燃焼熱を利用できる通信の中継局の電源として使用されている．また，宇宙船のバックアップ電源として，ラジオアイソトープの崩壊熱を利用した熱電発電器(RTG)がよく知られている．さらに，ゴミ焼却炉や車の排ガスなどの廃熱を利用する発電機の実用化に期待が寄せられている．

ペルティエ効果はゼーベック効果の場合とは逆に，熱電素子(この場合はペルティエ素子ともよぶ)に電流を流すときに起る現象である．ペルティエ素子に n 型から p 型の方向に電流を流すと，高温側から熱をうばい低温側に熱を運び(電子冷却)，逆の方向に電流を流すと低温側から高温側に熱を運ぶ現象である．図Ⅲ-2.4.1(b) にその模式図を示す．運ばれる単位時間当りに移動する熱量移動率を Q_{ab} とすると，次式で表される．

$$Q_{ab} = \pi_{ab} I$$

ここで，π_{ab}：カップル ab のペルティエ係数，

I：流す電流値．

ペルティエ効果は，したがって，電熱変換ともよぶべき現象で，電気エネルギーを熱エネルギーに変換する．ペルティエ素子は冷却機として使用でき，ガス・コンプレッサー方式に代る脱フロン冷却機として期待されている．現在は，静かな冷凍器として病院やピクニック用の冷蔵庫に主に使われている．また，素子に流す電流の方向により瞬時に加熱・冷却モードを切替えることができるので，精密な局所的温度コントロールにも向いている．このタイプの温度制御器は，通信用レーザーモジュール，半導体製造装置，分析機器などの精密な温度コントロールに使用されている．

トムソン効果は，導体の両端に温度差をつけ，電流を温度勾配の方向に流すと導体が吸熱または発熱を起す効果である．導体に出入りする単位時間当りの熱量 Q は，

$$Q = \beta I \Delta T$$

ここで， β：トムソン係数,

ΔT：温度差．

しかし，この効果は小さいので実用には使われていない．

ゼーベック係数 (α)，ペルティエ係数 (π)，トムソン係数 (β) の間には以下に示すケルビンの関係がある．これらの関係式は不可逆熱力学を使って導くことができる．

$$\alpha_{ab} = \frac{\pi_{ab}}{T} = \int_0^T \frac{\beta_a}{T} \, dT - \int_0^T \frac{\beta_b}{T} \, dT$$

(3) 熱電変換材料の性能

熱電変換材料の性能は，性能指数 (Z：Figure of Merit) で表される．これを，図Ⅲ-2.4.1(a) を使って説明する．熱電発電の効率 ϕ は，$\phi =$ (外部で使われる電力)/(高温側で吸収された熱量) であり，次式で与えられる．

$$\phi = I^2 R_L / [\alpha_{ab} I T_1 + \lambda (T_1 - T_2) - (1/2) I^2 R]$$

ここで， λ：素子の熱伝導率,

分子の $I^2 R_L$：熱電素子が外部にする仕事,

分母の第1項，$\alpha_{ab} I T_1$：起電力を出すのに使われる熱,

第2項，$\lambda (T_1 - T_2)$：熱伝導によって高温側から低温側にうばわれる熱,

第3項，$(1/2) I^2 R$：流れる電流 I によるジュール熱の半分で，高温側に戻

2.4 エネルギー変換効率

される項.

したがって，熱電素子の性能はゼーベック係数，熱伝導率および電気抵抗の3つの材料特性で決る．また，効率 ϕ はこの式からも明らかのように，外部抵抗 R_L と素子の内部抵抗 R の比が1のとき最大になる．このときの最高効率 ϕ_m は，次式で与えられる．

$$\phi_m = \eta\,\gamma$$

ここで， η ：カルノーの熱力学的効率，$(T_1-T_2)/T_1$，であり温度差が大きいほど大きくなる．

γ ：下の式で与えられる素子特性で決る項である．

$$\gamma = (\sqrt{1+ZT}-1)/(\sqrt{1+ZT}+T_2/T_1)$$
$$T = (T_1+T_2)/2$$
$$Z = \alpha_{ab}^2/R\lambda$$

ここで，Z：素子の性能指数(Figure of Merit)とよばれるパラメーターである．上式からもわかるように，ZT でも素子の性能を判断できるので，ZT を(無次元)性能指数とすることもできる．ペルティエ効果を利用する熱電冷却でも，やはり性能指数 Z が大きいほど，冷却効率が大きくなることが示される．

上に説明したように，良い熱電材料は大きな(絶対値の)ゼーベック係数，小さな熱伝導率，小さな電気抵抗(大きな電気伝導度)をもつことが必要である．熱電材料としては，半導体材料が主に使われる．金属は電気伝導度が大きくゼーベック係数も小さいので，一般には使用されない．熱電変換に使われる半導体には，電気伝導度を上げるために，電子デバイス用の半導体に比べ大量のドーパントが添加される．しかし，このドーピングには最適なキャリアー密度があり，$10^{(+25)}$ /m³付近である．熱伝導はキャリアー移動による熱伝導と格子による熱伝導の2つの機構で起る．したがって，熱電材料の開発ではキャリアー密度が最適量のあたりで，

① 格子熱伝導率が小さい物質の探索，
② 合金化や材料の微細組織制御などによる格子熱伝導度の低下，

の2方向で行われる．

(4) 熱電材料

主な熱電材料の性能指数を温度の関数として，図Ⅲ-2.4.2(a)(p型)と同図(b)(n型)に示す．これらの図からわかるように，広い温度領域で良い熱電特性をも

つ材料は現在のところ開発されていない．したがって，使用する温度領域で適当な材料を選ぶ必要がある．低温域(室温〜200℃)用には，Bi_2Te_3系，中温域(300℃〜600℃)用には PbTe 系，高温域(600℃〜)用には SiGe 系や $FeSi_2$ 系が開発されてきた．現在までに開発されてきた材料は，図からもわかるように，無次元性能指数 ZT が 1 程度である．無次元性能指数 ZT が 2 程度の材料の開発が，今後の課題である．また代表的な熱電材料の特性を**表Ⅲ-2.4.1**に示す．

Bi_2Te_3 系材料は代表的な材料であり，最も大きな性能指数をもっている．Bi_2Te_3 は層状の結晶構造をもち熱伝導係数も小さく，ドーパントにより伝導型を変えることができる．さらに実用特性を上げるために，Se ドーピングによる格子歪み，焼結や

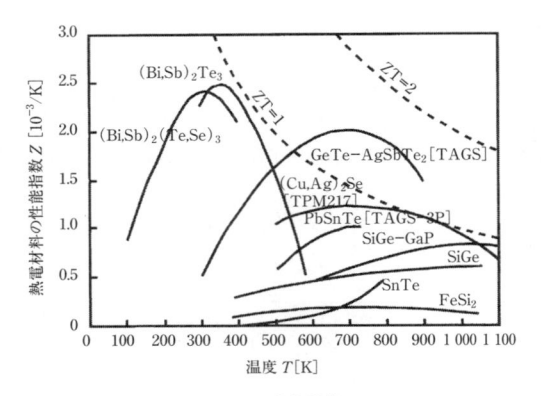

(a) p 型半導体

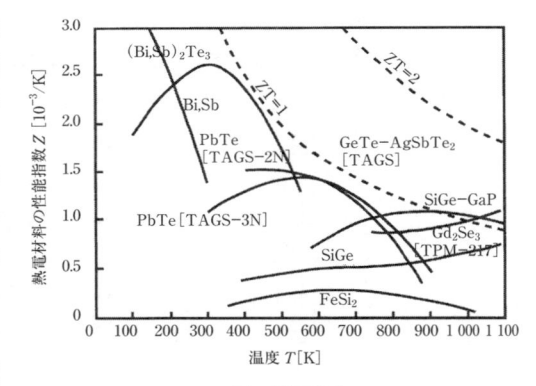

(b) n 型半導体

図Ⅲ-2.4.2　熱電材料の性能指数[1]

一方向凝固などの材料技術による微細構造の制御を行って熱伝導を下げている．SiGe は高温用の熱電材料で，Si に 30％程度 Ge を加えた混晶をつくり熱伝導率を下げている．SiGe 系を使った熱電発電器は宇宙探査機ボイジャーやガリレオに搭載されて，ガリレオの発電器は 10 年以上経た今も地球への情報発信の電源として活動している．

セラミックス熱電材料は，高温空気中で安定作動が期待される．$FeSi_2$ 系が代表的で一時盛んに研究されてカンテラを熱源とする発電器などが開発された．$FeSi_2$ 系は性能指数($Z_{max}=2\sim5\times10^{-4}$/K)が低いので，性能指数の向上と用途の開発が課題である．その他のセラミックスでは SiC 系，B_4C 系，InO-SnO 系，$CaMnO_3$ 系など

2.4 エネルギー変換効率

表III-2.4.1 焼結実用材料の出力因子 $a^2\sigma$, 熱伝導率 κ, および最大性能指数 Z_{max} [1]

熱電材料	製造方法	融点 [K]	伝導型	$a^2\sigma\times10^3$ [W/mK^2]	κ [W/mK]	$Z_{max}\times10^3$ [1/K]	T_{opt} [K]	最大使用温度 [K]
Bi$_2$Te$_3$	焼結体	848	p or n	4	2	2	300	450
BiSb$_4$Te$_{7.5}$	一方向凝固材	865	p	4.6	2	2	300	450
BiSbTe$_3$ (PbI$_2$ドープ)	焼結体	875	p	3.5	1.4	2.5	350	600
Bi$_{0.8}$Sb$_{0.2}$Te$_{2.85}$ (Seドープ)	一方向凝固材	875	n	4.8	1.5	3.2	300	600
PbTe	焼結体	1 177	p or n	2.7〜3.5	2.3	1.2〜1.5	450	900
TAGS	焼結体	—	p	2	1	2	650	900
Si-Ge	焼結体	—	p or n	2.0〜3.0	3.6	0.6〜0.9	900	1 200
Si-Ge(GaPドープ)	焼結体	—	p or n	2.5〜3.0	2.6	0.9〜1.2	900	1 300
FeSi$_2$*	焼結体	1 233	p or n	0.7〜1.7	3.5	0.2〜0.5	670	1 200**

*半導体-金属遷移温度, **ガス・石油加熱の場合は1 120K.
T_{opt} は Z_{max} の温度.

が研究されている.これらの系はゼーベック係数は大きいが,電気伝導率が小さく,性能指数が 1×10^{-4}/K 以下と低い.実用化のためには,さらなる改良が必要であろう.

最近の話題は,スクッテルダイト(Skutterudite)MX$_3$ (M=Co,Rh,Ir, X=P,As,Sb)とフィルド・スクッテルダイト(Filled Skutterdite)RM$_4$X$_{12}$ (R=La,Ce, Pr,Nd,Eu)である.この構造は図III-2.4.3に示すように,1単位格子中に8個の MX$_3$ 群を含む複雑な構造である.この系は高い共有結合性をもつので,大きい電荷移動度と小さい電気抵抗率をもつ.また,このように複雑な結晶構造をもつ系は小さい熱伝導率をもつ.スクッテルダイトの空格子にR原子(希土類)が入るフィルド・ステックルダイト結晶では,R原子が格子内で跳ね回る(rattling)結果,格子熱伝導率が下がる.材料の製造条件,組成比,他元素の置換などで最適化すれば,理論的には $ZT\sim1.4$ の可能性があるといわれている[5].

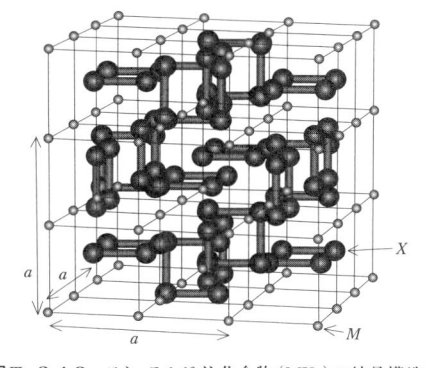

図III-2.4.3 スクッテルダイト化合物(MX$_3$)の結晶構造

(5) おわりに

　熱電変換に関して，主として熱電現象と材料につき紹介した．熱電発電器やペルティエ冷蔵庫，精密温度制御器などの実用システムを製作するためには，熱バランスの問題や素子作製時の接合方法，熱電素子の温度安定性などが重要となる．限られた紙面数ではこれらの点について紹介できなかった．システム構築やさらに詳しい材料開発については，参考文献を参照していただきたい．

参考文献

1) 上村欣一，西田勲夫，"熱電半導体とその応用"，日刊工業新聞社 (1988).
2) 菅義夫編，"熱電半導体"，槙書店 (1966).
3) 梶川武信，太田敏隆，西田勲夫，松浦虔士，松原覚衛編，"熱電変換システム技術総覧"，リアライズ社 (1995).
4) D. M. Rowe, C. M. Bhandari, "Modern Thermoelectrics", Holt, Rinehart and Winston, (1983).
5) 松原覚衛，熱電変換シンポジウム'97論文集，熱電変換研究会，p.21 (1997).

メーカーリスト

●国内メーカー

　小松エレクトロニクス㈱：神奈川県平塚市四の宮市3-25-1 Tel 0463-22-8724
　アイシン精機㈱：E&E事業部　愛知県刈谷市朝日町2-1 Tel 0566-24-9041
　㈱フェローテック：東京都台東区南品川2-2-15 Tel 03-3845-1021
　㈱テクニスコ：精密部品営業部　東京都品川区南品川2-2-15 Tel 03-3472-6991

●海外メーカー

　メルコア(米)：(代理店・熱電子工業㈱　東京都目黒区上目黒1-10-5 Tel 03-3462-0891)
　マーロウ(米)：(代理店・ラサ工業㈱ 電子材料事業部　東京都中央区京橋1-1-1
　　　　　　　　Tel 03-3278-3831)
　ノルド(露)：(代理店・蝶理㈱ マテリアル部　東京都中央区日本橋堀留町2-4-3
　　　　　　　Tel 03-3665-2050)

(2002年6月現在)

2.4 エネルギー変換効率

■ 2.4.2 燃料電池

燃料電池は電気化学反応を利用して燃料のもつ化学エネルギーを直接電気エネルギーに変換する発電システムであり,エンジンやタービンといった熱機関を縛るカルノー効率の制約を受けないためエネルギー変換効率が高いこと,そのため相対的に CO_2 の排出量が少ないこと,NO_x や SO_x などの環境汚染物質もほとんど排出することがないといった特長をもっている.燃料電池には,発電反応を進行させる主役となる電解質材料の種類と動作温度の異なるいくつかの種類がある.代表的には,電解質にリン酸水溶液を用い 200 ℃程度で作動する PAFC (phosphoric acid fuel cell),溶融炭酸塩を用い 650 ℃程度で作動する MCFC (molten carbonate fuel cell),固体酸化物を用い 1 000 ℃程度で作動する SOFC (solid oxide fuel cell) と高分子膜を用い 100 ℃以下の低温で作動する PEFC (polymer electrolyte fuel cell) の 4 種について,国内外各所において盛んに研究開発が進められている.ここではセラミックス材料が主役をつとめている SOFC について,その動作原理と特長,構成材料と要求特性,電池システムの開発状況と今後の展望という順で紹介する.

(1) SOFCの発電反応

SOFC の単電池は,薄板または薄膜状に形成した酸化物イオン導電性固体電解質の両面に,適当な触媒機能を有する電極を取付けることによって構成される.発電反応は次の 3 ステップに分解して考えることができる.

① 酸化剤ガスが流通する電極(空気極またはカソードとよばれる)において外部回路から流入した電子を受取り,酸素分子が解離・イオン化される.
② 生じた酸化物イオンは,2 電極間の酸素の化学ポテンシャル差を駆動力として固体電解質中を移動する.
③ 燃料が流通する電極(燃料極またはアノードとよばれる)に到達した酸化物イオンは,燃料ガス分子を酸化して電子を外部回路に放出する.

反応に関与する酸化剤ガスと燃料ガスを連続供給し,①と③で出入りする電子を外部回路経由でやりとりすることにより発電を継続して行うことができる.つまり,SOFC の発電原理は酸化物イオンを介した燃料の電気化学的酸化反応ということができる.この反応を効率よく進めるためには,固体電解質中の酸化物イ

オンの移動が速やかであることが必要となる．そのために固体電解質としては酸化物イオン導電性を有する安定化ジルコニアセラミックスが最も一般的に用いられるが，十分な導電率を得るため動作温度として800〜1 000℃という高温が要求される．

このように高い動作温度は，使用できる材料に制約を課する問題はあるものの，以下のようなSOFC特有のメリットを生み出している．
1) ①と③で示した電極反応が速やかに進行するためエネルギー変換ロスが少なく，SOFC単独でも40〜50％という高効率発電が可能である．
2) 排熱の温度レベルが高いため種々の形態の熱利用が可能となる．特に電池本体を加圧で作動させ，排出される高温高圧ガスを後段のガスタービンとスチームタービンに接続して動力回収するいわゆるコンバインドサイクル（またはボトミングサイクル）を組むことにより，60〜70％という非常に高い発電効率が期待できる．
3) 使用可能な燃料種が多様であり，PAFCやPEFCといった低温作動型燃料電池においては，電極中の触媒を失活させるCOも直接燃料として利用することができる．また，実用的な燃料である炭化水素を，発電反応に利用しやすいH_2とCOとに改質する化学反応も電池内部ですませることができ，低温作動型燃料電池システムで必要となる複雑な燃料処理系を大幅に簡素化することが可能となる．こうした数多くの特長のため，SOFCは小規模分散電源からコージェネレーション（熱電併給）システム，火力発電所などの大規模電源にいたる幅広い分野における実用化が期待されている．

(2) 構成材料と要求特性

SOFCを構成する主要材料とそれらに対する要求特性を**表Ⅲ－2.4.2**にまとめて示した．固体電解質としては蛍石型結晶構造を有するイットリア安定化ジルコニア（YSZ）が最も広く用いられている．組成については強度重視の正方晶3Y（3 mol％ $Y_2O_3-ZrO_2$），導電率重視の立方晶8Y，さらに導電率の長期安定性重視の立方晶10Yのいずれかが採用されている．空気極としてはペロブスカイト型結晶構造を有する$LaMnO_3$のLaの一部をSrやCaといったアルカリ土類金属元素で置換したものが標準材料となっており，必要に応じてYSZとコンポジット化して用いられる場合もある．燃料極としては，ほぼ例外なくNi−YSZサーメットが用いられている．

2.4 エネルギー変換効率

これら3種の材料から構成される単電池は，電力を取出していない（したがって一切の内部抵抗損失を発生していない）状態でも，理論的にたかだか1V程度の起電力しか発生しないため，実用的な電力を得るためには電極面積を大きくして電流を稼ぎ，複数の単電池を直列接続して電圧を稼ぐ必要がある．そのための接続部材がインタコネクターとよばれるもので，隣接する単電池同士を電気的に直列接続すると共に，向い合う電極上を流通する異なるガス（酸化剤と燃料）が混合しないように分離する機能をはたす．そのため，ガスの分離機能に着目してセパレーターとよばれることもある．

このインタコネクター（セパレーター）には，ペロブスカイト型結晶構造を有する $LaCrO_3$ の La の一部を Sr や Ca といったアルカリ土類金属元素で，また Cr の一部を Co や Al などで置換したセラミックス材料，あるいは耐熱合金が使用される．このほかに，電池接続や電力取出しのための集電材，ガスを供給・分配・排出するためのマニフォールド材，単電池とインタコネクターあるいはそれらとマニフォールド材との間に用いる接合材やシール材，ガスケットといった補助的な材料

表Ⅲ-2.4.2　標準的なSOFC構成材料とその要求特性

構成部位	使用材料	要求特性 各材料に固有の項目	要求特性 全材料に共通の項目
電解質	$ZrO_2 \cdot Y_2O_3$	・高いイオン導電率 ・電子導電率が低い （イオン輸率が高い） ・ガスを透過しない緻密性	・製造時，運転時における化学的安定性 ・接触する材料相互の化学的両立性 ・熱膨張の整合 ・適度なコスト
空気極 （カソード）	$LaMnO_3$系固溶体	・高い電子導電率 ・酸素還元のための触媒活性 ・適度な多孔性 ・微構造の長期安定性	
燃料極 （アノード）	Ni-YSZサーメット	・高い電子導電率 ・燃料酸化のための触媒活性 ・炭化水素改質のための触媒活性 ・適度な多孔性 ・微構造の長期安定性	
インターコネクター （セパレーター）	$LaCrO_3$系固溶体 または耐熱合金	・高い電子導電率 ・イオン導電率が低い （電子輸率が高い） ・ガスを透過しない緻密性 ・十分な強度 ・寸法安定性	

も必要となる．

(3) 開発の歴史と今後の動向

　SOFCの本格的な開発の歴史は，1960年代にまで遡ることができる．当時以来，研究開発を継続してきたアメリカのSiemens－Westinghouse社が世界のトップリーダーとなっており，これまでにオランダで電気出力100kWのコージェネレーション機の実証試験を実施し発電効率46％，総運転時間16 000時間の実績をあげている．このシステムには心臓部に直径22mm×長さ1.5mのチューブ状電池が1 152本組込まれており，天然ガスを燃料として常圧で作動する．現在アメリカで，マイクロガスタービンとハイブリッド化した220kW級複合システムの実証試験が行われている．チューブ状電池開発でSiemens－Westinghouse社を追いかけているのは日本の三菱重工㈱である．電池モジュールのみについての実証試験ではあるが，最大出力20kWレベルで7 000時間に及ぶ加圧運転実績を残している．

　また，通産省工業技術院の国家プロジェクト「ニューサンシャイン計画」の中で，東陶機器㈱が製造コストの低いチューブ状電池モジュールの開発を行っている．チューブ状電池にはやや遅れをとるが，平板状あるいはコルゲート状電池の開発も行われている．三菱重工㈱は中部電力㈱と共同で，これまでの5kW級電池モジュール試験に引続き25kW級の実証システム開発を行っている．スイスのSulzer社は，1～2kWレンジの小規模で熱自立することを特徴としたシステムの開発を行っており，排熱利用に重みを置いた用途向けのフィールド試験を実施中である．

　以上のように，SOFC開発は実験室レベルの材料研究開発，単電池の性能と信頼性向上というフェーズを終了し，電池モジュールあるいはシステムとしての性能と信頼性の高さが実証されつつある段階にきている．実用化に向けた現状の課題として，実際の利用形態，特に昇降温サイクルを含む運転において信頼性と耐久性を向上させることと，材料・製造コストを低減することがクローズアップされてきている．

　前出の有力開発メーカーが，このような課題に正面から取組み実用化開発に移行しつつある一方で，次世代技術として動作温度を低下させることにより使用材料の選択の幅を拡げ低コスト化と耐久性・信頼性向上を図ろうとする動きもある．ターゲットとされる動作温度は，既存の耐熱合金が使用可能となる800℃以下の温度レンジである．熱伝導性と可とう性に優れた金属材料の積極的な利用によりセラミックス材料に及ぶ熱応力を低減し，また構造的に応力緩和機能をもたせる

ことにより電池の機械的信頼性を飛躍的に高めることができる．しかしながら，動作温度を800℃以下に低下させるとYSZのイオン導電率が許容値以下に低下してしまうため，多孔質電極基板上に薄膜として支持する構造の電池とすること，あるいはよりイオン導電率の高いスカンジア(Sc_2O_3)安定化ジルコニア，セリア(CeO_2)系固溶体，$LaGaO_3$系ペロブスカイト型酸化物固溶体を固体電解質として用いることが検討されている．いずれのアプローチによっても実験室レベルではかなり良好な発電特性が得られており，今後の技術進展が期待される．

■2.4.3 原 子 力

原子力分野で使われるセラミックスとしては，二酸化ウラン(UO_2)を代表とする核燃料を除くとタービン用材料など他の発電プラントで使われる材料と共通点が多いことから，ここでは核燃料用材料に的を絞って，その機能，今後の展望について述べる．

核燃料用材料として用いられるセラミックスにはUO_2以外に，熱伝導性に優れているという理由から，炭化ウラン，窒化ウランなどのセラミックスが古くから注目されていた．しかし，使用経験の豊富さと特性データが充実していることから，実用化されている商用発電炉用核燃料材料はUO_2のみに限られている．わが国の電力需要の約35％(1996年度発電電力量)を担っている原子力発電は米国で開発された軽水炉技術を導入したものであったが，1970年，初の商用軽水炉による営業運転が開始された当時から，核燃料としてUO_2焼結体を使用している．

わが国で運転されている主要な原子力発電プラントには沸騰水型(BWR)と加圧水型(PWR)の2種類があるが，そのいずれにおいても95％TDあるいはそれをこえる密度のUO_2焼結体ペレット(直径約10mm)を用いており，それらを所定のギャップを有するジルコニウム合金製の被覆管に装填してヘリウムガスを満たし，両端を溶接密封した燃料棒を基本要素としている．このような燃料棒を束ねた燃料集合体を多数装荷して原子炉炉心を構成している．

原子炉炉心では，核分裂によって発生した熱エネルギーを冷却材である軽水に伝えて蒸気を発生させ，その蒸気をタービンに送って発電する．燃料ペレットの中心温度は1 000℃以上にも達するのに対し，冷却水に接する燃料被覆管の表面温度は約300℃と，中心と外周の約5mm程度の間に数100℃の温度差が生じる．このような使用条件で，被覆管と化学的に反応することなく，水との共存性にも

優れていることから核燃料用材料としてUO_2が選択されている．被覆管としては中性子を吸収しにくく，かつ高温水中の耐食性に優れたジルコニウム合金が選ばれている．核燃料を原子炉内で使用した場合，どの程度核分裂（燃焼）したかを示す指標を単位重量当りの熱発生量（GWd/tなど）で表し，燃焼度とよぶ．

このような燃料棒を原子炉内で使用すると，以下のような，原子炉内特有のさまざまな振舞いを示す．

(1) 照射損傷

^{235}Uが核分裂を起すと，ほぼ2つに割れた核分裂片の運動エネルギーを周囲に熱エネルギーとして伝え，その熱を発電に使うわけであるが，ミクロにみると核分裂片の飛跡に沿って短時間，局所的に溶融する核分裂スパイクが起る．そのため，燃料ペレット内のクリープ，拡散が照射下で促進され，ペレットの振舞いに大きな影響を与える．関連する現象として，焼きしまりがあるが，製造時に存在していた比較的小さな気孔が核分裂スパイクにより収縮・消滅し，全体的にはUO_2ペレットが収縮する現象である[1]．

これはペレット－被覆管ギャップを広げるため燃料温度を上げる作用があるが，通常は燃料ペレット外周部の低温領域のみに低燃焼度で起る現象であり，今日，実際に使われている燃料ペレットは製造方法の改良により微小気孔が少なく，安定なものになっている．

また，最近になって燃料棒を30～40GWd/tの高燃焼度領域まで照射すると，ペレット最外周部に結晶粒の細粒化と粗大ガス気泡の形成で特徴づけられる組織がみられることが注目されている．これをリム組織とよぶが，リム組織の形成は，低温のペレット最外周領域（リム）で核分裂片のスパイクによりUO_2内に生成した照射欠陥の蓄積に起因するという説が有力である[2]．現在のところ，粗大ガス気泡は互いに独立に生成しているためリム組織形成に起因したガス状の核分裂生成物（FP）の放出はほとんどないと考えられているが，粗大気泡の形成によるスエリングの増加は後述のペレットと被覆管の機械的相互作用（PCI）の増加に，リム部の熱伝導率の低下は燃料温度の上昇につながると考えられている．

(2) FPの生成と移行

UO_2ペレット内で生成されるFPにはガス状のもの，揮発性のもの，固体状のものがあり，ペレット内の局所的な温度，酸素ポテンシャルなどの影響を受けていく

2.4 エネルギー変換効率

つもの形態を取りうるFPも存在する．UO_2の結晶内で生成されたFPガス原子は結晶内を拡散し，結晶粒界でFPガス気泡を形成する．気泡の数が増加していくと互いに連結して粒界トンネルを形成することによって外界とつながり，ペレット外に放出される[3]．FPガスの放出量が増え過ぎると燃料棒の内圧が上がり，寿命を制限することになる．

これに対し，固体状のFPがペレット中に蓄積されると，ペレットの体積が燃焼度に対しほぼ直線的に増加する固体スエリングが起きる[4]．さらに，燃料棒の出力が増加したときなど，温度が急上昇すると結晶粒界に形成されていたFPガス気泡の体積が急激に増加するガススエリングが起きる．これらはペレットと被覆管の間に発生する機械的相互作用(後述)の強さに影響を与える．

(3) リストラクチャリング

リストラクチャリングは燃料ペレットに起きる組織変化を総称したもので，熱応力の発生に伴う割れの発生と，それに伴うペレット片の外側への移動すなわちリロケーション，ペレット中心近傍の高温部分における等軸晶成長とさらに高出力燃料の場合，中心空孔の形成と気泡の温度勾配に沿った移動に伴う柱状晶成長からなる．

(4) ペレット－被覆管機械的相互作用(PCI)

以上のように複雑なふるまいを示すペレットの燃焼が進むと，その外側の被覆管と機械的な相互作用を及ぼすようになる．この機械的な相互作用にヨウ素などの腐食性FPの化学的作用が重なり合ってジルカロイ被覆管の応力腐食割れ(SCC)が起るといわれており[5]，こような現象によって被覆管にリークが発生することをPCI破損とよんでいる．

関連する現象として，ペレットと被覆管のボンディングがあげられる．ボンディングとは高燃焼度，高出力時にペレットから放出されたヨウ素などのFP化合物を介してペレットと被覆管が癒着する現象と考えられてきたが，最近になって被覆管内面に形成されたZrO_2層とUO_2が相互拡散することによりFP化合物が存在しなくても強く癒着することがわかってきた[6]．このボンディングは，PCI発生時に被覆管に応力集中を発生させるとともにFPガスの軸方向移動を阻止する作用があると考えられる．

核燃料には，以上のような複雑な使用条件に耐えて設計燃焼度まで健全性を保

持することが求められる．

これまでの軽水炉燃料設計の変遷をみてみると，本格的な原子力発電の時代を迎えて以来，信頼性向上をめざした時期を経て今日では高性能化／高燃焼度化が目標となっている．現在では，燃料サイクル費の低減と使用済み燃料発生量の低減を目標に，使用実績を確認しながら段階的な高燃焼度化が進められている．BWRではPCI対策としてジルコニウムを内張りした新型8×8ジルコニウムライナ燃料（ステップ1燃料：集合体最高燃焼度40GWd/t）を実用化した後，燃料棒の初期ヘリウム加圧量の増加とペレット密度の増加などの改良に，省ウラン技術を組合せた高燃焼度8×8燃料（ステップ2燃料：集合体最高燃焼度50 GWd/t）を開発してきた[7]．PWRにおいても燃料集合体当りの最高燃焼度を，39 GWd/tから48 GWd/tに引上げる改良を行ってきた[8]．BWR，PWR共にさらなる高燃焼度化が計画されており，それぞれ9×9燃料，55 GWd/t対応燃料の開発が進められている．

将来予想される大幅な高燃焼度化をめざした材料として，耐食性の改善を狙ったジルコニウム合金の改良に加えて，FPガス放出低減を目的とした改良燃料ペレットの開発が進められており[9]，改良ペレットとしては大粒径ペレットが有力候補となっている．大粒径化により，結晶粒内で発生したFPガス原子が結晶粒界まで拡散する距離を長くしFPガス放出率を低減しようとするものであるが，定常運転時，出力ランプ時のFPガス放出率低減に有効であることが約75 GWd/tに至るまでの照射試験で確認されている．中でもアルミノシリケート添加大粒径UO_2ペレットはクリープ速度が速くなることから，PCIを低減する効果もあると期待されている．

以上，核燃料用材料として使用されているセラミックス，UO_2の現状を概観したが，軽水炉が電力需要の中枢を担う期間が今後も当分の間続くものと考えられ，その中で，UO_2もしくはそれをベースにした改良核燃料用材料が使い続けられるものと予想される．

参考文献

1) H. Stehle and H. Assmann, *J. Nucl. Mater.*, **61**, p.326 (1976).
2) K. Nogita and K. Une, *J. Nucl. Mater.*, **226**, p.302 (1995).
3) T. Kogai, *J. Nucl. Mater.*, **244**, p.131 (1997).
4) H. Assmann and H. Stehle, The Behavior of Uranium Fuels in Nuclear Reactors, Gmelin Handbook of Inorganic Chemistry, *U Suppl.*, **A4** (1982).
5) B. Cox, *J. Nucl. Mater.*, **172**, p.249 (1990).

6) K. Une et al., ANS Topical Meeting on LWR Fuel Performance, Portland, March 2－6 (1997).
7) S. Sasaki et al., 文献6).
8) T. Takahashi et al., 文献6).
9) M. Hirai et al., 文献6).

2.5 加工・接合

■ 2.5.1 研削加工

(1) はじめに

　セラミックスを構造用部材として利用する場合，特に他の部品との嵌合・締結などを行うときには，焼結のみで所要の形状・寸法精度を得ることは難しく，焼成後に何らかの機械加工が必要となる．一般にセラミックスの研削加工においては，主に脆性破壊による材料除去が行われるため加工面直下に傷が発生する．これが加工後に残留すると，強度低下など部材の特性劣化をもたらすことがよく知られているが，金属材料のように，所要動力の大きさや加工熱による表面層の変質が問題となることは少ない．したがって加工技術に対しては，できるだけ高い加工能率を保ちつつ損傷を最小限に抑えるということが要求される．
　本稿では，これまで平面研削加工について加工条件や供試材材質と損傷の程度との関係について検討を進めてきたものの中から[1〜5]，砥石結合材と加工損傷との関係に関するデータを紹介する．加工損傷については数多くの報告があり，全体的な理解を必要とする場合には適当な総説[6]などを参照されたい．

(2) 実験条件

　供試材はB，Cを主な焼結助剤とする常圧焼結炭化ケイ素（イビデンSC 850）で，図Ⅲ－2.5.1に示すように微細な柱状晶からなる微構造を有する．炭化ケイ素砥石がダイヤモンド砥石のドレッシングに用いられることからわかるように，炭化ケイ素の加工では砥粒切れ刃先端を著しく摩耗させることは少なく，比較的安定した切れ味を維持できる．そのため結合材特性の影響を比較するのに適した材料と考えられる．

表Ⅲ-2.5.1　砥石仕様および加工条件

レジンボンド	SDC200N75B
メタルボンド	SD200Q75M
ビトリファイドボンド	SD200N75V
砥石切込み	8μm
砥石周速	1 500m/min
テーブル速度	0.05～10m/min
砥石直径	200mm

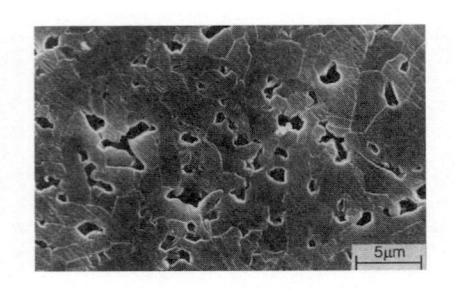

図Ⅲ-2.5.1　供試体の微構造(常圧焼結炭化ケイ素)

砥石は**表Ⅲ-2.5.1**に示すような結合材の異なる3種類のものを用いた．それぞれの砥石に使用されている砥粒の特性については明らかではないが，市販の製品(ノリタケダイヤモンド)であることから，一般的な砥粒の選択基準が適用されていると推定される．すなわち，レジンボンド砥石には不規則形状の破砕性の高いもの，メタルボンド砥石にはブロック状の高靭性のもの，ビトリファイドボンド砥石には前2者の中間の特性をもつものが用いられているものと考えられる．

加工は横軸平面研削盤(日興機械NSG-52E)を用い，5本を1組として各加工条件で5組実施した．強度は4点曲げ試験(JIS R 1601)により測定した．

(3) 砥石結合材による強度劣化の違い

研削加工では，加工条件は砥石の仕様と砥石切込みテーブルスピードなどの種々の作業条件の組合せで表されるが，ここでは異なる加工条件間の比較を容易にするため，これらを次式で定義される最大砥粒切込み深さ g という単一の指標で表すこととした．g は砥粒切れ刃によって削り取られる切屑の最大厚さを表す．平面研削の場合 g は幾何学的解析により次式で与えられる[7]．

$$g = 1.26 t^{1/6} \left[\frac{6V_g}{\pi d_0^3} \tan\gamma \right]^{-1/3} \left[\frac{w}{W} \right]^{1/3} \left[\frac{1}{D} \right]^{1/6}$$

ここで，　t　：砥石切込み，
　　　　　w　：テーブル速度，
　　　　　W　：砥石周速，
　　　　　D　：砥石径，
　　　　　d_0　：砥粒粒径，
　　　　　V_g　：砥石中に占める砥粒の容積比(砥粒率)，

2.5 加工・接合

γ：切れ刃先端形状を円錐と仮定したときの半頂角,

である．gの値が大きいほど被削材に及ぼす損傷の程度は大きくなる．ここではテーブル速度を調節することによりgを変化させた．

a. レジンボンド砥石

一般に結合材の弾性率が低く，砥粒の破砕性がよいとされ，加工面の性状が良好でしかも切れ味が長時間維持される．また，砥粒に過大な抵抗が加わるときにはこれを支持する結合材が変形し，砥粒の脱落が回避されることが報告されている[8]．強度とgとの関係は図III-2.5.2に示すように，gの増加に対して強度は低下し，べき関数によってよい近似ができる．無損傷の場合が$g=0\mu m$に対応し，図中のエラーバーの上端および下端は，それぞれ強度の最大値と最小値を表す．強度のばらつきはgの小さい領域では，大きくなる傾向があることがわかる．これは加工による損傷の程度が小さくなるほど，強度を支配するき裂が，加工き裂から材料に潜在的に存在する自然欠陥へ遷移していくためと考えられる[5]．

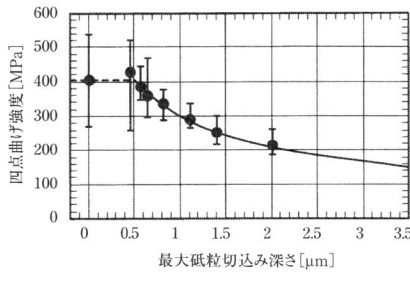

図III-2.5.2 レジンボンド砥石による強度劣化

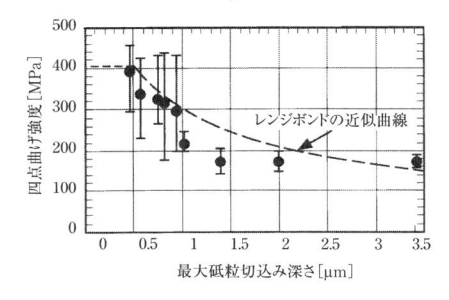

図III-2.5.3 メタルボンド砥石による強度劣化

b. メタルボンド砥石

結合材の弾性率が高く，高靭性の砥粒が用いられているので，砥石の形状変化が小さく，形状転写性が要求される場合に適する．図III-2.5.3に示すように，メタルボンドの場合，$g<1\mu m$の軽研削領域ではgの増加に対し，1点鎖線で示すレジンボンドの場合の近似曲線にほぼ沿う形でべき関数的に強度が低下するが，$g>1\mu m$の領域では急激に低下する．一般に砥粒は緻密な結合材の中に埋込まれたような形で保持されていると考えられているが，ダイヤモンドと結合材とのぬれ性を調整するために，添加されている微量の金属元素によって砥粒保持特性が変化することから[9]，微視的には砥粒のまわりに薄い保持層が形成されていると推測される．この層がレジンボンドのように緩衝剤としての機能をはたしている可能性が

あり，その能力をこえた負荷が砥粒に加わる場合には，被削材に及ぼす損傷の程度が急激に大きくなることが予想される．

c. ビトリファイドボンド砥石

結合材がガラス質でしかも多孔質であるため砥粒保持剛性は高いが，大きな荷重が加わると砥粒が脱落しやすく砥粒保持能力は小さい．また破砕しやすい砥粒を用いているので，砥粒の自生作用が期待できる．**図Ⅲ-2.5.4**に示すように$g<1\,\mu m$の軽研削領域では，強度レベルは無損傷の場合に比べて低下するが，gの増加に対する低下の度合いは他の2つの場合に比べかなり小さい．この原因の1つとしては，軽研削条件では結合材の破壊よりも砥粒の破砕が優先的に起り，研削抵抗の上昇分が破砕により増加した切れ刃に分散されていることが考えられる．また，著しく強度の低い試験片が現れるために，他の2種類の砥石に比べて強度のばらつきが大きいことが特徴となっている．これは部材の信頼性に直接影響を及ぼすことから，仕上げ加工の場合に特に注意を要する．

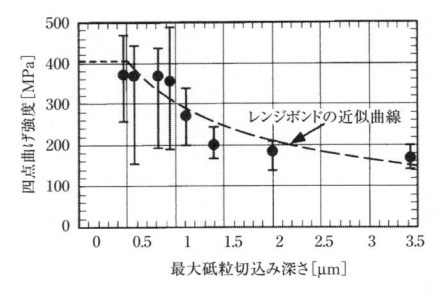

図Ⅲ-2.5.4　ビトリファイボンド砥石による強度劣化

(4) おわりに

加工条件と被削材強度との関係は，砥石結合材の違いによりそれぞれ特徴的な変化を示した．市販砥石の特性については公表されたデータが少なく，定量的な基準をもとに判断を下すことは難しいが，信頼性の高い部材を得るためには，砥石の選択に十分な注意を払う必要がある．

参考文献

1) 兼松渉，山内幸彦，大司達樹，伊藤正治，久保勝司, セラミックスの平面研削加工による強度変化特性の定式化, *J. Ceram. Soc. Japan*, **100**, 6, pp.775-779 (1992).
2) 兼松渉，伊藤正治，久保勝司, 研削加工されたセラミックスの高温強度, *J. Ceram. Soc. Japan*, **101**, 6, pp.698-701 (1993).
3) Wataru Kanematsu, Yukihiko Yamauchi and Katsushi Kubo, Effect of Grinding on Fatigue Behavior of Ceramics at Ambient Temperature, *JSME International Journal*, Ser. A, **38**, 4, pp.610-615 (1995).

4) Wataru Kanematsu, Tatsuya Miyajima, Katsushi Kubo, Effect of Fracture Toughness on Tolerance to Grinding Damage in Ceramic Materials, *Fracture Mechanics of Ceramics*, **11**, pp.389-400 (1996).

5) Wataru Kanematsu, Yukihiko Yamauchi and Katsushi Kubo, Effect of Machining Conditions on the Strength Distributions of Ground Ceramics, *ASME technical paper*, 97-GT-320, pp.1-7 (1997).

6) Kun Li and T. Warren Liao, Surface/subsurface damage and the fracture strength of ground ceramics, *J. Mater. Process. Tech.*, **57**, pp.207-220 (1996).

7) 長尾高明, 砥粒加工基礎学最前線I；研削機構学, 砥粒加工学会誌, **33**, 3, pp.2-7 (1989).

8) 庄司克雄, 唐建設, 周立波, 河端則次, マトリックス型ダイヤモンドホイールの研削性能に及ぼす砥粒と結合材の組合せの影響, 日本機械学会論文集C編, **61**, 586, pp.2580-2585 (1995).

9) T. Tanaka and Y. Isono, Influences of Metal Constituents to the Characteristics and Grinding Abilities of Metal Bonded Diamond Wheel, *J. Mater. Process. Tech.*, **63**, pp.175-180 (1997).

■ 2.5.2 砥粒加工

　砥粒を用いる加工方法は，①砥石，ラッピングシートのように砥粒を固定して用いる場合，②ラッピング等のように工具に塗布して用いる場合，および③サンドブラストのように自由砥粒で用いる場合，の3つに大別される．遊離砥粒を用いるラッピングは，セラミックス材料を研削加工したあとの精密加工法[1),2)]として用いられる傾向があり，構造用セラミックスにおいては必要条件である．

　ラッピングとは，セラミックス加工物と回転する定盤間にダイヤモンド砥粒を介在させながら加圧し，こすり合せることにより，砥粒切れ刃の作用で加工物表面に微小破砕を生じさせ，その集積によって良好な表面粗さ，形状精度を得る精密仕上げである．セラミックス材料では，主にダイヤモンド砥粒が用いられ，砥粒形状や粒径の不揃いは，ある程度ラップ面の加工精度および表面粗さを制約するが，その結晶性の違いから多結晶ダイヤモンド砥粒を用いた場合には，ラップ表面の微小破砕に伴い砥粒自身も破砕し，クラックの少ないラップ面が得られ

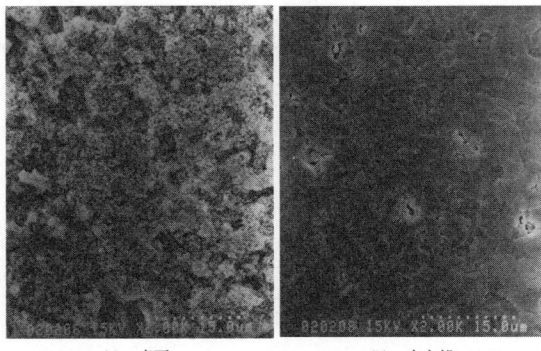

る．ダイヤモンド砥粒には，ペーストあるいはスラリー状態のものがあるが，ペーストの場合はラッピングオイルを使って定盤上に均一に進展させて用いる．スラリーの場合には，微量定量ポンプを用いて定盤上に噴霧供給する．定盤の材質は，加工能率を重視する場合は，一般にラップ定盤の減耗の少ない硬い材質を，表面粗さが要求される場合は，柔らかい材質の定盤を選択するべきである．

(a) 表面　　(b) 中心部
試料:高純度Al_2O_3, 焼結温度:1 500℃（大気雰囲気中），焼結時間:1h

図Ⅲ-2.5.5　焼結体の表面および中心部の性状

JIS R 1601：試験片[3]の作成にみられるようにラッピング・ポリッシングは，一般に任意形状の焼結体を削り代を残して定めた寸法に切断し，研削後，段階的に砥粒径を小さくしながら，目的とする表面粗さおよび寸法精度を得るための最終仕上げ工程である．実際のセラミックス材料を機械要素部品に利用するには，できるだけ削り代の少ない寸法形状にすることが望ましく，例えば，冷間等方加圧（cold isostatic pressing）を利用したニアネットな焼結体では，切断，研削を行わずに直接ラッピング・ポリッシングすることが可能である．

ニアネットシェイプが容易な球の焼結体を例[4]にとって説明すると，球の表面と内部組織では，**図Ⅲ-2.5.5**に示すように緻密化の状態が異なり，表層では焼結による影響を受けた変質層が存在する．この焼結体をラップしながら，その表面の硬さを測定したものを**図Ⅲ-2.5.6**に示すと，硬さの低い領域は 図Ⅲ-2.5.5における焼結の影響を受けた領域と考えられる．ラッピングにおける除去量は，硬さが一定となるまでの深さhにラッピングで生じ

試料　：高純度Al_2O_3（直径5mm）
焼結温度：1 500℃
焼成時間：1h

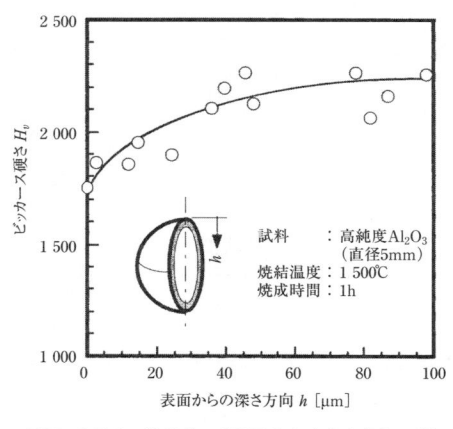

図Ⅲ-2.5.6　焼結体の表面から中心方向(h)の硬さ

2.5 加工・接合

る加工変質層が原因となる強度低下の防止も考慮に入れると，表面から 100 μm～200 μm 以上と考えられる．

セラミックス球のラッピングは，従来からの鋼球の V 溝ラッピング[5]に基づいて，ラッピング中の球の回転運動を制御する方法，遊離砥粒に磁性流体を用いる方法等[6,7]の新しい試みがなされ成果を上げている．ここでは，著者ら[8]の方法を例に，セラミックス材質の違いによるラップ量と表面粗さおよび直径不同との関係について以下に述べる．

図Ⅲ-2.5.7 は，酸化物セラミックスである Al_2O_3 材，ZrO_2 材をラッピングしたときのラップ量と表面粗さの違いを図示したもので，Al_2O_3 材に比べ，ZrO_2 材はわずかなラップ量で良好な表面粗さが得られることがわかる．Al_2O_3 材は ZrO_2 材に比べると，ラッピング面は砥粒の切れ刃作用で破砕しやすい反面，加工変質層を伴うため良好な表面粗さが得られない．この加工変質層を除去するためには，段階的に砥粒径を減少させながらラッピングを進行させる必要がある．

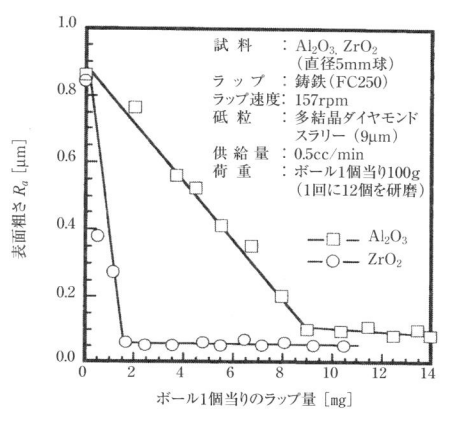

図Ⅲ-2.5.7 酸化物セラミックスのラップ量と表面粗さの関係

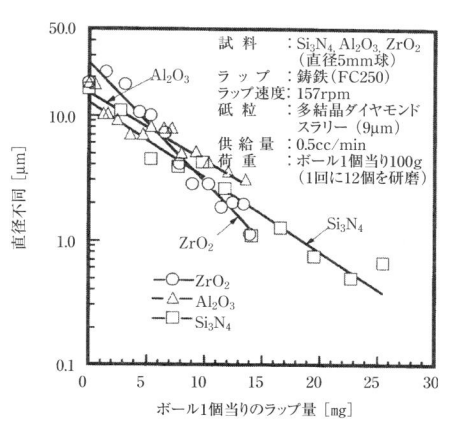

図Ⅲ-2.5.8 セラミックス素材の違いにおけるラップ量と形状精度（直径不同）の関係

図Ⅲ-2.5.8 は，球の形状精度である直径不同およびラップ量の違いについて 3 種類のセラミックス材料（Si_3N_4，Al_2O_3，ZrO_2）を用いて示している．ZrO_2 材は，図Ⅲ-2.5.7 からわかるように速やかに良好な表面粗さが得られるが，直径不同は不規則な減少傾向を示す．これは ZrO_2 材の場合，最初の段階でわずかな微小破砕で良好な表面粗さが得られてしまうと，加工物－定盤間で砥粒は滑りを生じ，球には不規則な回転運動が与えられ加工精度が制約されると考えられる．Al_2O_3 材では，加工物が高硬度のため定盤は減

耗により精度を維持することが難しく，3種類の材料の中で最もラッピングしにくい材料といえる．Si_3N_4材の場合は，Al_2O_3，ZrO_2の中間的な材質でラップ量に対し直径不同の相関が高く，3種類のうちで最も加工しやすい材料と考えられる．

参考文献

1) 精密工学会編，"精密工作便覧"，コロナ社，p.372 (1991).
2) 小林昭監修，"超精密生産技術大系 第1巻基本技術"，フジ・テクノシステム，p.267 (1995).
3) セラミックス加工研究会編，"ファインセラミックスの精密加工"，工業調査会，p.206 (1990).
4) 市川茂樹，小奈弘，神馬敬，早瀬直樹，張海鴎，高精度セラミックス球の製造のためのCIPゴム型設計法，塑性と加工，**32**, 362, p.280 (1991).
5) 例えば，井戸守，ミニアチュア球軸受について，精密機械，**26**, 8, p.127 (1957).
6) 黒部利次，角田久也，小野田誠，スピン角度制御型ボール研磨（第1報），精密工学会誌，**62**, 12, p.1774 (1996).
7) 張波，梅原徳治，加藤康司，セラミックス球の磁性流体研磨の研究，精密工学会誌，**61**, 4, p.586 (1995).
8) 市川茂樹，小奈弘，吉本勇，セラミックスボールの新しいラッピング方法の提案，精密工学会誌，**58**, 9, p.99 (1992).

■2.5.3 ビーム加工[1)～6)]

ビーム加工は，エネルギー粒子をビーム状にして材料に供給し，加工を行うものと定義される．これに含まれるものは，レーザー加工，電子ビーム加工，イオンビーム加工などがある．生産加工技術のなかで，これらエネルギービーム加工の占める割合は少なくない．特に，セラミックスやダイヤモンドの加工のように他の加工技術では困難または非効率な場合に多用されている．

ビーム加工の特長としては，
① 高いエネルギー密度が得られるので難加工材料に適用できる，
② 非接触加工であるため工具摩耗がなく加工反力も小さい，
などがあげられる．これらの特長に加えて，レーザー加工では，

2.5 加工・接合

① 反射鏡や光ファイバーによるビーム伝送ができるのでフレキシビリティに富んでいる,
② 電子ビームやイオンビームに必要な真空雰囲気が不要で,加工環境を選ばないので自動化がしやすい,
③ 加工の種類が幅広く他の加工法との複合化ができる,

といった特色を活かして実用化が進んでいる.

セラミックスのレーザー加工には,一般に炭酸ガスレーザー(波長10.6μm)とYAGレーザー(波長1.06μm)が使われる.主な加工は,切断,スクライビング(溝入れ加工),孔あけおよびマーキング(刻印加工)であるが,表面改質や材料合成への適用も検討されている.

セラミックスのレーザー切断およびスクライビングは1970年ごろに実用化された技術で,現在では最も広く普及している.ハイブリットIC用アルミナセラミックス基板のチップダイシングツールとして,炭酸ガスレーザー加工機が使われたのが最初である.炭酸ガスレーザーは多くのセラミックスに対してほぼ100%近い吸収を示し,レーザー出力も高いため,1台のレーザー加工機を使ってスクライビングと完全切断の両方が高能率かつ高精度にできる(例えば,厚さ0.635mmのアルミナ基板にスクライビング速度が数100mm/sで深さ200μm程度の溝入れが可能).また,同時に配線接続用のスルーホール加工もできる.加工物の硬度に左右されないレーザー加工の特長が,最も発揮される応用分野といえる.最近では,液晶ディスプレイ用ガラス薄板の精密割断に,従来のホイール型工具に代って,レーザー割断法が開発され実用化している[7].

レーザー孔あけは,1960年代初期に伸線用ダイヤモンドダイスに応用されて以来,ルビー,サファイヤなどの宝石類を初め,工業用セラミックスへの技術開発が進められてきた.実際に,ジルコニアセラミックス製のドットプリンター用ピンガイド(厚さ1mm,孔径0.5mm)やワイヤボンディング用キャピラリーの孔加工(深さ100μm,孔径50μm)などに集光性の優れたYAGレーザーが利用されてきた.

一方,窒化ケイ素などの構造用セラミックスにレーザー加工が実用化された例は非常に少ない.窒化ケイ素セラミックス製ブロックゲージへのレーザーマーキングがQスイッチパルス発振のYAGレーザーを使って実施されており,エッチング刻印によるコントラストの低下を改善している.

加工物を瞬時に溶融,蒸発させて加工するレーザー加工では,加工部分に母材と組成の異なる加工変質層が形成されたり,熱衝撃や熱歪みによる亀裂や残留応

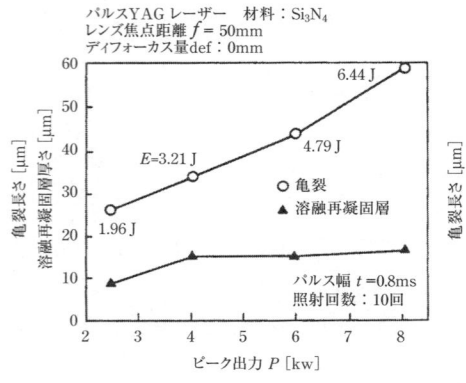

図Ⅲ-2.5.9 レーザーピーク出力と亀裂長さ,加工変質層厚さの関係

図Ⅲ-2.5.10 レーザーパルス幅と亀裂長さ,加工変質層厚さの関係

力が発生するという問題がある.このことが,セラミックスのレーザー加工の最大の問題点であり,特に構造用セラミックスや機能性セラミックスへの適用を妨げている要因でもある.

図Ⅲ-2.5.9は,YAGレーザーによるホットプレス窒化ケイ素セラミックスの孔あけにおける,孔壁面から母材側に発生する亀裂の長さと加工変質層厚さのレーザーピーク出力依存性(パルス幅0.8 ms 一定)である.両者ともピーク出力の増加と共に大きくなる.**図Ⅲ-2.5.10**は,ピーク出力を一定にしてパルス幅を変化させたときの亀裂長さと加工変質層厚さの変化である.10 μs 以下のパルス幅の場合には,熱亀裂は生じない.高温度場と高応力場を微小領域に局所化すると同時に加工単位を小さくすることで,熱亀裂を抑制できる.

図Ⅲ-2.5.11は,パルス幅100 ns オーダーのQスイッチパルスYAGレーザーで加工した場合のパルス繰返し周波数と亀裂長さ,加工変質層厚さの関係である.パルス繰返し周波数が8 kHzをこえると熱亀裂が発生する.これ以下のパルス繰返し周波数で加熱・冷却を間欠的に行いながら加工すれば,亀裂を完全に抑制できる.

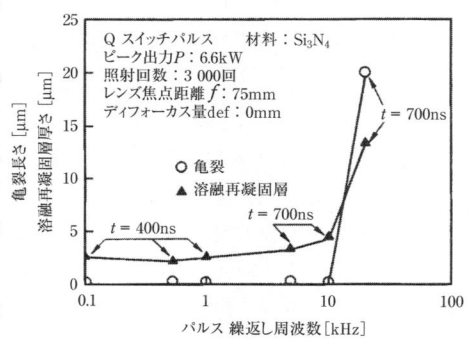

図Ⅲ-2.5.11 レーザーパルス繰返し周波数と亀裂長さ,加工変質層厚さの関係

2.5 加工・接合

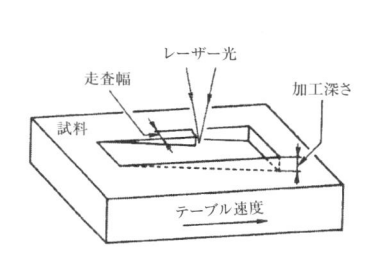

図Ⅲ-2.5.12 型彫り加工方法

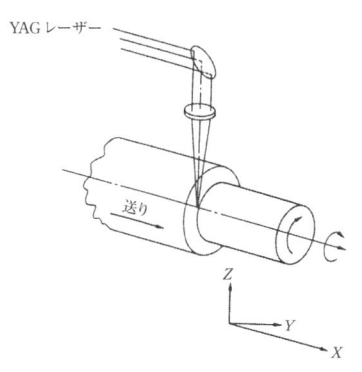

図Ⅲ-2.5.14 レーザー光による旋削加工

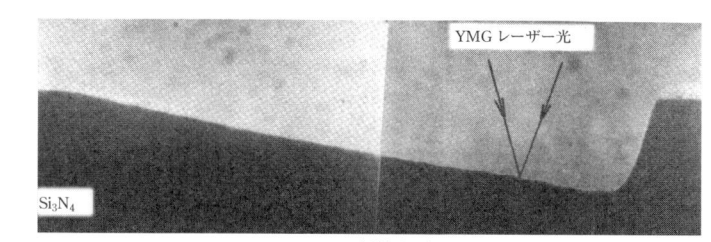

(a) Si_3N_4の傾斜平面加工

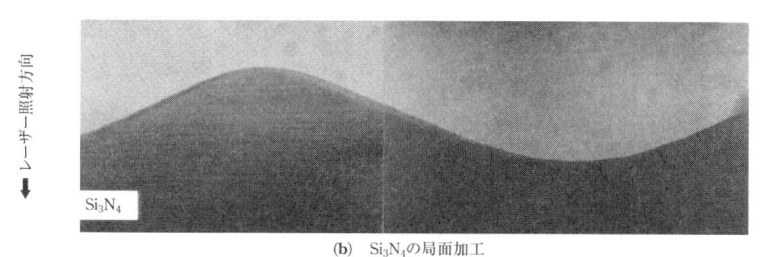

(b) Si_3N_4の局面加工

図Ⅲ-2.5.13 QスイッチパルスYAGレーザー光によるSi_3N_4の型彫り加工

QスイッチパルスYAGレーザーのパルス繰返し周波数と加工深さが線形な関係にあることを利用して，**図Ⅲ-2.5.12**に示すような型彫り加工ができる．**図Ⅲ-2.5.13**は傾斜面と曲面を加工した例（断面写真）である．形状に合せてパルス繰返し周波数を連続的に制御しながら加工すると，比較的平滑な加工面が得られる．

図Ⅲ-2.5.14はレーザー旋削加工法の概念図で，**図Ⅲ-2.5.15**はネジ切りの

257

例である．パルス幅が十分小さいQスイッチパルスYAGレーザーと多軸テーブルを組合せ両者を同時制御することで，セラミックスの3次元形状加工を熱亀裂を発生させることなく実現できる．この場合の加工面には，厚さ数μm程度の脆弱な加工変質層と小さい圧縮残留応力層が生じている．レーザー加工後にこれらの変質層をラッピング除去することで，母材の強度を確保することが可能である．

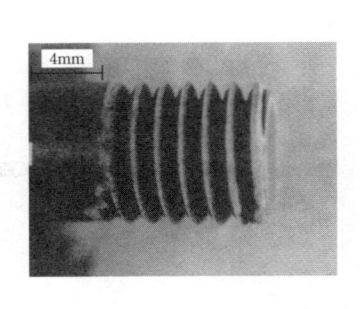

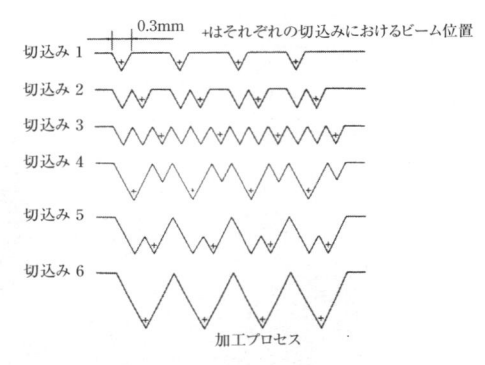

図Ⅲ-2.5.15　QスイッチパルスYAGレーザー光によるSi_3N_4のネジ加工

参考文献

1) 精密工学会CP分科会編，"ファインセラミックス材料・部品の精密加工技術"，第2編，p.78 (1989).
2) 森田ほか，エンジニアリングセラミックスの精密加工(レーザー加工)，工業材料，**37**, 2, p.23 (1989).
3) 吉田ほか，"YAGレーザーによるセラミックスの3次元加工"，応用機械工学別冊，工作機械シリーズ(レーザー加工)，大河出版，p.119 (1990).
4) 森田ほか，窒化ケイ素セラミックスの無欠陥レーザー加工，日本機械学会論文集C編，**56**, 522, p.498 (1990).
5) 森田ほか，窒化ケイ素セラミックスの無欠陥レーザー加工(第2報，過渡熱応力とクラックの生成挙動)，日本機械学会論文集C編，**57**, 535, p.1031 (1991).
6) 森田ほか，窒化ケイ素セラミックスの無欠陥レーザー加工(第3報，破壊強度と残留応力)，日本機械学会論文集C編，**57**, 537, p.1749 (1991).
7) 森田，硬脆材料の割断加工の原理，砥粒加工学会誌，**45**, 7, p.335, (2001).

■ 2.5.4 接　合

(1) はじめに

いわゆるファインセラミックスが世に出てから20年以上が経過した．電機・機械産業のみならず，さまざまなエネルギー産業分野での典型的な要求性能である耐熱性・耐摩耗性・断熱性・耐食性などに応え，さまざまな効率向上に寄与してきた．一方，セラミックス材料の応用展開が確実に進むにつれて，その弱点である脆性などを補完するためにほかの材料との複合化が一般化し，高強度かつ信頼性の高い接合技術開発への要求が高まった．接合技術はファインセラミックスの応用展開と共に進展したといっても過言ではない．

セラミックスと金属の接合法には接着剤法・機械的結合法などさまざまな伝統的な手法もあるが，界面における構成元素の拡散・固溶・反応生成物形成など何らかの反応を伴う「化学的接合法」が，高強度接合界面を形成しセラミックスの特性を活かしうる接合法として注目された．なかでも，「活性金属法」は比較的量産性にも優れるため，応用面からも有力視される接合法であるが，弱点であった高温強度が改良されるに至り，最も実用性の高い接合法としてさまざまな製品に応用されている．接合温度をこえる耐熱性を保有する理想的な接合体が求められてきたが，困難なのも実情である．こうした実務上の見地からは，接合技術がさまざまな解説と書籍にまとめられてその時代の現状を概括してきたが[1]～[3]，むしろ科学としての興味対象は，異種材料界面での接合素過程と局所での残留応力の制御に特化された感があり，1993～1998年までの科学技術振興事業団創造科学技術推進事業「田中固体融合プロジェクト」での基礎研究に結実した[4]．

本稿では，セラミックスの接合問題をまず整理し，活性金属法による接合法と残留応力緩和に関する報告例と共に，接合素過程と残留応力分布実測など，接合界面における基礎から応用までの20年にわたる筆者による研究を概括し，今後の課題についても触れたいと思う．

(2) セラミックスの接合問題

ファインセラミックスに対しては**表Ⅲ－2.5.2**に示す接合法が検討されてきた[1]．焼きばめ・かん合・鋳ぐるみなどの機械的結合法，接着剤を用いる方法は，金属材料など既存材料からの転用ではあるが，使用環境によっては低コストの簡便法として多用されている．**表Ⅲ－2.5.3**には典型的なセラミックスが自動車用エン

ジン部品として組込まれるときの接合法を例示しているが[20]，低負荷の部位には機械的な結合法が採用されている．一方，高強度・封着性に加え高信頼性が要求されてくるにつれて，接合界面において構成元素の拡散・固溶・反応生成物形成など，なんらかの反応を伴う「化学的接合法」が最適接合法として研究開発が進んだ．

化学的接合法のうち，酸化物セラミックスに対するMo-Mnメタライズ法＋ろう付け，固相接合法など伝統的手法は工業生産性にも優れたものが多く，各種封着部品に応用されている．しかし耐熱性や耐摩耗性などに優れる，より安定的な非酸化物セラミックスの台頭と共に，反応性の高い接合物質の選択が行われ，新しい接合法も開発された．反面，セラミックスは本質的に脆性でありまた諸物性も異なるため接合設計上の留意点も多く，さまざまな対策が考えられている．すなわちセラミックスと金属の接合においては**表Ⅲ-2.5.4**に示すような因子を検討する必要がある[1〜3]．それは両者の材料物性差ならびに接合界面現象に起因するも

表Ⅲ-2.5.2 セラミックスの接合法と特徴

接合法	内容	特徴
機械的接合法	焼きばめ, 冷やしばめ	熱膨張差要
	かん合, 圧入	高精度前加工要
	ネジ止め, 鋳ぐるみなど	中コスト
接着剤法	有機接着剤（エポキシ, イミドなど）	200℃まで, 低コスト
	無機接着剤（シリカ系, アルミナ系など）	耐熱性, 脆性
化学的接合法	直接的接合（固相接合, 摩擦圧接等）	高強度
	無機物介在接合	封着性
	活性金属法	高信頼性
	メタライズ法	中コスト

表Ⅲ-2.5.3 実用化されたセラミックスエンジン部品と適用された接合法

部品名	セラミックス	金属	接合法
ディーゼル用グロープラグ	Si_3N_4	Ni合金	ろう付け
ディーゼル用ホットプラグ	Si_3N_4	Al合金	loose-fitting
	Si_3N_4	鉄鋼	shrink-fitting
ロッカーアームパッド	Si_3N_4	Al合金	鋳ぐるみ
ターボチャージャーローター	Si_3N_4	鉄鋼	ろう付け shrink-fitting
	Si_3N_4	Ni合金	ろう付け
ポートライナー	Al_2TiO_5	Al合金	鋳ぐるみ
インジェクターリンク	Si_3N_4	−	

2.5 加工・接合

表Ⅲ-2.5.4　セラミックス接合に関し検討すべき諸因子と解決策

	接合支配因子	問題点	設計上の解決策
接合材料物性	(1) 熱膨張係数の差 　a金属≫a非酸化物セラミックス (2) 機械的性質の差 　①弾性係数の差 　　E金属<E非酸化物セラミックス 　②強度の差 　　セラミックスは圧縮に強いが引張りには弱い．中間層の強度．	接合温度からの冷却過程で界面に残留応力 セラミックスで破壊	(1) 中間熱膨張係数物質層 (2) 残留応力緩和層 (3) 引張応力をセラミックスに与えない形状設計
	(3) 原子結合様式の差 　セラミックス…共有結合，イオン結合であり安定 　金属…金属結合	①直接結合困難 ②原子拡散・固溶度	(1) 高温高圧使用 (2) 活性物質添加 (3) 反応生成物のコントロール
	(4) 高温物性の差 　①昇華分解するセラミックスあり 　②酸化による強度劣化	融接不可能	接合雰囲気制御
接合界面	(1) 接合物質間のぬれ，拡散 (2) 界面生成物の強度 　金属間化合物，Silicideなどの脆弱層形成 (3) 界面構造 　エピタキシー関係	接合後の界面剥離	(1) 活性物質添加など材料系の組合せ (2) 反応生成物のコントロール (3) 被接着体へのアンカリング

のであるが，接合問題は「界面（反応・構造）」と「残留応力」の2点に集約される．このうち技術者として接合を現象面・操作面から捉えると，①高強度接合界面の形成，②残留応力とその緩和法，が重要であるが，科学者として界面での物理化学の立場から観ると，③接合原子過程の解明，④残留応力分布の実測，に話題を絞ることができる．後者はナノメートル規模で基礎研究が進展し，その制御の可能性にまで肉薄している[4]．以下，界面形成，残留応力の順に概説する．

(3) 高強度接合界面の形成

a. 活性金属法

　活性金属法とは，周期率表Ⅳ族・Ⅲ族などに属する元素がセラミックスによくぬれることを利用するもので，反応しやすい活性に富むインサート材として接合しようとする材料の間に配置し，エネルギーを与えて被接合材に反応させる．界

面での反応に液相を介する「活性金属ブレージング(ろう付け)法」が一般的であるが,固相反応で接合させる「固相接合法」にも活性金属をインサート材として使用するものがあり,活性金属法の中に含めておく[1]~[3]. 前者は融液が接合面にいきわたって反応するため, 形状自由性と量産性に富むという特色をもつ. そのため広く研究・開発されている接合法である. 後者は高温・加圧を必要とするが, 比較的高温強度に優れるという特色をもつ. 絶縁体であるセラミックスに導電性を与えて接合させるメタライズ法においても, 活性金属は添加成分として多用されている[5]. ともあれ, 共通の形態的な特徴として, 活性な元素がセラミックス側の界面に優先的に偏析して, 強固な結合を実現していることがあげられる. 表Ⅲ-2.5.3において熱衝撃, 高トルクなどがかかり信頼性が要求される部位であるグロープラグ, ターボチャージャーローター軸の接合には, 活性金属ろう付け法が採用されている.

b. 活性金属法によるセラミックスの接合法の現状

古くは Al_2O_3 に代表される酸化物に適用されてきた活性金属法も, 窒化物・炭化物といった非酸化物セラミックスの応用が進むにつれ, 20年ほど前から盛んに研究対象としてとりあげられるようになった. セラミックス接合研究例として今までに発表された活性金属法の現状を **表Ⅲ-2.5.5~2.5.7** にまとめて示した[1]~[3]. これらの表は論文・学会講演などに現れたものを筆者なりにまとめたものである. セラミックス接合に用いられた活性金属を, 対象セラミックス別に分類して表Ⅲ-2.5.5 に示す. 周期率表Ⅳ族, 特に Ti 元素を含む活性金属系が圧倒的に多く, Cu-Ag など共晶を形成する成分を添加して融点を下げ(例えば, 2%Ti-Cu-Ag系では 780℃), ろう材としてブレージングに供した研究例が多見される. ついで, Ⅲ族の Al または Al 基合金を用いる場合が多い. また, Ⅴ族元素も試されるようになった. これらいずれの活性金属系においてもTi, Alなどの元素はろう材中に拡散し, セラミックスと界面で反応生成物を形成して, 自由エネルギーを低下させる方向に反応が進行する.

表Ⅲ-2.5.5 に示した接合用活性金属は, 種々の形態で接合部にインサートされる. **表Ⅲ-2.5.6** は報告例からその形態をまとめたものであるが, 活性金属がシート・粉体状およびこれらにほかの合金を組合た形態がほとんどである. これは活性金属の含有量を任意に制御でき, 組成を最適化することができるためである. Tiの水素化物粉末はさらに活性となるために用いられている. また, Ti などを PVD によりセラミックスやろう材上にあらかじめ形成させてから接合する試みも行

2.5 加工・接合

表III-2.5.5 セラミックス接合に使用された活性金属
(文献に現れたものをまとめた. *印:固相接合法, 無印:ブレージング法)

(1) 窒化物

対象セラミックス	セラミックス接合用活性金属		
	族	系	活性金属例
Si_3N_4	IV族	Ti系	Ti*, Ti-Cu, Ti-Cu-Ag, Ti-Ag, Ti-Cu-Ni, Ti-Cu-Au, Ti-Cu-Be, Ti-Cu-Be+Zr, Ti-Ni, Ti-Ni-P, Ti-Ni+TiH$_2$, Ti-Al, Ti-Al-V, Ti-Ai-Cu
		Zr系	Zr*, Zr-Cu, Zr-Cu-Ni, Zr-Ni
		Hf系	Hf*
	III族	Al系	Al, Al-Cu, Al-Ag, Al-Ni, Al-Ti, Al-Zr, Al-Si, Al-Mg, Al-Mg-Cu-Si, Al-Cu-Mg-Mn, Al-Si-Mg
	V族	V系	V*
		Nb系	Nb*, Nb-Cu-Al
		Ta系	Ta*
	他	Ni系	Ni*, Ni-Cr*
		Cu系	Cu-Mn, Cu-Cr, Cu-Nb, Cu-V, Cu-Al-V
		Co系	Co
Sialon	IV族	Ti系	Ti-Cu, Ti-Cu-Ag, TiH$_4$+Cu-Ag, TiH$_4$+Al-Ni, TiH$_4$+Al, Ti-Al
		Zr系	Zr-Cu
	III族	Al系	Al, Al-Cu, Al-Cr
	他	Ni系	Ni-Cr, Ni-Cr-Pd, Ni-Cr-Pd-Si
		Fe系	Fe-Cr-Ni
AlN	IV族	Ti系	Ti*, Ti-Cu, Ti-Cu-Ag, Ti-Ag, Ti-Cu-Sn
		Zr系	Zr*, Zr-Cu
		Hf系	Hf-Cu, Hf-Cu-Ag
	III族	Al系	Al, Al-Cu, Al-Li, Al-Cu-Li
	V族	Ta系	Ta*
BN	IV族	Ti系	Ti-Cu-Ag
	V族	Ta系	Ta*

(2) 炭化物

対象セラミックス	セラミックス接合用活性金属		
	族	系	活性金属例
SiC	IV族	Ti系	Ti*, Ti-Cu, Ti-Cu-Ag, Ti-Cu-Ag-Sn, Ti-Ni, Ti-Al, Ti-Al-V
		Zr系	Zr*, ZrH$_2$+Ni, Zr-Ni-Si-Cr, Zr-Al
		Hf系	Hf-Al
	III族	Al系	Al, Al-Cu, Al-Si, Al-Si-Cu, Al-Ti, Al-Si, Al-Si-Cu, Al-Ti, Al-Mo, Al-W, Al-Cr, Al-V, Al-Nb, Al-Ta
	V族	V系	V*
		Nb系	Nb*
	他	Ni系	Ni*, Ni*-Cr, Ni*-Mo, Ni*-Ti, Ni*-W, Ni*-Nb, Ni-Si-Cr-Zr
		Cu系	Cu, Cu-Mn
		Ge*系	

B_4C	III族	Al系	Al

(3) 硼化物

対象セラミックス	セラミックス接合用活性金属		
	族	系	活性金属例
ZrB_2	IV族	Ti系 Zr系 Hf系	Ti-Cu, Ti-Cu-Ag, Ti-Al Zr-Cu, Zr-Al Hf-Cu, Hf-Al

(4) 酸化物

対象セラミックス	セラミックス接合用活性金属		
	族	系	活性金属例
Al_2O_3	IV族	Ti系	Ti*, Ti-Cu, Ti-Cu-Ag, Ti-Cu-Ag-In, Ti-Cu-Ag+Cu+Cu_2O, Ti-Cu-Ag-Sn, Ti-Cu-Be, Ti-Cu-Fe, Ti-Cu-Ge, Ti-Cu-Ni, Ti-Cu-Sn, Ti-Cu-Au, Ti-Cu-Au-Ni, Ti-Zr-Cu, Ti-Zr-Cu-Ni, Ti-Ni, Ti-Ni-Ag, Ti-Ni-Au, Ti-Ni-Al-B, Ti-Fe, Ti-Al-Si, Ti-Sn
		Zr系 Hf	Zr*, Zr-Cu-Ag, Zr-Al, Zr-Al-Si, Zr-Ni, Zr-Fe Hf*
	III族 V族 他	Al系 V系 Nb系 Ni系 Cu系 Cr系	Al, Al-Cu, Al-Si, Al-Si-Cu, Al-Si-Mg, Al-Ni, Al-Ni-C, Al-Li, Al-Cu-Li V*, V-Ti-Cr Nb*, Nb-Al-Si Ni*, Ni-Cr, Ni-Y Cu, Cu_2O, CuS+Kaolin Cr-Pd
ZrO_2	IV族	Ti系 Zr系	Ti-Cu, Ti-Cu-Ag, Ti-Cu-Ag-Sn Zr-Cu
	III族 他	Al系 Ni系 Cu系 Pt系 Sn系	Al-Cu, Al-Mg Ni*, Ni Cu*, Cu,Cu_2O+C Pt*, Pt-Ni, Pt-Pd*
MgO	III族 他	Al系 Ni*, Cu系	Al
BeO_2	IV族	Ti系	Ti-V-Zr, Ti-Zr-Be-V
$2MgO \cdot SiO_2$	IV族	Ti系	Ti*
Y_2O_3	IV族 III族	Ti系 Zr系 Al系	Ti-Cu-Ag Zr-Cu-Ag Al-Cu-Ag
$YBa_2Cu_3O_{7-x}$	他	Ag*, Ag_2O*, Ag系	

2.5 加工・接合

表Ⅲ-2.5.6 活性金属インサート材の形態

形態				活性金属例
シート	一層型	合金	結晶質	Ti-Cu-Ag合金, Al-Si合金など
			非晶質	$Ti_{50}Cu_{50}$など
		クラッド		Ti/Cu-Ag, Ti/Cu/Ag, Ti/Cu/Niなど
	多層型	合金など箔組合せ	結晶質	Ti/Cu-Ag, Ti/Cu, Ti/Niなど
			非晶質	Ti/Ni-Pなど
粉体	均質型	合金粉		Ti-Cu-Ag合金など
		超微粒子		Nb
	混合型	粉組合せ		Ti/Cuなど
		水素化物		ZrH_2/Niなど
シート+粉体	上記の組合せ			Ti-Cu-Ag/Cu+Cu_2O, Ti-Ni, TiH_4-Ni Al, Al-Si/Ti, Zr, Hfなど
被覆	PVD	スパッタ		Ti, Niなど
		イオンプレーティング		Ti/Cu/Ag
	IVD			Ti蒸着+N_+注入
	プラズマ溶射			
被覆+シート	PVD	スパッタ		Ti+Ag-Cu, Ni/Au+In-Sn Ti+Cu-Ag-Sn
		イオンプレーティング		Ti/Al
	イオン注入			Ti, Fe蒸着+N_+注入

われ,表Ⅲ-2.5.3で示したターボチャージャーローターなど自動車部品に実用化されている[2]．

活性金属を用いた接合時には何らかの方法でエネルギーを供給し,加熱して融液を形成したり界面反応を促進したりすることが必要である．**表Ⅲ-2.5.7**には接合エネルギーの供給方法をまとめた．一般的には,炉内を真空または不活性雰囲気に保った抵抗炉や高周波炉中で間接的に加熱することがほとんどであるが,直流印加したり,導電性セラミックスに通電加熱したり,摩擦力の力を借りる接合法も報告されている．なお,活性金属法による接合の対象となるセラミックスには,応用分野の広さを反映してSi_3N_4, SiC, Al_2O_3での実験例が多い．接合相手金属

表Ⅲ-2.5.7 接合エネルギー供給方法

	エネルギー供給方法	接合例
間接加熱	発熱体による加熱 高周波加熱 Hot Pressing Hot Isostatic Pressing	多数
直接加熱	高周波加熱 通電加熱+圧接 直流印加加熱	多数 Ti-Cu-Ag/ZrB_2, Ti/SiC-Si Cu/ZrO_2, Cu, Ni/ZrO_2
その他	摩擦圧接 超音波接合 表面活性化+常温圧接	Al/Si_3N_4, SiC, ZrO_2 Al, Cu/Al_2O_3, AlN, Si_3N_4, ZrO_2, SiC CuまたはNi/AuメッキAl_2O_3/In-Sn, Au,Cu/Si_3N_4, AlN, Al_2O_3

としては，実用性から鉄鋼材が多いのが特徴である．新素材としての接合対象が多様化されるに従い，活性金属の組合せや形態，接合法も多様化している．

(4) 接合原子過程の解明[6]

　高強度接合体が得られるマクロ的な機構は，界面生成物を解析して，ろう材が溶融し添加したTiなどのⅣ族元素がセラミックスとのぬれを改善して反応した結果である，と推定はされていた．しかしこうしたマクロ解析からは，いかなる素過程で高強度界面が形成されるか直接的な説明はできない．本来，固体界面が接合される過程は，構成元素の溶解，拡散，固溶，反応相核生成・成長などきわめて複雑な原子レベルの反応から成立っていると考えられる．1993年から1998年まで続いた科学技術振興事業団『田中固体融合プロジェクト』では融合素過程を直視するために，高分解能透過型電子顕微鏡でのその場(*in-situ*)観察手法を駆使した[4,6]．まず出来上った接合界面の原子構造を明らかにし[7~10]，続いて同顕微鏡の試料ステージ上で活性金属ろう付けの素過程を原子または原子集団レベルで直視して，反応生成層のナノ構造形成過程を明らかにした[11~19]．さらには，ろう付けの基本要件であるろう材の反応性ぬれ素過程にも化合物先行という従来にない現象がみられることを見出し，化学ポテンシャル図で説明した[19~22]．このようなろう付け素過程に対する基礎研究の意味は，原子素過程を制御して接合強度などの界面特性を自由に操ることにあり，設計できる界面の創製にある[4]．以下，結果を概説するが，詳細は各文献を参照されたい．

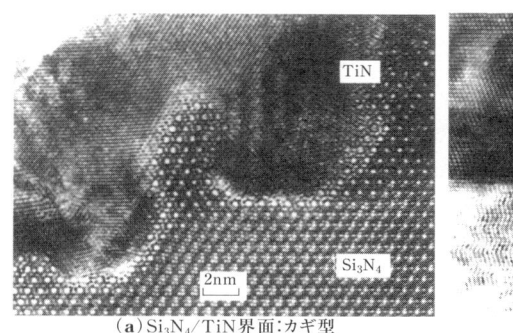

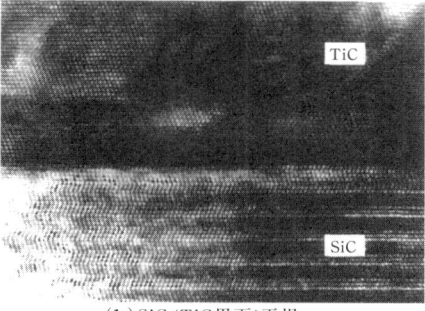

2.5 加工・接合

(a) Si_3N_4/TiN 界面：カギ型　　**(b)** SiC/TiC 界面：平坦

図III-2.5.16 窒化ケイ素および炭化ケイ素のろう付け界面原子構造（Si_3N_4/TiN が高強度界面であることが直感的にわかる）

a. ろう付け界面原子構造

ろう付け界面外にはC相（Ti-Si-Cu-N），Ti_5Si_3 が共存するが，Siセラミックスと直接接する相はTiN格子である．接合界面構造解析への取組みは，石田と田中らが1985年ごろから始め[7,8]，1995年田中プロジェクトにおいて高分解能透過型電子顕微鏡による Si_3N_4/TiN 界面の原子像を初めて捉えた[9,10]．TiNが Si_3N_4 の側面{$10\bar{1}0$}と自由度をもつ整合関係にあるためwavyな界面形態となること［かぎ型構造；**図III-2.5.16(a)**］などを明らかにしてきた[9~11]．一方，炭化ケイ素（SiC）では，界面生成物TiCの(111)面がSiC母格子の底面(0001)と一義的なエピ関係にあるため，平坦な界面格子像［図III-2.5.16**(b)**］が得られると説明した．図III-2.5.16のナノ構造は，Si_3N_4 での接合強度がSiCの2倍ほど大きいことの根拠を直感的に与えている．

b. 炭化ケイ素および窒化ケイ素ろう付けの原子素過程[11]~[19]

ろう付け界面の原子構造，図III-2.5.16は反応の結果であり，形成過程を議論するためには直接その素過程を観察することが必要になる．プロジェクトは1996年，透過型電子顕微鏡の高温ステージ上でろう材である5% Ti-Ag-CuがSiセラミックスへ『ぬれる』先端域での諸現象を原子レベルでしかも動的に直視することに世界で初めて成功し，これらの界面構造が形成される素過程を明らかにした[9,12~19]．

SiCが溶融活性金属ろう材と反応する過程は，炭化ケイ素の分解と炭化チタンの生成過程の2段階に分れる[17]．SiCは，安定なSiC(0001)面に沿って単位格子ごとにSi，C原子として分解し，上方の融液中に溶解していく．そこから生成自由エネルギー変化が大きいTi-C対が大きさ約1nmのTiCクラスターとして不均一核生

成した後，SiC (0001)面に沿って成長し，融液部はTiCで埋め尽くされる．SiCが分解しTiCが成長していく素過程が原子または原子集団の大きさで確認でき，TiCの核生成が律速過程であることが判明した[17]．拡散律速であるという従来の知見とは反する結果がろう付け初期に起っている．また驚くべきことに核生成の段階で下地SiCと生成TiCクラスターの間には稠密面のエピ関係がすでに出来上っており，互いに炭素原子を共有し，互いの極性面が対向している[17]．

炭化ケイ素と比較して複雑な結晶方位関係[図Ⅲ-2.5.16(a)]をとる窒化ケイ素では，溶融ろう材との反応はやはり複雑で，溶融したTi-Ag-Cuによるナノメートル規模の侵食がSi_3N_4の分解を誘起し，そこからTiNのかぎ型構造が出来上る様子がとらえられた[9~11]．高強度界面の形成が理解できる．

c. 固体の反応性ぬれ挙動の見直し[19~22]

筆者は長年，反応性ぬれにおけるマクロな測定接触角の意味に疑問をもち続け固体融合プロジェクトで見直した．ぬれ前面ではTi原子が表面拡散しSi_3N_4上に先行する形でTiN微粒子相およびTi_5Si_3相が順に層状に形成され，Ti-Ag-Cuは厚さ30 nmほどのTi_5Si_3絨毯の上を進行していた．測定された溶融合金の接触角はTi_5Si_3とのものでありSi_3N_4ではない[21]．安定相の差は，化学ポテンシャル図を用いて熱力学的に解析できる．ぬれの進行でTi活量が減少するに従い，Si_3N_4上では熱力学的な安定領域がTiNからTi_5Si_3へと変化するが，SiC上ではTiCのまま変化しない[20),22]．

(5) 残留応力とその緩和法

金属・セラミックス接合体の界面近傍には，両者の熱膨張係数差および弾性率差に起因する残留応力が接合後の冷却過程で分布をもって生じる．この残留応力がセラミックス固有の強度をこえると脆性的に破壊にいたるため，その緩和方法が接合体の実用面から開発課題となってきた．ここではセラミックスと金属の接合体における残留応力の生成機構とその特徴，実用的な緩和法について研究状況を紹介する．

a. 残留応力の生成機構

種々のセラミックスおよび金属の熱膨張曲線，熱膨張率およびヤング率(Young率)の測定例を **図Ⅲ-2.5.17**，**2.5.18** にそれぞれ示す．各々の材料系で熱膨張，弾性係数は広く分布しており，接合体の設計の際には組合せをよく考慮することが必要になる．注目したいのは膨張係数差だけでなく，ヤング率差の正負によって

2.5 加工・接合

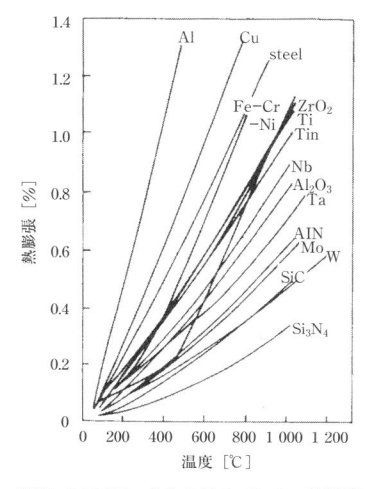

図Ⅲ-2.5.17 主な金属,セラミックの熱膨張

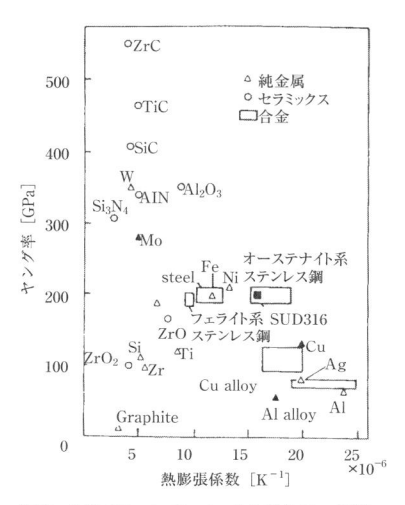

図Ⅲ-2.5.18 セラミックスおよび金属の熱膨張係数とヤング率[1]

も引張・圧縮の残留応力分布が生じることである[23],[24].

異種材料の接合界面近傍に発生する残留応力は,有限要素法(FEM)などの数値解析法で予測するのが一般的である.結果は解析に用いる要素,次元,弾性・非弾性などのモデル,使用コードなどにより異なることもあるが,傾向を把握し設計に用いるには有用である.いずれにしろ,図Ⅲ-2.5.17,2.5.18に示した熱膨張,弾性係数や構成材料の応力-歪み曲線などの基礎データの取得が必要である.

b. 残留応力緩和法

残留応力緩和法として考えられる手法を表Ⅲ-2.5.8に示す[23],[24].緩和法は緩和層の設置,接合法の改良,接合部設計に大別される.このうち,セラミックスと金属の接合部に中間層として残留応力緩和層をインサートすることが,簡便な方法として多用されている.例えば,図Ⅲ-2.5.19にSi_3N_4/鉄鋼接合系の代表的な構造を示すが,ろう材と共にCu板を接合し,冷却過程でCuの塑性変形により残留応力を解放してクラックのない高強度接合体(4点曲げ強度 350 MPa)を得ることに成功している[1]~[3].そのほか緩和層の設計には膨張係数差の低減,弾性係数の調整などの概念が反映されている.また接合温度の低下に伴う残留応力の低下も同様である.ろう付けも含めた接合の実際においては,接合法の改良,接合部の形状設計なども有効な場合が多く,緩和層の設置と共に組合せて用いることが推奨さ

表Ⅲ-2.5.8　セラミックス／金属接合における残留応力緩和法

項　目	目　的	内　容
緩和層の設置	熱膨張係数のマッチング$\Delta\alpha$	①中間の熱膨張係数材料の介在 ②熱膨張係数の段階的・連続的変化
	弾性係数E^*の調整	①低弾性材料の介在 ②低弾性材と低膨張材・高弾性材の組合せ
	変形による解放	①延性金属の塑性変形, 超塑性変形 ②形状記憶合金の擬弾性変形
	脆性層クラックによる解放	①金属間化合物中のクラック ②中間セラミックス中のクラック
接合法の改良	接合温度の低温化$\Delta T \to \sim 0$	①高強度低温ろう材の開発 ②常温接合
	熱歪みの局所化	①局部加熱による接合
	接合条件の最適化	①接合反応生成物の制御
接合部設計	接合部の離散化	①部分的接合 ②接合面へのスリット導入
	応力集中・引張負荷の回避	①接合部形状の最適化 ②応力集中部形状の設計

れる．

　中間緩和層はインサート材として手軽に扱える，組成や構造の設計が容易であるなどの利点をもつため，図Ⅲ-2.5.19のような構造をとって，セラミックスと金属の接合体の残留応力緩和法として試験片だけでなく実製品にも多用されている．緩和層の材料は純金属や合金のほか複合材料やこれらの組合せなど

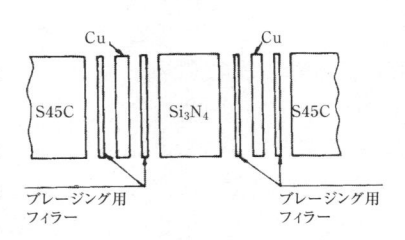

図Ⅲ-2.5.19　Si$_3$N$_4$/Steel 接合体の典型的な構造

さまざまであり，適用例も**表Ⅲ-2.5.9**のように多岐にわたる．なお表Ⅲ-2.5.9は1984～1989年の論文・講演を筆者なりにまとめたものである．以下にその内容と適用例について簡単に紹介したい．

　①　熱膨張係数のマッチング―――残留応力発生の一原因であるセラミックス

2.5 加工・接合

と金属の熱膨張差を中間緩和層の設定によりできるだけ低減するための手法である．従来は Al_2O_3/Kovar のようにできるだけ両者の膨張係数を近づける設計ができていたのに比べ，Si_3N_4/Steel など実用上重要な接合系では，熱膨張の差が非常に大きい．非酸化物セラミックスでは特にその傾向が大きく，強度の低いセラミックスでは接合後容易に破壊する．そこで中間に緩和層をインサートする試みがなされてきた．中間の熱膨張係数をもつ単層を設定する場合と段階的に（グレーディング）あるいは連続的に変化させる場合があり，材料的にも合金から複合材料など広く試されている．$Ni-Al_2O_3$，$Cu-Al_2O_3$ などの粒子分散強化合金は，耐熱性や熱疲労特性にも優れている．また傾斜組成は，わが国独自のアイデアとして期待のもてる手法である．

② 弾性係数の調整———高いヤング率をもつセラミックスには簡単に弾性変形してくれる Cu, Al などの低弾性材料を接触配置し，全体としての有効弾性係数を低下させ残留応力低減を狙ったものである．ただし，単層だけでは塑性変形領域まで達し応力集中の原因となりやすいことから，低膨張・高弾性材料を組合せ，全体の弾性係数および強度を補強させる構造，例えば，Cu, Ni, Nb と Mo, W の組合せが採用されている．この緩和機構では次項の変形能も有効に利用されている．

③ 変形による解放———接合後の冷却過程で残留応力により変形させ，エネルギーとして解放してしまおうという発想により考え出されたもので，これも多くの適用例が報告された．金属を歪ませ，弾性域を過ぎて塑性域にまで変形させると，特異点近傍のような残留応力が過大な箇所でも十分な解放が期待できる．特に Cu, Ni などの純金属が多く試されているが接合体使用温度との兼合いで選択することが望ましい．またろう材そのものも塑性変形しやすいものが多く，形状と系によっては直接ろう付けできる場合もある．$Ni-Ti$，$Zn-Al$ などの形状記憶合金は擬弾性変形をし，また形状記憶効果があるために残留応力緩和に使用する試みもある．

④ 脆性層クラックによる解放———中間層として設置・生成した金属間化合物，セラミックスに生じた微細な縦割れが残留応力を解放することを用いる手法である．Si_3Al, SiC などの例があるが，機密性に劣ると共に応力集中点になりやすく，脆性破壊の恐れなどの欠点がある．

表III-2.5.9 セラミックス／金属接合における残留応力緩和法

目的	種類		緩和層と適用接合系
熱膨張係数のマッチング	中間の熱膨張係数材料	合金	・WC-Co（Si_3N_4, SiC/SCM435）（Sialon/Steel） ・KOV（Si_3N_4, SiC/SCM435）（SiC/Nimonic80A） ・Invar ・Super Inver ・W-［Fe-42Ni］, W-Ni（Al_2O_3*）
		粒子分散強化合金	・Ni-Al_2O_3（Si_3N_4/Steel*, Hastelloy C*）（Si_3N_4/SUS304*） ・Cu-Al_2O_3（Si_3N_4/Steel*）（AlN*） ・Cu-SiO_2（AlN*）
		複合材料	・Cu-C（SiC/Cu*）
	熱膨張係数の段階・連続変化	グレーディング	・Al_2O_3/W　　　　　　　　　　　　　・Al_2O_3/Fe ・FeO/Fe（Al_2O_3/Fe）　　　　　　　・TiN/Mo ・Si_3N_4/W（Si_3N_4/W-Ni）
		傾斜組織	・ZrO_2/W　　　　　　　　　　　　　　・ZrO_2/SUS ・Ni/NiO（MgO/Ni）
弾性係数の調整	低弾性材料	純金属	・Al（Al_2O_3/Steel） ・Cu（Si_3N_4, SiC, ZrO_2/Steel）
		合金	・各種ろう材 ・Al合金（Al_2O_3/Steel）
	低弾性材と低膨張材・高弾性材の組合せ		・Nb/Mo（Al_2O_3/SUS405） ・Ti/Mo（Al_2O_3/Cu合金）（Si_3N_4/Nimonic80A）（SiC/Cu合金*） ・Cu/W（Al_2O_3/Ni, Cu合金*）（Si_3N_4, SiC/Nimonic80A） ・Ni/W（SiC/Nimonic80A）（Si_3N_4/SUS*）（ZrO_2/Cr, KOV*）（Al_2O_3/Ni*） ・Ni/W-Ni（Si_3N_4/SUS304*） ・Cu合金/WC（Sialon/Steel）
変形による解放	延性金属の塑性変形，超塑性変形	純金属	・Cu　・Ni　・Ti　・Nb　・V （Si_3N_4, SiC, ZrO_2, Al_2O_3/Steelなど多数*）
		合金	・各種ろう材（Ag-Cu/Ti, Cu-Ti, Al-Siなど多数*） ・Al/Al-Si/Al（Sialon/WC-Co, KOV, Steel*）
脆性層クラックによる解放	形状記憶合金の擬弾性変形		・Ni-Ti　　　　　　　　　　　　　　　・Zn-Al
	金属間化合物中のクラック		・Al/Invar（Si_3N_4/Cu合金*） ・Ni_3Al（Si_3N_4/SUS304）
	セラミックス中のクラック		・SiC/Si_3N_4（Si_3N_4/SiC）

（注：接合系の*印はろう付け，印無しは固相接合）

2.5 加工・接合

(6) 残留応力分布の実測
a. 残留応力実測の必要性

　異種材料界面近傍には機械的性質の差に起因する「応力/歪み」が不可避に残留する．また小曲率部での集中応力も，設計上または使用時に重要となる．今まで脆性材料であるセラミックス部における応力－歪み分布を把握する試みがなされてきたが，それは連続体の力学やFEM・BEMなどの数値解析によるものが主流であり，結果を接合構造設計に反映させることが一般的であった．接合体の残留応力解析においては，接合端近傍での最大主応力位置や応力特異性などが特に問題となっていることは周知であるが，これらの解析結果にはモデルや手法によりさまざまな矛盾が生じる場合もあり，また実際の接合製品では解析に用いた理想モデルとは異なることもある．したがって，数値解析モデルの検証に用いることのほか，品質保証法としても局所応力－歪み分布を実測する必要があると考えられる．しかしセラミックスでは測定条件の最適化が遅れ，金属ほど簡単にはいかないのが現状であった．

　筆者は1988年ごろから異種材料接合界面近傍での局所残留応力や集中応力測定に取組んできたが，『田中固体融合プロジェクト』では微小部X線法，超音波顕微鏡法，顕微ラマン散乱法などを確立したほか，透過型電子顕微鏡を用いた収束電子線回折法（CBED法）により最小直径25 nm域の残留歪み分布測定に成功し，局所物性との相関を議論できるようになった．また深さ方向の応力勾配実測や構造との相関などの成果を得た．以下に，プロジェクト成果であるサブミリメートルからナノメートル域局所における応力－歪み測定法ならびにセラミックスおよび半導体での応力－歪み測定結果を紹介し，システム/デバイスの信頼性指標としての可能性に言及する．

b. 局所残留応力・歪み測定法

　現在までに論文，学会等で報告されている局所領域での応力－歪み測定法は，プローブの種類により，**図Ⅲ－2.5.20**にまとめることができる[25],[26]．目安となる測定域を比較するため，横軸を対数スケールで記した．このうち圧子，歪みゲージ法以外は非破壊測定法である．X線法はサブミリメートルレベルが主流であったが，最近キャピラリー法でマイクロメートルオーダが実現されつつある．分光法は顕微ラマン法を主体にマイクロメートルレベルが可能であったが，紫外レーザーを用いてサブミクロンが見えてきた．透過型電子顕微鏡の一手法である収束電子線回折法が，唯一ナノメートルの測定域を達成する候補である．今後，測定

可能深さも考慮した測定法選択が望まれる．図Ⅲ-2.5.20において太線で示した手法が，プロジェクトで展開した5種の応力-歪み測定法である．これらは，対象材料，達成測定領域，適用接合系と共に**表Ⅲ-2.5.10**に比較した[25),26)]．

微小部X線法（$\mu-\sin^2\psi$法）は穴径0.05～0.10 mmのコリメーターで照射域を制限した$\sin^2\psi$法であり，筆者らが1980年代後半からセラミックス/金属接合界面近傍の残留応力分布およびノッチ先端の集中応力測定に用いてきた手法である．照射域内で多結晶とみなされる場合に適用でき，Si_3N_4では最小径0.05 mmである[27～35)]．窒化ケイ素/Cu/Steel接合体界面での測定結果例を**図Ⅲ-2.5.21**に示す．応力特異点近傍や接合体中央部での応力極大，実形状平板での非対称性などが明瞭に実測できており，FEM解析の検証にも用いることができた[28),31),33),34)]．

表面弾性波法（V_{saw}法）は，超音波顕微鏡により測定できる物質固有の表面弾性波速度（V_{saw}）の応力依存性を用いるもので，変換係数が要るものの非結晶質でも測定可能である．測定径は3～100 μmである[36),37)]．

顕微Raman法（μ-Raman法）は非弾性散乱ピークシフトの応力依存性を用いるもので，金属以外のRaman活性物質に適用できる．Si，ZrO_2以外のSi_3N_4でも応力測定が可能で，この系では測定域は直径，

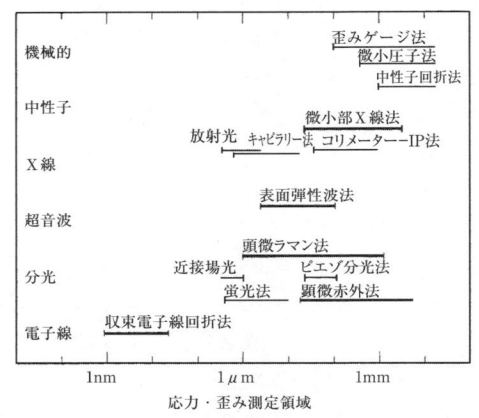

図Ⅲ-2.5.20 測定領域による局所応力／歪み測定法の位置付け（太線は田中プロジェクトでの展開手法,測定領域は対数スケール).歴史的には概略右上から左下に推移している.

表Ⅲ-2.5.10 田中固体融合プロジェクトで用いた異種材料界面近傍での局所応力／歪み測定法の比較

測定法	適用材料	測定領域	接合系
(1) 微小部X線法 　（$\mu-\sin^2\psi$法）	多結晶	<0.03mm²セラミックス <0.25mm²金属	Si_3N_4/Steel AlN/Al_2O_3/Cu
(2) 表面弾性波法 　（超音波顕微鏡）	すべての材料	≪ϕ0.1mm	Si_3N_4/Steel Quartz, ZrO_2
(3) 顕微ラマン法	金属を除くラマン活性 なすべての材料	<ϕ3μm	ZrO_2/Steel Si_3N_4/Steel
(4) 収束電子線回折法 　（TEM）	単結晶（多結晶）	～ϕ25nm	Si/$NiSi_2$ Si/Au

2.5 加工・接合

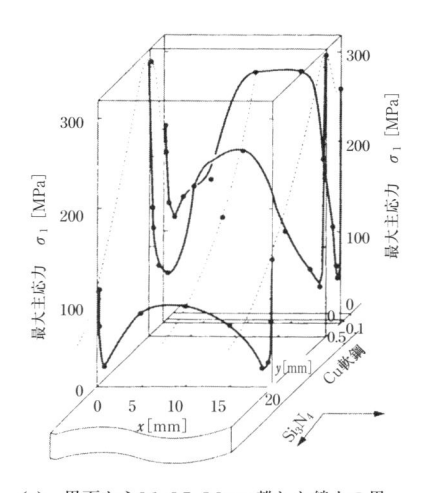

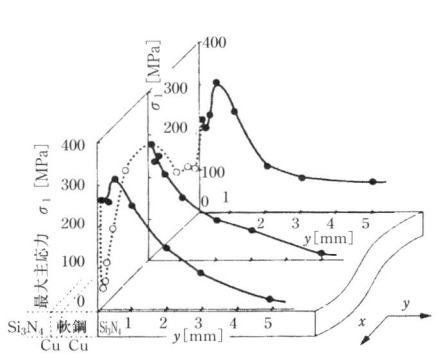

(a) 界面から0.1, 0.5, 2.0mm離れた線上の界面に沿った分布. 両端の特異点近傍の他, 中央部に大きな応力極大値が見られる.

(b) 界面に垂直方向の分布. 両端では界面から0.5mmの箇所に応力極大値が見られる. この箇所は急冷で導入される亀裂の起点に一致.

図Ⅲ-2.5.21 Si_3N_4/Cu/Steel 平板接合体の Si_3N_4 部界面近傍における最大主応力実測分布
（直径0.1mmの微小束X線を用いた$Sin^2\psi$法にて測定）

深さ共に3μm以下である[38),39)]. 同様の顕微赤外分光法も応力測定に用いられる[40)].

収束電子線回折法（CBED法）は透過型電子顕微鏡における重要技術の一つで, HOLZ線の相対変化で特定方位の歪み量を求めることができる. 薄膜試料作成時に多少の歪み緩和があるが, 電子ビームによりSi/Silicide界面で直径25nm程度の円柱状領域の歪み量が測定可能となっている[41)~44)].

4種の応力-歪み測定手法の測定域は図Ⅲ-2.5.20で, 明瞭に比較できる. バルク材料では直径1mmから1μmにまで, 薄膜材料では直径25nmまで測定域を限定できた. 異種材料界面局所の応力-歪み分布を比較的材料の制約無しに定量実測できる技術を保有し, 界面特異点近傍の応力分布を数値解析結果と比較できるまでになった. しかし各方法共に, 表Ⅲ-2.5.10に示す制約があるため相補的に適用しているのが現状である.

(7) 今後の課題

セラミックスの実用化拡大に必須の, 接合技術にかかわる研究・開発に関する20年の流れを紹介してきた. 界面の形成, 残留応力, という2大課題に関して田中固体融合プロジェクトが取組んだ結果, いずれもナノメートルレベルの領域で捉

えることに成功し，今までのブラックボックスを解消することができたと思われる[4]．科学的な興味もさることながら，工学的な課題は製品ごとに発生するものである．エンジン部品ほか各種機械部品に広がりつつある接合ニーズに対し，大型・大面積・複雑形状をもつ実製品で接合技術を展開するには，さらに多くの要素技術を開発する必要がある．それらを以下に列挙する．

界面形成に関する事項は，
① 低温接合ながら1000℃級耐熱性をもつ活性金属接合体の設計・開発，
② 接合強度を自由に変化する界面制御技術の創製，
である．

残留応力－歪みにかかわる課題は，
③ 中性子のような内部が計測できるプローブ直径の極小化，
④ 高出力源を活用した高速かつ信頼性の高い応力－歪み計測法の確立，
⑤ 応力－歪みと各種界面特性との相関，
である．

生産技術としての課題は，
⑥ 高速・高均一性量産技術，
⑦ 接合部非破壊検査・実機評価などを含めた評価技術，
などである．

これからナノテクノロジーを駆使してつくりあげる広義のデバイスは，あらゆる材料の接する界面がその構成要素となる．「接合」で培った個々の要素技術を，ナノメートル規模での界面制御に活かす時代となっていくと信じている．

参考文献

1) 田中俊一郎, 例えば, 素形材, **26**, pp.36－45 (1985.10). 材料技術, **4**, pp.86－93 (1986). *FC Report*, **4**, pp.13－19 (1986.7). ファインセラ, **19**, pp.8－14 (1989.5). 溶接技術, **37**, pp.84－89 (1989.9). 鋳物, **62**, pp.5－11 (1990.1).

2) 田中俊一郎, セラミックス, **25**, pp.200－204 (1990).

3) 田中俊一郎, "金属とセラミックスの接合－日本における接合技術の現状－", 「17.非酸化物セラミックスと金属の接合技術」, 岩本信也・宗宮重行編, 内田老鶴圃, pp.191－209 (1990).

4) 田中俊一郎, 連載 "固体融合の新世界, 田中固体融合プロジェクト・5年間の軌跡", 工業材料, **47**, pp.75－80 (1999.11) / **47**, pp.103－107 (1999.12) / **48**, pp99－104 (2000.1) / **48**,

2.5 加工・接合

pp.108 − 112 (2000.2) / **48**, pp.99 − 104 (2000.3) / **48**, pp.68 − 73 (2000.4) / **48**, pp.94 − 98 (2000.5).

5) 佐谷野顕生, 田中俊一郎, 池田和男, 窯業協会誌, **94**, pp.108 − 110 (1986).
6) 田中俊一郎, ぶれいず, **34**, 105, pp.23 − 28 (2000).
7) Y. Ishida, H. Ichinose and S. − I. Tanaka, *Proc. Int. Materials Symp.* on 'CERAMIC MICROSTRUCTURES '86 : ROLE OF INTERFACES', Berkeley, pp.379 − 386 (1986.7).
8) S. − I. Tanaka, *Proc. MRS Int'l. Meeting on Advanced Materials*, Tokyo, pp.91 − 96 (1989).
9) C. Iwamoto and S. − I. Tanaka, Interface Science and Materials Interconnection, *Proc. JIMIS-8*, Toyama, pp.311 − 314 (1996).
10) C. Iwamoto and S. − I. Tanaka, "Ceramic Microstructure : Control at the Atomic Level", edited by A.P. Tomsia and A. Glaeser, Plenum Press, New York, pp.415 − 420 (1998).
11) C. Iwamoto and S. − I. Tanaka, *J. Am. Ceram. Soc.*, **81**, pp.363 − 368 (1998).
12) C. Iwamoto, M. Nomura and S. − I. Tanaka, *Proc. of the 2nd Int. Conf. on High Temperature Capillarity (HTC-97)*, pp.106 − 111.
13) C. Iwamoto and S. − I. Tanaka, *Acta Materialia*, **46**, pp.2381 − 2386 (1998).
14) C. Iwamoto and S. − I. Tanaka, *Phil. Mag. A*, **78**, pp.835 − 844 (1998).
15) C. Iwamoto and S. − I. Tanaka, *Appl. Surf. Sci.*, **130/132**, pp.639 − 642 (1998).
16) C. Iwamoto and S. − I. Tanaka, *Materials Science Forum*, **294-296**, pp.589 − 592 (1999).
17) C. Iwamoto, H. Ichinose and S. − I. Tanaka, *Phil. Mag. A*, **79**, pp.85 − 95 (1999).
18) C. Iwamoto and S. − I. Tanaka, *J. Mater. Sci.*, in press.
19) C. Iwamoto and S. − I. Tanaka, *Acta Materialia*, in press.
20) M. Nomura, T. Ichimori, C. Iwamoto and S. − I. Tanaka, 文献16), pp.415 − 418 (1999).
21) M. Nomura, C. Iwamoto and S. − I. Tanaka, *Acta Materialia*, **47**, pp.407 − 413 (1999).
22) M. Nomura, T. Ichimori, C. Iwamoto and S. − I. Tanaka, *J. Mater. Sci.*, **35**, pp.3953 − 3958 (2000).
23) 田中俊一郎, 月刊ジョイテック, **6**, pp.91 − 95 (1990.7)および pp.87 − 91 (1990.8).
24) 田中俊一郎, 塑性と加工, **32**, pp.1190 − 1196 (1991).
25) S. − I. Tanaka, *Proc. of the 5th Int. Conf. on Residual Stresses*, ed. T. Ericsson *et al.*, pp.145 − 150 (1997).
26) S. − I. Tanaka, "Materials Science Research International", Special Technical Publications − 1, pp.312 − 315 (2001).
27) 田中俊一郎, *BOUNDARY*, **5**, pp.32 − 36 (1989.7).

28) 田中俊一郎, 日本金属学会会報, **29**, pp.924−930 (1990).
29) S.−I. Tanaka, *Proc. MRS Int. Meeting on Advanced Materials*, Tokyo, pp.125−130 (1988).
30) S.−I. Tanaka, *Ext. Abstract of the Japan-China Symp. on 'Interface and Bonding of Dissimilar Materials'*, Tokyo, pp.145−150 (1990).
31) S.−I. Tanaka and Y. Takahashi, *ISIJ International*, **30**, pp.1086−1091 (1990).
32) S.−I. Tanaka, *Trans. of the Materials Research Society of Japan*, **4**, pp.72−91 (1992).
33) S.−I. Tanaka, "Residual Stresses−Ⅲ, Science and Technology", ed. by H. Fujiwara *et al.*, Elsevier Applied Science, pp.887−892 (1992).
34) S.−I. Tanaka, Interface Science and Materials Interconnection, *Proc. JIMIS−8*, Toyama, pp.459−462 (1996).
35) S.−I. Tanaka, *Ceramic Transactions*, **44**, pp.113−122 (1994).
36) 田中俊一郎, 塑性と加工, **33**, pp.1119−1123 (1992).
37) S.−I. Tanaka and C. Miyasaka, 文献33), pp.278−283.
38) K. Honda, S. Yokoyama and S.−I. Tanaka, *J. Appl. Phys.*, **85**, pp.7380−7384 (1999).
39) K. Honda and S.−I. Tanaka, 文献25), pp.326−330.
40) K. Honda, S. Yokoyama and S.−I.Tanaka, *Appl. Spectroscopy*, **52**, pp.1274−1276 (1998).
41) Y. Wakayama and S.−I. Tanaka, *Jpn. J. Appl. Phys.*, **35**, L1662−L1665 (1996).
42) Y. Wakayama and S.−I. Tanaka, *Appl. Surf. Sci.*, **117/118**, pp.285−288 (1997).
43) Y. Wakayama, Y. Takahashi and S.−I. Tanaka, *Jpn. J.Appl.Phys.*, **36**, pp.5072−5078 (1997).
44) Y. Wakayama and S.−I. Tanaka, *Jpn. J. Appl. Phys.*, **37**, pp.408−413 (1998).

第III-3章 基礎データ

表III-3.1
単結晶における独立な弾性率の数

結晶系	独立な弾性率の数
三斜晶	21
単斜晶	13
斜方晶	9
正方晶	6
六方晶	5
立方晶	3
等方体	2

表III-3.2　各種等方性セラミックスの弾性率

セラミックス材料	ヤング率E[GPa]	ポアソン比
ダイヤモンド	～965	－
炭素繊維	250～750	－
WC	534	0.22
SiC	420	－
Al_2O_3	390	0.23
AlN	310～350	－
BeO	320	－
Si_3N_4	320	0.25
B_4C	300	－
TiO_2	290	－
MgO	250	－
$MgO \cdot Al_2O_3$	250	－
ZrO_2(PSZ)	210	0.31
$3Al_2O_3 \cdot 2SiO_2$	100	－
hBN	84	－
石英ガラス	73	0.17
パイレックスガラス	72	0.27
磁器	70	－
多結晶黒鉛	10	－

表Ⅲ-3.3　代表的な金属および高分子材料の弾性率

材　料	ヤング率[GPa]	ポアソン比	材　料	ヤング率[GPa]	ポアソン比
（金属）			（高分子）		
W	411	0.28	ケブラー繊維	125	
Cr	279	0.21	フェノール樹脂	6	
Fe	211	0.29	ポリスチレン	2.7〜4.2	0.34
Ni	200	0.31	PMMA	2.4〜3.4	
Ta	186	0.34	ナイロン66	1.2〜2.9	
Cu	130	0.34	ポリプロピレン	1.1〜1.6	
Ba	128	0.37	ポリエチレン	0.4〜1.3	0.46
Ti	116	0.32	ゴム	0.002〜0.005	0.46〜0.49
Nb	105	0.4			
Ag	83	0.37			
Au	78	0.44			
Al	70	0.35			
Cd	50	0.3			
Mg	45	0.29			
Pb	16	0.44			

表Ⅲ-3.4　等方性材料の弾性率間の関係

	E, v	G, v	E, G	G, K
ヤング率 E	E	$2(1+v)G$	E	$9KG/(3K+G)$
剛性率 G	$E/2(1+v)$	G	G	G
体積弾性率 K	$E/3(1-2v)$	$2G(1+v)/3(1-2v)$	$GE/3(3G-E)$	K
ポアソン比 v	v	v	$E/2G-1$	$(3K-2G)/(6K+2G)$

表Ⅲ-3.5　単結晶セラミックスの1次および2次すべり系

物　質	結晶構造	すべり系		独立なすべり系の数		すべり開始温度[℃]	
		1次	2次	1次	2次	1次	2次
Al_2O_3	hcp	{0001}<1120>		2		1 200	
BeO	hcp	{0001}<1120>		2		1 000	
$\beta\text{-}Si_3N_4$	hcp	{1010}<0001>		2		1 800	
ZrB_2	hcp	{0001}<1120>		2		2 100	
MgO	cubic	{110}<110>	{001}<110>	2	3	0	1 700
$\beta\text{-}SiC$	cubic	{111}<110>		5		2 000	
TiC	cubic	{111}<110>		5		900	
UO_2	cubic	{001}<110>	{110}<110>	3	2	700	1 200
$MgO \cdot Al_2O_3$	cubic	{111}<110>		5		1 650	

3 基礎データ

表Ⅲ-3.6 単結晶セラミックスのへき開面

単結晶	結晶構造	へき開面
MgO	岩塩型	|100|
LiF	岩塩型	|100|
NaCl	岩塩型	|100|
KCl	岩塩型	|100|
CaF$_2$	蛍石型	|111|
ZnS	閃亜鉛鉱型	|110|
Al$_2$O$_3$	コランダム	|2110| |0110| |0112|
C	ダイヤモンド型	|111|
C	グラファイト	|0001|

表Ⅲ-3.7 セラミックスおよび金属の破壊靭性

材料	K_{1c} [MPa$\sqrt{\text{m}}$]
(セラミックス)	
Al$_2$O$_3$	4〜4.5
ZrO$_2$ (PSZ)	8〜10
Si$_3$N$_4$	5〜7
SiC	3.5〜6
B$_4$C	5〜6
TiB$_2$	5〜6
AlN	3
黒鉛	1
ソーダ石灰ガラス	1
(金属)	
炭素鋼, ステンレス鋼	200
軟鋼	100〜150
マルエージ鋼	60
高張力鋼	35
アルミニウム合金 (7075T6)	30

表Ⅲ-3.8 モース硬さとビッカース硬さ

物質	化学式	モース硬さ	ビッカース硬さ
滑石	Mg$_3$(Si$_4$O$_{10}$)(OH)$_2$	1	2.4
石膏	CaSO$_4$·2H$_2$O	2	36
方解石	CaCO$_3$	3	109
蛍石	CaF$_2$	4	189
リン灰石	Ca$_5$(F, Cl)P$_3$O$_{12}$	5	536
正長石	KAlSi$_3$O$_8$	6	795
石英	SiO$_2$	7	1 120
黄玉	[Al(F, OH)$_2$]AlSiO$_4$	8	1 427
溶融ジルコニア	ZrO$_2$	8.7	1 500
鋼玉	Al$_2$O$_3$	9	2 300
炭化ケイ素	SiC	9.3	2 700
炭化ホウ素	B$_4$C	9.6	2 800
ダイヤモンド	C	10	10 060

表Ⅲ-3.9 高融点元素およびセラミックスの融点[℃]

単体		酸化物		ケイ化物		ホウ化物		窒化物		炭化物	
C	(3 500)	ThO_2	3 220	Ta_5Si_3	2 500	TaB	3 090	HfN	3 387	NbC	3 900
W	3 407	UO_2	2 878	Hf_3Si_2	2 480	HfB_2	3 062	TaN	3 093	HfC	3 887
Re	3 180	MgO	2 826	Zr_3Si_2	2 325	ZrB_2	3 057	BN	3 000	TaC	3 880
Os	3 045	HfO_2	2 758	$TaSi_2$	2 200	TaB_2	3 037	ZrN	2 980	ZrC	3 540
Ta	2 985	ZrO_2	2 710	WSi_2	2 150	NbB_2	3 036	TiN	2 950	Nb_2C	3 488
Mo	2 623	CaO	2 572	Ti_5Si_3	2 120	TiB_2	2 920	UN	2 650	Ta_2C	3 400
Nb	2 740	BeO	2 530	Mo_5Si_3	2 100	NbB	2 917	ThN	2 630	TiC	3 140
Ir	2 443	Y_2O_3	2 440	$MoSi_2$	2 030	WB_2	2 900	NbN	2 573	WC	2 870
Ru	2 250	SrO	2 430			WB	2 860	Be_3N_2	2 200	W_2C	2 860
Hf	2 207	Dy_2O_3	2 340			W_2B	2 770	VN	2 050	VC	2 810
Tc	2 140	Gd_2O_3	2 330			VB_2	2 747	AlN	2 000	MoC	2 700
B	2 077	La_2O_3	2 307			VB	2 570			ThC_2	2 655
Cr	1 857	Cr_2O_3	2 300			ThB_4	2 500			UC	2 500
Zr	1 852	Sm_2O_3	2 300			UB_2	2 365			SiC	2 473
Pt	1 769	Al_2O_3	2 054			LaB_6	2 210			UC_2	2 350
Ti	1 666	Eu_2O_3	2 050			ThB_6	2 195			B_4C	2 350
Fe	1 536	NiO	1 990			MoB	2 180			BeC_2	2 100
Y	1 520	ZnO	1 975			MoB_2	2 070				
Co	1 495	CoO	1 935								
Ni	1 455	MnO	1 875								
Si	1 412	SiO_2	1 723								
Cu	1 084	$BaTiO_3$	1 618								
Al	660	Fe_2O_3	1 565								

表Ⅲ-3.10 各結晶系における熱伝導率テンソルの独立な成分数

結晶系	独立成分数
三斜晶系	9
単斜晶系	5
斜方晶系	3
正方晶系	3
菱面体晶系	3
六方晶系	3
立方晶系	1

表Ⅲ-3.12 金属および高分子材料の熱伝導率(室温)

金属	W/mK	高分子材料	W/mK
銀	428	ポリエチレン	2.5〜3.4
銅	403	ナイロン	2.7
金	319	パラフィン	2.4
アルミニウム	238	セルロイド	2.1
ベリリウム	218	PMMA	1.7〜2.5
マグネシウム	157	エボナイト	1.7
黄銅	106	ゴム	1.6
白金	72	ポリスチレン	0.8〜1.2
炭素鋼	50		
ステンレス	15		

国立天文台編,理科年表平成13年,丸善(2000),他

表Ⅲ-3.11 セラミックスの熱伝導率(室温)

材料	W/mK	材料	W/mK
ダイヤモンド	900〜2 300	CdS	16
BeO	210〜370	CaF_2	12
AlN	280	ThO_2	10
SiC	270	$SrTiO_3$	10
黒鉛	230	TiO_2	8
MgO	60	$3Al_2O_3 \cdot 2SiO_2$	6
hBN	57	PSZ	4
Al_2O_3	46	磁器	2
TiC	34	耐火煉瓦,コンクリート	1
Si_3N_4	30	ソーダガラス	0.6
ZnO	28	石膏	0.13
$MgO \cdot Al_2O_3$	17	ガラスウール	0.04

中村哲朗,"セラミックスと熱",技報堂(1985)および国立天文台編,理科年表平成13年,丸善,(2000),他より

表Ⅲ-3.13 セラミックスの平均線膨張係数(室温)

材料	$\times 10^{-6}/K$	材料	$\times 10^{-6}/K$
MgO	15	AlN	5.7
UO_2	10	C-BN	4.7
$S-ZrO_2$	10	SiC	4.7
ThO_2	9.2	$ZrSiO_4$	4.2
BeO	9.2	パイレックスガラス	3.3
ソーダ石灰ガラス	9	Si_3N_4	2.5〜3.5
$a\text{-}Al_2O_3$	8.8	ダイヤモンド	2.8
$MgAl_2O_4$	7.6	コージエライト	1.7
TiC	7.4	シリカガラス	0.5

中村哲朗,"セラミックスと熱",技報堂(1985),他

第Ⅳ編

バイオ分野

第Ⅳ-1章 総論

1.1 生体修復セラミックスの最新の動向

■ 1.1.1 はじめに

　我々の間には生きているものを有機体とよび，生きていないものを無機体とよぶ習わしがある．そんなことからか，無機固体材料であるセラミックスは，生体と何のかかわりも無いものとの印象が強かった．しかし最近は，セラミックスが生体組織の修復に無くてはならぬ役割をはたすようになってきた．特に骨組織の修復とガン治療において，すでに重要な働きをしている．以下にその最近の動向を紹介する．

■ 1.1.2 高強度，高耐摩性セラミックス

　人工股関節は，**図Ⅳ-1.1.1**のような形をしている．従来その脚部と骨頭はステンレスやコバルトクロム合金でつくられ，臼蓋は超高分子量ポリエチレンでつくられていた．金属性の骨頭は，生体環境下で腐食されやすく，平滑さを失いやすい．その結果，金属やポリエチレンの摩耗屑が生じ，関節面の摩擦係数が増加する．摩耗屑は周囲の細胞を壊死させ，増加した摩擦係数は人工股関節の周囲の骨への固定を不安定にする．人工股関節は通常，ポリメチルメタクリレートの粉末とそのモ

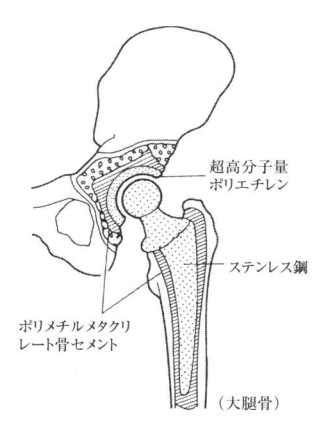

図Ⅳ-1.1.1 超高分子量ポリエチレンとステンレス鋼を組合せた人工股関節

ノマーの液体を混ぜ合せたものを，人工股関節と骨のすき間に詰めてそこで固まらせて固定される．しかし，このセメントは周囲にコラーゲン線維の膜をつくるので，骨とは結合しない．したがって，このセメントによる固定は緩みやすい．

1970年フランスの整形外科医Boutinは，骨頭と臼蓋の両方を高純度高密度焼結アルミナ(Al_2O_3)に変えてみた．このアルミナは，高強度，高耐摩性に加えて高耐食性と水との良いなじみを示すので，その結果，金属およびポリエチレンの摩耗屑が生じなくなり，摩擦係数が長期間低く保たれることになった．ただし，形状のぴったり合う骨頭と臼蓋を焼結アルミナでつくるのは容易でない．後に，骨頭だけを焼結アルミナに変えても，臼蓋のポリエチレンの摩耗が著しく低く抑えられることが明らかにされた．そこでこの組合せは，人工股関節だけでなく，人工膝関節にも用いられるようになった[1]．

焼結部分安定化ジルコニア[$ZrO_2(Y_2O_3)$]は，高い機械的強度と破壊靱性をもつが，水のある環境下で，相転移による強度劣化を示しやすいことが難点であった．最近はこの点も改良され，焼結ジルコニアも人工関節の骨頭として実用化されるようになっている[1]．

1.1.3 生体活性セラミックス

焼結アルミナやジルコニアも，骨欠損部に埋入されると，周囲に線維性皮膜を形成するので骨と結合することはない．しかし，セラミックスの中には，周囲に線維性皮膜をつくらず骨と直接接し，それと結合するものがあり，それらは生体活性セラミックスとよばれている．

1970年米国のHenchは，人工材料の中にも生きている組織と自然に結合するものがあることを，$Na_2O-CaO-SiO_2-P_2O_5$系のガラスを用いて示し，Bioglass®と名づけた[2]．1977年Jarchoらと青木らは，独立に焼結水酸アパタイト[$Ca_{10}(PO_4)_6(OH)_2$]も骨と結合することを示し[3]，1981年小久保らは，酸素フッ素アパタイト[$Ca_{10}(PO_4)_6(O,F)_2$]とβ-ウォラストナイト($CaO \cdot SiO_2$)の微結晶を析出した結晶化ガラスA-Wも骨と結合することを示した[4]．

これらのセラミックス中，Bioglass®は，機械的強度においては最も劣るが，生体活性の程度(骨と結合するのに要する時間)においては最も優れるので，人工中耳骨，顎堤維持埋入剤，歯周充填剤などとして26ヶ国で実用化され，年々その使用量を増している[5]．焼結水酸アパタイトは，生体活性においては最も劣り，機械的強度

において結晶化ガラスA-Wに劣るが，骨の構成成分以外の成分を含まないことを特徴とし，各種の商品名で緻密体，多孔体，顆粒などの形で，あまり大きい荷重の加わらない部分の骨充填材料として世界各国で広く用いられている[3],[6]．結晶化ガラスA-Wは，生体活性においてはBioglass®に劣るが，焼結水酸アパタイトに勝り，機械的強度においては最も優れるので，Cerabone® A-Wの名で，緻密体の形で人工椎体，椎間スペーサー，腸骨スペーサーなどとして，多孔体，顆粒の形で骨充填剤としてわが国で用いられている[7]．羊の脊椎骨を置換し，周囲の海綿状の骨と結合したCerabone® A-Wの人工椎体のレントゲン写真を**図Ⅳ-1.1.2**に示す．

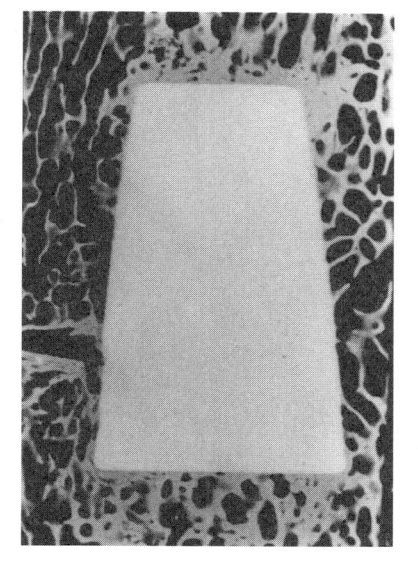

図Ⅳ-1.1.2 羊の脊椎骨を置換して周囲の海綿骨と結合した結晶化ガラスA-Wの人工椎体

■1.1.4 吸収性セラミックス

　上記生体活性セラミックスの径100μm以上の連続孔を多量に含む多孔体を骨欠損部に埋入すると，骨が気孔中に侵入し，一方で気孔の壁が消失していく．上記セラミックスのほか，焼結β-3CaO・P_2O_5も同様の挙動を示し，その気孔の壁が消失する速度は最も大きい．この種のセラミックスは吸収性セラミックスとよばれ，人工物を体内に残さない点で好ましい．しかし，これらセラミックスは，骨が十分に発達するまでは荷重を担えない．そこで最近は，これら多孔体に骨髄細胞を担持させ，培養により気孔内に骨組織を発達させた後に生体に埋入する試みが行われている[8]．

■1.1.5 生体活性セメント

　粉末と液体を混ぜると適度の流動性を示し，数分後に固まり，水酸アパタイトを形成する材料が得られれば，切開手術をすることなく,これを注射器で注入し，骨欠損部を修復することができる．リン酸四カルシウム（$4CaO・P_2O_5$），α-リン酸三

カルシウム（$3CaO \cdot P_2O_5$），リン酸二カルシウム二水和物（$CaHPO_4 \cdot 2H_2O$），無水リン酸二カルシウム）（$CaHPO_4$），リン酸一カルシウム一水和物［$Ca(H_2PO_4)_2 \cdot H_2O$］，炭酸カルシウム（$CaCO_3$）などの粉末と水やリン酸ナトリウム水溶液を混ぜるとこの種のセメントが得られ，すでに実用化されている．しかし，その機械的強度はまだヒトの皮質骨のそれには及んでいない[9]．

■1.1.6 生体活性セラミックス金属複合体

人工股関節の脚部のように大きい荷重の加わる部分には，生体活性セラミックスは単独では使えない．その破壊靭性が骨のそれに及ばないからである．そこで，これをチタン合金などの表面にコーティングして用いる試みがなされている．コーティング法としては，プラズマ溶射法，浸漬－焼付け法などが用いられる．しかし，これらの方法によっては生体活性セラミックス層の組成，構造を制御すること，およびセラミックス層を金属に強固に付着させることが困難である．

そこで最近，チタンおよびその合金表面を化学処理により活性化し，擬似体液中あるいは体内でその表面に自然に骨類似アパタイト層を形成させ，それを介して金属を骨に結合させる方法が提案されている[10]．例えば，チタン金属を水酸化ナトリウム（NaOH）水溶液で処理すると，図Ⅳ−1.1.3に示すように，その表面にチタン酸ナトリウムのゲル層が形成され，これを600℃付近で加熱処理すると，その表面に非晶質のチタン酸ナトリウム層が形成される．これを擬似体液に浸漬するか，

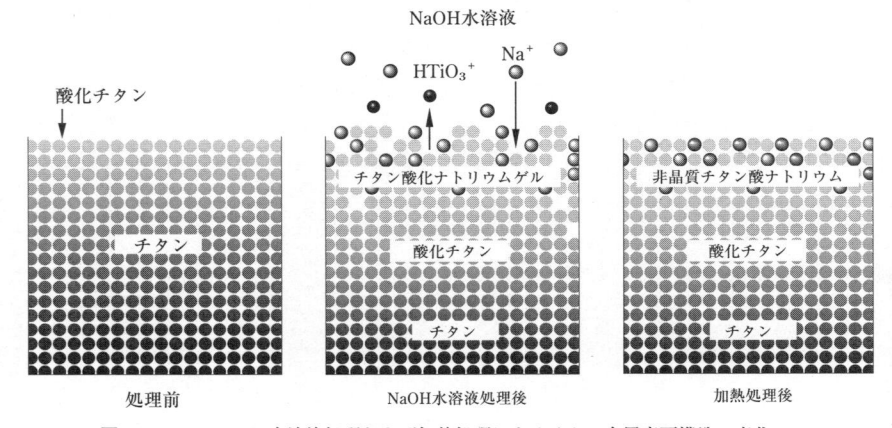

図Ⅳ-1.1.3　NaOH水溶液処理および加熱処理によるチタン金属表面構造の変化

体内に埋入すると，表面のNa^+イオンが周囲の液中のH_3O^+イオンと交換し，表面にTi−OH基が形成される．このTi−OH基がアパタイトの核形成を誘起する．体液は通常の状態でもアパタイトに対して過飽和な状態にあるので，形成されたアパタイト核は，周囲の液からカルシウムとリン酸イオンを取込んで自然に成長する．こうして形成されたアパタイト層は骨の無機物質と同じ構造，組成を有するので高い生体活性を示し，しかも金属基板との界面に傾斜構造を形成するので基板に強固に付着する．

■1.1.7 生体活性セラミックス高分子複合体

　金属は破壊靭性に優れているが，高い弾性率を有するので，荷重が周囲の骨に加わるのを妨げ，骨の吸収を招きやすい．そこで，破壊靭性に優れ，しかも低い弾性率を有する生体活性材料が求められる．この種の材料を得るためには，骨と同様に，三次元構造に編み上がった有機高分子繊維の上に骨類似アパタイトを析出させる必要がある．

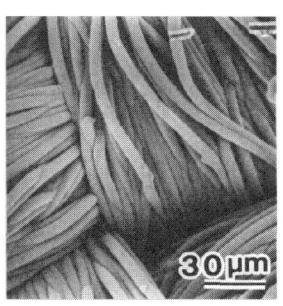

図Ⅳ−1.1.4　ポリエチレンテレフタレート織物（左）上に形成された骨類似アパタイト（右）

　そこで，Si−OHやCOOH，PO_4H_2などのアパタイトの核形成を誘起する官能基を有機高分子表面に結合させ，これを擬似体液あるいはアパタイトの過飽和溶液に浸漬し，高分子上にアパタイトを形成させる各種の試みが進められている[11]．例えば，有機高分子基板をCaOとSiO_2を主成分とするガラス粒子の上におき，擬似体液に浸漬すると，高分子上に多数のアパタイト核が形成され，これをガラス粒子を含まない擬似体液に浸漬すると，**図Ⅳ−1.1.4**に示すように，織物を構成する極細繊維の上にも緻密で均質な骨類似アパタイトの層を形成させることができる．

■1.1.8 ガン治療用セラミックス

　セラミックスは，ガン細胞だけを死滅させるのにも有効な働きをはたしうる．

例えば，$Y_2O_3 - Al_2O_3 - SiO_2$ 系ガラスの直径 20～30μm の微小球に中性子線を照射すると，^{89}Y だけが ^{90}Y に放射化されて，β線放射体が得られる．これをカテーテルにより肝動脈を通して肝臓ガンに送り込むと，ガラス球は腫瘍部の毛細血管を詰めてガンへの栄養補給を絶つと共に，腫瘍部のみを直接放射線照射してガン細胞を死滅させる．β線は 1cm 程度の飛程しかもたないこと，また，同ガラスは優れた化学的耐久性を有していることなどから，放射性元素を溶出して正常の組織を傷めることもない．この治療方法は，カナダで 1991 年から実用化されている．ただし，^{90}Y 放射線の半減期は 64 時間で短かすぎ，治療前に放射能が著しく減衰する．^{31}P は同様に中性子照射により β 放射体の ^{32}P に変換され，やや長い 14 日の半減期を有する．ただし，P を多量に含みしかも化学的耐久性に優れたガラス微小球を通常の溶融法でつくるのは困難である．高純度シリカガラスの微小球に P^+ イオンを高真空中，高電圧下で注入すると，P を多量に含み，しかも P を溶出しないガラス球が得られる[12]．

上記放射性微小球の代りに，マグネタイト (Fe_3O_4) などの強磁性結晶を多量に析出した結晶化ガラス微小球をガンの患部に送り込み，患部を交流磁場のもとにおくと，患部のみを局部的に磁気ヒステリシス損により加温することができる．ガン細胞は熱に弱く，43℃まで加温されると死滅するので，この方法によりガンを治療することができる[13]．

■ 1.1.9 おわりに

生体修復の分野ですでに重要な役割をはたしているか，近年中に重要な役割をはたすであろうセラミックスの代表的なものだけを紹介した．今後さらに新しいセラミックスが，生体修復の分野で重要な役割をはたすようになっていくだろうと予想される．

参考文献

1) S. F. Hulbert, "The use of alumina and zirconia in surgical implants", in An Introduction to Bioceramics, ed. by L. L. Hench and June Wilson, World Sci., Singapore, pp.25－40 (1993).
2) L. L. Hench and Ö. Anderson, "Bioactive glasses", 文献1), pp.41－62.
3) R. Z. LeGeros and J. P. LeGeros, "Dense hydroxyapatite", 文献1), pp.139－180 (1993).
4) T. Kokubo, "A/W glass－ceramic : Processing and properties", 文献1), pp.75－88.

5) J. Wilson, A. Yli–Urpo and H. Risto–Pekka, "Bioactive glasses：clinical applications", 文献1), pp.63–74.
6) E. C. Shores and R. E. Holmes, "Porous hydroxyapatite", 文献1), pp.181–198.
7) T. Yamamuro, "A/W glass–ceramic：clinical appliocations", 文献1), pp.89–104.
8) 大串始, 生体活性材料上での細胞分化, 生体材料, **16**, pp.160–169 (1998).
9) L. C. Chaw, "Calcium phosphate cement：chemistry and applications", in Bioceramics Vol. 11, ed. by R. Z. LeGeros and J. P. LeGeros, World Sci., Singapore, pp.45–49 (1998).
10) 金鉉敏, 宮路史明, 小久保正, 人工骨創製の新手法：バイオミメティック法, 人工臓器, **26**, pp.934–942 (1997).
11) 金鉉敏, 小久保正, バイオミメティック法によるアパタイト−有機高分子ハイブリッド材料の調製, 無機マテリアル, **5**, pp.449–458 (1998).
12) 川下将一, 小久保正, "癌放射線治療用微小球の開発", 光機能材料マニュアル, オプトロニクス社, pp.473–478 (1997).
13) 川下将一, 小久保正, "癌の温熱治療に適した強磁性結晶化ガラスの作製", セラミックスデータブック98, 工業製品技術協会, pp.292–294 (1998).

1.2 生体材料の臨床応用の基礎

■ 1.2.1 生体材料の使用目的

　セラミックスが生体材料として用いられる場合は，主として硬組織(歯，骨，関節など)の代替材料としての臨床応用される．すなわち歯科領域では，人造歯(人工歯)，人造歯根(人工歯根)，整形外科領域では骨腫瘍や骨折などによる骨欠損に対する充填剤として人造骨(人工骨)，自家骨採取後の補填材として腸骨などにするスペーサー，また高度に破壊された関節に対して人工関節，さらには人工関節と骨との十分な接着を期待して人工関節の金属表面のコーティング材，人工関節を固着させる生体活性骨セメント，また脳外科領域では人工頭蓋，特殊なものとして人工耳小骨など広く臨床応用されている．

　最近では，従来から用いられてきている素材に，その欠点を補うためにセラミックスを複合させる研究が行われている．すなわち従来のセメント(PMMA：polymethyl methaacrylate)にバイオグラスを複合させたもの[1]，ポリマーにA−Wガ

ラスセラミックスを複合させたもの[2]など，PMMAの強度と骨親和性を付加したものである．またリン酸カルシウム系セメントについては，現在基礎的研究および臨床試験が行われており，近々，臨床応用が可能となるであろう．骨に充填するに際して，その形状が自由に変えられ，なおかつ強度があり，生体親和性の良いセメントが今後脚光を浴びるであろう[3〜5]．

■ 1.2.2 期待する特性

生体材料として応用する際，目的，部位などによって，期待される性質が異なる．

(1) 生体親和性

bio-ceramicsは生体内に長期間(20〜30年間)埋入する必要があるため，組織親和性の良いことが必須である．bio-ceramicsの共通な性質としては，腐食しない，細胞毒性がない，発ガン性がないことなどがあげられる[6]．また，bio-ceramicsにはbio-inert ceramicsとbio-active ceramicsがある．

① bio-inert ceramics は，アルミナ，ジルコニア，などによって代表されるが，このセラミックスに接する生体組織(骨など)との界面に薄い結合組織が介在し，化学的に骨に結合することはない性質をもつ．
② bio-active ceramicsはバイオガラス，ハイドロキシアパタイト(HA：hydroxyapatite)，A-Wガラスに代表されるものであるが，セラミックスと骨組織が化学的に結合する性質をもつ．

(2) セラミックスの強度

生体材料，一般に骨・関節の代替材料として用いられることが多いので，強度が問題となる．

骨は骨の外壁を形づくる皮質骨と内部の海綿骨に大別される．腫瘍などで生じた欠損を充填する際には海綿骨の強度をもったものであればよいが，皮質骨の代替材料として用いるときは高い強度，特に曲げ強度が必要となる．また移植されたセラミックスが骨と癒合する(化学的に結合する)ことが望ましい．このような特性を期待するとき，アルミナなどのbio-inert ceramicsは，大きな皮質骨の欠損には不適である．

表Ⅳ-1.2.1 に示すように，ヒト長管骨の曲げ破壊強度は，荷重に対して1 000〜

1.2 生体材料の臨床応用の基礎

3000Nの強度が必要であり，ねじり破壊強度モーメントでは10～140 MPaの強度，またヒト椎骨の圧縮破壊荷重では3000～5000Nの強度が必要である[7]．

腫瘍などで脊椎椎体を摘出しなければならない場合には海綿骨がその大半を占めるが，上下の椎体間にスペーサーとして埋めることのできるもので，強度も十分にあり，また上下椎体と早く十分に結合する性質をもつセラミックスが必要である．ちなみに腰椎椎間に加わる力は体重の2～3倍である[8]．A-Wガラスセラミックスはこの条件に十分適合しうる強度と上下椎体との癒合が期待できる．

表Ⅳ-1.2.1　ヒト骨破壊強度

(a) ヒト長管骨の曲げ破壊強度[N]

大腿骨	脛骨	腓骨	上腕骨	橈骨	尺骨
2700	2900	440	1480	590	700

(b) ヒト長管骨のねじり破壊強度[MPa]

大腿骨	脛骨	腓骨	上腕骨	橈骨	尺骨
137	98	11	60	20	18

(c) ヒト椎骨の圧縮破壊強度[N]

頸部	上部胸椎	中部胸椎	下部胸椎	腰椎
3100	3000	3400	4500	4900

(d) ヒト椎間板の圧縮破壊強度（上下の椎体をつけたまま）[N]

頸部	上部胸椎	下部胸椎	腰椎
3100	4400	11300骨	14700

文献7)より改変

(3) セラミックスの靱性，耐摩耗性

bio-inert ceramicsの特性としては優れた耐摩耗性，靱性があげられる．ヒトの関節が，出生以来80年間，何の障害もなく動き続けることができることは，驚きである．その摩擦係数は0.005～0.015と報告されている．これはボールベアリングに匹敵した係数である．十分に研磨されたCo-Cr合金対Co-Cr合金のそれは0.45～0.75であり，また人工股関節でのstainless steel対high density polyethylene（HDP）の組合せでは0.17～0.23である[9]（**表Ⅳ-1.2.2**）．フランスのBoutin[10]やドイツのHeimkeら[11]の開発したアルミナ対アルミナの人工関節は，その摩耗量が少ない．また摩耗

表Ⅳ-1.2.2　関節の摩擦係数[9]

軟骨	0.005～0.015（対軟骨）
Co-Cr合金	0.45～0.75（対Co-Cr合金）
high density poyethylene	0.17～0.23（対polished steel）

文献9)より改変

粉は生体に対して刺激作用が少ないことから，人工関節の素材として，アルミナ，ジルコニアなどが大腿骨頭，人工股関節に応用され，HDPとの組合せにより，従来の金属骨頭との組合せより約1/10低い摩耗性が確かめられ，現在では広く用いられている．

またヒトの関節に加わる力は，平地歩行において体重の3倍以上あり，関節面を置換する素材としては靱性の高いアルミナセラミックスなどはきわめて優れたものである．また従来，brittleといわれていたが，材料の精製で，より靱性の高い製品が開発されている．最近アルミナ対アルミナの組合せによる人工股関節も再び開発され，臨床応用が始まっており，優れた成績を示している[13]．関節摺動面において，bio－inert ceramicsが今後，金属に代ってますます広く用いられるであろう．

■1.2.3 セラミックスと生体内環境

生体材料が生体内に埋入されたとき，その材料はたいへん厳しい条件が要請される．その条件とは，材料の劣化現象に対してどのように対応していけるかであろう．37℃の温度環境下にあり，材料の周囲には血液，体液が流れているうえ，さらに白血球などのマクロファージ(異物喰食細胞)の攻撃を受けることになる．また四肢，脊椎においては，骨内にあっても常に力学的なストレスが加わることになる．これらの負荷に対して，埋入された材料の破損，摩耗は許されない．

特に関節に加わる負荷は大きく3 000～4 000Nであり，一軸方向のみでなく，多軸方向に加わる．そして少なくとも20年以上の耐摩耗性が要求される．さらに問題になるのは，生体と材料の界面である．材料が生体と完全に化学的に結合している場合には，その問題点は少ないが，機械的に結合している場合は，いわゆる「ゆるみ」が大きな問題となる．すなわち，この「ゆるみ」に材料の摩耗粉が入り，さらにこのことが刺激となって骨の吸収が起り，大きな「ゆるみ」となる[14]．これを予防するために，金属の表面には種々の工夫がなされている．HAのコーティングもそのひとつである．

しかし埋入された材料が強靱で，化学的に結合能力もあることがベストであるかと考えると，生体内ではまだ問題が残る．それは骨の加齢的変化である．生体材料は加齢に伴って変化することが不可能であるため，生体との界面をどのようにするかが課題として残されている．また材料が埋入された部位で破損が起った場合に，これを取出すことはたいへん困難である．

1.2 生体材料の臨床応用の基礎

　生体内に埋入された材料が，長い期間に同化され，置換され，さらには老化を防ぐように働きをもつことが理想的であるが，現時点で応用する年齢，目的，部位などに従って，十分な適応を定めることが必要であろう．

参考文献

1) M. Wang, Bonfield and L. L. Hench, Bioglass/High Density Polyethylene Composite as A New Soft Tissue Material, *Bioceramics*, **8**, pp.383-388 (1995).
2) K. Kawanabe, J. Tamura *et al.*, A new bioactive bone cement consisting of BIS-GMA resin and bioactive glass powder, *J. Appl Biomater*, **4**, pp.135-141 (1993).
3) 平野昌弘, α-TCP系バイオアクテイブセラミックスの開発, ニユウセラミックス, **5**, pp.55-59 (1993).
4) 丹羽滋郎, 山本晴彦, 骨セメント－リン酸カルシウムセメント－(骨置補填・換材), 関節外科, **17**, pp.82-89 (1998).
5) 山本博司他, 整形外科領域におけるリン酸カルシウム骨ペースト(CPC 95)の臨床評価, 薬理と治療, **26**, pp.189-209 (1998).
6) 山室隆夫, 硬組織補填材料, 山室隆夫・大西啓靖編："整形外科医用材料マニュアル", 金原出版, pp.113-118 (1992).
7) 山田博, "人体の強度と老化", 日本放送出版協会 (1979).
8) A. Nachemson, "Lumbur intravertebral pressure", Lumber spine and Bach pain, Jayson, MIV (ed.), London, Sector Publishing, pp.257-269 (1976).
9) J. T. Scales and S. A. Lowe, "Some factors influencing Bone and Joint Replacements with special reference to the Stanmore total hip replacement", Total Hip Replacement, Jayson Malcom (ed.), Sector Publishing, pp.103-126 (1971).
10) P. Boutin and P. Doliveux, THR using alumina-alumina sliding and a metallic stem, *Syllabus, 2nd American Orthopedic Association International Symposium*, Boston, May (1981).
11) P. Griss *et al.*, Die Aluminium oxidkeramik Metall Verbundoprothese：Eine neue Huftgelenk total-endoprothese zur teilweise zementfreien Implantation, *Ach. Orthop. Unfallchir.*, **81**, p.259 (1975).
12) M. Semlitsch *et al.*, New prospects for a prolonged functional life-span of artificial hip joints by using the material combination polyethylene/aluminium oxide ceramic metal, *J. Biomed Mater Res.*, **11**, p.537 (1977).

13) 大西啓靖, セラミックス摺動面を有する人工股関節の工学的研究, 関節外科, **17**, pp.97－107 (1998).
14) H. D. Willert and M. Semlitsch, "Problems associated with cement anchorage of artificial joints", In Artificial Hip and Knee Joint Technology, M. Schaldach and D. Hohman (ed.), Springer－Verlag, Berlin, pp.342 (1976).

第Ⅳ-2章 各論

2.1 バイオイナートセラミックス

■ 2.1.1 アルミナセラミックス

(1) 生体用アルミナの沿革

　アルミナの生体材料としての使用,すなわち臨床応用の歴史は,生体材料に近い応用例として歯冠修復材料を含めて考えると,筆者の知る限りでは,1960年代初期のアルミナス・ポーセレンをもって始まる.それまでのポーセレン冠,すなわち陶歯は,審美的に天然歯に似ておりすぐれているものの強度的に弱いという欠点があった.アルミナのもつ強度がポーセレンの強度をアップし,それによってアルミナス・ポーセレンは広く普及することとなった.しかし,これはアルミナ・セラミックスとは別種と考えるのが妥当である.

　アルミナを生体材料(インプラント材料)として本格的に臨床応用を開始したのは,1960年代の後半の,フランスの整形外科医 P. Boutin[1] らを中心とするグループである.彼らは,アルミナのもつ優れた耐摩耗性,生体内での安定性に着目し,人工股関節の摺動面に利用することにより,その耐久性の向上を図ろうとした.

　人工股関節の歴史は,英国の整形外科医 J. Charnley[2] の関節摺動面に関する優れた洞察力とそれに基づく独創的な考案,すなわち超高分子量ポリエチレン製の人工臼蓋(ソケット)と直径22 mmの316ステンレス鋼製の骨頭による摺動組合せによる飛躍的な成功を抜きにして考えられない.それに対し P. Boutin らは人工臼蓋,人工骨頭ともにアルミナを使用する着想をえて,股関節シミュレーターによる基礎的な実験をへて臨床試験に入った.これがアルミナの本格的な臨床応用の端緒となった.

1970年代の中頃には,スイスのT. Semlitschら[3]のグループ,およびわが国の敷田ら[4]を中心とするグループが,超高分子量ポリエチレン製のソケットとアルミナ製の骨頭の摺動組合せを相ついで発表し,臨床に導入した.

また1970年代には,人工歯根への応用[5],[6]が始まり,わが国でインプラント用の単結晶アルミナ[7]が開発され,人工歯根や骨接合材,人工骨など[8]に使われている.

(2) アルミナの工学的特性

a. 結晶構造

アルミナ:Al_2O_3は,純度,および添加物の種類と量によってさまざまな結晶型をとることが知られており,その種類は十指にあまるほどである.しかし高純度のアルミナの場合,一度1200℃以上に加熱すれば最終的にはもっとも安定なα型の結晶となり,その後の加熱,冷却によってこれが変わることはない.したがってインプラント材料として用いられるアルミナはほとんどすべてα-アルミナである.

α-アルミナは,化学式の示すとおりアルミニウムイオンと酸素イオンよりなり,これらはイオン結合により強固に結合している.α-アルミナは,きわめて高い電気絶縁性,親水性,モース硬度9というダイヤモンドにつぐ高い硬度,あるいは酸,アルカリに対する高い耐腐食性を示す.

b. 物理的特性

アルミナの強度などの物理的特性を規定する要因として,多結晶体の場合は組成(純度),密度,および結晶粒径の大きさとその均一性の3つの因子が大きく影響する.一般的には,高純度,高密度で結晶粒径が小さく均一であるものが,強度が高い.

表Ⅳ-2.1.1 医療用(インプラント用)アルミナの物理的特性

	多結晶アルミナASTM F 603	代表値	単結晶アルミナ(バイオセラム®)
純度[%]	>99.5	99.5	99.9
密度[g/cm^3]	>3.90	3.97	3.95
平均粒子径[μm]	<7	1.3	−
弾性率[GPa]	>380	400	392
曲げ強度[MPa]	>400	640	1 270
ビッカース硬度	−	1 900	2 100

注)バイオセラムの値は表面粗さR_{max}が0.1μmの場合の値

一方，単結晶アルミナの場合，結晶の格子欠陥や表面性状などによって力学的強度が影響を受ける．一例として表面粗さR_{max}が2μmの場合，平均曲げ強度が6MPaであるのに対し，0.1μmでは13MPaまで大幅に向上する[8]．

インプラント用のアルミナの規格は，多結晶アルミナについてはASTMおよびISOでほぼ同じ内容で定められている．**表Ⅳ-2.1.1**に多結晶アルミナのASTM規格(F-603)と単結晶アルミナ(R_{max}：0.1μm)の特性示す．

c. 化学的特性，親水性

アルミナは強酸，強アルカリに対して強い耐腐食性を示すことが知られており，生体内に長期間埋入しても材質上なんら化学的変化を起すことはない．また金属材料をインプラントとして用いる場合には，異種金属同士を電解質液中で接触させた場合に生じる急激な腐食，いわゆるGalvanic corrosionについて十分考慮する必要があるが，α-アルミナでは金属と併用してもこのような現象が起ることはない．

アルミナの表面は，水蒸気をよく吸着することが知られており親水性を示す．B. R. Bakerら[9]は，アルミナ表面の水の吸着モデルについて，アルミナ結晶表面の酸素が水分子を捕らえることによって分極し，その結果アルミナ表面は水酸基に覆われて，この水酸基に水が結合するという考えを提案している．すなわち，アルミナ結晶の表面は強固な水の膜に覆われている．アルミナのもつ優れた潤滑特性や生体内に長期間埋入した場合の生体組織との親和性，bio-inertな特性は，この水分子膜の存在によるといわれている．

(3) 臨床応用

a. 生体硬組織への応用

生体用セラミックスの中でもアルミナの臨床応用は，1960年代後半のP. Boutinらによる人工股関節への応用が端緒になりその後本格的な実用化が進み，もっとも多くの臨床実績をもっている．人工歯根[11,12]，人工関節および人工骨[13,14]などがアルミナそのもの，もしくは主要な構成材料の一つとして用いられてきた．

例えば，アルミナで世界的にもっとも多くの臨床例がある応用分野としては，人工股関節のアルミナ骨頭があげられる．人工股関節の問題点の1つに，関節摺動面の摩耗およびこれによって生じる摩耗粉の為害性があり，この摩耗を少なくするためにさまざまな試みがなされてきた．英国の整形外科医J. Charnleyは，316ステンレス鋼製の直経22mmの骨頭とテフロン製ソケットの摺動組合せを臨

床に試みたが,テフロンの予想外の急激な摩耗によってこの材料組合せは事実上失敗に帰した.ついで彼は,テフロンに替えて分子量が百万オーダーの超高分子量ポリエチレンをソケットに用いて良好な臨床成績を得,これ以後Charnley式人工股関節は世界的に広く普及することとなった.

関節摺動面の摩擦摩耗の改良に関する研究は,その後も各国において継続され,316ステンレス鋼に替えてコバルト・クロム合金や,アルミナが検討され,臨床に利用されてきた.表Ⅳ-2.1.2に,代表的な組合せ例とその臨床開始年を示す.

臨床応用,すなわち患者の体内に埋入する前に,これら人工関節についての実験室的な摩擦摩耗試験が行われてきたことはいうまでもない.関節にかかる荷重や摺動の条件を機械的につくる関節シミュレターによる試験や,材料そのものの摩擦摩耗特性のスクリーニングのための摩耗試験も数多く報告されている.金属やアルミナと,超高分子量ポリエチレンとの摺動組合せの場合,摩耗は圧倒的にポリエチレン側で生じるため,このポリエチレンの摩耗量の大小を論じることになる.これについては,アルミナとポリエチレンの組合せが金属とポリエチレンとの組合せより,ポリエチレンの摩耗量が少ないことが中期,長期の臨床成績として報告[15]~[17]されている.

さらに同じ骨頭の材質の場合には,骨頭の大きさによって超高分子量ポリエチレン製ソケットの摩耗量が異なり,骨頭の直径の小さい方がポリエチレンソケットの体積摩耗は少ない傾向にあることが,臨床の長期フォローの結果として報告されている.これを実験的に実証する目的で9チャンネルの股関節シミュレーターが開発され,アルミナ製骨頭の直径が22mm,26mmおよび28mmの3種類の骨頭について測定が行われた.ポリエチレン製のソケットと牛血清中で摺動させ,ソケットの重量減少を測定することによって摩耗量を評価した結果,22mmの骨頭

表Ⅳ-2.1.2 材質別の代表的な人工股関節開発の歴史

型式名(考案者名)	カップ材質	骨頭材質	開始年
McKee-Farrar	Co-Cr-Mo合金	Co-Cr-Mo合金	1956
Charnley	テフロン	SUS316	1959
Charnley	UHMW-PE	SUS316	1963
Mueller	UHMW-PE	Co-Cr-Mo合金	1965
Boutin	アルミナ	アルミナ	1970
Weber	UHMW-PE	アルミナ	1972

注) UHMW-PE:超高分子量ポリエチレン

2.1 バイオイナートセラミックス

が有意にほかと比べてソケットの摩耗が少ないことが報告[18),19)]されている.

また,アルミナ製の骨頭と金属製のステムとの接合方法,およびアルミナ骨頭自身の強度について安全性を確認する必要があり,骨頭の径が小さいほど骨頭の強度面で不利となるが,材質およびデザイン面での工夫によってこれを克服して22 mmのアルミナ骨頭が世界に先駆けてわが国で開発[20),21)]され,現在広く使用されている.

アルミナとアルミナの摺動の人工股関節に関しては,1970年代初めにフランスの整形外科医のP. Boutinら[1)]のグループが臨床使用し,その後アルミナの材質の改良等を進めながら引続き使われており,比較的良好な長期の臨床成績も出ている.一方ドイツにおいては整形外科医のH. Mittelmeierら,またP. Grissらのグループが,それぞれアルミナとアルミナの摺動組合せの人工股関節を開発し臨床に用いたが,術後の破損等の予後不良が報告され,使用を中止した.しかし,フランスの地道な努力の成果が認められると共にポリエチレンの摩耗粉の生体への為害性や,特にこれがOsteolysis(骨溶解)の原因となっているとの研究報告例が相次いでいることから,アルミナとアルミナの組合せが再度脚光を浴びている.

アルミナ骨頭とアルミナカップの組合せでは,両者のクリアランス,大きさと真球度,および表面粗さを十分にコントロールすることによって,摩擦摩耗特性や強度などの性能が格段にあがることが知られており,これによってわが国においても臨床的に使用されている.

b. 血液ポンプへの応用

心臓の外科手術(開心術)ではほとんどの場合,全身的血液循環および肺機能を代行することが必要で,この目的で人工心肺装置が開発され実用化されている.この装置の血液の全身的循環には,以前はローラーポンプが使用されてきたが,昨今では遠心ポンプが幅広く使用されている.また最近ではセラミックスを使用した優れた遠心ポンプが開発され,この遠心型の血液ポンプの原理を用いた補助人工心臓の開発も進められている.

1) 人工心肺用遠心ポンプの開発

ローラーポンプは,弾性のあるプラスチック製のチューブをローラーでしごくことによってチューブ中の血液を送出す原理のため,構造が単純で,消耗部材がチューブのみであることから費用も少ないといった長所がある.反面,ローラーがチューブを圧迫し,しごくことによって赤血球の破壊など,血液の損傷が避けられないという欠点を有する.

一方，遠心ポンプは，cornあるいはimpellerを毎分数千回回転させ，これによって血液を搬送するという原理で，血液の損傷が少ないこと，1〜29日間の使用が可能であること，また装置全体がコンパクトであること等によってローラーポンプに代って主流になりつつある．人工心肺装置は，開心術後に心臓の機能が十分に回復しない場合には，血液の循環を補助する，いわゆる補助循環にも使われることがあり，長い場合には1〜2週間にも及ぶ場合がある．このような長期の連続運転にも耐えられる遠心ポンプの開発課題としては，まずポンプの構成材料は血液適合性があること，回転シャフトの血液シール部の耐久性，あるいはベアリングの耐久性があること，さらに血栓形成をいかにして少なくするかといった構造デザインの課題，さらに赤血球の破壊，すなわち溶血を少なくすること等があげられる．

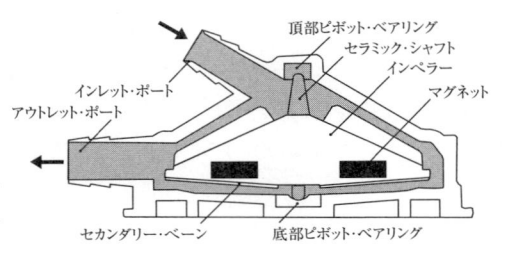

図Ⅳ-2.1.1 アルミナ・セラミックピボットを用いた遠心血液ポンプの断面図

これらの課題に対して，最近米国ヒューストンのベイラー医科大学と京セラの共同開発チームが，セラミックスを使ったジャイロ構造をもつ新しい遠心血液ポンプを開発[22〜25]した．**図Ⅳ-2.1.1**にポンプの断面を示したが，図のようにインペラーはアルミナ製のシャフトで支えられ，シャフトの両尖端は超高分子量ポリエチレン製の部材で支持され摺動するピボット・ベアリングを構成している．インペラーには磁石が内臓され，モーターと直結された外部の磁石とのカップリングによって回転力が与えられる．

2) 補助人工心臓の開発

心臓は拍動しており，したがって，人工心臓も血液を拍出する方法，いわゆる拍動型が以前から開発されてきている．しかし体内に埋込むためには小型軽量である必要があり，数ヶ月の使用を目的に，遠心型ポンプのような定常流型の血液ポンプを補助人工心臓として用いる研究開発が，国内外で進められている．

2〜3ヶ月間の連続使用であることから，小型軽量化という条件の中で，ポンプ自体のベアリングなどの耐久性や抗血栓性など，要求される仕様はさらに高度となる．アルミナと超高分子量ポリエチレンのピボット・ベアリングを用いた小型ポンプが試作され，補助人工心臓として牛の体内に280日余りの長期間正常に機能したことがベイラー医大から報告[26]されており，数年内には実用化されるものと期

2.1 バイオイナートセラミックス

待されている.

参考文献

1) P. Boutin, *Rev. Chir. Orthop.*, **58**, p.229 (1972).
2) J. Charnley, *Lancet*, **1**, p.1129 (1961).
3) M. Semlitch et al., *Med. Orthop. Tech.*, **95**, p.143 (1976).
4) T. Shikita, SICOT XIV, SGS－HIP－8 (1978).
5) E. Doerre, Vortrag vor dem Arbeitkreis Biomat. der DGOT, p.62 (1975).
6) W. Schulte and G. Heimle, *Quintessenz*, Heft6, Jun.(1976).
7) 川原春幸, 歯界展望, **50**, p.981 (1977).
8) 藤沢章, 平林正也, 人工臓器, **9**, p.697 (1980).
9) B. R. Baker and R. M. Pearson, *J. Electrochem. Soc.*, **118**, p.353 (1971).
10) P. Griss et al., *Arch. Orthop. Unfall－Chir.*, **90**, p.29 (1977).
11) 山上哲賢他, 補綴臨床, **20**, p.623 (1987).
12) 中川寛一他, 日本歯科評論, **515**, p.75 (1985).
13) 敷田卓治, 藤沢章, "セラミックスインプラントの実際", 金原出版, p.42 (1981).
14) 大西啓靖, 人工臓器, **10**, p.874 (1981).
15) H. Oonishi et al., *Trans. 3rd World Biomat. Congress*, p.337 (1988).
16) H. Okumura et al., *Abstract of Bioceramics 88 in Kyoto*, p.33 (1988).
17) 大西啓靖, 敷田卓治, kk "別冊整形外科", No.18, 南江堂, p.216 (1990).
18) I. C. Clarke, A. Fujisawa and H. Jung, *19th Ann. Proc. Soc. Biomat.*, p.57 (1993).
19) I. C. Clarke et al., *Acta Orthop. Scand.*, **67**, p.128 (1996).
20) 藤沢章, *FC Report*, **10**, 2, p.57 (1992).
21) A. Fujisawa and A. Terui, *Material Science and Engineering*, C1, p.149 (1994).
22) Y. Ohara, K. Makinouchi, Y. Orime, K. Tasai, K. Naito, K. Mizuguchi, T. Shimono, G. Damm, J. Glueck, S. Takatani, G. P. Noon and Y. Nose, *Artificial Organs*, **18**, pp.17－24 (1994).
23) T. Nakazawa, K. Makinouchi, Y. Takami, J. Glueck, S. Takatani and Y. Nose, *Artificial Organs*, **20**, pp.258－263 (1996).
24) Y. Takami, K. Makinouchi, T. Nakazawa, K. R. Benkowsk, J. Glueck, Y. Ohara and Y. Nose, 文献23), pp.1042－1049.
25) Y. Nose, *Artificial Organs*, **22**, pp.438－446 (1998).

26) G. Ohtsuka, M. Yoshikawa, K. Nakata, J. Mueller, T. Takano, S. Yamane, N. Gronau, Y. Takami, A. Sueoka, G. Letsou, H. Schima, H. Schmallegger, E. Wolner, H. Koyanagi, A. Fujisawa, J. Baldwin and Y. Nose, *Abstract of 6th Congress of International Soc. for Rotary Blood Pumps*, Abstract No.10, July 25 − 27 (1998).

■ 2.1.2 ジルコニアセラミックス

(1) ジルコニアセラミックスの沿革

　ジルコニア(酸化ジルコニウム：ZrO_2)は，古くからその耐熱性，耐食性が知られ，半世紀前からガラス溶融用，製鉄製鋼用などの耐火物として使われている．最近は，電気的応用として，溶鋼中の酸素量の迅速測定，ボイラーなどの燃焼装置の酸素濃度計測や自動車の空燃比検知用の酸素センサーとして実用化されており，品質向上，公害防止，省エネルギーに寄与している．さらに，非常に強靭な高強度のセラミックスになることが見出され，機械的な応用の可能性が出てきた．

　ジルコニアは，**表Ⅳ − 2.1.3**[1]に示すように融点2 700℃，密度5.8g/cm³であり，3種の結晶相転移という特性を有する．純粋なジルコニアは1 100℃付近の温度で結晶形が単斜晶系から正方晶系に，このとき両者の密度の相違から約4.6％の急激な容積変化が起り，セラミックスに亀裂が入り，自己崩壊を起して緻密なセラミックスをつくることができない．この容積変化を起さないように安定化剤として数％

表Ⅳ-2.1.3　ZrO_2の特性[1]

結晶系	単結晶系:$T \leq 1\,000 \sim 1\,200℃$	
	正方晶系:$1\,000℃ \leq T \leq 2\,370℃$	
	立方晶系:$T \geq 2\,370℃$	
格子定数	単斜晶系:$a=5.169Å$, $b=5.232Å$, $c=5.341Å$, $\beta=99°15'$	
密度	5.826g/cm³(単斜晶系型) 6.1g/cm³(6mol%Y_2O_3固溶)	
線膨張係数	単斜晶系:a軸	$7.8 \times 10^{-4}/℃\,(964℃)$
	b軸	$1.5 \times 10^{-4}/℃\,(964℃)$
	c軸	$12.8 \times 10^{-4}/℃\,(964℃)$
	正方晶系:a軸	$13.3 \times 10^{-4}/℃\,(1\,150 \sim 1\,750℃)$
	b軸	$15.2 \times 10^{-4}/℃\,(1\,150 \sim 1\,750℃)$
融点	2 700℃	
沸点	4 300℃	
蒸気圧	9×10^{-4}atm(2 300 K)	

～十数％のカルシア（CaO），マグネシア（MgO），イットリア（Y_2O_3）などが添加される．このように安定化剤を添加すると室温での結晶形が立方晶となり，高温まで結晶形の変化はなく，ほぼ直線的な熱膨張となる．このジルコニアのことを安定化ジルコニアという．また，完全に立方晶まで安定化させずに，安定化剤を少なくしたジルコニアを部分安定化ジルコニアといい，1975年にGarvieらがその応力誘起転移機構を発見して以来[2]「セラミックス・スチール」として注目を集めるようになった．

現在一般的に，安定化ジルコニアはイオン伝導性を活かしセンサーなどに利用され，部分安定化ジルコニアは強度特性を活かし構造材などに利用されている．バイオ分野でも，部分安定化ジルコニアがその高強度，高靱性の特性を活かし人工骨，人工関節への用途が期待され，一部はすでに人工骨頭等に商品化されている．

(2) バイオ関連セラミックス

セラミックスは，金属や高分子と比べると，生体内で安定でかつ生体組織との親和性がよく，腐食や拒絶反応がほとんど認められない．そのため，**図Ⅳ-2.1.2**に示すように，現在，人工骨，人工関節，人工歯として用いられ，バイオセ

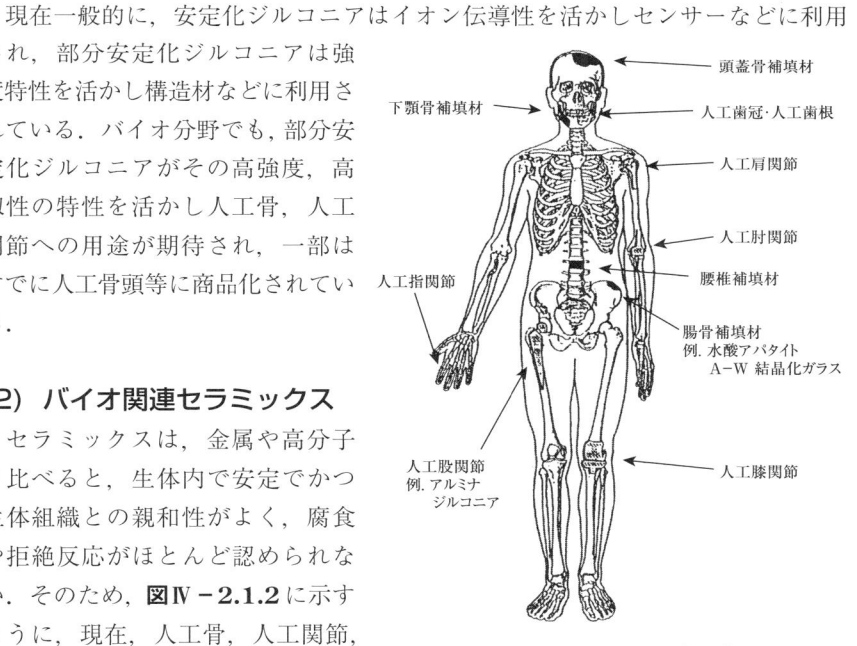

図Ⅳ-2.1.2 人工骨・人工関節の適用例

表Ⅳ-2.1.4 バイオセラミックスの種類

生体活性バイオアクティブ	HA* TCP**	骨補填材，人工歯根等
生体不活性バイオイナート	アルミナ ジルコニア	人工股関節，人工骨，人工指関節等

*HA:ハイドロキシアパタイト，$Ca_5(PO_4)_3OH$
**TCP:リン酸三カルシウム，$Ca_3(PO_4)_2$

ラミックスと称されて製品化されている．

ここでは生体用セラミックス(バイオセラミックス)の種類，現状，課題と展望について述べる．

a. 種　類

バイオセラミックス(生体用セラミックス)のバイオは生物の意味で，またセラミックスは無機材料の焼結体，ガラス，多孔体などを意味し，バイオマテリアル，バイオテクノロジー関連のセラミックスという意味である．バイオセラミックスの種類としては**表Ⅳ-2.1.4**に示すように，生体活性なセラミックスと生体不活性なセラミックスに分類できる．生体活性なセラミックスとしてはリン酸カルシウム系が代表的なもので，種類としてはハイドロキシアパタイト，リン酸三カルシウム，バイオガラス等がある．一方，生体不活性なセラミックスとして代表的なものにはアルミナ，ジルコニアがある．

b. 生体不活性なセラミックス

アルミナセラミックスは，**表Ⅳ-2.1.5**[3]に示すように高い力学的強度，優れた耐摩耗性をもち，化学的にも安定な材料であり，生体組織に対しては，不活性な特性を示す．

図Ⅳ-2.1.3に示す人工股関節の関節摺動面に超高分子量ポリエチレン(カップ)とアルミナ(骨頭)を組合せ使用した場合，金

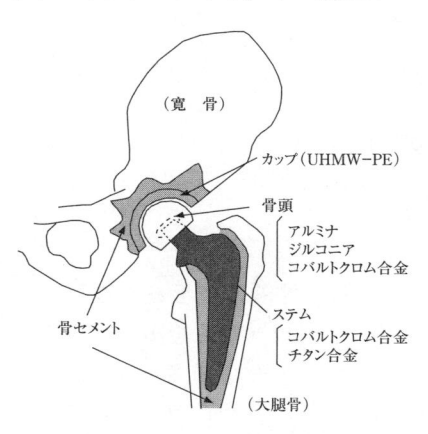

図Ⅳ-2.1.3　人工股関節模式図

表Ⅳ-2.1.5　各種生体用セラミックスと骨の力学的性質の比較[7]

焼結体	圧縮強度[MPa]	曲げ強度[MPa]	弾性率[GPa]
HA(緻密体)	500〜920	110〜200	35〜110
HA(多孔体)	7〜70	−	−
TCP(緻密体)	460〜690	140〜180	33〜89
HA/TCP(緻密体)	700	170	110
A−W結晶化ガラス	−	180	120
アルミナASTM F603	−	>400	>380
ジルコニア(Y−PSZ)	−	900〜1 300	140〜220
緻密骨	90〜160	160〜180	16
海綿骨	42〜62	−	−

属とポリエチレンの組合せの場合と比較し，ポリエチレンの摩耗量が少なく摩耗粉がもたらす有害性を軽減でき，人工関節そのものの耐久性の向上が図られることが臨床的に知られている[4]〜[6]．

また，ジルコニアセラミックスは，アルミナと同じく生体不活性な材料として知られており，最近その高強度，高靱性の特徴から骨頭径22 mm径の小型のもので臨床応用され高い信頼性を得ている[7]．しかし，アルミナに比べてまだ生体材料としての歴史は浅く，工学的な研究はなされているものの生体的な研究データはアルミナほど多くなく，今後が期待されている材料である．

(3) 課題と展望

ジルコニアセラミックスの課題と展望については高強度，高靱性の特性をもち，従来のアルミナの代替材料として今後使用が広がると思われる．

ジルコニアセラミックスの特性に関しては，従来から2つの問題点が指摘されている．

① 体液中における相転移による強度劣化の可能性，
② 放射性不純物の問題

である．これらの問題は，高純度超微粒子のジルコニア原料の使用等，原料の改善によりほとんど解決されてきている．しかし，長期間にわたる生体への安全性については引続き検討が必要と思われる．

現在の人工股関節の要求特性に，摺動部での低摩耗や低摩擦，高強度があり，これに対し22 mm径のジルコニア骨頭（または高強度アルミナ骨頭）が臨床応用されている．しかし，まだ医療分野での応用は緒についた所であり，今後さらなる臨床的なデータの蓄積が必要と考えられる．

将来的には，ジルコニアの特性を活かして，従来の材料では実現不可能な用途開発を進めていく必要があろう．新材料が開発されれば，その特性を活かした用途の展開が開かれるものであり，生体に優しい高強度，高靱性，可塑性のある材料等，さらなる材料研究開発が期待される．

参考文献

1) 青木秀希，丹羽滋郎編著，"バイオセラミックスの開発と臨床"，クインテッセンス出版，p.91 (1987).
2) R. C. Garvie, R. H. Hannink and R. T. Pascoe, *Nature* (London), **258**, 5537, pp.703−704 (1975).

3) 柴田良昌，近藤和夫，*F. C. Report*, **6**, 10, p.271 (1988).
4) P. Boutin, *Rev. Chir. Orthop.*, **58**, p.229 (1972).
5) H. Mittelmeier et al., *Med. Orthop. Tech.*, **97**, p.55 (1977).
6) P. Griss et al., *Z. Orthop.*, **113**, p.756 (1975).
7) 花川志郎他，基礎と臨床，**26**, 13, pp.303-309 (1992).

2.2 バイオアクティブセラミックス

■ 2.2.1 ハイドロキシアパタイト(HA)

(1) HAの構造，作製法

アパタイトは一般に $M^{2+}_{10}(ZO^{3-}_4)_6 X^-_2$ の組成を有する鉱物群の総称であり，M, ZO_4, Xの各サイトには次のような多くのイオンが入りうる構造柔軟性を有している．

 M ： Ca, Ba, Sr, Mg, Na, K, Pb, Cd, Zn, Ni, Fe, Al etc.
 ZO_4 ： PO_4, AsO_4, VO_4, SO_4, SiO_4, CO_3 etc.
 X ： F, OH, Cl, Br, CO_3, O etc.

このうち，HAはCa, PO_4, OHの各イオンからなり，$Ca_{10}(PO_4)_6(OH)_2$ と表される化合物である．結晶構造は六方晶系に属し，そのC面方向から見た原子の配列を**図Ⅳ-2.2.1**に示す．Ca^{2+} は結晶学的に異なる2つのサイトを占有し，それぞれcolumnar Ca(◎), screw axis Ca(●)とよばれている．このうちcolumnar CaはC面に対し垂直にCaイオンがならんだ形で存在し，上記ほかのイオンに置換しやすい性質を有しており，OHイオンについてもC面に垂直に同じOHイオンがならんでおり，同様の特徴がある．

HAの合成法には大きく分けると，**表Ⅳ-2.2.1**に示す3種類がある．

これらの中で，合成の効

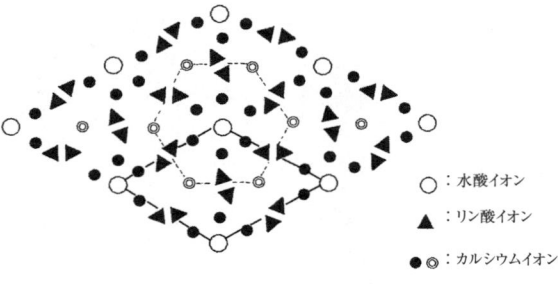

○：水酸イオン
▲：リン酸イオン
●：カルシウムイオン

図Ⅳ-2.2.1　HAの結晶構造

率等から湿式法および乾式法が主として実用に供され，中でも不純物の混入が少ないなどの理由から湿式法が選択されることが多い．

湿式法によって合成されたHAは合成条件，熱処理温度などを適宜選択することにより，その結晶性や物理，化学的性質をある程度変えることができ，これらのコントロールはバイオセラミックスとしての良否に密接な関係がある．現在市販されているHA骨充填材はほとんどが湿式法によって合成され，その熱処理温度は900〜1300℃の範囲にある．

表IV-2.2.1 HAの代表的な合成法

方法	具体例
1. 乾式法	$Ca_2P_2O_7 + CaCO_3 \rightarrow HA$
	$CaHPO_4 + CaCO_3 \rightarrow HA$
	$Ca_3(PO_4)_2 + CaO \rightarrow HA$
2. 湿式法	$CaCl_2 + KH_2PO_4 \rightarrow HA$
	$Ca(OH)_2 + H_3PO_4 \rightarrow HA$
	$Ca(NO_3)_2 + (NH_4)_2HPO_4 \rightarrow HA$
3. 水熱法	$CaHPO_4 \cdot 2H_2O$ (brushite) $\rightarrow HA$
	$CaHPO_4$ (monetite) $\rightarrow HA$

一方，HAをバイオセラミックスとして用いるには，これに形状を付与する必要がある．この形状には緻密体，多孔体，顆粒の3種がある．多孔体は気孔率30〜70％，気孔径1〜2000μmの範囲の2条件の組合せで骨欠損の状況に応じた多くの形状のものがある．また，顆粒は顆粒径0.1〜5mmの範囲でいくつかの種類が市販されている．

(2) HAの性質

a. 溶解性

HAの溶解の組成は固相のそれと一致せず，液中イオン濃度と溶解度の関係が$[Ca^{2+}][PO_4^{3-}]$と単純な関係にない．しかも，共存する固相量の影響，使用するHAの作製方法による差もあり，文献間でも一定でない[1〜3]．

湿式法にて作製し，種々の温度にて加熱処理したHA粉末（150μm以下）1gの生理食塩水10mlに対するCa^{2+}およびPO_4^{3-}の溶出量はCa^{2+}，PO_4^{3-}共に，1000℃前後の熱処理温度において溶出量は1〜2ppmと最小となる傾向を示す．HAの比表面積は熱処理温度に反比例して減少するため，1000℃以下の溶出量の減少はこれと相関する．1000℃以上の溶出量の増加は，HA中のOHイオンがOイオンとなる等の構造変化が考えられるが明確ではない．

b. 力学的性質

HA緻密体のこれまでに報告されている強度は，圧縮が約500〜900MPa，曲げが約110〜200MPaである．これに対し，皮質骨のそれは122〜149MPaおよび115〜168MPaである[4,5]．

生体力学的に骨組織に使用するバイオセラミックスは，これを完全に置換する場合，最低でも皮質骨の3倍以上の強度が必要とされており，圧縮の点では十分であるが，曲げにおいては不十分と考えられる．また，弾性率においてもHA緻密体は生体骨に比べ5～6倍大きく，脆い材料であることから，HAをそのまま単独で皮質骨の代用として用いることは困難といえる．

c. HAの生体内における挙動

HAの生体適合性，材料周囲における骨形成については，整形外科，歯科両分野の研究者らによる多くの報告がある[6]～[10]．骨欠損部にHAを充填した報告はいずれも生体適合性が良好で，HA周囲に介在物を介することなく直接新生骨の形成が認められている(図Ⅳ-2.2.2, 2.2.3)．

HAの緻密体を骨置換材料として用いることは，前記のとおり強度的な問題があり，HAを多孔体もしくは顆粒とし，多孔体気孔内部や顆粒間に新生骨を形成させる方法で骨充填材としての利用が多くなされている．このためには，多孔体気孔内もしくは顆粒間の間隙に新生骨が形成されることが好ましい．HA多孔体の気孔径と気孔内への新生骨形成についてのいくつかの報告によれば，おおむね90～400μmが良好としている[11]～[13]．一方，HA多孔体を骨欠損部に埋入し，所定の期間経過後その強度を測定した結果は，上記気孔径の多孔体を用いた場合，本来の骨組織と同程度の強度が発現すると報告されており，ほぼ目的とする効果が得られている[12],[14]．しかし，気孔内部に骨組織の侵入することの可能な多孔体の大きさの限界については明確でなく，この点での研究結果が待たれる．

顆粒についても，顆粒径と骨形成の関係についていくつかの報告がある．0.15

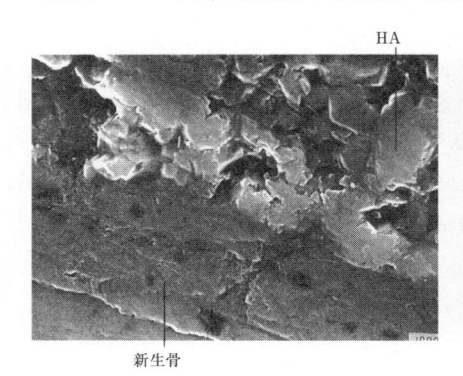

図Ⅳ-2.2.2　HAと骨の境界部の走査電子顕微鏡写真(信州大学倉科教授提供)

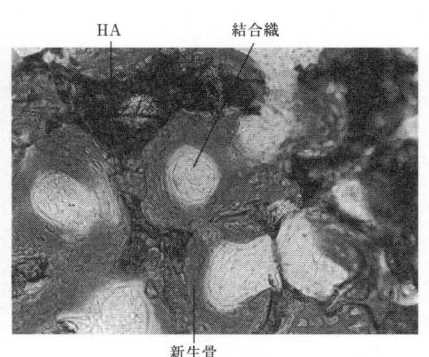

図Ⅳ-2.2.3　HA多孔体内に形成された新生骨(愛知医大丹羽名誉教授提供)

～0.3 mmが最も骨形成に適しているとしている報告があり，10 μmの顆粒を用いた場合は欠損部に充填後骨を形成せず，経時的に消失したと報告しているものもある[12),15)]．しかし，顆粒はその径以外のファクターとして形状も考慮する必要があり，このファクターを考慮した今後の研究が望まれる．

(3) セメント状アパタイト
a. 生体用セメントの種類および組成

従来のあらかじめ形状付与の骨充填材の開発に続き，現在欠損部へ充填後硬化するアパタイト系の生体用セメントの開発が行われている．この生体用セメントの主剤として使用されるリン酸カルシウムはα－リン酸三カルシウム[$Ca_3(PO_4)_2$，以下TCPと略す]，リン酸四カルシウム[$Ca_4(PO_4)_2O$，以下TeCPと略す)を用いるものがある．α－TCP系，TeCP系共に第1リン酸カルシウムまたは第2リン酸カルシウム($CaHPO_4\cdot 2H_2O$，以下DCPDと略す)を硬化促進のために使用している[16)～24)]．

硬化反応としては次のような反応式が想定され，この反応で生じるアパタイトの結晶の結式が強度発現に寄与すると考えられている．

$$2Ca_3(PO_4)_2 + Ca_4(PO_4)_2O + H_2O \rightarrow Ca_{10}(PO_4)_6(OH)_2$$
$$2Ca_4(PO_4)_2O + 2CaHPO_4\cdot 2H_2O \rightarrow Ca_{10}(PO_4)_6(OH)_2 + 4H_2O$$

b. 生体用セメントの性質

生体用セメントの硬化開始時間は手術における操作性等の観点から5～15分程度，硬化後の圧縮強度は40～80 MPaのものが開発されつつあり，生体内における適合性，周囲の骨形成能も良好と観察されている．

参考文献

1) G. L. Levirskas *et al.*, *J. Phys. Chem.*, **59**, 2, p.164 (1955).
2) H. M. Rootara *et al.*, *J. Colloid Science*, **17**, p.179 (1962).
3) 青木秀希, "齲触感受性", 口腔保険協会出版, p.73 (1976).
4) 赤尾勝, セラミックス, **20**, 12, p.1096 (1985).
5) 山田博, "人体の強度と老化", 日本放送出版協会, p.5 (1985).
6) 倉科憲治他, 信州医学誌, **30**, 1, p.161 (1982).
7) 東正一郎他, 臨床整形外科, **17**, 7, p.634 (1982).
8) 大西啓靖, 関節外科, **8**, 12, p.1971 (1989).
9) 内田淳正他, 文献8), p.1755 (1989).

10) 丹羽滋郎, 文献8), p.1971 (1989).
11) 倉科憲治他, 文献6), p.174 (1982).
12) 丹羽滋郎, 別冊整形外科, **8**, p.89 (1984).
13) 高木幸人他, 東北大歯学誌, **4**, p.39 (1985).
14) 増島篤他, 関東整形災害外科学会誌, **16**, 5, p.577 (1985).
15) 石川烈他, クインテッセンス, **4**, 3, p.355, (1985).
16) 土井豊, ニューセラミックス, **5**, p.47 (1993).
17) 平野昌弘他, 文献16), p.55.
18) 山本晴彦他, 整形外科セラミックインプラント, **10**, p.43 (1991).
19) 居合浩之他, 整形外科セラミックインプラント, **11**, p.43 (1992).
20) 倉科憲治他, 日本口腔外科学会誌, **42**, 8, p.822 (1996).
21) 倉科憲治他, *Baiomaterials*, **18**, 2, p.147 (1997).
22) 柴田敏博他, 西日本脊椎研究会誌, **20**, 2, p.174 (1994).
23) 柴田敏博他, 日本脊椎外科学会誌, **6**, 2, p.61 (1995).
24) R. C. Brent *et al.*, *Science*, **267**, p.1796 (1995).

2.3 人工歯・人工歯根

■ 2.3.1 人工歯・人工歯根用セラミックス

　人工歯は，生体材料として要求される特性を備えているのはもちろん，他の生体材料には要求されない審美性，支台歯にピタリと適合する寸法精度が要求される．

　1950年に，金属にポーセレンを焼付ける金属焼付ポーセレンクラウンが出現し，現在広く審美的歯冠修復材料として普及している．さらに，メタルコアを用いず天然歯に近い審美性を追求したものとしては，1980年代にキャスタブルセラミックス法と耐火模型法によるオールセラミックス歯が提案された．

　人工歯にはセラミックス製，レジン製，金属製等いろいろあるが[1]，本稿では，セラミックス製のみに限定し，現在最も広く普及している金属焼付ポーセレンとその技術的進歩，近年その実用化が強く要望されている金属をまったく使わないオールセラミックス歯，歯茎より下に適用される人工歯根用セラミックスについ

(1) 金属焼付ポーセレン

金属焼付ポーセレンは，オーダーメイドの高級差し歯やブリッジに使われているものである．**表Ⅳ-2.3.1**，**図Ⅳ-2.3.1**に示すように，精密鋳造された金属コアの上に陶材（ポーセレン）を数層にわたって重ねて形を整えた後，真空炉で焼付けてつくられる．

種々の色調，乳濁性をもつ陶材を何層か重ね合せすることにより，下地の金属の色を隠し1～3.5 mmの薄い層で，天然歯のもつ自然な温かみのある立体的できわめて深みのある色彩と透明感を表現することができる．しかもこの着色は，歯磨粉による摩耗にも強く，吸水による経日的な変化もなく生涯使用できる．下地が金属であるため，鑞着接合が可能なため，適用症例範囲は広く，3冠ブリッジ

表Ⅳ-2.3.1　金属焼付ポーセレンの製作工程

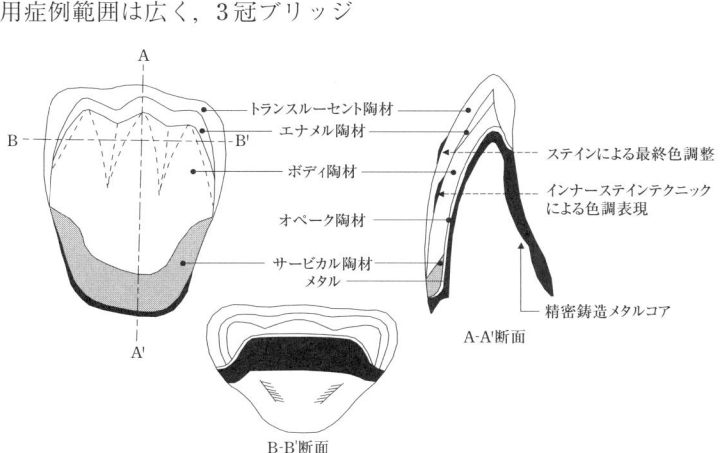

鋳造体作製
↓
鋳造体の表面処理
↓
鋳造体の洗浄
↓
鋳造体の予備加熱（degassing）
↓
オペーク陶材の築盛，焼成
↓
ボディ，エナメル，トランスルーセント陶材の築盛，焼成
↓
形態の修正
↓
洗　　浄
↓
補　　色
↓
艶　焼　き
↓
金属露出部の研磨
↓
完　　成

図Ⅳ-2.3.1　金属焼付ポーセレン構造図

はもちろんフルマウスも可能である．この手法は金属のもつ精密鋳造性，高強度高靱性，鑞着性などの特性と，セラミックスのもつ高硬度，耐摩耗性，耐化学薬品性，自由な着色性の特性をうまく複合させたシステムといえる．

次に金属焼付ポーセレンの最近の技術的進歩について述べる．この技法が開発された1950年代ごろは，そのベース金属は金が主体であったが，近年大型のブリッジに対応するため，銀を添加した金の含有量が50％前後のより硬いセミプレシャス系が増え，さらに金の高騰以来さらに硬いNi−Cr系が多用されるようになったため，新たにクラック発生問題，銀による黄変問題が発生してきた．

① クラックフリーの陶材：陶材の熱膨張をコアメタル（$\alpha \fallingdotseq 13\times 10^{-6}$/K）に適合させるため，適量析出させてある高熱膨張（$\alpha \fallingdotseq 24\times 10^{-6}$/K）のリューサイトの結晶量が焼成条件にかかわらず変動しない陶材が開発され[2),3)]，結果的に陶材の熱膨張係数が安定し，クラック発生の問題は解決された．

② 銀により黄変しない陶材：金50％のセミプレシャス合金は，鑞着強度を確実なものにするために銀を10～30％含有させてあるが，陶材を焼付けると黄色く変色してしまう．現在は，ベース金属中の銀のみならず，鑞着の際の鑞中の銀，すでに炉内に蒸発して耐火物に付着している微粒の銀等すべての銀に対して黄変しない陶材が開発され，鑞着の信頼性の高い銀含有セミプレシャス合金を使用できるようになった[4)～6)]．

③ 天然歯とまったく同じ蛍光色の付与：天然の歯は紫外線により青白色の蛍光を発する．このため，酸化ウラニウムを添加すること［ADA（American Dental Association）で，0.03wt％以下］も行われているが，蛍光色は黄緑色で，しかも健康上放射線を継続的にあびることは決して好ましいことではない．現在，ウラニウム使用ゼロ，蛍光は理想的な青白色で，焼付，修正，鑞着等で10回焼成してもその蛍光発色は劣化しない特性をもつ陶材が開発，実用化されている．

表IV-2.3.2 市販ポーセレンの特性（ノリタケデンタルサプライ測定）

商品名	曲げ強度[MPa]	ビッカース硬度（H_v）	熱膨張係数[$\times 10^{-6}$]	転移点[℃]
ユニボンド	83	524	12.2	538
ビタVMK68	92	545	12.2	572
セラムコII	80	522	12.5	530
ノリタケAAA	110	525	12.4	532

④ 天然歯のもつ光散乱効果の再現：天然歯の切端部は，反射光でみると半透明な青白色だが，裏から光が当るとオレンジ色に光る．顔料で青白色をつくると，裏からの透過光では灰色になる．これを，人工歯のセラミックスの中に光の波長より小さい微結晶を適量に含有させることにより，反射光では青白色，透過光ではオレンジ色をつくることができた．この2つの技法の完成により，金属焼付ポーセレン(**表Ⅳ－2.3.2**)のうち，一部のトップメーカーのものは審美上，限りなく天然歯に近いレベルに達している．

人工歯は現在，金属焼付ポーセレンがこのようにして臨床的には成功を収めているが，ここにきてさらに理想的な人工歯冠として，アルゴンガス中での鋳造／鑞着等により，軽くて人体に最も為害性が少ないといわれるチタンを金属コアに用いたチタン金属焼付ポーセレンの実用化が進められている．

(2) オールセラミックスクラウン

オールセラミックス人工歯は，セラミックスのみで製作されたオーダーメイドの人工歯で，自然歯に近い色調が得られ金属焼付ポーセレンで問題となった金属アレルギー，微弱電流，光およびX線不透過等の問題点が解決されている．現在，大別して2つの方法(**表Ⅳ－2.3.3**)でアプローチが試みられているが，十分には普及していない．その手法と現状の問題点について述べてみる．

a. 結晶化ガラス鋳造法(キャスタブルセラミックス法)

特定組成のガラスを融かしロストワックス法で精密鋳造し，その後，再加熱してその中に結晶を析出させて，無収縮，無気孔のセラミックスをつくる手法である．析出結晶は，マイカ，β－スポジュメン，β－メタリン酸カルシウム，アパタイト，β－第3リン酸カルジオプサイド等また，結晶化後の色も半透明から白色不

表Ⅳ-2.3.3　市販オールセラミックスの特性(メーカー公表値)

商品名	曲げ強度 [MPa]	圧縮強度 [MPa]	破壊靭性 [MPa/m$^{1/2}$]	ビッカース硬度 (H_v)	熱膨張係数 [×10^{-6}]
DICOR	152	828	2	362	7.2
OCC	220	850	2.5	360	8
クリセラ	116	444	2	390	10.1
ビタDUR	90		2	450	7
In-Ceram*	450強度	900		1 060	7.2

キャスタブルセラミック法　　　*耐火模型法

透明までさまざまな系統のものが研究されている．この方法では単冠しかできず適用範囲が限られ，高温でガラスを溶かし鋳造するための設備が必要である．また，気泡等の鋳造欠陥があると，そこを起点として使用中に破損しやすく信頼性に劣る．着色はガラス本体に行い，表面に上絵付け相当の手法で行うので，彩色は平面的であり，金属焼付ポーセレンのような立体的な深みのある色彩は表現できない．また，銀汚染された表面着色焼付炉使用による黄変，彩色部の摩耗等の問題点がある．

b. 耐火模型法

まず複印象から耐火模型を製作し，この上にアルミナ質のコアを築盛し，無収縮で気孔質の素焼状の状態にまで焼成する．これに，特殊なガラスを溶融状態で含浸，焼成し，補強された高強度のコアをつくる．このコアの上に金属焼付ポーセレンと同じように陶材を何層かにわけて築盛，焼成，形態修正，グレージングして仕上げる．この手法で，3冠ブリッジまでできる．結晶化ガラスと違って深みのある彩色が可能で耐久力もあり，天然歯に近い透明感がある．

(3) 人工歯根用セラミックス

人工歯根の材料として，以前は金属でみられるような腐食現象がまったく起らず，高い生体適合性が得られる無機質のセラミックスが最も適していると考えられていた．そして，セラミックスによる人工歯根が，非常に話題をよび，硬くて強い単結晶サファイア[7]，研削が容易で強度も高く，X線造影性にも優れたジルコニア[8]，生体内活性で自体は吸収されながら骨新生を促すリン酸三カルシウム(TCP)[9]，吸収されることなく骨と強固に結合するハイドロキシアパタイト(HA)[10]などが人工歯根の材料として用いられてきたが，強度，骨親和性の両方が満足されず，今ではほとんど使われなくなった．現在，信頼性が高く普及しているのは，高強度で，ほとんど金属アレルギーを起さず，生体内で非常に安定性があり骨親和性(Ludwigsonにより，臨床的に証明)を有するチタンである．現在，Branemarkによる純チタンを人工歯根に使い，直接アゴの骨とくっつけるOsseointegration implant治療法が採用され，Nobel Biocare社等で販売され[11]，日本の厚生省認可の高度先進医療システムにも認定されている．

(4) セラミックス人工歯および人工歯根用セラミックスの今後の問題

セラミックス人工歯においては，3冠ブリッジ前提のオールセラミックスクラ

2.3 人工歯・人工歯根

ウンの実用化と，高齢化社会の到来により歯の保存の要求による適度な摩耗の問題等を考慮した複合材料（無機材質研究所/東京医科歯科大によるリン酸カルシウムとポリ乳酸共重合体等）の歯冠への展開が期待されている．また，人工歯根用セラミックスにおいては，骨親和性を純チタンより高めるため，チタン表面上に生体活性材料であるHA[12]のコーティング，陽極酸化処理[13]による不動態化された商品が市販されてはいるが，さらに骨親和性が要求される．現在，骨親和性に影響を与える表面性状（表面粗度，多孔性等）の研究が続けられている．

参考文献

1) 福田洋一，"人工歯"，バイオセラミックスの開発および適用技術に関する調査，平成9年基盤技術研究センター，pp.115-131 (1997).
2) 長谷川二郎，ノリタケスーパーポーセレンNT-1，*Dental Diamond*, **11**, 2, pp.76-79 (1986).
3) 稲田博，セラミックス製人工歯―ひび割れしない金属焼付用陶材の開発，昭和61年3月15日，鋳造研究会での講演要旨.
4) 稲田博，焼付用陶材の銀による黄変現象と，これを解決した新陶材の開発，昭和61年11月4日，日本歯科理工学会第8回学術講演会要旨B-10.
5) 藤木智之，坂清子，黄変を完全に解決した新陶材によるセラモメタルクラウンの製作，歯科技工，**15**, 2, カラーグラフ (1987).
6) 坂清子，銀含有セミプレシャス系合金を用いた場合の陶材黄変を防止するためには，文献5), pp.167-175.
7) 敷田卓治，藤沢章，"アルミナ系バイオセラミックス"，金原出版 (1981).
8) 永井教之他，"デンタルインプラント"，歯界展望別冊，医歯薬出版 (1987).
9) 田花政昌，石田恵，榎本昭二，青木秀希他，"The second Joint congress of Imprant Dentistry", (1985).
10) Y. Abe, T. Kokubo and T. Yamamura, *J. Mater. Scity. Mater. Medy.*, **1**, p.233 (1990).
11) 小宮山弓爾太郎，ブローネマルク インプラント・システム概論，"インプラント上部構造の現在"，クインテッセンス出版，pp.12-19.
12) 鳥山素弘，川本ゆかり，鈴木高広，横川善之，西澤かおり，長江肇，チタンへのβ-リン酸三カルシウムコーティング，日本セラミックス協会学術論文誌，99, 12, pp.1268-1270 (1991).
13) 見明康雄，ハイドロキシアパタイトおよびディオプサイトと骨組織との反応，DE誌，

2.4 バイオセラミックスコーティング

■2.4.1 ハイドロキシアパタイト(HA)コーティング

(1) バイオセラミックスコーティングの沿革

　高齢化社会を迎えつつある今日，人工関節や人工歯根等医療用材料に対する関心が高まっている．人工関節や人工歯根は，大きな荷重のかかる生体内で使用される一種の精密機械とみなすことができる．股関節を例にあげると，**図Ⅳ-2.4.1**[1]に示すようにソケット(高分子)，骨頭(セラミックス)，ステム(金属)，骨セメント(高分子)，および生体骨等の各要素が組合さったシステムである．これらは生体内に長年月挿入され，運動器として常時使用されるものであるため，その素材は生体にとって無害なものでなければならず，生体骨に強固に固定され，年月を経てもゆるみの生じないもので，かつ，摩耗しにくいものでなければならない．

　人工股関節の臨床応用はアメリカやヨーロッパで数多く行われてきているが，**図Ⅳ-2.4.2**に示すように，感染，ゆるみ等が原因で手術後10年以内に高い割合で再手術が行われていた．現在，その割合は約5％である．ゆるみの原因としては，図Ⅳ-2.4.1に示した骨セメントに，ポリメチルメタアクリレート(PMMA：polymethy methaacrylate)という高分子等が用いられてきたことがあげられる．PMMAは

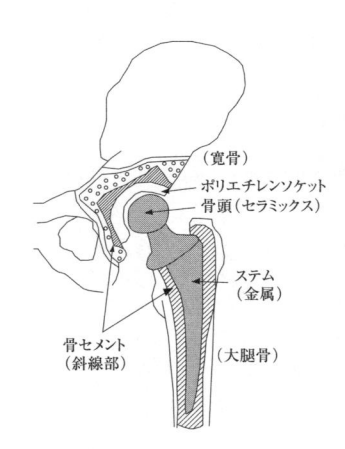

図Ⅳ-2.4.1　セラミックス人工股関節模式図[1]

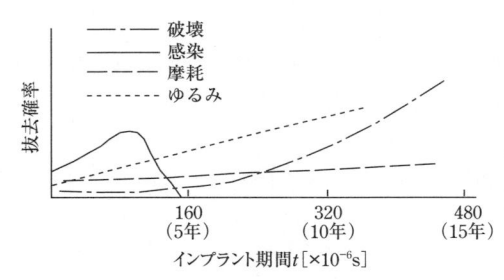

図Ⅳ-2.4.2　人工股関節のインプラント期間と抜去率の関係[1]

2.4 バイオセラミックスコーティング

表Ⅳ-2.4.1 無機系生体材料の力学的性質[1]

材料	膨張係数[$\times 10^{-6}$/K]	破壊靭性値[MPam$^{1/2}$]	弾性率[GPa]	曲げ強度[MPa]
水酸アパタイト	13.7	0.69～1.16	80～98	113～196
高靭性ジルコニア	10.4	5.7～9.6	140～200	900～1 200
アルミナ	8.1	3.1～5.5	364	400～
チタン合金(Ti-6Al-4V)	9.5	37.8	105～124	－
骨(緻密骨)	－	2.2～12	15.8	160～180

重合熱により骨に損傷を与えるのみならず，生体の大腿骨とは化学的に結合しないため，長期間の使用によるゆるみを避けることができない．このため高分子の骨セメントに替えて，骨と直接結合するバイオセラミックスをステムの上にコーティングし，骨と強固な結合をはかり，10年以上という長期間にわたり，再手術の必要のない，セラミックス利用人工股関節の開発と臨床応用が行われるようになってきた．

バイオセラミックスの中では水酸アパタイト（ハイドロキシアパタイト）[$Ca_{10}(PO_4)_6(OH)_2$, Hydroxyapatite, 以下HAと略す]は，生体の骨の無機成分と同じであり，骨と直接強固に結合するという，きわめて優れた性質を有する．一方，合成したHA粉末の焼結体そのものでは**表Ⅳ-2.4.1**に示したように，機械的強度（表中の破壊靭性値の大きい材料ほど良い）は生体の骨（緻密骨）に比べて小さい．したがって，機械的強度を有する金属やセラミックス基材の上に，骨セメントの代りにHAをコーティングし，機械的強度の向上したHAコーティング人工股関節（**図Ⅳ-2.4.3**）の作製が必要となる．

人工歯根は顎骨内に埋入して使用され，咬合や咀嚼により付与される大きな加重を支えなければならないため，一般に機械的強度が高い金属材料で作製される．**図Ⅳ-2.4.4**に，天然歯および顎骨内に埋入したインプラントと周囲組織を示す．歯やインプラントは，上皮を破り生体内から外部環境へ突き出ている．このように，上皮もしくは粘液が生体表面で不連続となっている特殊な構造は，身体の他のいかなる部位にも見出せない．インプラントの粘膜貫通部では，天然歯と同様に上皮ならびに結合組織が再生し密着することにより，細菌の侵入を阻止しなければならない．天然歯の歯根部は，歯根膜を介して歯槽骨に結合されている．それに対し，チタン製のインプラントを顎骨内に埋入した場合には，軟組織が介在することなく直接骨と接触し，上部構造を支える．

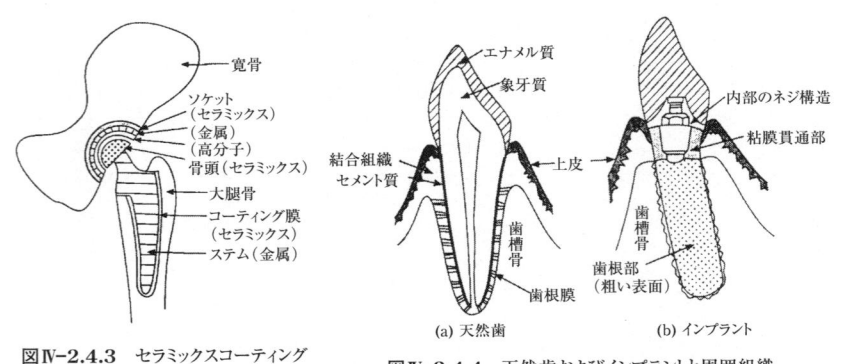

図Ⅳ-2.4.3 セラミックスコーティング膜利用の人工股関節

図Ⅳ-2.4.4 天然歯およびインプラントと周囲組織

人工歯根等を用いる歯科インプラント療法の困難な点は，インプラント表面上で上皮，結合組織，骨といった異なった組織を再建しなければならないこと，およびインプラントを介して形成される生体内部と外部環境との連絡を付着上皮により遮断して，感染を防止しなければならないことである[2]．インプラントの歯根部においては，表面での速やかな骨組織の形成とインプラントの安定な固定が重要である．骨組織の速やかな形成の促進には，HAをコーティングすることが望ましい．

以下にバイオセラミックスの代表であるHAをコーティングする手法の現状について，ドライプロセスとウェットプロセスに分けて紹介する．

(2) バイオセラミックスコーティングの現状

a. ドライプロセスによるコーティング

金属インプラントにHAをコーティングするメリットとして，

① 骨形成速度を高める，
② 骨に対して結合しやすい，
③ 金属成分の溶解による体内への放出を抑える，

等があげられる．

ドライプロセスとしては，広範に行われてきた直流プラズマ溶射法，および最近注目されている高周波プラズマ溶射法，なら

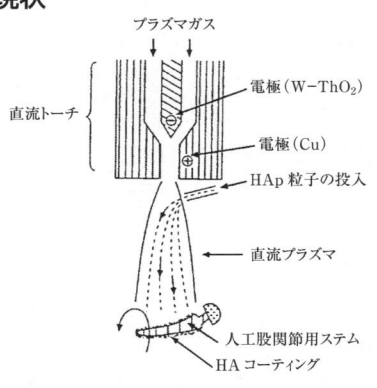

図Ⅳ-2.4.5 直流プラズマ溶射法によるHAコーティング人工股関節の作製法

2.4 バイオセラミックスコーティング

びにフレーム溶射法について述べる．

1) 直流プラズマ溶射法

図Ⅳ-2.4.5 に直流プラズマ溶射法を示す．電極の間に電子を飛ばして熱プラズマを発生させ，この中に原料のHA粒子を投入して，HAコーティングを人工股関節用金属ステムの上に形成するものである．原料のHA粒子は約10 000℃のプラズマ炎を通過する間に半溶融状態となり，金属ステム上に100～200 m/sの高速で打ちつけられて機械的に結合する．直流プラズマ溶射法を用いるとHAは基材に強く結合し，

① 骨伝導を促進するといわれる多孔性がコーティング膜に形成される，
② 複雑形状の基材にも比較的容易にコーティングができる，

などの特長から有望視されてきた．現在，ヨーロッパではプラズマ溶射HA皮膜の人工股関節が商品化され，1985年以来15万人の人々が使用しており，米国でも毎年20万人程度の人々が使用している．

しかしながら，近年，コーティングしたHAが剥離する，あるいは溶解するなどの報告がなされ，現在これらを解決し，20～30年間安定に使用することを目標に，HA皮膜の組成や構造を制御し，基材との接着強度ならびに皮膜の耐溶解性の向上をめざした研究が広範に行われるようになってきた．以下に直流プラズマHA皮膜の歴史，および現在の研究ならびに技術の開発状況について紹介する．

Yankeeら[3]によると，1972年にHenchらがHAと骨とが直接結合することを見出し，1976年には日本の住友化学工業がCo-Cr-Ni基板にHAをコーティングする基本特許[4]を得ていると報告している．米国では1981年に食糧医薬品局(FDA)が，HA皮膜を歯科用に用いることを許可した．

1986年，オランダのde Grootら[5]はHA皮膜の人工股関節への利用をめざした研究を開始した．基材にはTi-6Al-4Vチタン合金($4.5\phi \times 6$)を用い，50μmのHA皮膜を形成した．これらの膜を犬の大腿骨に埋入して，骨との結合強度を調べ，HA皮膜の場合には1.5か月で50 MPaと強固に結合しているが，皮膜がない場合には0.6 MPaと骨とほとんど結合していないことを明らかにした．HA皮膜の有効性が示され，以降，広範な研究と共に商品化が図られていった．

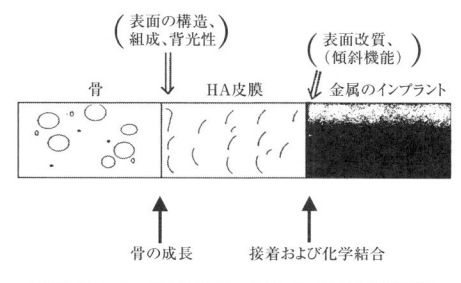

図Ⅳ-2.4.6 骨とHAコーティングと基材との界面[6]

表Ⅳ-2.4.2 2種類の膜厚のHA皮膜の骨に対するせん断強さ[7][MPa]

週	基材(Ti-6Al-4V)	HA皮膜(50μm)	HA皮膜(200μm)
4	1.44±0.21 ($n=6$)	10.15±1.17 ($n=12$)	8.21±1.06 ($n=12$)
6	2.10±0.21 ($n=6$)	13.14±1.82 ($n=12$)	10.59±1.05 ($n=12$)
8	3.60±0.13 ($n=6$)	14.31±2.73 ($n=12$)	10.24±1.27 ($n=12$)
12	3.09±0.13 ($n=6$)	13.97±3.11 ($n=12$)	9.24±1.61 ($n=12$)

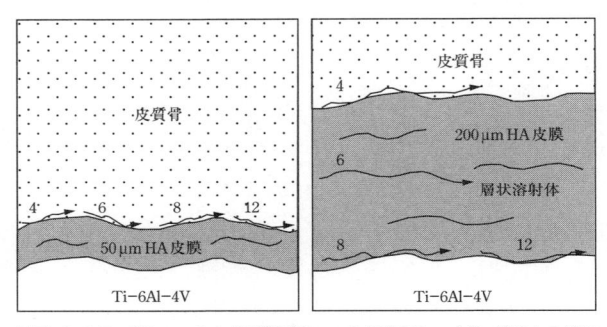

図Ⅳ-2.4.7 HAコーティング(膜厚50μmおよび200μm)インプラントの骨に対する4〜12週間の破壊の模式図

HA皮膜の具備すべき条件としては,**図Ⅳ-2.4.6**に示すように基材との接着強度が大きく,かつ,骨伝導を促進して骨と強固に結合し,そのうえ長期にわたって安定な組成ならびに結晶性を有していることが重要であるといわれている[6].

骨とHA皮膜との結合強度は,せん断強さにより評価することができる.Wangら[7]はTi-6Al-4V基材に形成したHA皮膜(膜厚50μmまたは200μm)を犬の大腿骨に埋入し,膜厚と骨とのせん断強さの関係について調べ,**表Ⅳ-2.4.2**にみられるように50μmの方がせん断強さが大きいという結果を得ている.200μmの場合,大きな内部残留応力のために,せん断強さは弱いものと考えられた(**図Ⅳ-2.4.7**).

Wangら[8]はまた,今まで十分ではなかった材料工学の観点からプラズマの特性とコーティング膜の特性,基材とHAC(HAコーティング膜の略)の接着強度,さらには犬の大腿骨内における新生骨形成能等の関係について調べた.直流プラズマ溶射の条件を**表Ⅳ-2.4.3**に示す.出発原料のHAは高純度であり,基材のTi-6Al-4VはあらかじめAl_2O_3で粗らしてある.プラズマ形成用のガスはArを使用し,P2はHeガスを添加した場合,P3はH_2ガスを添加した場合のプラズマであ

2.4 バイオセラミックスコーティング

表IV-2.4.3 HA皮膜の形成とプラズマ条件[8]

因子	HA皮膜		
	P1	P2	P3
主ガス, 流速 [L/min]	Ar, 41	Ar, 41	Ar, 41
副ガス, 流速 [L/min]	−	He, 30	H_2, 8
粉体搬送ガス, 流速 [L/min]	Ar, 3.2	Ar, 3.2	Ar, 3.2
粉体供給速度 [g/min]	20	20	20
出力 [kW]	40.2	40.2	40.2
基材の位置 [cm]	7.5	7.5	7.5
直進速度 [cm/min]	2 400	2 400	2 400
横断速度 [cm/min]	60	60	60

表IV-2.4.4 HA皮膜のTi-6Al-4V基材に対する接着強度[8] [MPa]

厚み [μm]	HA皮膜		
	P1	P2	P3
50	49.20±2.34 ($n=15$)	50.21±2.14 ($n=15$)	58.02±2.09 ($n=15$)
200	23.51±1.71 ($n=15$)		

る．コーティング膜厚は120±30μmであった．

 HACの表面観察より，P1−HAC＜P2−HAC＜P3−HACの順に表面は溶融している形態であった．また表面の多孔性はP1−HACが9％，P3−HACが3％で，P2−HACはこれらの中間であった．HAC中における他の相，例えば，α−TCP，β−TCP，Tetra，CaOの割合はP1−HAC＜P2−HAC＜P3−HACの順であった．またいずれのHACもOH基の減少がみられた．HAC中のCa/P比はP1−HAC：1.79，P2−HAC：1.80，P3−HAC：1.85と増大していた．

 このような特性のHACの基材との接着強度は，**表IV−2.4.4**に示したように，膜厚が50μmから200μmへ増大すると低下する傾向にあること，さらに，P1よりはP3の場合の膜の方が接着強度は大きく，最大で58MPaであった．

 犬の大腿骨中における新生骨形成能は**表IV−2.4.5**にみられるように，いずれの場合も6週間後で最大値を示すこと，P1がP3と比べて大きく，P2はその中間にあることが明らかとなった．

 Huaxiaら[9]はHAの皮膜の微構造を電子顕微鏡により調べ，主結晶相のHAに加

表IV-2.4.5 新生骨形成能[8][%]

週	HA皮膜		
	P1	P2	P3
2	−(n=12)	−(n=12)	−(n=12)
4	64.50±11.31(n=12)	64.37±10.01(n=12)	63.87±10.84(n=12)
6	90.12±1.95(n=12)	89.00±4.37(n=12)	90.00±4.30(n=12)
12	89.13±3.87(n=12)	90.15±2.91(n=12)	80.12±2.99(n=12)

え，チタン合金基材界面近傍には Ca/P 比 0.6〜1.0 の非晶質相，ならびに $CaTi_2O_5$ 相が存在していることを見出し，これが HA 皮膜の接着強度の向上に寄与していると考察している．Nakashima ら[10]は HA 皮膜をチタン合金基材に形成し，犬の大腿骨に埋入した場合，骨と HA 皮膜との間に生じるせん断強さは**表IV-2.4.6**に示したように，なめらかな基材（平滑 HA）よりもあらかじめ Ti をコーティングした粗い表面の方が大きいことを明らかにしている．また，Hayashi ら[11]は HA 皮膜が初期の骨形成を促進するのに有効であるとしている．

表IV-2.4.6 各種多孔性皮膜の骨に対するせん断強さ[10]

	せん断強度[Mpa]（4週）	偏差[Mpa]（12週）
HA+Ti溶射	14.3±1.5(n=6)	23.6±3.4(n=7)
Ti溶射	11.4±1.9(n=6)	19.3±5.1(n=7)
平滑HA	7.9±1.3(n=6)	7.8±1.5(n=7)
ビーズ	11.6±1.1(n=6)	18.4±5.1(n=7)

表IV-2.4.7 各種組成の皮膜の骨に対するせん断強さ[12]

	荷重[N]	せん断強度[MPa]	皮質骨[mm]
HA	132±9.4	34.3±6.5	2.6±0.2
TeCP	111±15.6	26.8±3.9	2.7±0.4
α-TCP	37±9.3	10.0±3.5	2.4±0.3
Ti	44±10.5	9.7±1.3	2.7±0.2

Klein ら[12]は，チタン合金（4.5ϕ×6）上に HA，TeCP および α-TCP の皮膜（約50μm）を形成し，これらを犬の大腿骨に埋入し，3種類の皮膜と骨形成能ならびに骨付着力との相関を調べた．**表IV-2.4.7**に示したようにせん断強度は HA＞TeCP＞α-TCP＞Ti の順であること，さらに，HA および TeCP は優れた骨形成能を示すが，α-TCP ならびに Ti はリモデリングを起し，骨との接触が不十分であることを明らかにしている．

さらに彼らは，28ヶ月にわたって，HA，TeCP，α-TCP 皮膜およびブランクのチタンに対する犬の大腿骨内における引抜き強度および組織学的観察を行った[13]．コ

2.4 バイオセラミックスコーティング

表IV-2.4.8 各種組成の皮膜の骨に対するせん断強さ[MPa]の時間変化 [13]

	3月	5月	15月	28月
TeCP	26.8±4.0(n=5)	32.6±13.6(n=3)	28.4±8.1(n=3)	38.9±19.0(n=4)
HA	34.2±6.5(n=5)	21.3±8.8(n=4)	30.4±4.6(n=5)	44.7±17.5(n=3)
α-TCP	10.0±3.6(n=5)	14.5±2.8(n=4)	28.4±10.6(n=3)	31.4±9.2(n=3)
Ti	9.9±1.1(n=5)	21.4±7.6(n=5)	23.3±6.6(n=4)	30.8±6.8(n=4)

ーティング膜の厚みは50μmで，表面粗さは，HA：11.25μm，TeCP：11.8μm，α-TCP：11.25μm，Ti：3.88μmであった．引抜き強度の結果は**表IV-2.4.8**に示すようであった．α-TCPの場合は15ヶ月経過で約2.8倍まで，Tiの場合は5ヶ月経過で2.2倍まで強度が増大している．HAとTeCPの場合には3ヶ月程度で，30MPaの引抜き強度を示した．

組織学的観察によれば，チタンだけの場合は5ヶ月経過時において骨のリモデリングがそれほど顕著ではなかった．一方，28ヶ月と長期間の場合にはコーティング膜とチタンだけの場合とでは，骨との反応に大きな差はみられなかった．α-TCPの場合，3ヶ月時において膜の50％が退化・溶解し，これがリモデリングを促進し，引抜き強度の増加につながったものと考えられる．HAおよびTeCPの場合，膜の退化・溶解は少なく，3ヶ月以内に骨との反応ならびに新生骨の形成が終了し，それ以降，長期にわたり強く骨と結合しているものと考えられる．インプラントと骨との結合を促進するのに必要な荷重をかけない期間は，チタンのみでは6週間，HAコーティングでは3～4週間といわれている．

Radinら[14]はHA（粒径, 44μmおよび800μm）およびβ-TCP（粒径, 44μm）をチタン合金上にそれぞれプラズマ溶射し，約80μmの膜厚を有するリン酸カルシウム皮膜を形成し，皮膜の特徴と擬似体液中における溶解性との関係を調べた．

出発原料およびプラズマコーティング膜の結晶性，および表面積を**表IV-2.4.9**に示す．出発原料には2種類の水酸アパタイト，すなわちHAM（粒径44μm以下），HAF（粒径 800μm），およびβ型の三リン酸カルシウム（粒径44μm以下，会社によってβ-TCPM, β-TCPD）を用いた．HAMを原料に用いた場合，コーティング膜は，原料の結晶相が転移した酸水酸アパタイトOHA, α-TCP, TeCPになっていた．原料に含まれるOH基はかなり減少していた．一方，HAFを原料に用いたとき,OH基はコーティング膜中に残存し，ほとんどがOHA相であり他相への分解は少なかった．粒径が大きいことが分解を抑制したものと考えられる．β-TCPが

第Ⅳ編　バイオ分野

表Ⅳ-2.4.9　各種リン酸カルシウム原料およびそれらの皮膜の特性[14]

名称	結晶相	分析法	比表面積 [m^2/g]
HAM st[a]	stoichiometric HA	XRD FTIR	0.64
HAM PS[a]	OHA+a-TCP+TeCP	XRD	0.29
β-TCPM st[a]	stoichiometric β-TCP	XRD	1.19
β-TCPM PS[a]	a-TCP+β-TCP remain	XRD	0.79
HAF st[b]	stoichiometric HA	XRD FTIR	0.13
HAF PS[b]	OHA+traces a-TCP and TeCP	XRD FTIR	0.02
β-TCPD st[c]	the same as β-TCPM	XRD	1.19
β-TCPD PS[c]	β-TCP+a-TCP	XRD	−

Speciment kindly provided by [a]Miter, Warsaw, Indiana; [b]Feldmuhle, Plochingen, Germany (Osprovit); [c]De Puy, Warsaw, Indiana.
st:出発原料, PS:皮膜

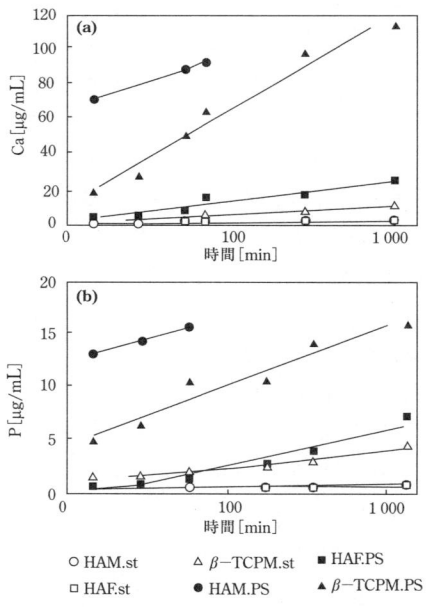

図Ⅳ-2.4.8　各種出発原料ならびにそれらのプラズマコーティング膜の擬似体液中におけるCa(a)およびP(b)の溶解挙動[14]

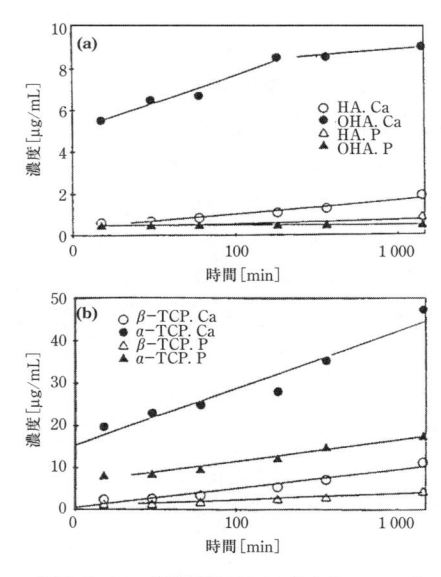

図Ⅳ-2.4.9　出発原料がOHAおよびHA(a), ならびにa-TCPおよびβ-TCP(b)のコーティング膜のCaおよびPの溶解度変化[14]

原料の場合，コーティング膜はほとんど α-TCPに転移していた．

続いて，コーティング膜および原料の擬似体液におけるCaおよびPの溶解量を調べ，皮膜の安定性を検討した．図Ⅳ-2.4.8に示すように，CaおよびPとも出発原料のHAの粒径が小さい方がいずれも溶解量が大きいことがわかる．またβ-TCPから作製したコーティング膜が，比較的大きな溶解量を示している．コーティング膜中に形成されたOHAおよびα-TCPが，溶解量の増大に大きく貢献していることがわかる．特にα-TCPの寄与が大である（図Ⅳ-2.4.9）．以上より，原料のHAやβ-TCPの分解を防ぐためには，出発原料に大きな粒径のものを使うとか，圧力やプラズマ内に滞在する時間等を制御することが必要である．一方，HAの水酸基の脱離は高温のプラズマ溶射では避けることはできない．またコーティング膜中に存在するクラックは機械的強度の低下の原因になると考察している．

金属インプラント材表面にコーティングしたリン酸カルシウムの種類および結晶性の度合いの骨形成能に及ぼす効果については，結晶性の低い場合の方が初期の骨形成能は大であると報告されている．他方，長期の安定性に欠けるのではないかとか，プラズマコーティングしたリン酸カルシウムの特長は，初期の骨形成の促進に寄与しているのみで，長期間後ではその差はないともいわれている．これらを明らかにするため，Bruijnら[15]は，コーティング膜の水酸アパタイトの結晶性(10 %, 60 %, 95 %)およびリン酸マグネシウムのラット大腿骨中における反応性，新生骨形成能等を調べ，結晶性と骨形成能および，長期安定性について検討した．

その結果，リン酸マグネシウムを除いて，1週間後に海綿状の骨形成が認められた．特に非晶質の水酸アパタイト（結晶化度 10 %）および四リン酸カルシウムの場合に高い骨形成能が観察された．このような場合，コーティング膜の溶解は著しく，これが骨形成能の促進に寄与しているものと考えられる．SEM観察によれば，非晶質水酸アパタイト膜の表面には果粒状のものが多くみられ，溶解・析出による水酸アパタイトの形成に対応しているものと考えられる．

一方，高結晶性水酸アパタイト膜では果粒状のものは少い．後方散乱電子顕微鏡を用いて，4週間後の非晶質（10 %結晶化度），結晶質（60 %結晶化度）および高結晶性（結晶化度95 %）の水酸アパタイト膜と骨の界面を観察すると，非晶質の場合は，水酸アパタイトと骨との界面は灰色であり，新生骨の形成が促進されていることがわかる．高結晶性の場合には灰色の界面はみられないので，骨形成が促進されていないものと考えられる．非晶質の水酸アパタイトの表面では溶解と析出が起

き，新生骨の形成およびコーティング膜との結合が促進されるものと考えられる．

一方，コーティング膜の長期安定性という観点からすれば，高結晶性の水酸アパタイト膜の方がよい．ただし，溶射後の膜中には非晶質相が微量含まれ，これが溶解退化して，周囲の結晶質の粒子も剥がれ落ちるおそれがあるため，溶射後は熱処理を行って，非晶質成分を結晶化させておくことが望ましい．さらにコーティング膜の密度と骨形成能および長期安定性という点についても検討する必要がある．

特許の分野で興味深いものとして，人工歯根用複合インプラントがある．人工歯根等の複合インプラントは，芯材の外周をリン酸カルシウム系化合物で被覆し，水熱処理してアパタイト層に変換し，さらにその外周にリン酸カルシウム系化合物層を形成したもので，生体適合性と咬合時の衝撃吸収性の向上を図るものである．例えば，インプラントの骨埋入後の初期固定の促進のために最表面層にα－TCPを設け，骨との結合強度を維持するためにその下層にHA層を形成することを特徴とする発明，さらに最表面層にα－TCPとHA層を交互に形成することを特徴とする発明などがある[16]．

前者の場合，Tiベース芯材[図Ⅳ－2.4.10の1]の表面をサンドブラスト等により粗し，30〜60μmのβ－TCP粉末を直流プラズマ溶射してα－TCPのコーティング層を形成する．その後，水酸アパタイト(HA)ゲル中に浸漬し，120℃で30hの水熱処理を行ってα－TCP層をHA層に転換する[同図の2]．このHA層表面にさらにα－TCP層[同図の3]をプラズマ溶射する．最表面層の膜厚は5〜15μmである．後者の場合は，最表面層をα－TCP層とHA層を交互に形成したものである．

本発明により，生体適合性と強度を兼ね備えたインプラントの作製が可能であるのみならず，α－TCP層により骨埋入時の初期固定が迅速に行われること，HAとα－TCPを交互に形成したことにより軟組織－骨界面における骨吸収が起きないこと等，HAよりも迅速な骨形成とインプラントの長期固定が可能となる．

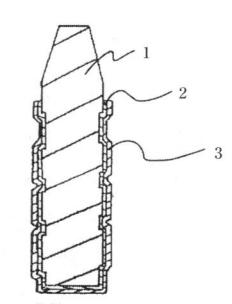

2) 高周波熱プラズマ溶射法

今まで広く利用されてきた直流プラズマ溶射法では，**図Ⅳ－2.4.5**からも容易に想像できるように，

1：芯材
2：ハイドロキシアパタイト(HA)層
3：α-TCP層

図Ⅳ-2.4.10　人工歯根用Ti-HA－α-TCP複合材[16]

2.4 バイオセラミックスコーティング

電極を構成する銅やタングステンが損耗してプラズマ内に混入し，これが形成したHAコーティング膜中に混入するおそれがある．実際に，銅やタングステンが10～20ppm程度，膜中に不純物として存在しているという報告がある[17]．金属の生物学的安全性からみると，**図Ⅳ-2.4.11**[18]に示したように銅は細胞毒性が強いため，コーティング膜への混入は好ましくない．

最近，亀山らはこのような電極の損耗がない，高純度のHA膜の作製が可能な高周波熱プラズマ溶射法を開発した．本法の模式図を**図Ⅳ-2.4.12**に示す．高周波熱プラズマを発生させ，上部より原料のHA粒子を投入し，下方に置いたステムの上にHA膜を形成するものである．プラズマ内に電極が存在しないため，高純度のHA膜を作製することが可能である．

基材には通常，チタン合金(Ti-6Al-4V)が用いられているが，図Ⅳ-2.4.11にも示されているようにバナジウムは細胞毒性が強く，アルミニウムはアルツハイマーの原因ではないかといわれている．したがって，それらの含まれていない，**表Ⅳ-2.4.1**からも明らかなようにセラミックスの中では一番強度の大きな高靱性ジルコニアを基材に選んだ．

本法は，機械的強度を必要とする人工歯根用のHAコーティングとしても利用することができる．もちろん，基材を金属系にすれば人工股関節としても利用す

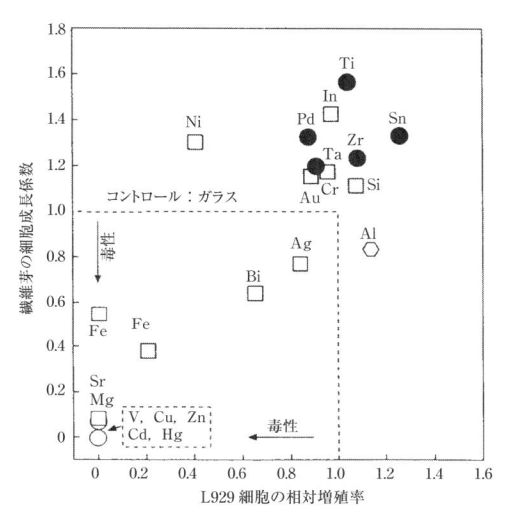

図Ⅳ-2.4.11　金属の生物学的安全性[18]

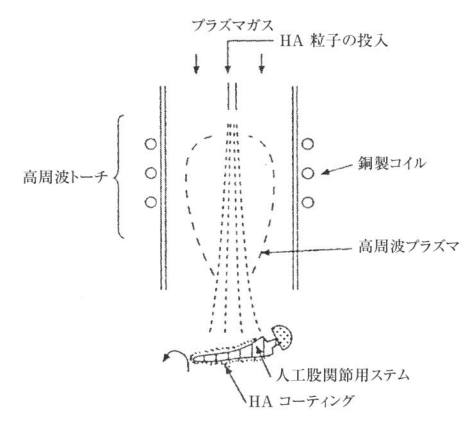

図Ⅳ-2.4.12　高周波プラズマ溶射法

第Ⅳ編 バイオ分野

ることができる．

また，天然の骨に関し，歯のエナメル質や長管骨がc軸に配向し，これらが化学的安定性や機械的強度の向上にそれぞれ寄与しているといわれている．例えば，人の歯のエナメル質は**図Ⅳ-2.4.13(b)**[19]に示すように，他の部位の骨およびエナメル質(粉末)のX線解析パターン[**図Ⅳ-2.4.13(a)**]とは異なり，c軸にかなり配向して成長している．エナメル質はc面でおおわれ，これが唾液に対して安定な理由である．また，**図Ⅳ-2.4.14**[20]にみられるように，c軸方向に成長しているニワトリの大腿骨の機械的強度は非常に大きいが，アルミナは脆い．一方，c軸方向に結晶化させたβ-リン酸カルシウムの高配向結晶化ガラスの強度は向上している．

以上のことから，HA皮膜の合成に関しては配向性の制御も重要であり，高周波熱プラズマ溶射法により配向性制御も可能とした．以下に高周波熱プラズマ溶射法の現状を紹介する．

高周波熱プラズマ溶射装置(4 MHz-20 kW)を**図Ⅳ-2.4.15**に示す[21]．大気圧下，Ar(50 L/min)-O_2(1.5 L/min)の高周波熱プラズマを発生させ，原料のHA粒子をプラズマの上部より供給し，下方に置いた高靱性ジルコニア(PSZ)基板上に皮膜を作製した．基板と水冷ステージの間には緩衝板を置き，基板の温度ならびに皮膜の冷却速度

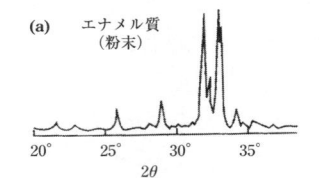

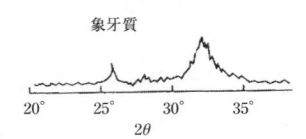

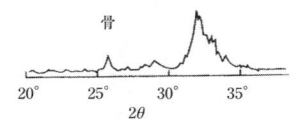

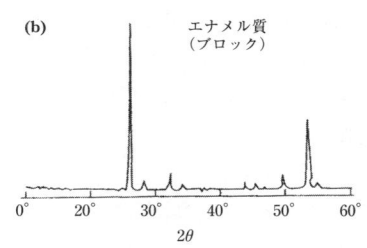

図Ⅳ-2.4.13　人歯エナメル質(ブロック(b)および粉末(a))，象牙質，骨のXRDパターン[19]

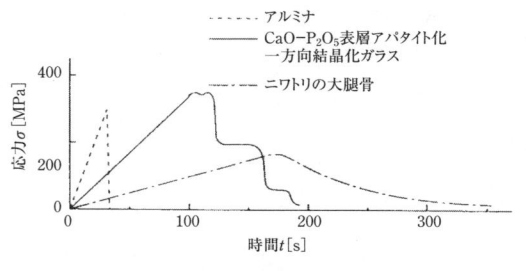

図Ⅳ-2.4.14　配向性結晶化ガラスの曲げ試験[20]

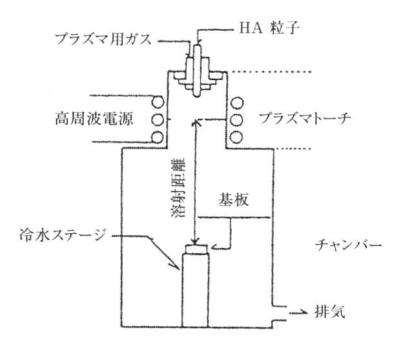

2.4 バイオセラミックスコーティング

図Ⅳ-2.4.15 高周波熱プラズマ溶射装置

を制御した．基板の裏面温度は熱電対により測定した．

原料のHA粉末の粒子径が，30～50 µmおよび100～200 µmの場合に得られた皮膜のXRDパターンを**図Ⅳ-2.4.16**に示す．粒径が小さい場合，皮膜のHA相はα-リン酸カルシウム（α-TCP），四リン酸カルシウム（TeCP），CaOなどへ一部が分解している．CaO相は生体内で溶解し，アルカリにすることから好ましくない．一方，100～200 µmと大きな粒径の場合，皮膜の主成分はHA相であり，CaO相への分解は抑えられている．

図Ⅳ-2.4.17から明らかなように，皮膜中のHA相の割合はプラズマ入力の増大と共に低下している．プラズマ入力がかなり高くなると，CaOの出現が顕著となる．HA皮膜と基板と

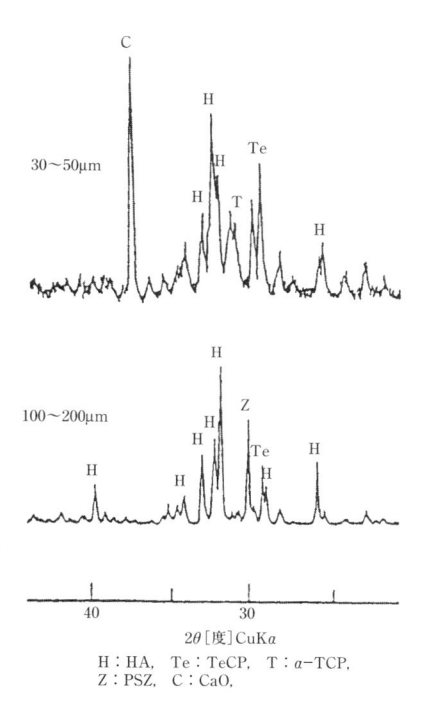

H : HA, Te : TeCP, T : α-TCP,
Z : PSZ, C : CaO.

図Ⅳ-2.4.16 原料HAの粒子径とコーティング膜の組成との関係[21]

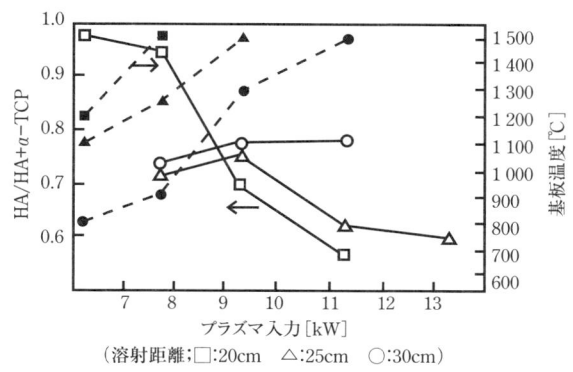

（溶射距離；□:20cm △:25cm ○:30cm）

図Ⅳ-2.4.17 コーティング膜のHA相の割合とプラズマ入力および基板温度[21]

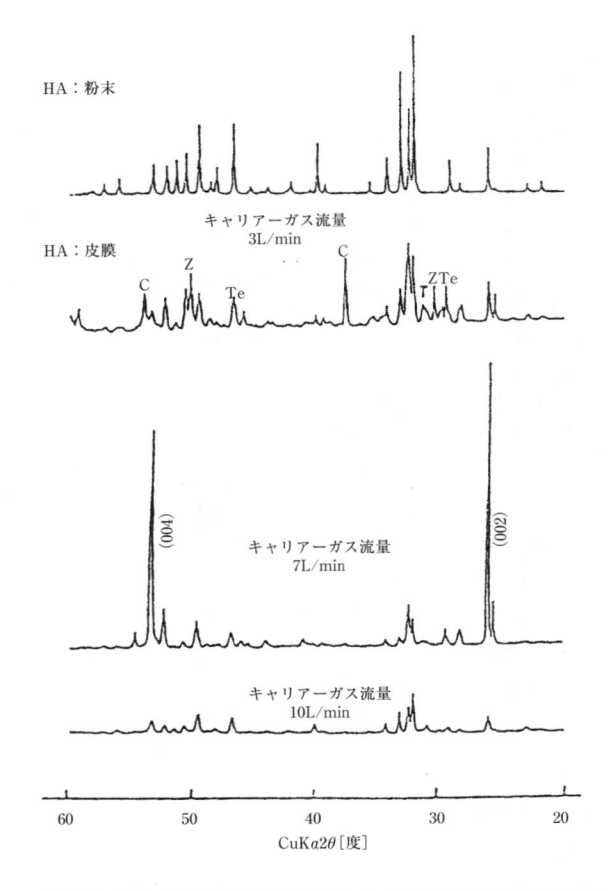

図Ⅳ-2.4.18 HA粉末供給ガス流量とコーティング膜の結晶性,組成[22]

の接着強度は 5〜14 MPa と適切な値であった.また,皮膜の表面には 20〜50 μm の細孔が多数存在しており,骨伝導性を促進するうえで好ましいものと考えられる.

　皮膜中の不純物として,銅などは検出されなかった.一方,直流プラズマ法で作製した皮膜には生体にとって毒性のある,銅やタングステンが 10〜20 ppm 存在しているといわれている.高周波熱プラズマ法は,高純度の HA 皮膜を作製するうえでも優れた手法であると考えられる[21].

　皮膜の配向性の制御については,以下のような結果が得られている[22].**図Ⅳ-**

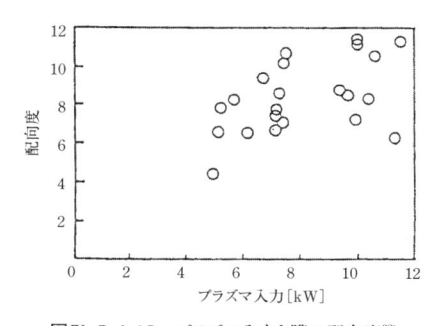

図IV-2.4.19 プラズマ入力と膜の配向度[22]

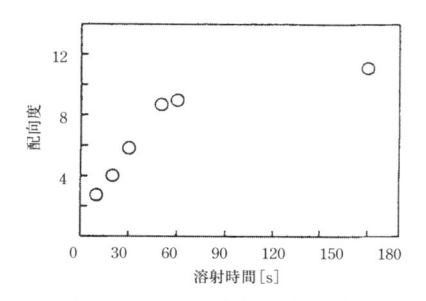

図IV-2.4.20 溶射時間と膜の配向度[22]

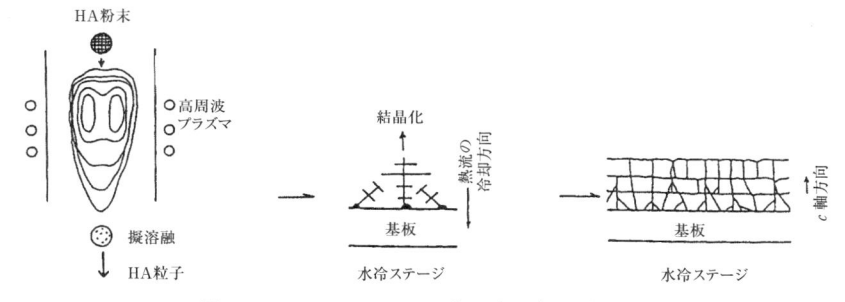

図IV-2.4.21 HAコーティング膜のc軸配向形成機構[22]

2.4.18に示したように，キャリアーガス流量が3L/minでは，CaOへの分解が顕著に起っている．7および10L/minでは分解はほとんどみられない．キャリアーガス流量が7L/minのときは，(001)配向をし，10L/minのときは配向していない．配向性HA皮膜を作製するためにはキャリアーガス流量は7L/minが適切である．キャリアーガス流量の差がプラズマ中でのHA粉末の滞留時間の差となり，原料粉末の溶融状態に差異が生じ，配向性に差が生じたものと推察される．

　配向度はプラズマ入力の増加と共に増加するが，入力が10kW以上になると配向度は減少する傾向にある．この領域ではHAのTeCP，およびCaOへの分解がみられ（**図IV-2.4.19**），これに伴うHAの結晶性の低下により配向性が低下したものと考えられる．また，配向度は溶射時間の増加に伴い増加している（**図IV-2.4.20**）．これに対応し，配向性は表面から内部にわたって低下していた．

　以上より，配向膜の形成過程を**図IV-2.4.21**のように模式的に考えた．最初に，プラズマ内に投入されたHA粒子は溶融状態になり，これが基板上に到達する．基板は水冷ステージにより冷却されているため，ここで結晶化が始まる．熱流は下方

に垂直方向に流れていると考えられる．したがって，結晶化速度は上向きに一番速い．この過程は溶融金属の際にみられる一方向結晶化過程と対応づけて説明することができる．さらに，HAはc軸方向に成長速度が速いといわれている．この結果，c軸配向の顕著な膜になると考えられる．

高周波プラズマ溶射法により形成したHA皮膜は，高純度でかつ配向性等，結晶構造も制御されており，優れた生体適合性を示す材料として今後，広範な応用が期待される[23]．

3) フレーム溶射法

HAをコーティングする方法を評価する場合，以下の条件が満足させているかどうかが重要である．すなわち，

① HAの化学的性質や構造がコーティング処理中に非可逆的に変化しないこと，
② 基材の機械的性質がコーティング処理中に非可逆的に変化しないこと，
③ インプラント期間中にHAが基材からはがれ落ちない程度の強度を有していること，
④ コーティングプロセスの費用がインプラントの費用に大きな比重を占めないこと．

以上の点を考えると，プラズマ溶射法ではHAの結晶性が低下するのに対して，小島ら[24]によって開発された高速フレーム溶射法は上記①～④を満足させる可能性が高い．

尾口ら[25]はこの方法（**図Ⅳ-2.4.22**）を用いて，約 45 μm の HA 粒子をマッハ 4.5

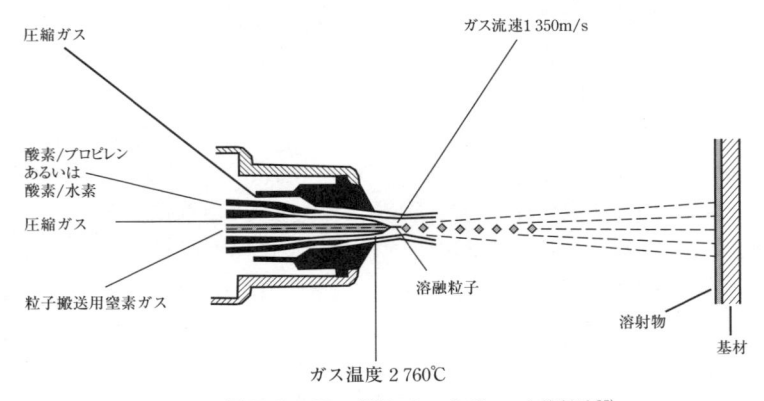

図Ⅳ-2.4.22 高速フレームジェット溶射法[25]

の酸素プロピレン炎(2 950℃)中に導入し,Ti－Al－4V基材上にHAをコーティングし,ウサギの脛骨に埋入して生物学的評価を行い,次のような結果を得た.コーティング膜は大部分が結晶性のHAであったが,少量のTCPとCaOが存在していた.OHに由来するIRピークが観察され,OH基は保持されていた.チタン合金基材とHAコーティングの接着強度は18.2 MPaであった.細孔径は3〜100 nmと10〜400 μmの領域に分布していた.骨とコーティング膜の界面は4週間後,および8週間後で炎症を起すことなく直接的な結合が生じていることがわかった.以上より,高速フレーム溶射により作製したHAコーティング膜は化学的に安定で,十分な生体適合性を有するものであると考察している.

さらに,尾口ら[26]プラズマとフレーム溶射で作製したHAコーティング膜の特徴および,1年間にわたる生物学的評価を以下のように行った.

① 両手法ともX線的には同様のHAの構造を示すコーティング膜であった.ただし,プラズマ法HA膜はc軸に配向していた.
② フレーム溶射法はプラズマ法に比べて多孔性膜であり,プラズマ法にはマクロクラックがあった.
③ 溶解試験法では両者にpHの差はなかったが,プラズマ法の場合,Ca^{2+}の濃度は少し高かった.
④ 生物学的試験では1,3,6ヶ月と経過するにつれ,コーティング膜厚は減少していった.しかし,プラズマ法の方が膜厚の減少は顕著であった.
⑤ 生物学的所見によれば,最初の1ヶ月においては,プラズマ法HA膜の方が顕著な骨組織の形成がみられたが,3および6ヶ月後では差はみられなかった.
⑥ 1年後,プラズマHAの膜厚は48 μmが41 μmに,フレーム法HAの膜厚は47 μmが41 μmと減少していたが,両者の間に有意の差はみられなかった.

以上の知見より,HAコーティング膜は初期の骨との結合の促進には有効であるが,大きなずり応力のかかる部位で使用するためには,基材表面と骨との機械的結合の強化を図ることが必要であると述べている.

林[27]は人工股関節用HAコーティング膜の作製に関し,HAは早期のbone ingrowthを促進するだけの役割にして,長期固定は基材の多孔質表面に形成された骨のアンカリング効果に依存せざるを得ないとレビューしている.このような観点より,藤沢ら[28]は開発したシールド・アーク溶射法(図Ⅳ-2.4.23)でチタン合金に純チタンを溶射し,従来のプラズマ溶射法よりも皮膜の結合力を向上させることに成功した.この上にフレーム溶射法によりHA膜を形成し,サルの大腿

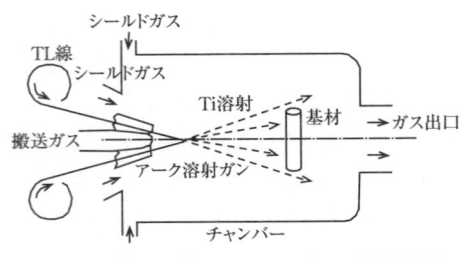

図Ⅳ-2.4.23　不活性ガスシールドアーク溶射法[28]

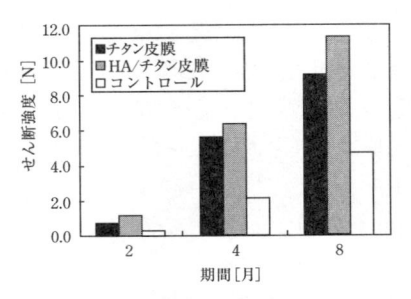

図Ⅳ-2.4.24　各種コーティング膜の骨に対するせん断強度[28]

骨に埋入して4～8週間後の骨との引抜き強度を測定したところ，**図Ⅳ-2.4.24**に示したように，コントロールに比べてかなり大きく，かつHAをコーティングした方が新生骨の成熟度は高い傾向にあることを見出している．

b. ウエットプロセスによるコーティング

　プラズマ溶射等の高温を用いるHAコーティングプロセスにおけるHAの組成，構造等の熱的変化を押えるため，小久保らは擬似体液中でアパタイトを形成させる方法を試みてきた．具体的にはアパタイト－ウォラストナイトガラスをコーティング用基材の表面に接して置き，その後，擬似体液中に基材を7日間浸漬し，Ti基材，アルミナ基材，ポリメチルメタアクリレート基材表面上にアパタイトを15μm程度形成した[29]．基材との接着強度は2MPaと低かった．基材上へのアパタイトの析出にはケイ酸イオンの役割が大であると考察している．続いてKimら[30]は基材のチタン合金等を水酸化ナトリウム溶液で処理し，その後，擬似体液中に浸漬してアパタイトを形成させる手法を確立した．基材にTi-6Al-4Vを用い，10MのNaOH溶液に60℃，24時間に浸し，その後600℃で1時間加熱した．これを擬似体液中に4週間浸漬すると**図Ⅳ-2.4.25**に示すようにアパタイトの形成がみられた．生成機構として**図Ⅳ-2.4.26**のようなTi-TiO_2-TiO_2水酸ゲル－アパタイトからなる傾斜組成的な析出を考えている．今後，基材との接着強度の向上，ならびに生体内における評価が待たれる．

　同様に，プラズマ溶射法等におけるコーティングプロセス中のHAの熱的変化を防ぎ，均質なHA膜を作製する目的で電解析出法が試みられてきた．Shirkhanzadehは[31]水酸アパタイト溶液中で電析法によりTi-6Al-4V基材上に，無配向の50μmの厚さの結晶性のHA膜(結晶の大きさ，2～3μm)を作製した．一方，Vijayaraghavanら[32]は水酸アパタイトを1MのNaCl溶液中に溶かし，pH4.4で各

2.4 バイオセラミックスコーティング

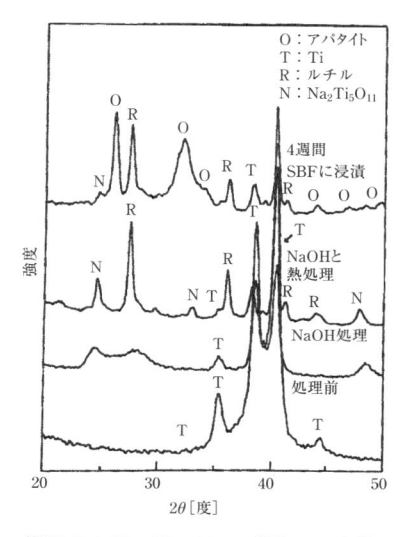

図Ⅳ-2.4.25 Ti-6Al-4V 基材のアルカリ処理(60℃,24時間),熱処理(600℃,1時間)および疑似体液浸漬(4週間)処理後の薄膜 XRD パターン[30]

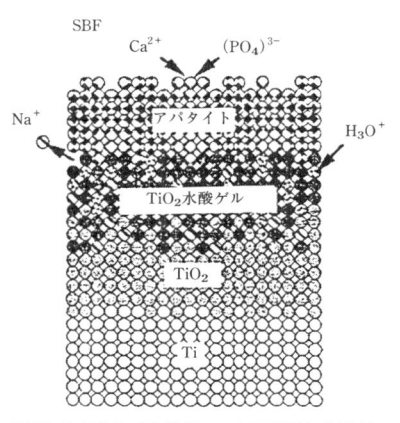

図Ⅳ-2.4.26 Ti 基材のアルカリ処理,熱処理および疑似体液浸漬処理によるアパタイト膜の形成過程[30]

種チタン基材上に HA を析出させた.55℃,陰極電圧 $-1\,300\,\mathrm{mV}$ で基材に α-Ti を用いて2時間の電析を行うと,**図Ⅳ-2.4.27**に示したように,c 軸配向性の HA 膜 (厚み $25\sim35\,\mu\mathrm{m}$) が得られた.少量の β-TCP ならびに $CaHPO_4\cdot2H_2O$ も存在していた.一方,電析温度が室温の場合は $CaHPO_4\cdot2H_2O$ が主成分の膜であった.配向性膜の生体内における細胞付着とか溶解性の挙動については今後の課題である.

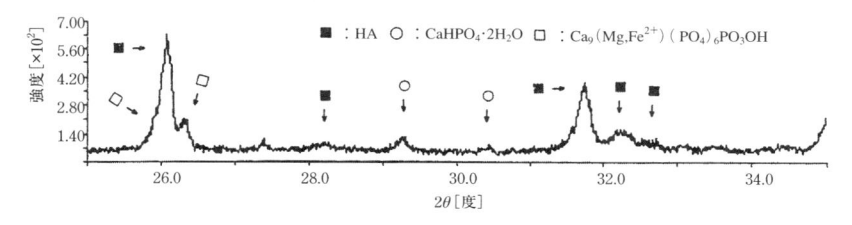

図Ⅳ-2.4.27 電析処理($1\,300\,\mathrm{mV},55℃,2$時間)により Ti 基材上へ作製した HA 膜の XRD パターン[32]

(3) バイオセラミックスコーティングの課題と将来展望

セメントレス人工股関節用材料に関しては,骨との長期固定に必要な微細な凹

凸を有するチタン系基材の表面に，早期に骨伝導能を高める HA コーティングを形成したものが優れているといえる．骨伝導の促進のみならず，10〜20 年と長期にわたって，HA が基材と安定に結合しているためには，界面制御ならびに HA コーティング膜の結晶構造，多孔性，配向度，組成制御も重要である．このような条件を満たす HA コーティング手法としては，プラズマあるいはフレーム溶射法が適していると考えられる．さらに，骨粗鬆症などへも適用可能とするためには，骨誘導性をもった骨形成タンパク質（BMP）と HA コーティングインプラントとの複合材料の開発が必要となる．

人工歯根等の材料に関しては，骨組織の部分には人工関節と同様の仕様のHAをコーティングし，さらに，この表層に人工歯根膜を形成し，インプラントを支持懸垂することにより，負荷される応力を緩衝する複合材料の開発が必要である．また，上皮部分ならびに結合組織部には，細菌の侵入や上皮の侵入を防ぐ上皮細胞ならびに線維芽細胞との接着促進を図るような表面改質が必要となる．

参考文献

1) 青木秀希，丹羽滋郎編，"バイオセラミックスの開発と臨床"，クインテッセンス出版，p.36 (1987).

   H. Malchau and P. Herberts, Scientific Exhibition at the 63rd Ann. Meeting of the Am. Acad. Ortho. Surgeons (Feb. 22−26, Atlanta, 1996), p.5.
2) 遠藤一彦，安彦善裕，まてりあ，**34**, pp.1166−1171 (1995).
3) S. J. Yankee *et al.*, Surf. Modif. Tech., Ⅳ, ed., T. S. Sudarchan, 3M Society, pp.261−270 (1991).
4) M. Aoyagi *et al.*, Implant for Bones, Joints, or Tooth Roots, German patent 2,659,591, application (30 December 1975), granted (7 July 1977) Cited in Chemical abstracts, 87： P141309r.
5) K. deGroot *et al.*, *J. Biomed. Mat. Res.*, **21**, pp.1376−1381 (1987).
6) H. G. Pfaff and G. Willmann, *Interceram*, **43**, 2, pp.73−76 (1994).
7) B. C. Wang *et al.*, *J. Biomed. Mat. Res.*, **27**, pp.1315−1327 (1993).
8) B.C.Wang *et al.*, *Surf. & Coat. Tech.*, **58**, pp.107−117 (1993).
9) Ji Huaxia *et al.*, *J. Mat. Sci., Mat. Med.*, **3**, pp.283−287 (1992).
10) Y. Nakashima *et al.*, "Bioceramics", Ⅵ ed., P. Ducheyne, Butterworth−Heineman Ltd., pp.449−453 (1993).
11) K. Hayashi *et al.*, 文献10), pp.455−459.

12) C. P. A. T. Klein et al., *J. Biomed. Mat. Res.*, **25**, pp.53 – 65 (1991).
13) C. P. A. T. Klein and P. Patka, *J. M. A. de Blieck-Hogervorst*, J. G. C. Wolke, K. de Groot., *Biomaterials*, **15**, 2, pp.146 – 150 (1994).
14) S. R. Radin and P. Ducheyne, *J. Mat. Sci. Mat. Med.*, **3**, pp.33 – 42 (1992).
15) J. D. de Bruijn, Y. P. Bovell and C. A. Van Blitt Erswijk, *Biomaterials*, **15**, pp.543 – 550 (1994).
16) 青木秀希ら，特開平5 – 57011.
17) K. de Groot, private communication (1992).
18) 岡崎義光，伊藤敦夫，立石哲也，伊藤喜昌：日本金属学会誌，**57**, p.332 (1993).
19) 青木秀希：表面科学，**10**, p.99 (1989).
20) 阿部良弘：セラミックス，**20**, p.1104 (1985).
21) A. Hasegawa, T. Kameyama, A. Motoe, M. Ueda, K. Akashi and K. Fukuda, *J. Ceram. Soc. Japan*, **100**, p.377 (1992).
22) T. kameyama et al., *Proc. 6th，Jpn. Symp. Plasma Sci. Mat.*, **6**, pp.239 – 244 (1993).
23) T. Kameyama, M. Ueda, K. Onuma and A. Motoe, *Proceedings of ITSC'95*, Kobe, pp.187 – 192 (May, 1995).
24) S. Ojima, Y. Hirayama, M. Sumita, H. Igata and M. Nakamura, *Proceedings of Fall Meeting of the Ceramic Society of Japan*, pp.399 – 400 (1988).
25) H. Oguchi, K. Ishikawa, S. Ojima, Y. Hirayama, K. Seto and G. Eguchi, *Biomaterials*, **13**, pp.471 – 477 (1992).
26) H. Oguchi and G. W. Hastings, *Bioceramics*, **7**, pp.215 – 221 (1994).
27) 林和生, 生体材料, **13**, pp.81 – 87 (1995).
28) A. Fujisawa, I. Noda, Y. Sishio and H. Okimatsu, *Materials Science and Engineering*, C2, pp.151 – 157 (1995).
29) T. Kokubo, *Biomaterials*, **12**, pp.155 – 163 (1991).
30) H. M. Kim, F. Miyaji, T. Kokubo and T. Nakamura, *J. Biomed. Mater. Res.*, **32**, pp.409 – 417 (1996).
31) M. Shirkhanzadeh, *J. Mater. Sci. Lett.*, **10**, p.1415 (1991).
32) T. V. Vijayaraghavan and A. Bensalem, *J. Mater. Sci. Let.*, **13**, pp.1782 – 1785 (1994).

2.5 バイオアクティブセラミックスの臨床応用

■ 2.5.1 バイオアクティブ結晶化ガラス(A−W)

(1) はじめに

　外傷, 骨腫瘍または人工関節の再置換術などにおいて, 骨欠損を伴いそれを補填することが必要になることがある. 骨欠損の補填には腸骨や腓骨などからの自家骨移植で補えるが, 自家骨の量には限界があり, 採取時に正常組織に侵襲を与える. また, 高齢者では骨が脆弱で移植骨として役に立たないことがある. これを解決するために, 同種骨移植が行われてきたが, わが国ではこの方法に関する社会的コンセンサスが得られておらず, さらに, 同種骨移植によるウイルス感染症や免疫反応などの問題もかかえている. 骨欠損を人工材料によって補填できるならば理想的であり, この目的で使用されているものとして, 骨と化学的に結合しうる生体活性を有する人工骨にA−Wガラスセラミックス[1]がある.

　A−Wガラスセラミックスは, 1982年に京都大学の整形外科学教室と京都大学化学研究所窯業化学教室との共同研究により生れたセラミックスである. A−Wガラスセラミックスは, **表Ⅳ-2.5.1**に示した化学組成のガラスを粉砕したのち, 水をバインダーにして固め, 1050℃で焼結し結晶化させたものである. ガラスをそのまま加熱して結晶を形成させると, 表面から結晶が析出してガラスの中央部で亀裂が生じてしまうため, この製造方法では, ガラスを一度粉砕して粉末として,

表Ⅳ-2.5.1　A-Wガラスセラミックスの組成と結晶および物理的特性

(a) 化学組成[wt%]				
CaO	SiO$_2$	MgO	P$_2$O$_5$	CaF$_2$
44.7	34	4.6	16.2	0.5

(b) 結晶相		
アパタイト	ウオラストナイト	ガラス
38	34	28

(c) 物理的特性				
比重	曲げ強度	圧縮強度	ヤング率	破壊靭性
3.07g/cm^3	215MPa	1080MPa	118GPa	2.0MPa$^{1/2}$

表面から結晶成長しても亀裂が生じないようにしている．結晶の組成と物理的特性を表Ⅳ-2.5.1に示すが，結晶相として，アパタイト（oxyapatite）とウォラストナイト（wollastonite）の結晶を含んでいる（図Ⅳ-2.5.1）．

a．臨床応用

A－Wガラスセラミックスは，基礎的な研究[2,3]を経て，一般臨床での実用が開始されたが，その特徴は①骨と化学的に結合することと，②その機械的強度が皮質骨より強いことであり，臨床でもこの特徴を活かして使用されている．A－WガラスセラミックスはCerabone A－Wの商品名で人工骨として販売されている．

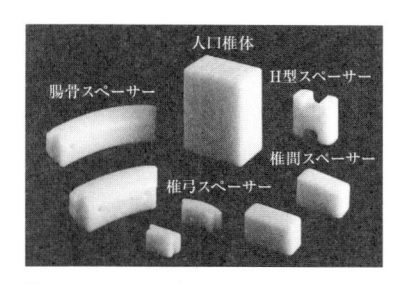

図Ⅳ-2.5.1　さまざまな形状に加工されたAWガラスセラミックス緻密体

(2) 緻密体

a．腸骨スペーサー

脊椎のさまざまな疾患に対する脊椎前方固定術や荷重部への骨移植には，腸骨稜前方部よりtricortical boneを採取し使用することが広く行われている．これは，①採取骨が機械的強度に優れ，また②海綿骨を豊富に含むため骨癒合に有利に働く，等の理由による．しかしながら，骨盤の醜形や疼痛の発生，腸骨稜の骨折等の問題が発生していたため，アルミナセラミックスと焼結水酸アパタイトの人工骨で補填することが行われている．アルミナセラミックスでは骨との結合は期待できず，焼結水酸アパタイトでは骨との結合は生じるが，腸骨を打撲した際に破損を生じる症例がみられた．この点で，A－Wガラスセラミックスは，骨と結合して機械的強度は従来の人工骨に比べて優れている．腸骨スペーサーの成績は山室[4]により報告されているが，X線上，骨と結合したと判断されるものが術後6ヶ月で60％，1年で90％で，患者の満足度は100％であった．また，セラミックスの破損は認められていない．北大整形外科の浅野ら[5]からも優れた成績が報告されている．

b．人工椎体

脊椎全周切除術や椎体切除術などの広範な切除術後の再建には自家骨や同種骨を用いて行われることが多かったが，1987年以降，京大と北大で転移性の椎体腫瘍や神経症状を伴った椎体破裂骨折などの椎体置換術をKaneda deviceなどを併用して行ってきた．患者の満足度は高く，X線断層撮影によれば骨とA－Wガラ

スセラミックスの結合は95％でみられ，術後4年で骨とA-Wガラスセラミックスの間でのclear zoneは全例で消失していた[6]．

c. 椎間スペーサー

腰椎変性辷り症における腰椎後方侵入椎体間固定術（PLIF）では，従来自家骨移植が行われてきたが，移植骨の圧潰や螺子の破損が報告されてきた．圧縮強度の優れたA-Wガラスセラミックス2個を自家骨で挟んで椎間に挿入し，pedicular screw & plateで固定する方法により移植骨の圧潰をきたさず，高率に骨癒合が得られている[7]．

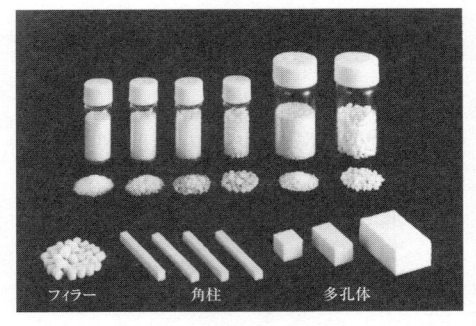

図Ⅳ-2.5.2 様々な形態に加工されたA-Wガラスセラミックス多孔体

d. 椎弓スペーサー

棘突起縦割法頸椎脊柱管拡大術は，棘突起や椎弓の生体力学的機能を温存して脊髄後方を骨性に覆い，さらに必要に応じて椎間固定も可能であるという利点を有するが，移植骨を採取しそれを採型するという煩わしさがある．手術の簡略化と採骨部の疼痛の回避を目的として，A-Wガラスセラミックスの椎弓スペーサーが開発された．初期の固定性，安定性に優れ，平均3年以上の経過で94％の骨結合がみられ有用であると報告されている[8]．

(3) 多孔体

A-Wガラスセラミックスの多孔体は連続した気孔構造を有し，気孔径は200μm，気孔率70％，圧縮強度20MPaであり，同程度の気孔率のハイドロキシアパタイトに比べると機械的強度に優れ，人の海綿骨とほぼ同等の強度を有する．骨内では気孔内の骨新生により経時的に強度は増加し，埋入後8週で約2.5倍に増加していた．形成は容易で，さまざまな用途に対応できる（図Ⅳ-2.5.2）．

a. 人工股関節再置換術の臼蓋および大腿骨の骨欠損部への使用

人工股関節の再置換術において，失われたbone stockの回復が重要であり，一般には自家骨，同種骨による補填が行われているが，その採取や保存に伴う問題やlate collapseなど未解決な点がある．飯田ら[9]は，A-Wガラスセラミックスの多孔体と自家骨の併用による臼蓋補填と再建およびcemented socketによる再置換はきわめて良好な結果であったと報告している．川那辺ら[10]は，臼蓋側のみならず大腿

2.5 バイオアクティブセラミックスの臨床応用

骨の骨欠損部へこの多孔体と自家骨を充填し,良好な成績を得ている.

b. 骨巨細胞腫などの腫瘍切除後の再建

骨巨細胞腫などの再発率の高い良性腫瘍は,従来の掻爬術に骨移植術を加えた方法では再発率が高く,一塊に切除することがよいとされている.しかし,骨巨細胞腫は関節の近傍に発生することが多く,切除術により関節機能が傷害される.笠原らはA-Wガラスセラミックスの多孔体を用いて関節機能を温存する手術を報告し,良好な経過を得たとしている[11].

c. 抗生物質などのdrug delivery systemへの利用

抗生物質を含浸させたA-Wガラスセラミックスの多孔体を徐放剤として使用し,骨髄炎の手術的治療に役立てる方法が考えられている.川那辺らは脛骨の骨髄炎に使用して,良好な経過をたどっていると報告している[12].

参考文献

1) T. Kokubo, M. Shigemitsu, Y. Nagashima, M. Tashiro, T. Nakamura, T. Yamamuro and S. Higashi, Apatite- and Wollastonite- containing Glass- Ceramics for Prosthesis Application, *Bull. Inst. Chem. Res. Kyoto Univ.*, **60**, pp.60-268 (1982).

2) T. Nakamura, T. Yamamuro, S. Higashi, T. Kokubo and S. Ito, A new glass-ceramic for bone replacement：evaluation of its bonding ability to bone tissue, *J. Biomed. Mater. Res.*, **19**, pp.685-698 (1985).

3) T. Kitsugi, T. Yamamuro, T. Nakamura, T. Kokubo, M. Takagi and T. Shibuya, SEM-EPMA observation of three types of apatite- containing glass- ceramics implanted in bone：The variance of a Ca-P-rich layer, *J. Biomed. Mater. Res.*, **21**, pp.1255-1271 (1987).

4) T. Yamamuro, Reconstruction of the iliac crest with bioactive glass-ceramic prosthesis, in "CRC Handbook of Bioactive Ceramics" Vol. 1, T. Yamamuro, L. L. Hench and J. Wilson (eds.), CRC Press Boca Raton, pp.335-342 (1991).

5) S. Asano, K. Kaneda, S. Satoh, K. Abumi, T. Hashimoto and M. Fujiya, Reconstruction of iliac crest defect with a bioactive ceramic prosthesis, *European Spine Journal*, **3**, pp.39-44 (1994).

6) K. Kaneda, S. Asano, T. Hashimoto, S. Satoh and M. Fujiya, The Treatment of Osteoporotic-Posttraumatic Vertebral Collapse Using the Kaneda Device and a Bioactive Ceramic Vertebral Prosthesis, *SPINE*, **17**, 8S, S295-S303 (1992).

7) K. Shimizu, R. Iwasaki, M. Matsushita and T. Yamamuro, Posterior Lumbar Interbody Fusion Using AW-GC Vertebral Spacer, in "Bioceramics" 5, T. Yamamuro, T. Kokubo and T. Nakamura (eds.), Koubunsha Kankokai, Kyoto , pp.435-442 (1992).
8) 加茂裕樹，浜田修，竹光義治，A-Wガラスセラミックス椎弓スペーサーを用いた頚椎脊柱管拡大術，MB Orthop., **8**, 10, pp.107-116 (1995).
9) 飯田寛和，人工骨を用いたソケットの再置換術，MB Orthop., **11**, 3, pp.19-24 (1998).
10) K. Kawanabe, H. Iida, Y. Matsusue, H. Nishimatsu, R. Kasai and T. Nakamura, A-W glass ceramic as a bone substitute in cemented hip arthroplasty, Acta Orthop. Scand., **69**, 3, pp.237-242 (1998).
11) 笠原勝幸，坪山直生，戸口田淳也，中村孝志，骨巨細胞腫に対するSurgical Adjuncts(SA)とAW-GCを用いた関節機能温存手術，臨整外, **31**, 12, pp.1321-1329 (1996).
12) K. Kawanabe, Y. Okada, H. Iida and T. Nakamura, Treatment of osteomyelitis by antibiotic-soaked porous A-W glass ceramic block, in "Bioceramics" 10, L. Sedel and C. Rey (eds.), Elsevier Science Ltd, Oxford, pp.87-90 (1997).

■ 2.5.2 ハイドロキシアパタイト(HA)

HAの合成技術が1975年に青木[1], Jarcho[2]によって確立されて以来，世界各国において，骨の主要無機質であるHAが合成されるようになり，臨床応用が可能となった．初期には，歯科領域において応用が行われ，人工歯，人工歯根，さらには抜歯後の歯槽骨，下顎骨の萎縮に対して歯肉下に充填(augumentation)する材料として用いられ，

表Ⅳ-2.5.2 骨に含有される無機質[3]

組成	エナメル質	歯質	骨
Calcium, Ca^{2+}組成	36.5	35.1	34.8
Phosphorus, as P	17.7	16.9	15.2
(Ca/P) molar	1.63	1.61	1.71
Sodium, NA^+	0.5	0.6	0.9
Magnesium, Mg^{2+}	0.44	1.23	0.72
Potassium, K^+	0.08	0.05	0.03
Carbonate, as CO_3^{2-}	3.5	5.6	7.4
Fluoride, F^-	0.01	0.06	0.03
Chloride, Cl^-	0.3	0.01	0.13
Pyrophosphate, $P_2O_7^{4-}$	0.022	0.1	0.07
Total inorganic (mineral)	97	70	65
Total organic	1.5	20	25
Absorbed H_2O	1.5	10	10
Trace elements: $Sr^{2+}, Pb^{2+}, Zn^{2+}, Cu^{2+}, Fe^{3+}$, etc			

2.5 バイオアクティブセラミックスの臨床応用

特に顎骨の退縮に対しては優れた成績を得ており，現在においても標準的な治療法となっている．人工歯については，その強度（曲げ強度）が十分でないこと，長期埋入による劣化があり，現在ではあまり用いられていないようである．

骨に含有される無機質は，表Ⅳ-2.5.2に示すように，カルシウム，リンが主体である．これらはHAの形で存在するため[3]，合成HAは骨欠損に対する充填材として優れた素材であり，広く用いられてきており，わが国においてはすでに10余年の臨床実績がある．

整形外科領域では，骨移植が多く行われているが，これは自家腸骨陵から骨片を採取し，これを目的の場所，部位に移植するものである．骨片採取によって生じた骨欠損部にHA顆粒，立方体，スペーサー（腸骨陵の形状に適合するように加工されたもの）などが用いられる．自家骨が多く用いられる背景は，自家骨は

① 免疫学的な問題点がないこと，
② 移植に際して，その形状を目的に合せてよく細工しやすいこと，
③ 強度が比較的強いこと，
④ 移植された骨がよく母床となじみ，劣化することなく最終的に置換されること

などがあげられる．

しかし自家骨は，その量に限界があり，新たに二次的に手術侵襲を加えることになり，また高齢者においてはその骨の強度が弱く，採取量が十分でない欠点がある．このため同種骨が用いられる場合も多くある．

わが国においては，骨銀行（同種骨を蓄えておくシステム）が，生活習慣，宗教的な理由などからうまく機能していないため，大学付属病院など特殊な施設にのみこれがあり，一般には普及していないのが現状である．このため最近10数年来骨の代替材料としてHAが用いられ，その使用頻度が多くなってきている．

整形外科一般では，HA細粒，顆粒，立方体，各種サイズのスペーサー，脊椎外科では人工椎弓，椎体，脳外科ではカスタムメイドの人工頭蓋（X線像，CT像により患者の頭蓋形状に合せたもの）などその目的に応じたものがつくられ，用いられている．製品については，緻密体，多孔体，焼成温度差による結晶性の異なるもの，多孔体においては，気孔径，気孔率の差異，孔の連通性有無など，種々なものがあり，またその強度（圧縮，曲げ強度）においても差異がある[4,5]．

わが国において，HAが骨充填材として用いられて以来，10数年を経過し，多くの報告があるが，移植されたHA材が異物として排除された報告例はない．臨床応

用の初期においては自家骨との混合により用いられたが，HAに十分な骨伝導能があることが確認されに従って，HA単独充填が行われるようになり[6]~[8]，経時的なX線像評価による母床との適合性は手術後6～10ヶ月において確認されており，またCTでは手術後1年，MRIでは手術後2年でHAと骨との融合性が確認されている[7],[9]．症例によっては，特に若年者においては，移植された多孔体HAは長期のX線像観察により，骨内で吸収され骨に置換されることが確認されており[9]，HAは充填材として，また骨置換材として期待されている[10]．

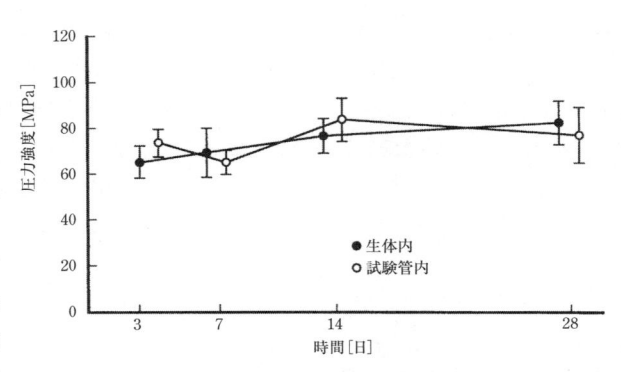

図Ⅳ-2.5.3　リン酸・カルシウムセメントの圧縮強度[12]

HAは，骨の親和性，骨伝導性には優れているが，機械強度が他のバイオセラミックスに比較して低いことが問題点である．このため大きな荷重がかかる椎体置換を目的とした，HA単独での人工椎体や，骨折接合プレートとしての適応は無いと考えられる．また，短期間での骨置換は不可能であり，HAが骨伝導をもたらすためには，骨髄内（周辺が骨組織であること）にあることが重要である．長期埋入によって機械強度は劣化することを十分認識して用いる必要がある．

上記のようにHAは骨の材料としてたいへん優れた性質をもっているが，実際に臨床に用いる際には，複雑な形をした場所へ適合させる必要があり，そのため種々の形状が考えられている．しかし手術手技上難しい点もあって，より形状適合しやすいものが要請され，最近はHAセメントが開発されている．

HAセメントには，HA単独のもの，ポリマーやコラーゲンとの複合体など種々なものがあるが，HA単独のセメント（水硬セメント）について述べると，術中の硬化時間は10分以内，その圧縮強度は80MPaを示し，海綿骨の強度を上まわるものであり[11]，HAブロックと共に充填材として用いられている．また，Constanzらが開発したHAセメントは優れた骨置換作用があると報告されており，高齢者の骨折の固定強化材としてもその効果が期待される[13],[14]．

HAはまた骨に対するだけでなく，軟部組織に対しても特異的な反応を示すことが

2.5 バイオアクティブセラミックスの臨床応用

明かになっている．HAは結合組織の増生を抑制する働きがあり[15]，手術に際しての軟部組織の癒着を予防しうる可能性がある．腱などの縫合に際して本材を用いることによって，腱の滑動性を助けることになる．

HAは，生体材料としてまだその研究が始まったばかりといっても過言ではない．HAのもつ特異的な性質について，さらに研究が進み広く臨床に応用されることが期待される．

参考文献

1) 青木秀希，加藤一男，生体材料としてのアパタイト，セラミックス，**10**, pp.469-478 (1975).
2) M. Jacho *et al.*, Hydroxyapatite synthesis and characterization in dense polycrystalline form, *J. Mat. Science*, **11**, pp.2027-2035 (1976).
3) R. Z. LeGeros, Calcium phosphate in enamel, dentin and bone, "Calcium Phosphate in Oral Biology and Medicine", KARGER (1991).
4) 丹羽滋郎他，骨欠損に対する充填材としての水酸化アパタイト，"別冊整形外科"，南江堂，**8**, pp.89-95 (1985).
5) 堀正身，合成水酸アパタイト顆粒体および多孔体の骨組織反応と多孔体の強度変化に関する研究，生体材料，**8**, pp.11-22 (1990).
6) 姥山勇二他，骨充填材としてのハイドロキシアパタイトの有用性について，整形外科，南江堂，**48**, pp.1052-1057 (1977).
7) 望月一男他，骨欠損に対するハイドロキシアパタイト単独補填術の治療成績，文献6), **48**, pp.1043-1051.
8) 井上治，茨木邦夫，水酸化アパタイト・高多孔質立方体の単独充填による骨嚢腫および良性骨腫瘍の治療，*M. B. Orthop.*, **7**, pp.103-115 (1994).
9) 吉田行雄他，骨腫瘍および腫瘍類似疾患に対する合成水酸化アパタイトの長期成績，関節外科，**14**, pp.35-41 (1995).
10) 黒沢尚他，多孔性アパタイトの吸収に関する実験的研究，関節外科，**8**, pp.1761-1769 (1989).
11) 平野昌弘，α-TCP系バイオアクティブセメントの開発，ニュウセラミックス，**5**, pp.55-59 (1993).
12) 山本晴彦，リン酸カルシウムセメントの臨床応用のための基礎的研究，愛知医科大学医学会雑誌，**25**, pp.219-229 (1997).

13) B. R. Constanz *et al.*, Skeletal repair by situ formation of the mineral phase of bone, Science, **267**, pp.1796-1798 (1995).
14) 山本博司他, 整形外科領域におけるリン酸カルシウム骨ペースト (cpc 95) の臨床評価, 薬理と治療, **26**, pp.189-209 (1998).
15) 佐藤義郎, バイオセルローズーアパタイトシートのけん癒着防止の機序に関する基礎的研究, 文献12), pp.155-165 (1997).

■ 2.5.3 バイオセラミックス複合体

(1) はじめに

医用材料に用いられる複合材料の目的は,
① 材料の強化,
② 金属の腐食：元素の溶出の防御,
③ 材料の強化のみならず金属の腐食・元素の溶出の防御,
④ 骨や軟部組織など生体組織との結合性の向上

に大別される.

(2) コーティングする方法
a. 耐食性, 耐摩耗性, 強度の向上[1]

1) イオンビームによる表面処理

摩擦係数へのイオン注入効果は, 注入イオン種, 注入量, 注入エネルギーなどの重要なイオン注入条件に依存する. 耐摩耗性向上のための注入イオンは, 窒素が最も多く, イオン種には N_2, NO, $N+N_2$ である. 窒素注入による摩耗量の減少は, 硬さの硬化と関係している.

最近, 実際には臨床的に Ti-6Al-4V 合金の人工膝関節の表面に応用され, Ti-6Al-4V 合金が超高分子量ポリエチレンと摺動したときに Ti-6Al-4V 合金が摩耗するので, 窒素を注入することにより合金の摩耗を防いでいる.

2) CVD, PVD による表面処理

コーティング層にピンホールがあると, かえってコーティングしていない場合よりも, 金属溶出, 腐食が早くなり逆効果となる.

3) 表面に α アルミナが析出した Fe-Cr-Al 合金

2.5 バイオアクティブセラミックスの臨床応用

　30％のクロムを含む鉄に，アルミニウムを微量混合した合金を熱処理することにより，表面にαアルミナを析出させる合金が，大阪府立産業技術総合研究所で開発された．同合金は，表面に1～数10μmの厚さのアルミナを析出させることが可能である．アルミナと鉄・クロム合金の移行部はきわめて不規則であり，アルミナは剥離しない．アルミナ層はきわめて高密度であり，膜の剥離，強度試験の結果，3～6％引き伸ばしても表面にわずかにひび割れが入る程度であり，10％以上引き伸ばした場合でも一部アルミナ層が破壊されるが，金属にまでは達しない．

b. 骨との結合の向上[2,3]

　人工骨・関節のバルクの強度を低下させることなく，骨との結合部における界面のみを，骨との結合性を向上させるための複合材料である．

1) 多孔性コーティング

　微細孔性材料（ポーラス）は生体組織が侵入できる足場を提供し，生体組織の引っかかりとなる．微細孔中に結合織，骨化した骨，osteonが入るためには，それぞれ最小5～15μm，100μm，150μm以上の微細孔径が必要である．

　現在臨床的に用いられている多孔性金属材料作製法には，

① 溶射法
② 金属繊維焼結法
③ 金属ビーズ焼結法
④ その他

がある．

2) バイオアクティブセラミックス（A-Wガラス，ハイドロキシアパタイトなど）コーティング

　ポーラス金属による結合法はすべて機械的結合であり，大きな荷重が加わると，微動ではあるが骨との間で動く危険性が高く，初期固定が不十分であれば，たとえ骨が侵入しても「ゆるみ」につながり，その結果痛みが生じる．ここにまで至らなくても，運動時の痛みや荷重のできない状態が長期間続くことになる．

　一方，リン酸カルシウム系セラミックスは早期に骨と物理化学的結合をするので，早期より，確実な強固な固定を得ることが期待される．

(1) ハイドロキシアパタイト（HA）コーティング

　コーティング法として，最近種々の方法が開発されている．

　著者らは，骨との固着力，固着状態をコントロールするために，実験資料として①HA100％を溶射した材料，②HAの強度を強化するために，HA80％とアルミ

ナ20％を混合溶射した材料を，ビーグル成犬の脛骨骨幹部に埋植し，経時的に観察した．4週後に骨とHAが広範囲に完全に結合している．HA100％およびHA80％と$Al_2O_3$20％の混合については，組織学的に差はみられなかったが，固着力は混合比とほぼ同じく約80％である．いずれの場合も，埋植6週後にはほぼ80％の固着力が得られている．

ポーラス金属についての著者らの実験においても，同様の傾向があり，臨床的にも，荷重開始の指標にすることもできる．

(2) Ti合金ビーズ（ポーラス金属）にハイドロキシアパタイト（HA）コーティング

ポーラス金属にアパタイトコーティングをすると，骨と固着する力と速度を増加させるために有効であると考え，Ti−6Al−4VビーズにHAをプラズマ溶射した材料の有効性について，追求を行った．試料を成熟ヤギの両脛骨皮質骨に移植し，経時的に観察した．

HAをコーティングした場合，7〜10日後にはコーティングしていない3週後程度の深さまで骨が侵入し，侵入骨は空間を密に充填している．侵入骨量は，HAコーティングしていない場合より10〜14日早い．骨との固着力は，HAがコーティングされていない場合，固着力は2週後に最大0.6MPa，平均0.5MPa，4週後に最大1.8MPa，平均1.5MPa，6週後に最大16MPa，平均7.5MPa，12週後に最大28.5MPa，平均25.5MPaであった．HAがコーティングされている場合は，コーティングされていない場合に比較して，2，4，6週後にはおのおの，4，3，2倍となり，12週後にはほぼ同じになっている（図Ⅳ−2.5.4）．したがって，ビーズにHAをコーティングするとHAをコーティングしていない場合に比較して，より早期に，より多くの骨が侵入し，より強固に固着される．

一方，人工脛骨をビーグル犬に埋植した荷重部での実験を行うと，HAコーティングしていない場合，ポーラス中への骨侵入が悪く，特に海綿骨内での骨侵入がきわめて悪い結果となった．また，材料と侵入骨とは接触していない部分が多い．しかし，HAをコーティングすると，骨侵入状態がきわめて良くなり，海綿骨内にもかなりの骨侵入がみられ，骨と材料とは直接結合している（図Ⅳ−2.5.5）．これらの結果からみても，ポーラスコーティングにはmicromotionによる荷重時痛の発生頻度が高く，HAをコーティングすることにより，micromotionを防止する効果がきわめて高いことと，HAと骨とは化学的結合し，結合組織が介在しないためにコンポーネントの周囲にそって骨壊死が進行することが少ないので，ゆるみの発生は遅いと思われる．

2.5 バイオアクティブセラミックスの臨床応用

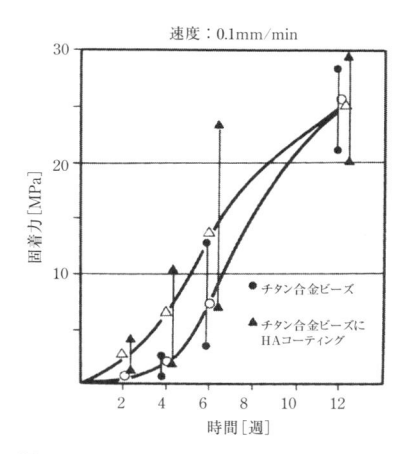

図Ⅳ-2.5.4 Ti-6Al-4Vビーズをコーティングした円柱およびTi-6Alビーズコーティングした上にHAをコーティングした円柱をヤギの脛骨に埋植し,経時的に押込み試験を行い,骨との固着力を測定

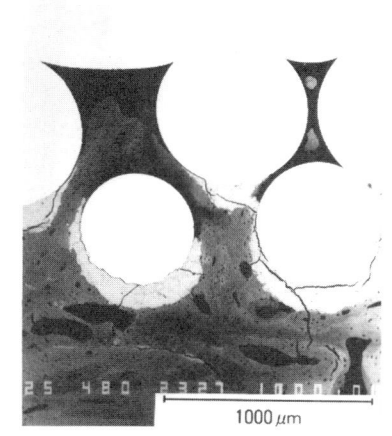

図Ⅳ-2.5.5 ビーグル犬人工脛骨の骨との接合するシステム表面に2層のチタンビーズをコーティングし,さらにこの上にアパタイトをコーティングした.これをビーグル犬に埋植した6ヶ月後の組織像である.ポーラス中に骨が深く,底部にまで侵入し,骨はアパタイトと物理化学的に直接結合し,骨の侵入量もきわめて多い.

c. 界面バイオアクティブ骨セメント[4]

従来のPMMA骨セメントの界面における問題点を解決するために,骨と骨セメントの間に,ハイドロキシアパタイト細顆粒(100〜300μm)を0〜2層介在させ,界面のみがバイオアクティブ骨セメントとなる方法である(大西による).

手術直後より骨セメントとハイドロキシアパタイト顆粒は,機械的に固着され,手術後数週でアパタイト顆粒間に骨が侵入しハイドロキシアパタイト顆粒と骨は,物理化学的に結合する(図Ⅳ-2.5.6).動物実験では,2週後には,ハイドロキシアパタイト顆粒間のほぼ全体に

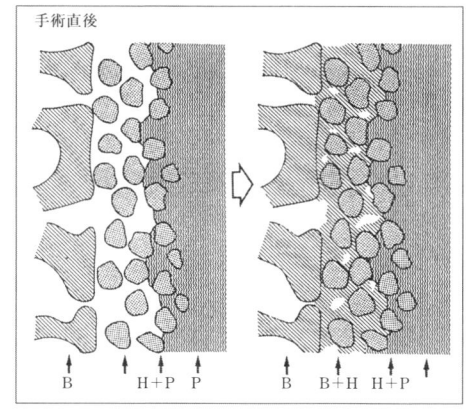

図Ⅳ-2.5.6 界面バイオアクティブ骨セメント(界面バイオアクティブ骨セメント手技を行った術直後と術後数週間の組織像のシェーマ) B:骨, H:HA, P:PMMA

骨が侵入し，6週後には完成している．

押込み試験による骨との固着力は，チタン平面にハイドロキシアパタイトコーティングした場合と，ほぼ同様である．したがってこの方法は，セメント固定法とハイドロキシアパタイトコーティングしたセメントレス法の長所のみを組合せた方法といえる．術後10年のＸ線像で骨透亮像はみられず，特に寛骨臼部では，骨セメントに向って骨稜が走行している．これは骨侵入を意味する．

参考文献

1) 大西啓靖，整形外科に用いられる複合材料と臨床応用，Month by book, *Orthopaedics*, **8**, 10, pp.59－76 (1995).
2) H. Oonishi *et al.*, The effect of hydroxyapatite coating on bone growth into porous titanium alloy implants, *J. Bone Joint Surg.*, **71**－B, pp.213－216 (1989).
3) H. Oonishi *et al.*, Effect of hydroxyapatite coating on bone growth into porous titanium alloy implants under loaded conditions, *J. of Applied Biomaterials*, **5**, pp.23－37 (1994).
4) H. Oonishi *et al.*, Interface bioactive bone cement by using PMMA and hydroxyapatite granules, *Bioceramics*, Vol.1(Ishiyaku：St Louis), pp.102－107 (1989).

2.5.4 人工歯・人工歯根

歯科修復物におけるセラミックスは床義歯に用いられ陶歯とよばれる人工歯，被覆歯冠修復および人工歯根インプラントに大別される．このうち，人工歯根用のセラミックスは，かつてアルミナ系，カーボン系，リン酸カルシウム系，チタニア系のものが単体で用いられた時期もあるが，高荷重が負荷される部分への応用には機械的性質が不十分である．現在ではセラミックス単体で人工歯根として臨床応用されることは少なく，**第Ⅳ－2章2.4**に述べたような金属にセラミックスコーティングした複合体が人工歯根としてインプラントされる場合が多い．したがって，本稿ではセラミックス製人工歯および被覆歯冠修復物の臨床応用を中心として述べる．

(1) セラミックスの歯科臨床応用の歴史

歯の欠損した部位に人工的な代替物質で歯の機能を補おうとする考え方と技術

2.5 バイオアクティブセラミックスの臨床応用

は，すでに古代エジプト時代からあったといわれている．例えば，抜けた歯，獣骨・象牙などの天然アパタイトが加工されて用いられていた．しかし，耐久性・審美性・機能性が劣っていたことはいうまでもない．その後，鉛，純金，純銀などの多様な材料が使われ，セラミックス製の人工歯の製作が試みられたのはパリの薬剤師 Duchateau が，歯科医 Dubois de Chemant の協力を得て，1774年に初めて陶製の義歯の作製に成功したことに始まる．しかし，工業的に大量生産されたのは1844年にアメリカの S. S. White が陶歯製造会社を設立するまで待たねばならなかった．一方，日本では木製の義歯が江戸時代中期以降に作製され，前歯部用にはろう石・獣骨・象牙・貝などを加工したものが使われていた．日本で初めて陶歯の工業生産を始めたのは名古屋の宿澤馨である（1884年）[1]．陶歯が臨床応用されてから約1世紀半経過しているが，現在は，レジン製の人工歯のシェアが経済的理由により拡大しつつある．しかし，材料学的強さ，歯触り，外観，長期耐久性などを考慮すると，陶歯が依然として優れている点が多い．

(2) 陶歯の臨床応用

a. 人工歯の選択

前歯部用人工歯は外観に触れるため審美性がもっとも重要視され，理想的には，その個体の天然歯の形・大きさ・色調が，そのまま人工歯として義歯に再現されることが望ましい．しかし，天然歯のこれらの要素には幅広い個人差があり，また，同じ個体でも加齢に伴い変化する．したがって，すべての個体に適応する人工歯銘柄を製品として揃えることは不可能である．そこで，各人工歯メーカーはそれぞれ，ある基本的な考え方に従って前歯部天然歯の形態要素を分類して，各社独特の形態的特徴をもつ人工歯系列をつくり，製品として市販している．一方，臼歯部用人工歯は機能的用件，すなわち咬合・咀嚼に伴う義歯の安定，咀嚼能率の確保，義歯を支える顎堤の保護などに重点が置かれており，比較的天然歯の形態に近いものから，思い切った機械的咬合面形態のものまで，数多くのものがある．人工歯の選択にあたっては，これら多数ある人工歯群の中から，その症例にもっとも適した人工歯を1種類だけ選ばなければならない．人工歯の材質は前歯・臼歯とも長石質ガラスに石英が分散したガラス・セラミックスである．一般的には，前歯は審美性を重視し，臼歯は機能性に重点をおいて選択される．

b. 人工歯の配列とレジン重合

図Ⅳ-2.5.7にレジン床義歯の製作手順の一部を示す[1]．前歯部人工歯(1)，臼

歯部人工歯(2)を選択したのち，人工歯の配列はワックスでできた咬合床を介して咬合器に装着された模型上(3,4)で行われる．前歯部人工歯の標準的な配列には，咬合堤の平面(仮想咬合平面)に対する切縁の上下的位置，歯冠の近遠心的および唇舌的傾斜，切縁の捻転に関して標準的な数値が与えられている．前歯には垂直および水平の被蓋関係がある(5)．前歯部の配列が終ってから臼歯部人工歯の配列が行われ，口腔内への試適，歯肉形成，修正を行い蝋義歯を完成させる(6)．蝋義歯は重合用フラスコに石こうを用いて埋没され，流蝋後(7)にレジンが填入され，重合操作により重合義歯になる(8)．その後，研磨，咬合点検，調整が繰返され，レジン床義歯が完成する．

(3) セラミックス被覆歯冠修復物の臨床応用
a. 金属鋳造体陶材溶着冠

人工歯は工業的に生産された既製品の中から選択して使用されるが，セラミックス被覆歯冠修復物は技工室において患者個々のものがオーダーメードにより作製される．セラミックス被覆歯冠修復物は構成および製作技法により，**図Ⅳ-2.5.8**に示すように分類される．もっとも汎用されているのは**図Ⅳ-2.5.9**に示

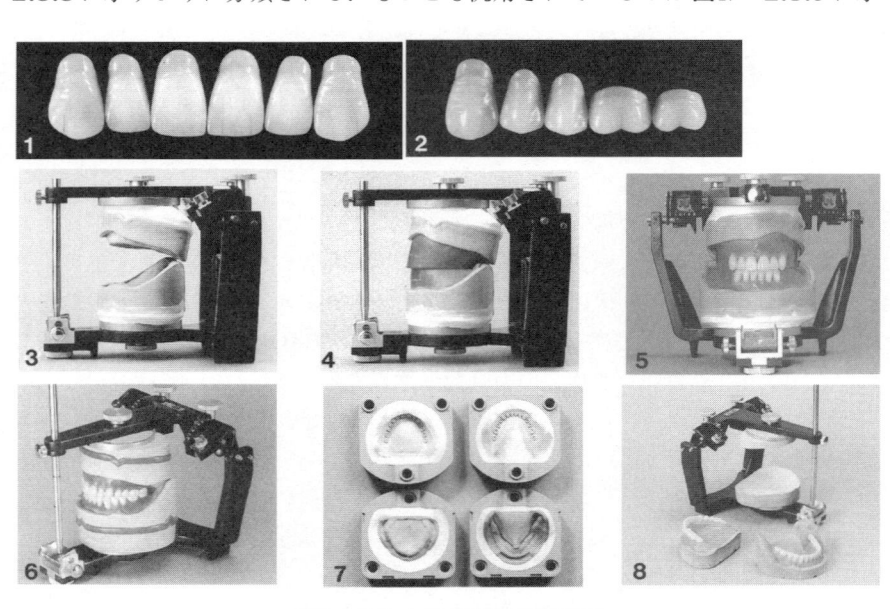

図Ⅳ-2.5.7 レジン床義歯の作製手順[1]

2.5 バイオアクティブセラミックスの臨床応用

すような金属鋳造体フレームに数種の陶材を積層焼成した金属鋳造体陶材溶着冠であり，**図Ⅳ-2.5.10**にこの作製手順を示す[2]．金属溶着冠用陶材は，その熱膨張係数をフレーム金属の値に近似させるため，長石質ガラスにリューサイト結晶（$K_2O \cdot Al_2O_3 \cdot 4SiO_2$）が分散されている．

被覆材料としての陶材は，色調・使用部位により使い分ける30〜60種の粉末と，シェードガイドという焼成終了後の色見本(1,2)がセットされている．まず，シェーガイドを用いて患者の天然歯の正確な色調を判断し(3)，陶材粉末の組合せを選択する．一方，支台歯形成，印象，ワックス原型作製，埋没，鋳造，研磨，エッチング，デガッシングなどの多くのプロセスを経て，金属鋳造体フレームが作製される(4)．

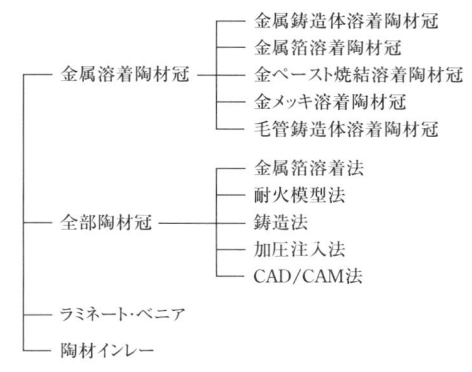

図Ⅳ-2.5.8 セラミックス被覆歯冠修復物の分類

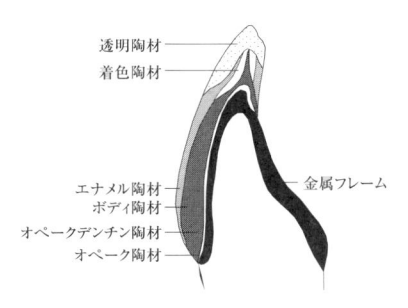

図Ⅳ-2.5.9 金属鋳造体陶材溶着冠の構成例

金属フレームとして，日本では白金－金合金がもっともよく用いられている．金属鋳造体フレームの表面に金属粉末を塗布して機械的凸凹をつくり，陶材との結合力を向上させる(5)．金属との結合および金属色の遮蔽という重要な役割を担うオペーク陶材を塗布(6)，焼成する．したがって，オペーク陶材は他の部位に用いる陶材とは組成が一部異なり，屈折率の大きいTiO_2あるいはSnO_2を含有し，もっとも焼成温度が高く，熱膨張係数が大きく，金属の熱膨張係数に近似している．オペーク焼成後，歯頚部陶材層が薄くなる部分にオペーク・デンチン陶材を築盛する(7)．もっとも肉厚になるボディ陶材築盛完了後，エナメル色陶材を築盛するスペースを確保するため，切端部から歯冠の2/3の部分まで移行的にボディ陶材を削除し，指状構造を設け，エナメル色陶材を唇面全体に築盛する(8)．この際，陶材の焼成収縮を想定して少し大き目に築盛する(9)．舌側面部の調製後，所定の焼成スケジュールに従い真空焼成する．形態修正を行い，不足部分があれば追

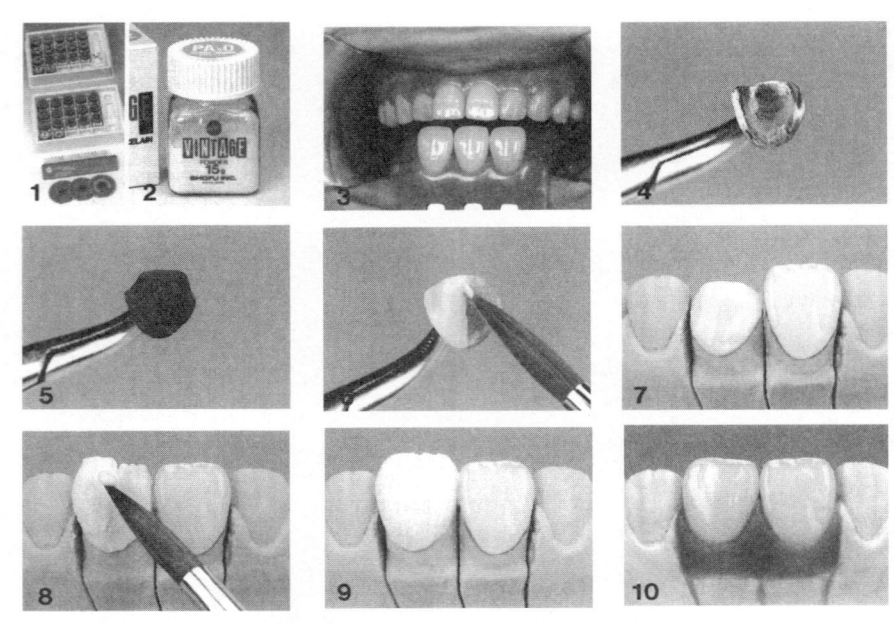

図Ⅳ-2.5.10　金属鋳造体陶材溶着冠の作製手順

加・焼成する．形態修正後，十分に水洗した後，ステイン陶材により部分的な色調調整を行った後，最終焼成し，完成する(10)．

b. 全部陶材冠

前述したように，金属溶着陶材冠がもっとも信頼される審美性修復物として一般に認識されているが，金属アレルギーの問題および患者からのより高い審美性への要望により，全部陶材冠(オールセラミックス冠)の臨床応用が増加している．全部陶材冠の製作技法は，図Ⅳ-2.5.8に示すように5種に大別される．**表Ⅳ-2.5.3**に，各種製作技法における全部陶材冠コア用陶材の機械的性質を示す[3]~[10]．Aは金属箔マトリックスに陶材を焼成し，焼成後金属箔を除去し，陶材だけからなるクラウンが作製される．BおよびCは，一般的な金属製鋳造冠を作製するように，ロストワックス法によりガラスを鋳造し，鋳造後熱処理により結晶を析出させ，機械的強さが改善される．

DおよびEは，1 000℃前後に加熱して軟化したインゴットを，ロストワックス法により作製した鋳型中に5～20分間加圧して徐々に注入される．Fは，微粒子の酸化アルミナを耐火模型上で焼結し，その多孔質の空間を低溶・低粘稠度のケイ

2.5 バイオアクティブセラミックスの臨床応用

表Ⅳ-2.5.3 全部陶材冠コア用陶材の機械的性質[3]〜[10]

商品	商品名	成型法	2軸曲げ強さ[MPa]	弾性係数[GPa]	破壊靱性[MPam$^{1/2}$]
A	Vitadur N	金属箔溶着法	110	118	1.75〜2.05
B	Dicor	鋳造法	152	70	1.31
C	OCC		220〜300	53	2.5〜3.0
D	IPS Empress 2	加圧注入法	205〜400	96	2.74〜3.3
E	Finesse All Ceramic		94〜130	70	1.23
F	In-Ceram Alumina	耐火膜型法	264〜530	251〜315	4.49〜6.01
G	Dicor MGC		110	74	1.39〜1.62
H	Procera All Ceram	CAD/CAM法	472〜687	370〜420	3.84〜4.48
I	Cercon		900〜1 600	150	7〜9

酸ランタンガラスで満たし，フレームの強さの向上を図ったものである[5]．また，酸化アルミナに代えて，より透明性の高いスピネルを用いた陶材が，さらにはアルミナの35 wt％をジルコニアに置換したものが市販されている．また，CAD/CAM法によってフレームを作製することも可能になってきている．Gは，雲母系のマシナブル・セラミックスである．

Hはきわめて高い曲げ強さを示しているが，CAD/CAMや電話回線など最先端技術をシステム化した方法によりつくられる[6]．まず，先端部にサファイアボールが付いたスキャナーにより支台歯模型の3次元形状を測定し，コンピュータで形状をデジタル化する．画面上で修復物の最終形状を決定した後，すべてのデータがファイルとなって，世界で3ヶ所(スウェーデンのストックホルムおよびイエテボリ，アメリカ合衆国のニュージャージ州)にある工場に電話回線で送られ，CAD/CAMにより工業的にフレームが作製される．まず，高純度アルミナを圧縮し塊状物を作製し，転送されたデータを基準として焼成収縮を考慮してあらかじめ約20％大きく外形が機械的に研削された後，焼成されて高密度に焼結したフレームが完成する．フレームはそれぞれの依頼者に郵送され，専用陶材を用いて解剖学的形態および審美的な要素を調整し，最終的に仕上げられる．高密度・高純度のアルミナ

焼成体を一般の技工所で製作することは，現段階では困難であるため，このような複雑なシステムになったと考えられる．しかし，高密度・高純度のアルミナ焼成体は透光性が良好で，表Ⅳ-2.5.3に示したようにきわめて良好な機械的強さを有している．

Ⅰはアルミナではなくジルコニアを用いるCAD/CAM法のものであり，現在，もっとも機械的強さの信頼性が高い全部陶材冠であり，4本ブリッジまで応用可能であるとされている[9),11),12)]．

c. ラミネート・ベニア

テトラサイクリンなどの抗生物質による前歯唇面の変色を有する患者が，「白い歯」という審美性を，より高度に要望する場合，唇面の変色歯に極薄の陶材を接着させるという修復法である．図Ⅳ-2.5.11にラミネート・ベニアの作製手順を示す[13)]．まず，変色歯の状態を良く観察し(1)，もっとも自然な，天然歯の色調を活かした陶材の色を選択する．修復歯の歯肉を圧排し，表面から0.5〜0.8 mmまでの厚みのエナメル質を機械的に削除する(2)．印象材により印象を採得し，作業用模型を作製する．まず，マスキングデンチンおよびデンチン陶材を耐火模型に築盛(3)し，乾燥後(4)，焼成(5)する．エナメルおよび透明色陶材を形態を修正し

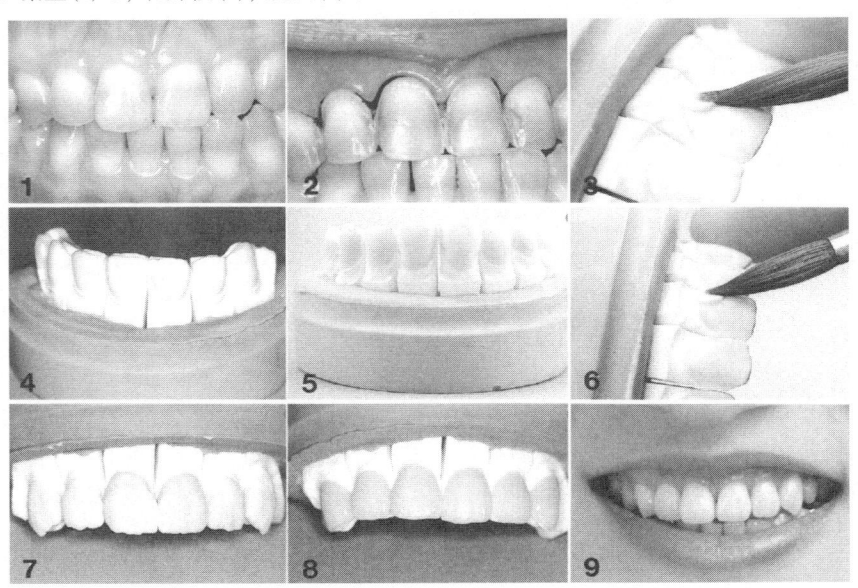

図Ⅳ-2.5.11 ラミネートベニアの作製手順

2.5 バイオアクティブセラミックスの臨床応用

ながら築盛する(6,7). 乾燥, 最終焼成(8)した後, 耐火材を除去し, 内面をフッ酸溶液でエッチングした後, シランカップリング処理する. 前歯をエッチングした後, 透明に近い接着材によりラミネート・ベニアと歯質を接着し, 隣折面および切端を研磨して完成する(9).

d. 陶材インレー

歯冠の部分的な歯質欠損に対して, 形成された窩洞内に適合するよう製作された修復物をインレーといい, 陶材で作製されたものが陶材インレーと呼ばれている. 材質および製作技法は全部陶材冠の場合と同じであるが, 近年の耐火模型材の改良により, ほとんどの場合は比較的操作の簡単な耐火模型法で製作されている.

参考文献

1) 林都志夫監修, 人工歯, 而至歯科工業, 東京 (1987).
2) ヴィンテージハロー使用説明書, 松風, 京都 (1997).
3) R. R. Seghi, I. L. Denry and S. F. Rosenstiel, Relative fracture toughness and hardness of new dental ceramics, *J. Prosth. Dent.*, **74**, pp.145-150 (1995).
4) W. C. Wagner and T. M. Chu, Biaxial flexural strength and indentation fracture toughness of three new dental core ceramics, *J. Prosthet. Dent.*, **76**, pp.140-144, (1996).
5) H. Hornbergar and P. M. Marquis, Mechanical properties and microstructure of In-Ceram, a ceramic-glass composite for dental crowns, *Glastech. Ber. Glass Sci. Technol.*, **68**, pp.188-194 (1995).
6) M. Andersson, M. E. Razzoog, A. Oden, E. A. Hegenbarth and B. R. Lang, A new way to achieve an all-ceramic crown, *Quintessence Int.*, **29**, pp.285-296(1998).
7) M. Guazzato, M. Albakry and M. V. Swain, Mechanical properties of In Ceram alumina and In Ceram zirconia, *J. Dent. Res.*, **80**(IADR Abstracts), pp.640 (2001).
8) J. L. Drummond, T. J. King, M. S. Bapna and R. D. Koperski, Mechanical property evaluation of pressable restorative ceramics, *Dent. Mater.*, **16**, pp.226-233 (2000).
9) F. Filser, P. Kocher, F. Weibel, H. Lüthy, P. Schärer and L. J. Gauckler Reliability and strength of allceramic dental restorations fabricated by direct ceramic machining (DCM), *Int. J. Computerized Dentistry*, **4**, pp.89-106 (2001).
10) 伊藤敦夫, バイオセラミックス, "先端材料事典", 先端材料事典編集委員会 編, 産業調査会, pp.478-489 (1995).

11) 伴　清治, オールセラミッククラウン—機械的性質の評価, *DE*, **140**, pp.9-12(2002).
12) 伴　清治, 高強度セラミックの歯科修復物への応用, 金属, **72**, pp.135-141(2002).
13) コスモテックシステム使用説明書, 而至歯科工業, 東京 (1987).

■ 2.5.5　ガン治療用セラミックス

(1) はじめに

　ガンの治療法としては，患部を切除する外科的療法が最も一般的である．しかし，切除できない器官やいったん切除されるとその機能の回復を期待し難い器官も多い．したがって，患部を切除することなくガン細胞だけを死滅させ，正常細胞の増殖を促す治療法の開発が望まれる．放射線療法や温熱療法は，この種の治療法に含まれる．しかし，従来の放射線療法および温熱療法においては，体外から放射線照射および加熱処理を行うため，体表近くの正常細胞を傷め，体内深部のガンを有効に治療し難い．そこで最近，腫瘍近傍に埋入し，ガン細胞だけを直接放射線照射あるいは加熱処理し，ガン細胞だけを死滅させるのに有効なセラミックスが開発されるようになった．以下にその例を紹介する．

(2) 放射線治療用ガラス

　β線を放射する元素を化学的耐久性の高い材料の中に閉じ込め，これを腫瘍近傍に埋入すると，周辺の正常組織を傷めることなくガン細胞を直接放射線照射することができる．高い化学的耐久性が必要なのは，放射性元素が溶出して他の部位の正常組織に損傷を与えないためである．放射能の半減期が短い場合には，治療後その担体を体内に放置しておいても，放射能が急速に減衰するので，問題にならない．中性子線照射によって初めて放射化される元素を用いると，担体の作製を非放射性元素を用いて行うことができ，治療の直前に中性子線放射により放射化すればよい．ガラスはこのような特長を有する体内放射線治療用材料をつくるのに適している．

a. イットリウム含有ガラス微小球

　ガンの体内放射線治療用ガラスとして最初に開発されたのは，1987年に米国のDayらにより報告されたイットリウム含有アルミノケイ酸塩ガラスである[1]．^{89}Yは熱中性子の照射により，半減期が64.1時間のβ線放射体の^{90}Yに変換される．これ

を含む 17 Y_2O_3 – 19 Al_2O_3 – 64 SiO_2（mol%）組成のガラスは，きわめて優れた化学的耐久性を示す．そこで，上記組成の20～30μmのガラス微小球を通常の溶融法により作製し，これに中性子線を照射すると，ガラス中の^{89}Yが^{90}Yに変化しβ線放射体となる[2]．

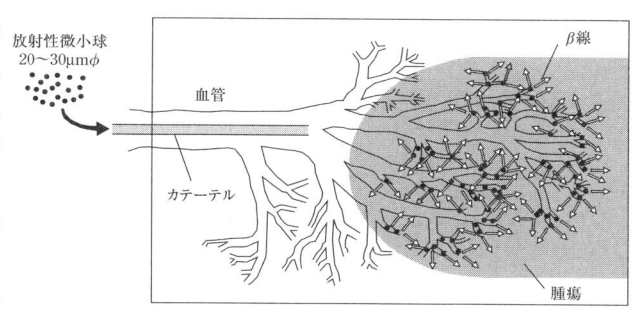

図Ⅳ-2.5.12　放射性微小球によるガンの治療

このガラス微小球を，**図Ⅳ-2.5.12**に示すように，肝動脈に挿入したカテーテルにより肝臓に注入すると，その大部分が肝臓ガンの毛細血管内に留まり，ガンを局部的に直接放射線照射する．これは同時に，ガン細胞に栄養を補給する血液を遮断する効果も併せ示す．同ガラスの化学的耐久性はきわめて高いので，放射性の^{90}Yが正常組織へ移動することはほとんどない[3]．このガラス微小球を用いたヒトの肝臓ガンの治療は，米国，カナダではすでに実用化されており[4]，ヨーロッパでは現在臨床テストに付されている．

b. リンイオン注入シリカガラス微小球

^{31}Pは熱中性子線照射により，^{90}Yよりもやや長い半減期(14.3日)を有するβ線放射体の^{32}Pに変化する．したがって，リンを多量に含むガラス微小球は，イットリウム含有ガラス微小球よりも高い治療効果を示すと期待される．しかし，リンを多量に含み，しかも化学的耐久性に優れたガラスを通常の溶融法により作製することは難しい．そこで，川下らは，化学的耐久性に優れたシリカ(SiO_2)ガラスにリンをイオン注入することにより，上記のガラスを得ることを試みた．シリカガラスは，中性子線照射の際，構成成分のSiおよびOは放射化されることがない．しかも，直径20～30μmの高純度シリカガラス微小球を購入することが容易である．

気相軸付法により合成した高純度シリカガラス(金属不純物＜0.5ppm，OH＜100 ppm)の板状試料の両面に，50～200 keVの種々のエネルギーで$5×10^{16}$～$1×10^{18}\,cm^{-2}$の種々の量のリン(P^+)イオンを注入し，これらガラスからのイオンの溶出を95℃の温水中に7日間浸漬して測定すると，注入エネルギーが50および100 keVと低い場合には**図Ⅳ-2.5.13**に示すように，注入量が$1×10^{17}$や$5×10^{17}\,cm^{-2}$のように低くても，多量のリンおよびシリコンがガラスから溶出する．注入エネ

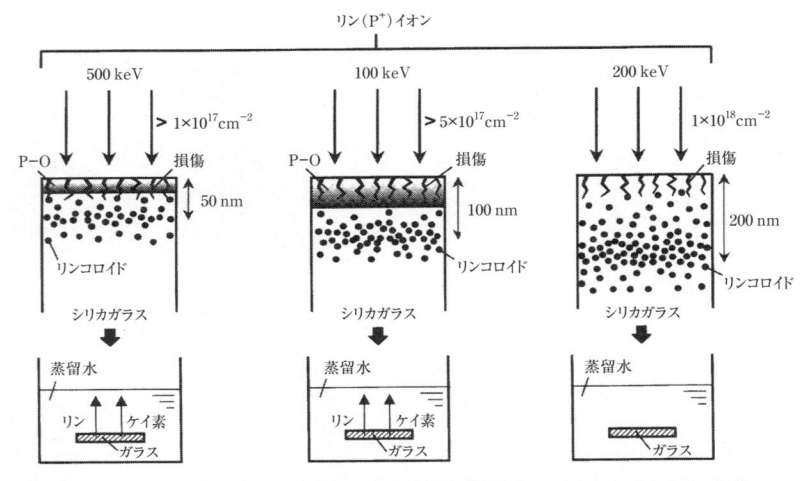

図Ⅳ-2.5.13 イオン注入によるシリカガラス表面の構造変化とガラスからのリンとケイ素の溶出

ルギーが200keVと高い場合には，$1×10^{18}cm^{-2}$もの多量のリンを注入しても，両元素がガラスからほとんど溶出しないことがわかった[5],[6]．この原因は，図Ⅳ-2.5.13に示すように，注入されたリンは，いずれの場合も大部分コロイドの形をとるが，注入エネルギーが低い場合には表面から浅い部分で最高濃度を示し，その分布がガラス表面まで及び，ガラス表面に達したリンが酸化される．これに対し注入エネルギーが高い場合には，表面から深い部分で最高濃度を示し，その分布がガラス表面まで及ばず，したがってガラス表面に酸化リンを形成しないためである．したがって，高いエネルギーでリンをイオン注入すると，多量のリンイオンを深い部分に局在化させることができるので，イオン注入によりシリカガラスに構造損傷を生じても，リンを多量に含み，しかも化学的耐久性に優れたガラスを得ることができる．

　平均粒径25μmの$17Y_2O_3-19Al_2O_3-64SiO_2$（mol％）組成のガラス微小球中のイットリウムと同じ数のリンを同粒径のシリカガラス微小球中に導入するためには，$2.9×10^{18}cm^{-2}$の量のリンイオンを注入しなければならない．このように多量のリンを高エネルギーで微小球に均一注入する方法の開発が現在進められている．

(3) ガン温熱治療用セラミックス

　ガン細胞は血液の供給に乏しく，酸素の供給に乏しいので，熱に弱く，43℃付近に

2.5 バイオアクティブセラミックスの臨床応用

加温されると死滅する．これに対し，正常細胞は約48℃まで損傷を受けない．したがって，腫瘍部を局部的に43℃付近に加温すると，ガン細胞のみを死滅させることができる[7]．一方，磁力線は体の深部にまで生体組織に損傷を与えることなく侵入することができる．強磁性体は，交流磁場のもとに置かれると，磁気ヒステリシスに比例する熱エネルギーを放出する．したがって，強磁性体を腫瘍部付近に埋入し，その部位を交流磁場のもとにおくと，腫瘍が体内深部にある場合も，その部分だけを局部的に加温し，ガンを治療することが可能になる．

そこで，海老沢らは，$19.50\,Fe_2O_3 - 40.25\,CaO - 40.25\,SiO_2 - 3.35\,B_2O_3 - 1.65\,P_2O_5$（モル比）ガラスを通常の溶融法により作製し，これを活性炭に埋めて1050℃まで加熱し，直径約200nmの強磁性のマグネタイト（Fe_3O_4）が，β-ウォラストナイトと$CaO-SiO_2-B_2O_3-P_2O_5$系ガラスからなるマトリックス中に均一に分散した結晶化ガラスを得た[8]．この結晶化ガラスは，飽和磁化32 emu/g（emu：electro-magnetic unit），保磁力120 Oeの強磁性を示した[9,10]．実用的な交流磁場発生装置の一例は，周波数100 kHz，最大300 Oeのものなので，同結晶化ガラスの同磁場下における発熱量を見積もると，10 W/gとなる．

同結晶化ガラスの直径0.1〜1mmの粒子約0.9gをウサギの大腿骨骨髄部に充填し，100 kHz，300 Oeの交流磁場のもとにおくと，磁場印加後5分以内に，骨の外表面でもガンの治療に有効な43℃まで加温された[10]．また，上記結晶化ガラスの直径3mm，長さ5cmのピンを，悪性腫瘍を移植したウサギの脛骨骨髄部に埋入し，同様に100 kHz，300 Oeの交流磁場のもとに50分間置き，さらに3週間経過後，脛骨を取出して周辺の組織を調べると，**図IV-2.5.14** に示すように，結晶化ガラスで温熱治療を行った場合には，骨髄内部のガン細胞は完全に死滅し，骨の形状と機能が回復していた[11]．このことから，強磁性体の

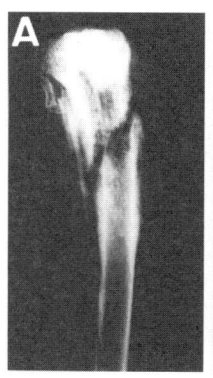

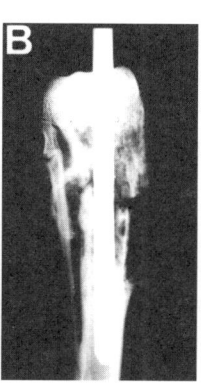

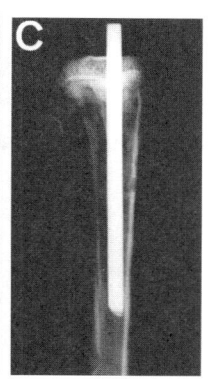

図IV-2.5.14 ウサギの脛骨のX線写真[11]（A:何も処置しなかった場合，B:結晶化ガラスのピンを挿入しただけの場合，C:結晶化ガラスで温熱治療を行った場合）

マグネタイトを析出させた結晶化ガラスが,ガンの温熱治療に有効であることがわかる.

強磁性体を微小球にして患部に送込み,患部を局部的に加温するためには,さらに発熱効率の高い強磁性体の開発が望まれる.ガラスからより発熱効率の高い結晶をできるだけ多量に析出させる方法と共に,結晶化ガラス法以外の方法で強磁性微小球をつくる方法の研究が現在進められている.

キュリー温度を43℃付近に有する強磁性体を用いることができれば,温度が43℃付近に達すると強磁性を失うので,それ以上温度が上がらず,自動的に温度制御がなされるのでさらに望ましい.

(4) おわりに

今後さらに多様なガン治療用セラミックスが開発され,それらが1日も早く臨床治療の場で役立つものとなることが期待される.

参考文献

1) M. J. Hyatt and D. E. Day, Glass properties in the yttria-alumina-silica system, *J. Am. Ceram. Soc.*, **70**, C283-C287 (1987).
2) G. J. Ehrhardt and D. E. Day, Therapeutic use of 90Y microspheres, *Nucl. Med. Biol.*, **14**, pp.233-242 (1987).
3) E. M. Erbe and D. E. Day, Chemical durability of $Y_2O_3-Al_2O_3-SiO_2$ glasses for the in vivo delivery of beta radiation, *J. Biomed. Mat. Res.*, **27**, pp.1301-1308 (1993).
4) D. E. Day and T. E. Day, "Radiotherapy glasses", in Introduction to Bioceramics, ed. by L. L. Hench and J. Wilson, World Scientific, Singapore, pp.305-317 (1993).
5) 川下将一,小久保正,"癌放射線治療用微小球の開発",光機能材料マニュアル,オプトロニクス社,pp.473-478, (1997).
6) 川下将一,癌を治療するガラスおよび結晶化ガラス,*NEW GLASS*, **13**, pp.8-15 (1998).
7) 菅原努,"ガンと闘うハイパーサーミア",金芳堂 (1986).
8) 川下将一,小久保正,"癌の温熱治療に適した強磁性結晶化ガラスの作製",セラミックスデータブック98,工業製品技術協会,pp.292-294 (1998).
9) T. Kokubo, Y. Ebisawa, Y. Sugimoto, M. Kiyama, K. Ohura, T. Yamamuro, M. Hiraoka and M. Abe, "Preparation of bioactive and ferromagnetic glass-ceramic for hyperthermia", in

2.5 バイオアクティブセラミックスの臨床応用

Bioceramics Vol.3, ed. by S. F. Hulbert, Rose − Hulman Institute of Technology, Indiana, pp.213 − 224 (1992).

10) K. Ohura, M. Ikenaga, T. Nakamura, T. Yamamuro, Y. Ebisawa, T. Kokubo, Y. Kotoura and M. Oka, Heat − generating bioactive ceramic for hyperthermia, *J. Appl. Biomater.*, **2**, pp.153 − 159 (1991).

11) M. Ikenaga, K. Ohura, T. Yamamuro, Y. Kotoura, M. Oka and T. Kokubo, Localized hyperthermic treatment of experimental bone tumors with ferromagnetic ceramics, *J. Orthop. Res.*, **11**, pp.849 − 855 (1993).

第Ⅳ-3章 基礎データ

表Ⅳ-3.1 周期律表からみた金属の細胞毒性

周期律	金属	細胞毒性	周期律	金属	細胞毒性	周期律	金属	細胞毒性
Ⅰ	Cu	++	Ⅳ	Si	−	Ⅵ	W	−
	Ag	+		Ti	−		Te	
	Au	±		Zr	−	Ⅶ	Mn	+
				Sn	−	Ⅷ	Fe	+
Ⅱ	Mg	+++		Pb	−		Co	+
	Zn	+++	Ⅴ	V			Ni	−
	Sr	+++		As	+++		Pd	−
	Cd	+++		Sb	+++		Pt	−
	Hg	+++		Bi	++	対照	ガラス	±
	Ba	+++		Ta	±			
Ⅲ	Al	±	Ⅵ	Cr	±			
	In	−		Mo	±			
	Ga	−						

川原春幸, 中村正明, "医用材料の化学", 日本化学会編, No.21, p.13 (1978)

表Ⅳ-3.2 バイオセラミックスの種類

種　類	材　料
生体不活性セラミックス（高強度, 高耐摩性セラミックス）	アルミナ(Al_2O_3) 焼結部分安定化ジルコニア($ZrO_2(Y_2O_3)$) 窒化ケイ素(Si_3N_4) 炭素(C)
生体活性セラミックス	バイオガラス(Na_2O-CaO-SiO_2-P_2O_5系などのガラス) 焼結水酸アパタイト($Ca_{10}(PO_4)_6(OH)_2$) 結晶化ガラスA・W[酸素フッ素アパタイト($Ca_{10}(PO_4)_6(O,F)_2$)とβ・ウォラストナイト($CaO \cdot SiO_2$)]
生体活性セメント	リン酸四カルシウム($4CaO \cdot P_2O_5$), リン酸三カルシウム($3CaO \cdot P_2O_5$), リン酸二カルシウム二水和物($CaHPO_4 \cdot 2H_2O$), 無水リン酸二カルシウム($CaHPO_4$), リン酸-カルシウム-水和物($Ca(H_2PO_4)_2 \cdot 2H_2O$), 炭酸カルシウム($CaCO_3$)などの粉末と水あるいはリン酸ナトリウム水溶液との混合物
生体活性セラミックス-金属複合体	チタン-酸化チタン-非晶質チタン酸ナトリウム-アパタイト
生体活性セラミックス-高分子複合体	有機高分子化合物-アパタイト
吸収性セラミックス	多孔体生体活性セラミックス
ガン治療用セラミックス	Y_2O_3-Al_2O_3-SiO_2系ガラスなど

第Ⅳ編 バイオ分野

表Ⅳ-3.3 ガン治療用セラミックス

種類		特徴
放射線治療用ガラス	イットリウム含有アルミノケイサン塩ガラス微小球	組成 $17Y_2O_3 \cdot 19Al_2O_3 \cdot 64SiO_2$ のガラスで，^{90}Y による β 線放射体．
	リンイオン注入シリカガラス微小球	シリカガラスに $50\sim200\mathrm{keV}$ のエネルギーで $5\times10^{14}-1\times10^{18}\mathrm{cm}^{-2}$ の量のリン (P^+) を注入した ^{30}P の β 線放射体．
ガン温熱治療用セラミックス		マグネタイトが β-ウォラストナイトと $CaO \cdot SiO_2 \cdot B_2O_3 \cdot P_2O_5$ 系ガラス中に一様に分布した結晶化ガラス．強磁性を示す．

表Ⅳ-3.4 生体用金属材料(1)ステンレス鋼の組成と機械的性質

元素	SUS 316 (AISI 316) [%]	SUS 316L (AISI 316) [%]	SUS 317 (AISI 317) [%]
Cr	16〜18	16〜18	18〜20
Ni	10〜14	12〜15	11〜15
Mo	2〜3	2〜3	3〜4
Mn	<2.0	<2.0	<2.0
Si	<1.0	<1.0	<1.0
C	<0.08	<0.03	<0.08
Pb	<0.04	<0.04	<0.04
S	<0.03	<0.03	<0.03

性質	焼鈍材	加工材	焼鈍材	焼鈍材
0.2%耐力 [MPa]	206<	700〜800	176<	206<
引張強さ [MPa]	518<	1 000	480<	519<
伸び [%]	40<	7〜10	40<	40<
弾性率 [GPa]	200	−	200	200
硬さ [Hv]	<200	−	<200	<200

三浦維四, 浜中人士, "医用材料の化学", 日本化学会編, No.21, p.85 (1978).

3 基礎データ

表Ⅳ-3.5 生体用金属材料(2)コバルト-クロム合金の組成と機械的性質

元素	HS-21 (ASTM F75-67) [%]	HS-25 (ASTM F90-68) [%]
Cr	27.0〜30.0	19.0〜21.0
Mo	5.7〜7.0	–
W	–	14.0〜16.0
Ni	<2.5	9.0〜11.0
Fe	<0.75	<3.0
C	<0.35	0.05〜0.15
Si	<1.00	<1.0
Mn	<1.0	<2.0

性質	焼鈍材	加工材
0.2%耐力 [MPa]	448	310〜1 310
引張強さ [MPa]	655	862〜1 723
伸び [%]	8<	10〜50
弾性率 [GPa]	213	225
硬さ [Hv]	285〜340	620

三浦維四, 浜中人士, "医用材料の化学", 日本化学会編, No.21, p.85 (1978).

表Ⅳ-3.6 生体用金属材料(3)チタンおよびチタン合金の組成と機械的性質

元素	99%Ti (ASM 4901B) [%]	99.2%Ti (ASM 4902) [%]	Ti-6Al-4V (ASM 4911) [%]
C	0.10〜0.155	<0.10	<0.10
Fe	<0.50	<0.20	<0.40
O	0.35〜0.40	<0.25	<0.30
N	<0.07	<0.05	<0.07
H	0.015	<0.015	<0.015
Al	–	–	5.5〜6.76
V	–	–	3.5〜4.5

性質			(焼結材)	(加工材)
0.2%耐力 [MPa]	434	275	827	1 034
引張強さ [MPa]	544	406	930	1 172
伸び [%]	27	28	11	7
弾性率 [GPa]	110	110	124	124
硬さ [Hv]	240	240	380	–

三浦維四, 浜中人士, "医用材料の化学", 日本化学会編, No.21, 85 (1978).

表Ⅳ-3.7 生体用金属材料(4)タンタルの機械的性質

性質	板材		線材	
	焼結材	加工材	焼結材	加工材
引張強さ [MPa]	344	758	689	1 241
伸び [%]	40	1	11	1.5

三浦維四, 浜中人士, "医用材料の化学", 日本化学会編, No.21, p.85 (1978).

第Ⅳ編 バイオ分野

表Ⅳ-3.8 貴金属（焼鈍材）の機械的性質

種　類	引張強さ[MPa]	伸び[%]	ヤング率[GPa]	硬さ(Hvf)
金	24～130	48	80	26
銀	110	45	72～79	20
白金	150	37	150	38
パラジウム	172	30	110	39

中小企業事業団中小企業研究所編, "材料利用ハンドブック", 日刊工業新聞社, p.99 (1988).

表Ⅳ-3.9 代表的な生体用有機材料

材　料	特　徴
ポリメチルメタクリレート	略称ポリメタクリ酸メチルともいう.堅牢,強靱で安定性に優れた透明な樹脂.表面は滑らかで,傷がつきやすい.水,エーテルなどに不溶,アセトン,トルエンなどに溶ける.熱に弱く,放射線を受けて崩壊する.バイオマテリアルとして広く用いられる.
ポリエチレン	略称PE.熱可塑性樹脂で,水,酸,アルカリなどに対し耐食性に優れる.電気絶縁性,耐水性,防湿性,耐寒性がよく,加工性に富む.特に超高分子量PEは結晶性が良く,機械的強度に優れ,硬組織代替材料として多く利用される.
ポリウレタン	主鎖にウレタン結合-NHCOO-をもつ合成高分子の総称.耐薬品性に優れ,酸,アルカリに安定であるが,濃硫酸,クレゾールなどに溶ける.機械的強度が大きく,弾性も高い.
ポリエステル	主鎖にエステル結合-CO-O-をもつ高分子化合物の総称.工業的に主にポリエステル繊維,不飽和ポリエステル樹脂,アルキド樹脂が生産されている.ポリエステル繊維の代表的なものはポリエチレンテレフタレート（PET）であり,吸水性少なく,耐久性,耐摩耗性,耐薬品性に優れ,人工臓器,人工血管などに用いられる.
シリコーン	ケイ素原子と酸素原子が結合した$(-Si-O-)_n$の繰り返し構造からなる高分子化合物のうち,アルキル基やアリール基などの有機基をもつものをシリコーンという.一般に耐熱性,電気絶縁性,耐湿性に優れ,化学的に安定で,生体反応の少ない材料である.バイオマテリアルとして広く用いられる.
再生セルロース	天然セルロースを化学的に処理して再生したセルロースで,化学組成は天然セルロースと同じであるが,結晶構造などの物理的性質が異なる.レーヨン,セロファン,キュプラ,アセテートなどがこのグループに含まれる.アセテートは人工透析に利用される.

3 基礎データ

表IV-3.10 主な生体用有機材料の機械的性質

材料		引張強さ [MPa]	伸度 [%]	縦弾性係数 [GPa]	圧縮強さ [MPa]	曲げ強さ [MPa]
ポリメチルメタクリレート	成型品	48〜75	2〜10	2.1	84〜124	89〜117
ポリエチレン	高密度品 低密度品	20〜37 7〜14	15〜100 90〜650	0.4〜1 0.11〜0.24	21 −	6.9 −
ポリウレタン	注型熱硬化性PUエラストマー[*1]	39	460	−	−	−
ポリエステル	PE[*2]	265	130	−	−	−
シリコーン	ガラス繊維入り	27〜34	−	−	69〜103	69〜96
再生セルロース	アセテート成型品	13〜58	6〜70	0.42〜2.8	15〜25	13〜110

伊藤公正編, プラスチックデータハンドブック, 工業調査会, pp.136-137(1980).
[*1] 宮坂啓象他, プラスチック事典, 朝倉書店, p.519(1992).
[*2] 今井庸二, "医用材料の化学", 日本化学会編, No.21, p.55(1978).

索引

【あ】

RF（radio frequency） 51
RFマグネトロンスパッタリング 51
RO（reverse osmois module） 20
RO膜 20
In_2O_3系センサー 32
IC基板 90
IGCC（integrated coal gasification combined cycle） 12
ITS（intelligent transport systems） 80
IDT（interdigital trannsuducer） 136
悪臭センサー 31
新しいセラミックス系潤滑剤 196
圧磁定数 178
圧電関連定数 168
圧電振動ジャイロ 124
　——の温度ドリフト 127
　——の感度 127
　——の原理 124
　——の構造 125
　——の材料 125
　——の耐衝撃特性 128
　——の耐振動特性 128
　——の特性に及ぼす設計因子 127
　——の離調 127
圧電性セラミックス 121
圧電センサー 137
圧電定数 177
圧電トランス 129
　——の原理 129
　——の特性 131
圧電薄膜の応用分野 135
圧電薄膜の作製方法 134
圧電薄膜のデバイス応用 135
厚膜型可燃性ガスセンサー 23
厚膜用テープ基板 91
圧力損失 36
アナターゼ 47

アパタイト 290, 338, 343
アパタイトコーティング 352
アルカリ蒸気による耐火物の浸食 219
α－TCP 326, 333
α－リン酸カルシウム 333
α－リン酸三カルシウム 313
アルミナ 288, 299
アルミナ・ポーセレン 299
アルミナセラミックス 299
安定化ジルコニア 307

【い】

EPR（extended producer responsibility） 62
イオン導電性セラミックス 113
イオンプレーティング装置 51
異常電圧吸収素子 102
イットリア 307
イットリウム含有アルミナケイ酸塩ガラス 362
移動体通信用誘電体フィルター 144
移動発生源 56
異方性磁気抵抗効果（AMR） 147
インサート材 261
印刷型ガスセンサー 24
印刷型可燃性ガスセンサー 23
インジウムオキサイド（In_2O_3）系センサー 32

【う, え, お】

ウォールフロー型DPF 10
ウォラストナイト 343

エアーフロー法 5
A/F値 56
AMR（anisotropic magnetoresistanca） 147
ACTF（advance ceramic tube filter） 14

索　引

A－Wガラス　294
A－Wガラスセラミックス　293, 342
エコセメント　63
SAW (surface acoustic wave)　124, 136
SnO_2系センサー　32
SO_xセンサー　30
SOFC (solid oxide fuel cell)　239
　——の構成材料　240
　——の発電反応　239
　——の要求特性　240
SCB (self circulating blowdown)　17
HIC (hydrid integrated circuit)　90
HA　310, 320, 346
HAF　327
HAM　327
HAコーティング (HAC)　323
HAセメント　348
HA皮膜　324, 326
HDD (hard disk drive)　147
NO_xセンサー　30
NO_x分解触媒　56
NTC (negative temperature coefficient)　97
NTCサーミスター　97
　——の材料　97
　——の特性　97
　——の用途　97
NTCサーミスター素子　96
　——の構造　96
　——の製法　96
　——の特徴　96
　——の用途　96
エネルギー耐量　102
FPの生成と移行　244
MRヘッド　147
MF (microfiltration)　19
MCFC (molten carbonate fuel cell)　239
MCM (mult chip module)　85
LSI (large scale integration circuit)　85
エレクトロニクスの動向　79

応力腐食割れ　245
OHA　327

オールセラミックス冠 (クラウン)　317, 358

【か】

化学蒸着 (CVD)　188
化学的接合法　260
化学的耐久性　362, 363
化学物質の許容濃度　75
書込みヘッドの高密度記録対応　150
拡散律速　222, 223
各種ガスの耐火物に及ぼす浸食作用　218
各種センサー　106
拡大生産者責任 (EPR)　62
核燃料用材料　243
加工変質層　256
ガス全量処理セラミックスフィルター (ACTF)　14
ガス漏れ警報器　22
活性金属ブレージング (ろう付け) 法　262
活性金属法　261
活性炭塔　20
可燃性ガスセンサー　22
可燃性ガス用半導体センサー　32
ガラスシール　201
ガラスセラミックス材料の特性　86
ガラス微小球　362, 364
顆粒　312
ガン温熱治療用セラミックス　364
感ガス材料　23
環境負荷低減　61
乾式精製プロセス　13
ガン治療用セラミックス　291

【き】

機械的強度　36
機械的結合法　259
幾何学的表面積　36
気化凝縮法　5
貴金属の機械的性質　372
気孔径　5

索　　引

気孔率　5
気体伝熱　212
機能性セラミックス　79
　——の進歩　80
　——の分類　82
　——の用途　82
機能分割型　56
基板材料の特性　167
基板の製造プロセス　91
基本単位　174
キャピラリー法　273
吸音特性　66
吸音率　66
吸収性セラミックス　289
吸着法　5
境界層　222
強磁性体　365
鏡面反射スピンバルブGMRヘッド　149
局所残留応力・歪み測定法　273
巨大磁気抵抗効果（GMR）　147
均一蒸発　220
銀系抗菌剤　40
金属材料の弾性率　280
金属材料の熱伝導率　283
金属酸化物半導体　22
金属鋳造体陶材溶着冠　356
金属の細胞毒性　369
金属の破壊靭性　281
金属焼付ポーセレン　315
金属焼付ポーセレン　318

【く，け】

クラスタリング　63
グレーズ基板　92
クロスフロー型フィルター　14

ケイバン比　54
ゲーデルの不完全性定理　175
血液適合性　304
結晶化ガラス（A－W）　288, 342, 365
結晶化ガラス鋳造法　317
chemical recycle　58

限界電流型のセンサー　28
限外ろ過用（UF）フィルター　19
研削加工　247
検波用フィルター　122
顕微ラマン法　273

【こ】

広域帯CDMA　80
高温集塵技術　12
抗菌技術　41
抗菌剤　40
抗菌セラミックス　39
抗菌タイル　40, 42
抗菌部材　39
工具材料　185
抗血栓性　304
高硬度セラミックス　185
高効率石炭発電　12
交叉櫛状電極（IDT）　136
高周波電源用フェライト　152
高周波熱プラズマ法　334
高周波熱プラズマ溶射法　330
構成式　176
高速光インターフェース用モジュール　87
高速コンピューター用実装基板　87
硬組織　293
高度道路交通システム（ITS）　80
高分子材料の弾性率　280
高分子材料の熱伝導率　283
高融点元素の融点　282
高誘電率材料　140
コーディエライト　11, 35
コーティング膜　330, 337
股関節　320
黒鉛微粒子（PM）　9
固相接合法　262
固体潤滑剤　193
固体潤滑油の特性　195
固体電解質　6
固体電解質ガスセンサー　27
固体電解質センサー　28

索　引

固体レーザー　157
骨充填材　311
骨親和性　319
骨接合材　300
骨セメント　320
骨置換材　348
骨置換材料　312
固定発生源　56
転がり軸受　189
転がり軸受への適用性　191
転がり寿命　190
転がり寿命比較　189
混成集積回路　90
コンピューター用実装基板の仕様　88
コンピューター用実装基板の特性　88

【さ】

サージアブソーバー　102
サージ電流耐量　102
thermal recycle　58
サーミスター（NTC, PTC）　94
サーミスター材料の特性　95
細胞毒性　331
酸化チタン　44
酸化物光学結晶　157
酸化物半導体薄膜　44
酸化分解反応　47
3C原則　62
サンシャインウエザオメトリー加速耐候性試験　50
酸水酸アパタイト（OHA）　327
酸素固定化用多孔質ガラス（CPG）　39
酸素固定化用担体　38
酸素センサー　117
　　　──の作動原理　117
酸素分離膜　6
残留応力　268
　　　──の生成機構　268
残留応力緩和法　269
残留応力分布の実測　273
三リン酸カルシウム　327

【し】

GMRヘッド　147
　鏡面反射スピンバルブ──　149
　スピンバルブ──　149
　スピンバルブ──　149
　スピンフィルタースピンバルブ──　149
　積層フェリ磁性スピンバルブ──　149
　マグネティックトンネルジャンクション──　149
CMC（ceramic matrix composites）　198
CMP（chemical mechanical polising）　21
CMPスラリー　22
CMP排水　21
COガスによる耐火物の損傷　217
CDMA（code division multiple access）　80
CPS（chip size package）　85
GPS（global positioning system）　128
c-BN系工具　187
CVI-CMC　199
CVD（chemical vaper deposition）　188
磁気センサー材料の特性　168
磁気ヘッド用基板（スライダー材料）　151
磁気誘電定数　177
示強性物理量　176
自己循環ブローダウン（SCB）システム　17
磁性吸収材　69
磁性セラミックス　147
収束電子線回折法　273, 275
充填材　348
焼結水酸アパタイト　288, 343
焼結体工具　186
焼結部分安定化ジルコニア　288
焼結β-$3CaO \cdot P_2O_5$　289
焦磁気定数　178
照射損傷　244
焦電気定数　177
触媒コンバーター　35

378

索　引

触媒性能　35
シリアルグレーズ基板　94
示量性物理量　176
ジルコニア　294, 308
ジルコニア酸素センサー（λセンサー）　118
ジルコニアセラミックス　306
真空断熱　215
人工関節　307, 320
人工股関節　287, 295, 320
人工骨　300, 342
人工骨頭　307
人工歯　314, 354
人工歯冠　317
人工歯根　314, 320, 354
人工歯根用セラミックス　318
人工歯根用複合インプラント　330
人工心臓　303
人工心肺装置　304
人工心肺用遠心ポンプ　303
人工椎体　343
人工膝関節　288, 350
親水化　46
親水化反応　47
親水性部材　44
新生骨形成　312
審美性　355, 360

【す】

水銀圧入法　5
水酸アパタイト　321
スクライビング　255
ステイン陶材　358
ステックルダイト　237
スピンバルブGMRエレメントの構造　148
スピンバルブGMRヘッド　147
スピンバルブGMRヘッド　148
スピンフィルタースピンバルブGMRヘッド　149

【せ，そ】

正極活物質材料　114
制限電圧　102
生体活性　342
生体活性セメント　289
生体活性セラミックス　288
生体活性セラミックス金属複合体　290
生体活性セラミックス高分子複合体　291
生体活性なセラミックス　308
生体金属材料の組成と機械的性質　370
　──（コバルト－クロム合金）　371
　──（ステンレス）　370
　──（タンタル）　371
　──（チタン，チタン合金）　371
生体親和性　294
生体適合性　312, 318
生体内活性　318
生体不活性なセラミックス　308
生体用セメント　313
生体用有機材料　372
　──の機械的性質　373
静電容量型センサー　107
正の温度係数（PTC）　98
精密ろ過用（MF）フィルター　19
ゼーベック効果　233
ゼオライト　6, 54
積層コンデンサー　139
　──の開発動向　139
積層フェリ磁性スピンバルブGMRヘッド　149
積層プロセス技術　141
絶縁性セラミックス　85
接合エネルギー供給方法　266
接合原子過程　266
接合法　259
切削加工法　185
接触燃焼式センサー　22
接触分解　56

索　引

切断　255
接着強度　324, 337
ZnOサージアブソーバーの特性　102
セピオライト　37
Cerabone®A-W　289, 343
セラミックス　5
　――の屈折率　169
　――の熱伝導率　283
　――の破壊靭性　281
　――の平均線膨張係数　283
　――の融点　282
セラミックスガスタービン　204
セラミックス吸音材　64
セラミックスコーティング　354
セラミックス軸受　191
　――の構成　192
　――の用途　192
セラミックスセンサーの種類　170
セラミックス耐食ポンプ　227
セラミックス多層配線基板　85
セラミックス担体　34
セラミックス電波吸収体　69
セラミックスハニカム　34
セラミックスばね　182
セラミックスフィルター　13, 14, 121
セル形状　36
セルフクリーニング　45
セル密度　36
ゼロエミッション　62
繊維質断熱材　213
全部陶材冠　358
全面グレーズ基板　93
全領域空燃比センサー（UEGOセンサー）
　120

増感効果　52
素子の微細構造と動作機構　105
SO_xセンサー　30
ソフトフェライト　70
ゾルゲル法　49

【た】

ターボチャージャー　208
第1リン酸カルシウム　313
耐火物　217
　――の液相浸食　221
　――の気相浸食　217
　――の局部溶損　225
　――の真空下での蒸発　220
　――の浸透浸食　224
耐火模型法　318
耐久性　304, 309
ダイシング/バックグラインダー排水
　21
第2リン酸カルシウム　313
対流伝熱　213
多孔質ガラス担体　39
多孔質吸音材料　64
多孔質SiC　11
多層配線基板の断面構造　87
WC-Co系超硬合金工具　186
単結晶セラミックスの1次・2次すべり系
　280
単結晶セラミックスのへき開面　281
単結晶における独立な弾性率の数
　279
CO_2センサー　31
弾性コンプライアンス定数　177

【ち】

チタン合金　290
窒化ケイ素　181
　――の高温特性　205
　――の耐熱衝撃性　207
　――の耐熱性　207
窒化ケイ素製渦流室　207
窒化ケイ素製排気制御弁　209
チップオンサスペンション　151
チップサイズパッケージ（CPS）　85
中間緩和法　270
腸骨スペーサー　343
直流プラズマ溶射　330
直流プラズマ溶射法　323, 334

索　引

【つ，て】

椎間スペーサー　344
椎弓スペーサー　344
TiN　187
TiC－Ni系サーメット　186
TeCP　313, 326
ディーゼルパティキュレートフィルター
　　（DPF）　9
低温焼結多層基板材料　144
TCP　313
DCPD　313
DPF（diesel particulate filter）　9
電源フェライト　152
　　——の今後の展望　155
　　——の材質　154
　　——の最近の技術動向　152
伝導伝熱　212
天然歯　316, 321
電力用避雷器　104
砥石結合材　248

【と】

陶材インレー　361
透磁率　178
導電性吸収材　69
等方性材料の弾性率間の関係　280
等方性セラミックスの弾性率　279
毒性試験　42
トムソン効果　234
ドライプロセス　50
砥粒加工　251

【な，に】

内分泌撹乱作用が疑われている化学物質　73
軟部組織　348

二酸化ウラン　243
2段アクチュエーター　151
尿石汚れ　42
二硫化タングステン　193
二硫化モリブデン　193

【ね，の】

熱起電力　232
熱電材料　235
　　——の性能指数　236
　　——の無次元性能指数　236
熱伝導率テンソルの独立成分数　283
熱電発電効率　234
熱電変換　232
熱膨張係数　177, 357
　　——（陶材の）　316
燃料電池　239
NO_xセンサー　30
NO_x分解触媒　56

【は】

ハードフェライト　70
バイオアクティブセラミックス（bio-active ceramics）　294, 342
バイオアクティブ骨セメント　353
バイオイナートセラミックス（bio-inaert ceramics）　294, 299
バイオガラス　308
バイオグラス（Bioglass®）　288, 293
バイオセラミックス（bio-ceramics）　294, 321
　　——の種類　369
バイオセラミックスコーティング　320, 339
バイオセラミックス複合体　350
バイオリアクター　37
排水処理用セラミックス膜フィルター　19
ハイドロキシアパタイト（HA）　294, 310, 320, 346
hydrolic recycle　58
ハイニカロン®　200
薄壁ハニカム　36
薄膜材料　44
薄膜TiO_2　47
薄膜デバイス　133
薄膜光触媒コーティング　45
薄膜用スムース基板　92

索　　引

薄膜用スムース基板特性値　93
発ガン化学物質・製造工程　76
酵素発現活性　38
撥水性　48
発泡質断熱材　215
ハニカム型フィルター　14
ハニカム触媒　35
ばねの高温強度　182
バリスタ(variable resistor)　102
　　──の特性　169
バリスタ特性を利用したガスセンサー　111
バルク波共振子　136
半導性セラミックス　94
半導体ガスセンサー　22, 27
半導体機能膜　52
反応性ぬれ挙動　268
反応層　223
反応速度式　223

【ひ】

PEFC (polymer electrolyte fuel cell)　239
PAFC (phosphoric acid fuel cell)　239
PSZ (partially stabilized zirconia)　181
PSZ材料の耐食性向上　230
PSZと金属との接合技術　231
PHS (personal handyphone system)　79
$p-n$接合を利用したガスセンサー　110
PFBC (pressurized combustion combined cycle)　12
PM (particulate matter)　9
PCI破損　245
ビーズ型可燃性ガスセンサー　25
PTC (positive temperature coefficient)　98
PDC (personal digital cellluar)　121
PTCサーミスター　98
　　──の材料　98
　　──の動向　101
　　──の特性　98
　　──の用途　101
PVD (physical vaper deposition)　187

ビーム加工　254
光散乱体の発生　161
光触媒酸化反応　45
光触媒反応　44
光半導体　45
光半導体機能薄膜　44
光ファイバーの光学特性　169
光冷機反応機能　44
非還元性誘電体材料　140
非抗菌タイル　42
微小部X線法　274
非直線指数(α)とバリスタ電圧　102
ビッカース硬さ　281
ビトリファイドボンド砥石　250
比熱　178
被覆材工具　187
表面機能性セラミックス　39
表面弾性波(SAW)　136
表面弾性波フィルター　136
表面弾性波法　274

【ふ】

フィルド・ステックルダイト　237
フィルム密着法　41
フェライト材料の諸特性　153
フェライト電波吸収体　70
フェライトの飽和磁気　168
負極活物資材料　115
不均一蒸発　220
複合発電技術　12
物質定数　176
沸石　54
物理学の階層構造　175
物理蒸着(PVD)　187
負の抵抗温度係数(NTC)　97
部分安定化ジルコニア(PSZ)　181, 230, 307
部分グレーズ基板　93
ブルッカイト　47
フレーム溶射法　336
分子ふるい(molecular sieve)　55
粉末質断熱材　214

索　引

【へ，ほ】

β線放射体　362
β-TCP　327
β-TCPM　327
β-TCPD　327
β-TCP　329
β-リン酸カルシウム　332
PETフィルム　52
ペルティエ効果　233
ペロブスカイト　6

放射伝熱　213
補助人工心臓　304

【ま】

マーキング　255
マイクロ波周波数域での誘電特性　167
マイクロ波通信用MCM基板　88
　——の基本特性　90
　——の構造　89
マイクロ波用誘電体材料　143
膜処理水　21
マグネティックトンネルジャンクション
　GMRヘッド　149
摩擦係数　287
material recycle　58
摩耗屑　287
マランゴニー効果　226
マルチチップモジュール(MCM)　85

【む，め，も】

無機系抗菌剤　40, 43

メタルボンド砥石　249

モース硬さ　281
モノリシック型フィルター　14

【ゆ】

UF (ultrafiltration)　19
UFGOセンサー　120
有害ガスセンサー　26

有機無機成分傾斜接合膜　50
有効体積(ばねの)　183
誘電性吸収材　69
誘電性セラミックス　139
誘電体共振器材料の特性　143
誘電体フィルター　143
誘電率　177

【よ】

溶解速度　224
溶解速度式　222
溶出試験　42
横置きダブルT型水晶振動ジャイロの特性
　127
四リン酸カルシウム　329, 333

【ら，り】

ラッピング　251
ラミネート・ベニア　360
λセンサー　118

リサイクルコスト　58, 61
リストラクチャリング　245
リチウムイオン電池　113
Liイオン二次電池　113
Liイオン二次電池用正極材料の比較　114
リューサイト　357
理論燃焼空燃比　56
リン酸カルシウム　308, 313
リン酸三カルシウム(TCP)　308, 318
リン酸四カルシウム　313

【る，れ，ろ】

ルチル　47

レーザー加工　255
レーザー用結晶の結晶純度　162
レーザー用結晶の着色　162
レジン床義歯　355
レジンボンド砥石　249
連続繊維強化セラミックス複合材(CMC)
　198

索　引

ろう付け界面原子構造　267
ろう付けの原子素過程　267
ローラーブッシュ　210
ろ過抵抗　13
六方晶窒化ホウ素　193

【わ】

YAGレーザー　256
$Y_2O_3-Al_2O_3-SiO_2$系ガラス　292
Ybレーザーの特徴　158
Yb：YAG結晶成長　160
Ybを添加した固体レーザー用結晶の励起光吸収特性　159

セラミックスの機能と応用		定価はカバーに表示してあります．

2002年8月5日　1版1刷発行　　　　　　　　ISBN4-7655-0132-9　C3043

編者代表　宗　宮　重　行
発　行　者　長　　祥　　隆
発　行　所　技報堂出版株式会社

〒102-0025　東京都千代田区三番町8-7
　　　　　　　　（第25興和ビル）
電　話　営　業　(03) (5215) 3165
　　　　編　集　(03) (5215) 3161
　　　　ＦＡＸ　(03) (5215) 3233
振替口座　　00140-4-10
http://www.gihodoshuppan.co.jp

日本書籍出版協会会員
自然科学書協会会員
工学書協会会員
土木・建築書協会会員
Printed in Japan

Ⓒ Shigeyuki Somiya et. al., 2002　　　　装幀　ストリーム　印刷・製本　技報堂

落丁・乱丁はお取り替え致します．
本書の無断転写は，著作権法上での例外を除き，禁じられています．

●小社刊行図書のご案内●

書名	編著者	判型・頁
化学用語辞典(第三版)	編集委員会編	A5・1060頁
ファインセラミックス事典	編集委員会編	A5・960頁
セラミック工学ハンドブック(第2版)	日本セラミックス協会編	B5・2500頁
セメント・セッコウ・石灰ハンドブック	無機マテリアル学会編	A5・756頁
粘土ハンドブック(第二版)	日本粘土学会編	A5・1300頁
水熱科学ハンドブック	編集委員会編	A5・770頁
ハンドブック次世代技術と熱	日本機械学会編	A5・340頁
セラミックスの科学(第二版)	柳田博明・永井正幸編著	A5・270頁
モダンセラミックサイエンス [セラミックサイエンスシリーズ 1]	山口喬・柳田博明編	A5・198頁
シナジーセラミックス ―機能共生の指針と材料創成	シナジーセラミックス研究体編	B5・298頁
ニューカーボン材料 ―構造の構築と機能の発現	稲垣道夫・菱山幸宥著	A5・210頁
機能性セラミックスフィルム	永井正幸・山下仁大著	A5・174頁
ガラス繊維と光ファイバー	清水紀夫著	A5・156頁
人の五感とセラミックセンサ	宮山勝著	B6・182頁
固体物性の基礎 ―半導体デバイスへのアプローチ	M.N.Ruddenほか著/綱川資成訳	A5・306頁
分子・固体の結合と構造	D.Pettifor著/青木正人ほか訳	A5・306頁
固体の電子構造と化学	P.A.Cox著/魚崎浩平ほか訳	A5・270頁

技報堂出版 TEL 編集 03(5215)3161 営業 03(5215)3165　FAX 03(5215)3233